绿色二次电池先进技术丛书

丛书主编 吴 锋

锂离子电池正极材料

卢 赟 陈 来 苏岳锋 编著

CATHODE MATERIALS FOR LITHIUM ION BATTERIES

北京理工大学出版社
BEIJING INSTITUTE OF TECHNOLOGY PRESS

图书在版编目(CIP)数据

锂离子电池正极材料 / 卢赟，陈来，苏岳锋编著. -- 北京：北京理工大学出版社，2022.6

ISBN 978-7-5763-1382-6

Ⅰ. ①锂… Ⅱ. ①卢… ②陈… ③苏… Ⅲ. ①锂离子电池-阳极-材料-研究 Ⅳ. ①TM912

中国版本图书馆 CIP 数据核字(2022)第 100798 号

出版发行 / 北京理工大学出版社有限责任公司
社　　址 / 北京市海淀区中关村南大街 5 号
邮　　编 / 100081
电　　话 / (010) 68914775 (总编室)
　　　　　(010) 82562903 (教材售后服务热线)
　　　　　(010) 68944723 (其他图书服务热线)
网　　址 / http://www.bitpress.com.cn
经　　销 / 全国各地新华书店
印　　刷 / 三河市华骏印务包装有限公司
开　　本 / 710 毫米×1000 毫米 1/16
印　　张 / 22.25
彩　　插 / 10
字　　数 / 385 千字
版　　次 / 2022 年 6 月第 1 版 2022 年 6 月第 1 次印刷
定　　价 / 82.00 元

责任编辑 / 徐　宁
文案编辑 / 李思雨
责任校对 / 周瑞红
责任印制 / 王美丽

前 言

锂离子二次电池自20世纪90年代诞生以来，由于其突出的能量密度优势，迅速在移动电子设备中得到广泛应用并占据了主要的市场份额。近年来，由于能源危机与环境污染问题日益突出，全球加快能源结构调整和转型步伐，对于绿色清洁能源并网的迫切需求为锂离子二次电池提供了更加广阔的应用前景。同时，混合动力电动汽车和纯电动汽车发展势头迅猛，大有取代化石燃料汽车之势，这也使得市场对锂离子二次电池的需求量急剧增加，同时对锂离子电池的能量密度、循环寿命和安全性也提出越来越高的要求。在这样的背景下，新一代锂离子电池的开发和商业化应用焕发出巨大活力，为了不断推出更高能量密度和更耐用的电池，锂离子电池行业对新材料体系和新工艺的开发研究热情空前高涨。

正极材料是锂离子电池的核心材料，其结构和性能对锂离子电池的能量密度、循环寿命和安全性都起着关键性的影响。自1970年埃克森的M. S. Whittingham采用硫化钛作为正极材料，金属锂作为负极材料制成首个锂电池以来，走入研究人员视线的锂离子正极材料种类繁多，其中少量材料实现了商业化应用，而更多具有潜在应用价值的正极材料性能有待突破。在这几十年间，无论对何种正极材料的研究都拓宽或加深了研究人员对锂离子电池正极材料的认识，并为新正极材料的研发提供了宝贵的理论基础、技术经验和源源不断的灵感。

本书在阐述锂离子电池基本工作原理的基础上，介绍了多种典型层状正极材料、具有三维框架的正极材、聚阴离子型正极材料以及无序结构正极材料的结构和电化学性能特点，并对其制备和改性方法进行了简单列举。本书是作者从事锂离子电池正极材料研究部分成果的总结，同时参考了国内外有关专著和大量文献资料，书中引用了参考文献的部分内容、图表和数据，特此向文献的作者表示诚挚的谢意。

本书是在国家出版基金和北京理工大学出版社的支持和帮助下出版的。在本书的编写过程中，作者所在课题组的多名研究生付出了辛勤的劳动，作者在此表示衷心的感谢。

由于编写时间仓促，收集的资料有限，书中难免有错误和不足之处，敬请广大读者批评指正。

编　者

目　录

第 1 章
概　　述

1.1 锂离子电池工作原理及基本组成

1.1.1 锂离子电池的发展历程及专利

锂离子电池的研究始于锂电池概念的提出。锂是密度最小的金属元素（相对原子质量 6.94），与此同时 Li^+/Li 电对具有很低的电极电势（-3.04 V vs. 标准氢电极电势），因此锂作为电极组成电池可以获得很高的能量密度。自从 1958 年美国加利福尼亚大学一名研究生提出了基于钠、锂等活泼金属用作电池负极的构想，Li/MnO_2、Li/FeS、Li/I_2和 $Li/(CF_x)_n$等锂金属一次电池被大量研究者开发出来。之后，随着新的过渡金属氧化物（V_2O_5）或金属硫化物（MoS_2、TiS_2）正极、锂金属负极电池结构的开发，锂金属二次电池开始得到应用。图 1-1 为可逆锂金属电池和锂离子电池的工作示意图。

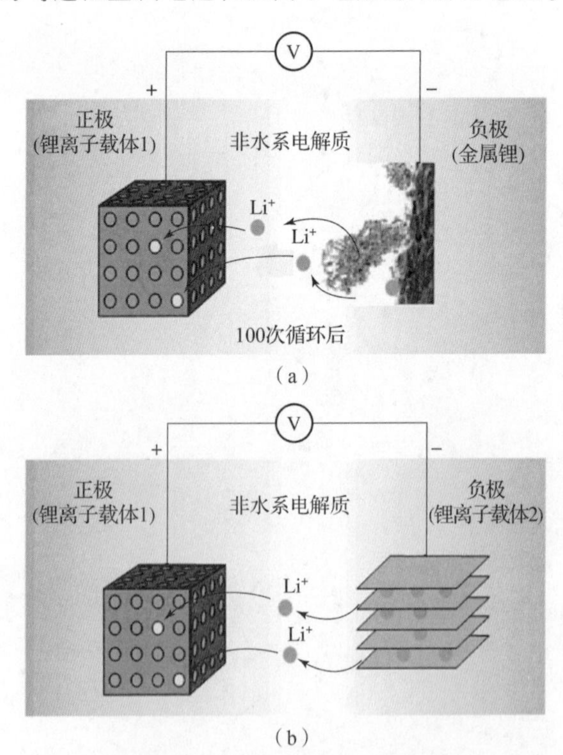

图 1-1 可逆锂金属电池和锂离子电池的工作示意图

（a）锂金属电池；（b）锂离子电池

然而，锂金属二次电池由于在充放电过程中金属锂会在负极沉积，形成锂枝晶并成为无法参与电极反应的“死锂”，造成负极材料的大量损失和电池循环稳定性的下降，最严重的是锂枝晶易造成电池短路，电池的安全性能受到很大影响。

1980 年，Armand 提出使用石墨层间化合物作为锂离子电池的负极解决了这一问题，同年 Goodenough 等人提出使用 $LiCoO_2$ 作为锂离子二次电池的正极材料，并发现了锂离子可逆嵌入/脱嵌机理，自此基于石墨层间化合物负极与钴酸锂正极的锂离子电池开始得到广泛研究。1990 年索尼公司首先开发出了工作电压 3.6 V、比能量高达 78 W·h/kg，循环寿命达 1 200 次的新型锂离子二次电池，并在 1991 年迅速实现了商业化。自此，锂离子二次电池作为新一代储能设备在世界范围内普及使用。在接下来近 30 年中，锂离子电池的发展进入了新的阶段，全球各地的科研工作者和生产技术人员针对锂离子电池的能量密度、功率密度、寿命问题、安全问题以及成本问题做了大量工作，研发了一系列新材料，如磷酸铁锂（$LiFePO_4$）、镍酸锂（$LiNiO_2$）、锰酸锂（$LiMn_2O_4$）和三元镍钴锰氧化物（$LiNi_xCo_yMn_zO_2$）等正极材料，以及硅基材料、锡基材料和金属氧化物材料等负极材料；电解液也从纯液态开始向半固态电解质和纯固态电解质体系发展。此外，电池结构设计和电池管理系统也随着工业水平的整体提高而愈发成熟，锂离子电池在各行各业中的应用范围逐渐扩大，发展前景一片光明，尤其是在新能源汽车和大规模储能装置的推动下，锂离子电池的生产、销售以及使用量将在未来的 10 年内爆发式增长。图 1-2 为我国锂离子电池年度出货量现状与预估（分应用种类）。

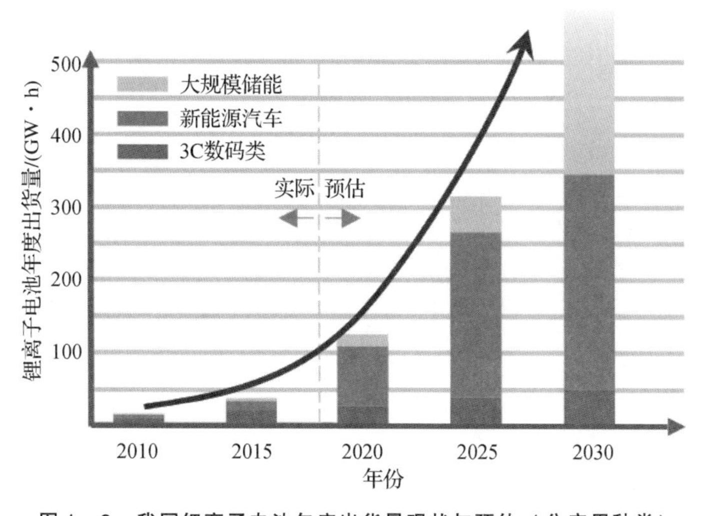

图 1-2 我国锂离子电池年度出货量现状与预估（分应用种类）

1.1.2 锂离子电池组成及工作原理

1. 锂离子电池的组成

锂离子电池主要由正极、负极、隔膜、电解质（液）、外包装5部分组成。

电池正极是锂离子电池的重要组成部分，承担着参与化学反应和提供锂离子的重要作用。锂离子电池正极由活性物质、导电剂、黏合剂和集流体组成。其正极活性物质是控制电池容量的关键性因素。理想正极活性物质应具备如下性能：

①金属离子应具有较高的氧化还原电位，从而提高锂离子电池的输出电压；

②锂的含量尽可能高，确保有足够量的锂发生嵌入和脱嵌，提高容量；

③锂离子在嵌入/脱嵌过程中高度可逆，并且材料的结构要具有一定的稳定性；

④具有较高的电子导电率、离子电导率和锂离子扩散系数；

⑤具有良好的化学稳定性。

正极活性物质为满足上述要求一般采用电势较高（相对金属锂电极电位一般大于3V）并且在空气中能稳定嵌锂的过渡金属氧化物，如钴酸锂（$LiCoO_2$）、镍酸锂（$LiNiO_2$）、锰酸锂（$LiMn_2O_4$）等。正极集流体通常采用铝箔。

电池负极是电池中参与电化学反应的重要组成部分，负极由活性物质、黏合剂和集流体组成。理想的负极应具备以下性能：

①锂在负极的活度要接近纯金属锂的活度，以使电池具有较高的开路电压；

②在充放电过程中，电极材料主体结构稳定，确保良好的循环性；

③电化学当量低，可嵌入和脱嵌锂容量大，以获取尽可能大的比容量；

④锂在负极中的扩散系数足够大，可承受大电流充放电；

⑤材料导电性好，锂离子在负极中的嵌入和脱嵌过程中，极化程度低；

⑥在热力学稳定的同时与电解液的匹配性好；

⑦与电解质生成良好的固体电解质界面（Solid Electrolyte Interface，SEI）膜，在SEI膜形成后不与电解质等发生反应；

⑧成本低、易制备、无污染。

为尽可能满足上述要求，目前锂离子电池负极活性物质一般采用电位尽可能接近金属锂电势的可逆脱嵌锂材料，如石墨和中间相碳微球（Mesocarbon

Microbeads，MCMB）等。负极集流体通常采用铜箔。

隔膜的主要作用是分隔正负极，防止电子在电池内部传导引起短路，同时能够让锂离子通过。这要求隔膜满足以下基本要求：

①对于电子绝缘；

②可以高效传输离子；

③机械性能稳定的同时易于加工；

④化学性能稳定，不与电解液、电化学反应副产物发生化学反应；

⑤能有效阻止两极之间颗粒、胶体或可溶物质的迁移；

⑥与电解液具有亲和性；

⑦安全环保。

如今广泛使用的隔膜材料一般为聚烯烃系树脂，如 Celgard2400 隔膜为 PP/PE/PP 的 3 层微孔隔膜。

电解质（液）的作用是电化学反应过程中在正负极之间传输离子。由于锂离子电池负极电位与锂接近，比较活泼，在水溶液体系中不稳定，因此锂离子电池电解质（液）使用非水、非质子有机溶剂作为锂离子的载体，或采用固体电解质材料。对于最广泛使用的电解液而言，在理想状态下其应满足如下要求：

①在较宽的温度范围内为液体，一般希望范围为 $-40 \sim 70$ ℃；

②锂离子电导率高，在较宽的温度范围内电导率在 $3\times10^{-3} \sim 2\times10^{-2}$ S/cm；

③良好的热稳定性，在较宽的温度范围内不发生分解反应；

④良好的化学稳定性，与电池内的正负极材料、集流体、隔膜、黏合剂等不发生化学反应；

⑤电化学窗口较宽，可以在较宽的电压范围内保持稳定（稳定到 4.5 V 或更高）；

⑥良好的成膜（SEI）特性，能在负极材料表面形成稳定钝化膜；

⑦对离子具有较好的溶剂化性能，能尽量促进电极可逆反应进行；

⑧无毒，蒸汽压低，使用安全，容易制备，成本低，无环境污染。

目前市场上的锂离子电池主要使用的是如 $LiPF_6$、$LiClO_4$、$LiBF_4$ 等锂盐的有机溶液。

锂离子电池外包装可采用金属外壳、铝塑软包装等。根据用途的不同可制作成圆柱形、棱柱形、扣式等形状，以满足便携式移动设备、航天飞行器、电动汽车、智能电网等不同领域的需求。图 1－3 为几种常见的锂离子电池外形和构成的示意图。

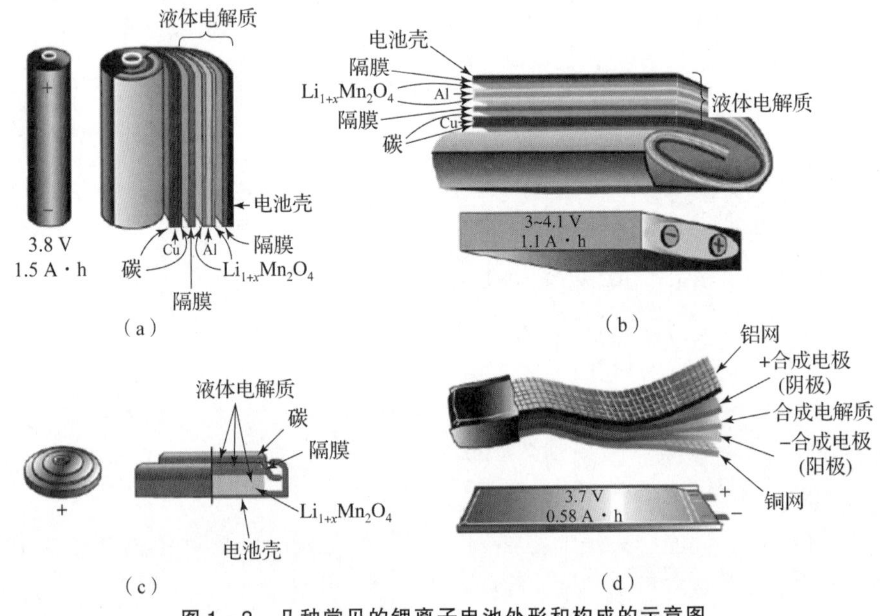

图 1-3　几种常见的锂离子电池外形和构成的示意图

(a) 圆柱形；(b) 方形；(c) 纽扣形；(d) 软包形

2. 锂离子电池的工作原理

锂离子电池实质是一种浓差电池，其充放电过程示意图如图 1-4 所示。充电时，Li^+从正极中脱出，经过电解质和隔膜嵌入负极层状材料中，正极处于贫锂状态，而负极处于富锂状态，同时电子通过外电路由正极流向负极使电荷得到补偿。放电时则相反，Li^+从负极脱出，经电解质和隔膜嵌入正极，负极处于贫锂状态而正极处于富锂状态。电子经外电路由负极流向正极并对负载供电。充放电时 Li^+嵌入和脱出的过程就像摇椅来回摆动一样，故锂离子电池也被称作“摇椅电池”。

以常见的锂离子电池负极材料石墨和正极材料 $LiCoO_2$为例。充电时，锂离子从正极 $LiCoO_2$中脱嵌，释放一个电子，Co^{3+}氧化成为 Co^{4+}，Li^+进入电解液穿过隔膜嵌入负极石墨层间，负极得到一个电子生成 LiC_6；放电时，过程相反，负极碳材料中锂离子从层间脱出进入电解液，并释放一个电子，锂离子在电势作用下重新嵌入到 $LiCoO_2$，使 Co^{4+}得到一个电子还原为 Co^{3+}。充放电循环过程中，Li^+分别在正负极上发生“嵌入-脱出”反应，Li^+便在正负极之间来回移动，化学反应方程式如下：

正极反应：$$LiCoO_2 = Li_{1-x}CoO_2 + xLi^+ + xe^- \quad (1-1)$$

负极反应：$$6C + xLi^+ + xe^- = Li_xC_6 \quad (1-2)$$

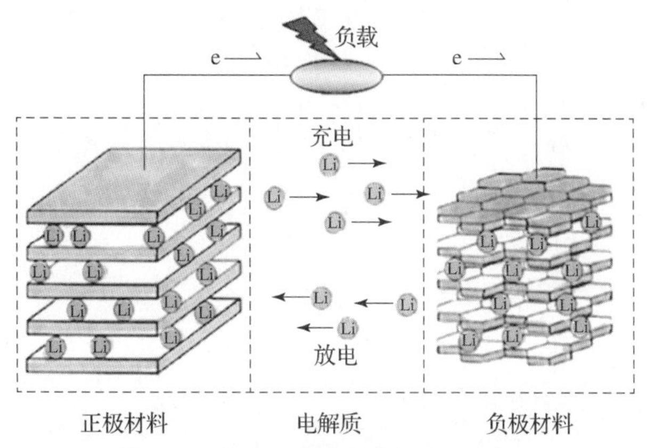

图1-4 锂离子电池充放电过程示意图

电池反应：$LiCoO_2 + 6C = Li_{1-x}CoO_2 + Li_xC_6$ (1-3)

1.1.3 锂离子正极材料的要求

锂离子电池目前负极比容量已经达到较高的水准，相比之下，正极的比容量限制了电池的性能提升。例如，AI 等人研究发现以能量密度为 200 W·h/kg 作为基准电池，电池由比容量为 180 mA·h/g 的三元正极和比容量为 350 mA·h/g 的石墨负极组成，以此计算出的电池的能量密度归一化为 1。通过当正极容量限定为 180 mA·h/g 时，即使采用比容量高达 3 000 mA·h/g 的硅基负极材料，电池比容量提升也不会非常大，超过 42%（表 1-1）。但将负极比容量限定为 350 mA·h/g 时，只要稍微改变一下正极材料，就能提高 20%，例如比容量为 250 mA·h/g 的富锂材料。

表1-1 负极比容量对电池比能量提升幅度的影响

正极比容量/($mA·h·g^{-1}$)	负极比容量/($mA·h·g^{-1}$)	能量密度相对值	电池能量密度提升幅度
180	350	1.00	0%
	500	1.10	10%
	800	1.24	24%
	1 000	1.28	28%
	1 200	1.32	32%
	2 000	1.39	39%
	3 000	1.42	42%

目前商用含锂氧化物型和聚阴离子型正极材料的比容量极限约在220 mA·h/g，比能量难以超过1 000 W·h/kg。因此，需要开发具有更高比容量的正极材料，提供更多活性物质用于电极反应。理想的锂离子正极材料要求如下：

①材料晶体结构稳定，在电池循环中能维持完整的电极结构，能承受一定应力。

②电子/离子电导率较高，能满足电池大电流快速充放电的需求。充放电反应中在正负极间不断迁移的锂离子应有较高的扩散和迁移系数。

③金属离子氧化还原电位较高，能够提升电池工作电压。

④容量较高，能在脱/嵌反应中提供更多的锂。

⑤具有较好的电化学稳定性，在充放电电压范围内不与电解液发生反应造成材料损失，且在液态电解质中溶解度较小。

⑥成本较低，对环境无污染，生产便利，便于运输。

目前，各种体系的正极材料无法同时满足以上所有要求，达到理想状态。常见报道的锂离子正极材料主要有层状嵌脱锂氧化物、尖晶石氧化物和橄榄石结构的聚阴离子材料。几种锂离子电池正极材料的理论和实际的能量密度对比如图1－5所示。从图中可知，层状富锂锰基正极材料作为一种层状嵌脱锂氧化物的衍生物，是唯一实际能量密度能达到900 W·h/kg的正极材料，极具潜力，而其他尖晶石或聚阴离子类衍生物如$LiNi_{0.5}Mn_{1.5}O_4$、Li_2FeSiO_4亦具备较高的理论比能量，有进一步的挖掘潜力。

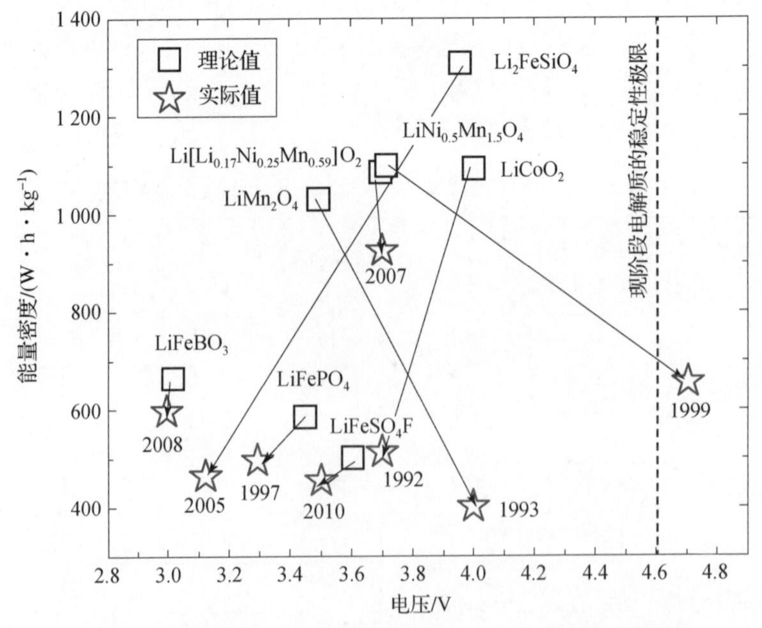

图1－5　几种锂离子电池正极材料的理论和实际的能量密度对比

1.2 相关术语

1.2.1 电池的电压

锂离子电池的电压主要分为终止电压、开路电压以及工作电压。终止电压指基于需求和安全等因素，在电池充放电过程中规定的最高充电电压或最低放电电压，当二次电池达到终止电压后便不宜再充放电。开路电压（Eocv）指电池外电路断开或无电流通过时电池正负极的电位差。工作电压指电池在正常放电时，对外输出的电压。工作电压数值为电流通过外电路后电极之间的电位差，由于欧姆内阻和极化内阻的存在，工作电压小于开路电压，其大小由电极材料、终止电压、放电电流、电池内阻和温度等条件共同决定。

1.2.2 电池的容量和比容量

电池的容量指电池在一定充放电条件（温度、终止电压、放电电流等）下能够容纳或释放的总电量，单位为安·时（A·h）或毫安·时（mA·h），分为额定容量、理论容量和实际容量。

额定容量指电池在一定放电条件（温度、放电速率）下由初始电压放电至终止电压所产生的容量。理论容量指当电池活性物质完全用于电极反应时电池所具有的电量。实际容量指电池在一定条件下正常工作中所能放出的实际电量，由活性物质的大小和利用率共同决定。由于电池在工作中难以一直保持理想工作状态，电池的实际容量总小于理论容量。

电池的比容量常用于不同电池的性能比较，比容量分为质量比容量（A·h/kg）和体积比容量（A·h/L），分别指单位质量和单位体积电池所具有的容量。

1.2.3 电池的能量和能量密度

电池的能量指在一定放电条件下，电池对外做功所输出的电能，单位为瓦·时（W·h），可分为理论能量和实际能量。

理论能量指二次电池在恒温恒压等稳定条件下所做的最大功，此时活性物质利用率为100%，放电电压等于电动势。实际能量指电池在放电时实际能够输出的能量。电池的实际能量远小于理论能量，其大小由电压效率（输出电压与电动势的比值）、质量效率（活性物质与电池质量的比值）和反应效率（活性物质的利用率）共同决定。

电池能量密度指单位质量或体积的电池所能放出的能量，也称为质量比能量或体积比能量，单位为“W·h/kg”或“W·h/L”。

1.2.4 电池的功率和功率密度

电池的功率指在一定放电条件下，电池在单位时间内所能输出的能量，单位为瓦（W）；功率密度指单位体积或质量的电池输出的功率，单位为瓦/千克（W/kg）或瓦/升（W/L）。功率表示了电池承受电流的能力，电池的内阻越小，用于放电的实际输出功率越大。

1.2.5 充放电速率

电池充放电快慢的度量，有小时率和倍率两种表示方法。小时率指在恒电流放电条件下放完电池额定容量所需要的小时数，通常用 h 表示；倍率指在一定时间内电池将额定容量全部放完所需要的电流大小，通常用 C 表示，C = 1/h。例如，20 A·h 的电池在 4 A 电流放电条件下，完全放完需要 5 h，用小时率来表示为以 5 h 率放电；用 5 倍率（5 C）放电表示时，则是用 0.2 h 放完额定容量，所需电流为 4 A。

1.2.6 荷电状态和放电深度

荷电状态（State of Charge，SOC），也叫剩余电量，是指二次电池在使用一段时间或长时间搁置未使用后的剩余容量与其完全充电状态容量的比值，常用百分数表示（取值范围 0 ~ 100%）。当 SOC = 0 时，表示电池放电完全；当 SOC = 100% 时，表示电池电量完全充满。但是，考虑到化学电池反应特性，如阈值边界、静态和动态差异、倍率差异、估值精度差异等，SOC 估值需要留出缓冲区间，以确保电池时时刻刻工作在安全区域。

放电深度（Depth of discharge，DOD），是表示二次电池放电状态的参数，其值为二次电池放电容量与额定容量的比值，常用百分数表示。浅循环二次电池的放电深度不应超过 25%，深循环二次电池则可释放 80% 的电量。值得注意的是，电池的放电深度与放电速率无关。当使用大电流放电时，单体电池的端电压会明显跌落，此时即使单体电池没有满放，端电压也会达到低关断电压，表现为电池放出容量降低。但实际上电池本身容量并未改变，若使用较小的放电速率，电池仍可达到额定容量，实现满放。

从上述定义可以得到，荷电状态和放电深度在数值上的关系为：

$$SOC = 1 - DOD$$

1.2.7 库仑效率

库仑效率又称为充放电效率。电池的库仑效率指在一定的充放电条件下，电池放电释放出的电荷量与充电时充入电荷量的百分比。对正极材料来说，是指嵌锂容量与脱锂容量的百分比；对于负极材料来说，是指脱锂容量与嵌锂容量的百分比。

值得注意的是电解质分解，界面钝化，电极活性材料的结构、形态和导电性的变化等因素都会对库仑效率产生影响。

1.2.8 电池内阻

电池内阻是指电池工作时，电流流过电池内部所受到的阻力，分为欧姆内阻和极化内阻。欧姆内阻主要是指电极材料、电解液、隔膜的电阻及各部分零件的接触电阻，与电池的尺寸、结构、装配等有关。电流通过电极时，电极电势偏离平衡电极电势的现象称为电极的极化。极化内阻是指电池的正极与负极在进行电化学反应时产生极化所引起的内阻，这其中包括电化学极化内阻和浓差极化内阻。

电池内阻并不是一个恒定不变的常数，在电化学反应过程中会随着电解液成分、浓度和温度等变化而变化，其中欧姆内阻遵从欧姆定律，极化内阻随电流密度增大而增大，但并不是线性相关。若电池内阻过大，在电池正常使用过程中会产生大量焦耳热（根据焦耳定律：$E = I^2RT$），从而使电池温度升高，导致电池放电工作电压降低，放电时间缩短，对电池性能、寿命等造成严重影响。因此，电池内阻对于电池而言是十分重要的基本参数。

1.2.9 电池寿命

对于二次电池而言，电池寿命分为储存寿命和循环寿命。储存寿命指在某一特定环境下，没有负载时电池放置后达到规定指标所需的时间，这与电池的自放电有很大关系。自放电是指电池不与外电路连接时由内部自发反应引起电池容量损失的现象。循环寿命是指电池在某特定条件下（如某一温度、湿度、电压范围、电流密度等）进行循环充放电，当放电比容量达到规定指标（一般为初始放电比容量的 80%）时的循环次数。循环寿命即为电池的使用寿命，商业应用对 3 C 产品锂离子二次电池的使用寿命更为关注。

参 考 文 献

[1] WINTER M, BARNETT B, XU K. Before Li-ion batteries [J]. Chemical Reviews, 2018, 118 (23): 11433-11456.

[2] 黄可龙，王兆翔，刘素琴．锂离子电池原理与关键技术 [M]．北京：化学工业出版社，2010.

[3] BROUSSELY M, JUMEL Y, GABANO J P. Lithium batteries with voltage compatibility with conventional systems [J]. Journal of Power Sources, 1980, 5 (1): 83-87.

[4] LAZZARI M, SCROSATI B. A cyclable lithium organic electrolyte cell based on two intercalation electrodes [J]. Journal of the Electrochemical Society, 1980, 127 (3): 773-774.

[5] TARASCON J M, ARMAND M. Issues and challenges facing rechargeable lithium batteries [J]. Nature, 2001, 414 (6861): 359-367.

[6] CHENG X B, ZHANG R, ZHAO C Z, et al. Toward safe lithium metal anode in rechargeable batteries: A review [J]. Chemical Reviews, 2017, 117 (15): 10403-10473.

[7] ARMAND M. Materials for advanced batteries [M]. New York: Plenum Press, 1980: 145-161.

[8] MIZUSHIMA K, JONES P C, WISEMAN P J, et al. Li_xCoO_2 ($0 < x \leq 1$): A new cathode material for batteries of high energy density [J]. Materials Research Bulletin, 1980, 15 (6): 783-789.

[9] NAGAURA T, TAZAWA K. Lithium-ion rechargeable battery [J]. Progress in Batteries & Solar Cells, 1990 (9): 209-217.

[10] 李维康．锂离子电池用富锂锰基正极材料的电极界面机理及改性研究 [D]．北京：北京理工大学，2019.

[11] 王昭．锂离子电池富锂锰基正极材料 $Li_{1.2}Mn_{0.54}Ni_{0.13}Co_{0.13}O_2$ 的合成制备及改性研究 [D]．北京：北京理工大学，2014.

[12] 艾新平，杨汉西．浅析动力电池的技术发展 [J]．中国科学：化学，2014 (7): 1150-1158.

[13] WAKIHARA M. Recent developments in lithium-ion batteries [J]. Materials Science and Engineering: Reports, 2001, 33: 109-131.

第2章

层状结构正极材料

2.1 单金属层状氧化物

单金属层状氧化物由元素周期表 d 族的过渡金属与氧组成，具有周期性层状结构和二维离子传输通道，是一类研究较早的嵌入型化合物。三氧化钼（MoO_3）和五氧化二钒（V_2O_5）作为单金属层状氧化物的代表，因其独特的层状结构、优异的离子嵌入/脱出能力在锂离子电池正极材料的研究中广受关注。

2.1.1 三氧化钼

1. 结构及电化学性能

三氧化钼（MoO_3）是常见的单金属层状氧化物正极材料。将 MoO_3作为锂离子电池正极材料的研究始于 20 世纪 70 年代，Campanellal 和 Pistoia G 认为，相对较低的溶解度和极化值使得 MoO_3适合作为高能非水电池的正极材料。同时期其他学者也对 MoO_3进行了研究，认为其作为锂离子电池电极材料有一定的研究价值和发展潜力。1994 年，Julien 等人对 $\alpha-MoO_3$正极材料热力学参数进行了深入研究。近年来，对锂离子电池的火热关注和纳米材料的兴起为 MoO_3注入了新的活力。

MoO_3具有独特的二维层状结构，结构中包含四面体、八面体空穴和广延的通道，适合小离子的插入和移动，具有锂插层性质。三氧化钼能量密度高，理论电化学容量大，充放电平台为 2.0～2.5 V，既能作为电池的正极材料又能作为负极材料，众多学者对其进行了广泛而深入的研究。

由于 MoO_3的层状结构，Li 和电子可以自由地在 MoO_3中完成嵌入和脱嵌过程，所以上述发生的反应具有很好的可逆性。MoO_3不仅具有特殊层状结构，而且在有机溶剂中溶解度小、极化程度低。其作为电池正极材料在放电过程中的作用机理是溶剂中的 Li 离子嵌入到 MoO_3的层状结构中，发生局部规整反应生成 Li_xMoO_3，即

$$MoO_3 + xLi^+ + xe^- = Li_xMoO_3$$

$0.1 \leqslant x < 1.5$ 时，Li 离子嵌入和脱出是可逆的。$x < 0.25$ 为放电初始阶段，相对于锂的电位为 2.8 V，这时 MoO_3和 Li_xMoO_3 两相共存；$0.25 < x < 0.5$ 时为放电第二阶段，电位区间为 2.8～2.4 V，材料为 Li_xMoO_3的固溶体；$1 < x < 1.5$

为放电的最后阶段，Li_xMoO_3 的固溶体以低于 2.4 V 的电位存在。当 $x>1.5$ 时，氧化物结构会发生不可逆的变化。

三氧化钼通常以 3 种物相存在：室温下热力学稳定的正交相（Orthorhombic）和热力学介稳态的六方相（Hexagonal）和单斜相（Monoclinic）。[MoO_6] 八面体在结构中的排列不同，致使三氧化钼结构不同。

正交相三氧化钼（$\alpha-MoO_3$）具有各向异性的结构特征和独特的层状结构，平行的（010）面呈层状结构，每层包括两个子层，每个子层沿着 [001] 和 [100] 方向呈共角八面体堆积，沿着 [001] 方向呈共边八面体堆积。沿着 [010] 方向层与层有选择性地堆积形成 $\alpha-MoO_3$，在层间范德华力起主要作用。$\alpha-MoO_3$ 中存在四面体和八面体空穴，适合锂离子的脱嵌，是理想的锂离子插层材料。$\alpha-MoO_3$ 结构的各向异性有利于通过对插层结构的修饰、退火和锂化等方法改善其性能。$\alpha-MoO_3$ 结构示意图如图 2-1 所示。

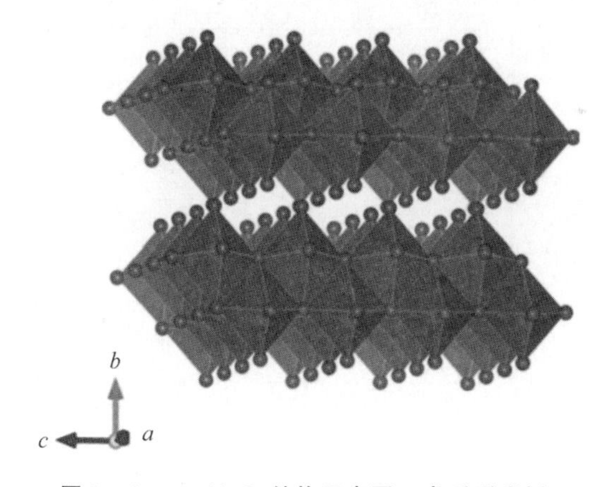

图 2-1　$\alpha-MoO_3$ 结构示意图（书后附彩插）

研究表明，$\alpha-MoO_3$ 在 1.5 V 以上每个化学式单元最多可容纳 1.5 个 Li^+，理论容量为 372 mA·h/g，且锂化后的 MoO_3（Li_xMoO_3）在室温下具有一定的电子传导能力和较高的 Li^+ 迁移速率。$\alpha-MoO_3$ 纳米材料能量密度高，理论电化学容量大，在较低的电流密度下，能够表现出较高的容量和循环性能。锂化的与未锂化的 MoO_3 纳米带的 XRD 图谱如图 2-2 所示，锂化的与未锂化的 MoO_3 充放电曲线及循环性能如图 2-3 所示。原始的与锂化的 MoO_3 首次放电容量分别为 301 mA·h/g 和 240 mA·h/g，在首次放电过程中出现了两个平台，表明锂的嵌入分两步进行：第一个容量范围为 0~50 mA·h/g，电压平台大约是 2.75 V；第二个容量范围为 100~175 mA·h/g，电压平台大约是 2.30 V。

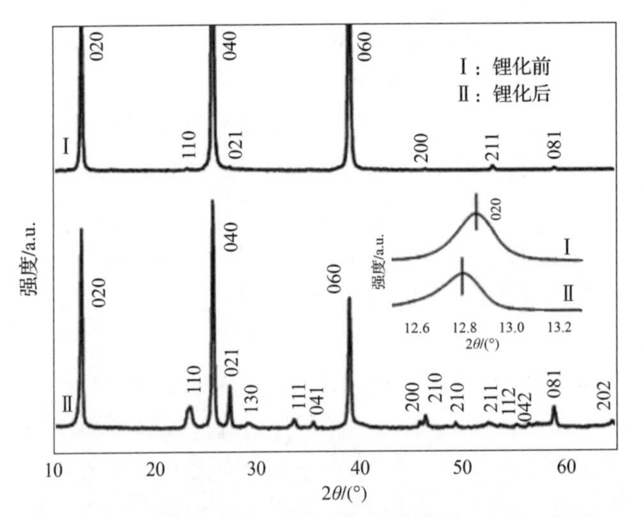

图 2-2　锂化的与未锂化的 MoO_3 纳米带的 XRD 图谱

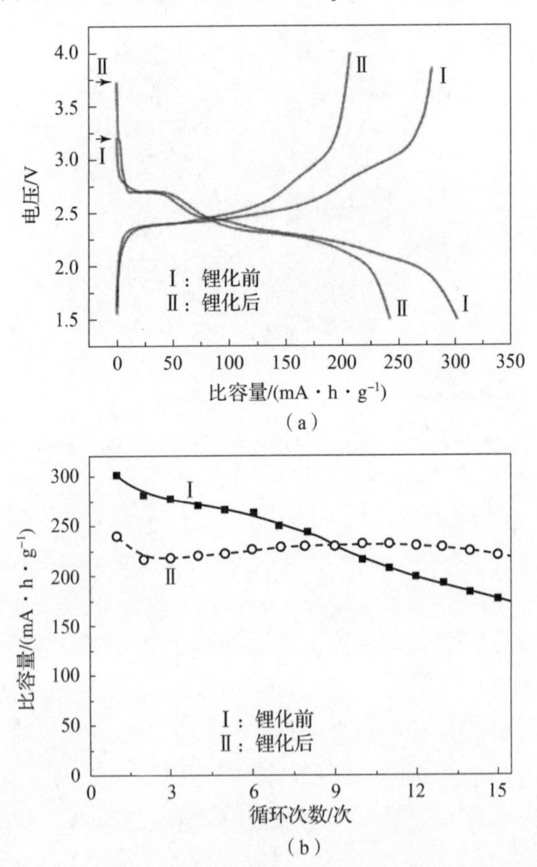

图 2-3　锂化的与未锂化的 MoO_3 充放电曲线及循环性能

（a）充放电曲线；（b）循环性能

六方相 MoO_3（$h-MoO_3$）与正交相 MoO_3 相似，也是由［MoO_6］八面体组成。［MoO_6］八面体3个一组共顶点连接形成一个结构单元，结构单元之间通过共边方式形成链，再由链三维堆积形成六方相 MoO_3 结构，结构示意图如图2-4所示。这样的三维网状结构含有空的近六方通道，有利于锂离子在晶体空穴中运动，这使其成为锂离子电池正极材料的候选者。SONG J 等人以水热法制备的 $h-MoO_3$ 为正极材料，以1 mol/L的 $LiPF_6$ 在EC和DEC（M：M=1：1）中的溶液为电解液，锂金属为负极组装了纽扣电池，在电压范围为1.2～4 V、电流密度为0.1 mA/cm^2 的条件下，电池首次放电容量约为400 mA·h/g，并观察到充放电曲线在2.0 V左右具有明显的电压平台。但该材料容量保持率较差，第3次放电容量仅为首次的60%。$h-MoO_3$ 的XRD衍射示意图及首次充放电曲线如图2-5、图2-6所示。

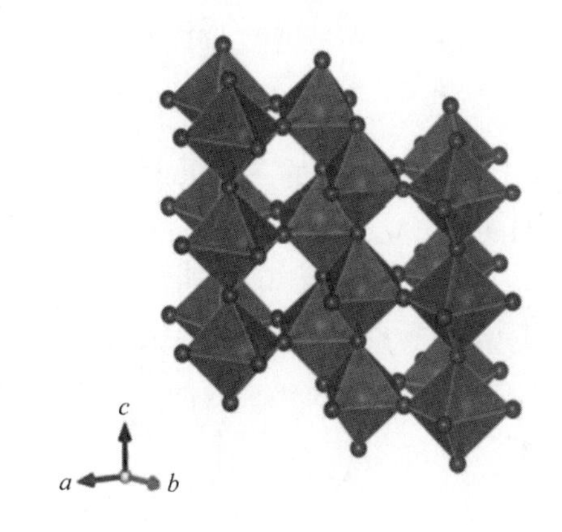

图2-4　$h-MoO_3$ 结构示意图（书后附彩插）

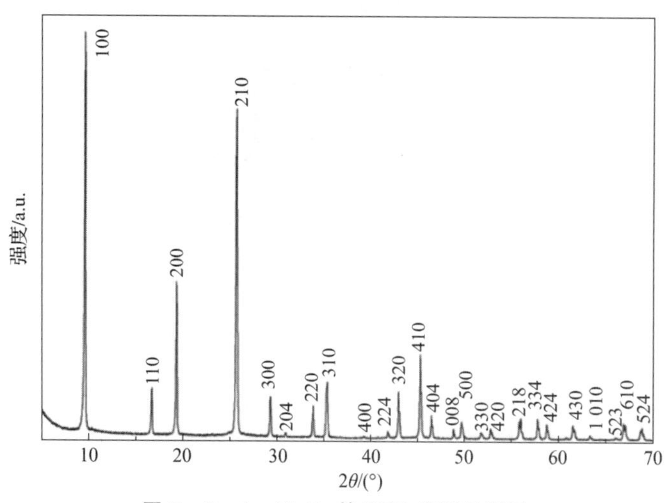

图2-5　$h-MoO_3$ 的XRD衍射示意图

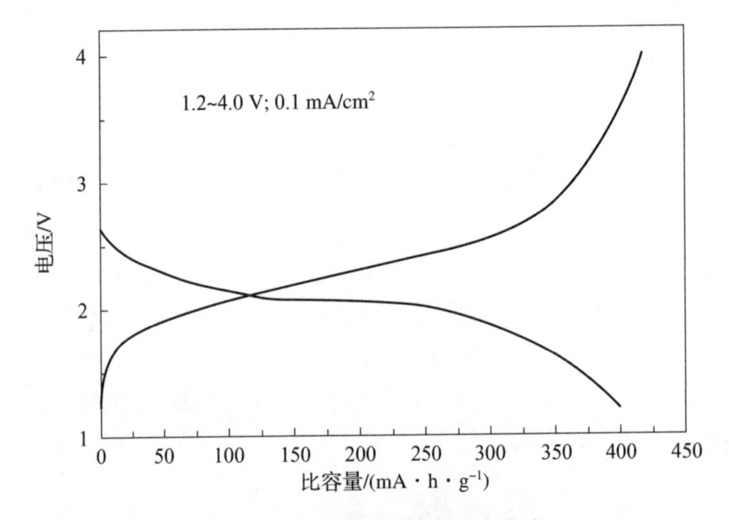

图 2-6 $h-MnO_3$ 首次充放电曲线

单斜相 MoO_3（$\beta-MoO_3$）具有扭曲的三维 ReO_3 型结构，该结构基本上为共角八面体，钼原子处在 MoO_3 的立方晶胞的 8 个顶角，氧原子处在各条边上，中心存在一个配位数为 12 的空穴，结构示意图如图 2-7 所示。单斜相 MoO_3 在锂离子电池正极材料应用较少，具有代表性的工作是 Mariotti D 等人采用大气微束法制备的单斜 $\beta-MoO_3$ 应用到锂离子电池中，并展现出了很好的电化学性能。

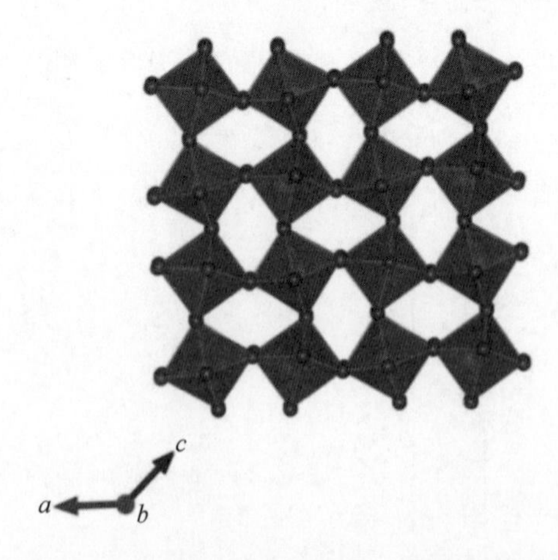

图 2-7 $\beta-MoO_3$ 结构示意图（书后附彩插）

由于 $\alpha-MoO_3$ 具有各向异性的结构特征和独特的层状结构，且在室温下是热力学稳定的，目前大多数研究都是基于 $\alpha-MoO_3$ 进行开展。

在晶体结构中包含了氧四面体和八面体的空位，并且层与层之间的间隙距离为 6.929 Å，非常适合锂离子的传输和存储。同时 $\alpha-MoO_3$材料具有高理论电化学容量、大能量密度等特点。因此，MoO_3材料引起了广大科研工作者的兴趣。但是，MoO_3作为正极材料仍然面临很多挑战。例如，在 2.8 V 的电位下，首次嵌入锂离子过程中，材料会发生不可逆相变，材料的晶体结构会发生不可逆的破坏，严重影响电极材料的循环性能和理论容量；多次充放电过后，电极材料的层状结构会由于层间微弱的范德华力出现坍塌，电极可逆容量下降。这也是 MoO_3正极初始容量较高，但是衰减过快的根本原因。

2. 制备和改性方法

目前制备 MoO_3正极材料主要的方法有固相法、液相法两种，其中液相法包括化学沉淀法和溶剂/水热法。

1）固相法

固相法包括机械粉碎法、固相热分解法和固相烧结法。机械粉碎法是利用机器将块状原料直接研磨成超细粉末；固相热分解法是利用前驱体在高温并在惰性气体保护下热分解制备产物；固相烧结法是把金属盐或金属氧化物按一定比例混合研磨后进行高温烧结得到所要的产物，但是很难得到颗粒很细的纳米粒子。固相法一般在高温下进行，能量消耗较大且具有安全隐患，制备得到的 MoO_3形貌较为单一，因此目前很少采用此方法合成 MoO_3粉末。Chen 等人以固相热分解合成的微米 MoO_3 材料作为正极，电池循环及倍率性能均比纳米 MoO_3 材料差。

2）液相法

液相法是制备纳米 MoO_3最有效、最常用的方法。

（1）化学沉淀法

化学沉淀法是指在前驱体溶液中加入某种能与该溶液互溶的溶剂，因混合溶液的极性改变而导致某些成分从溶液中析出，形成沉淀。该方法制得的沉淀产物基本为钼酸盐类，一般需要通过高温分解才会生成 MoO_3晶体材料，过程复杂且耗能，还易使颗粒发生团聚，影响产物的性能。张文松等人采用化学沉淀法，选取不同退火温度制得纯的六方相和正交相 MoO_3，将其作为锂离子电池正极材料，在 20 mA/g 的电流密度下，$h-MoO_3$的首次放电比容量及前 10 次循环的循环性能高于 $\alpha-MoO_3$，图 2-8 为 $h-MoO_3$ 样品的首次充放电曲线。

（2）溶剂/水热法

溶剂/水热法是指利用高温高压的水热釜使在一般条件下不溶或难溶于水/

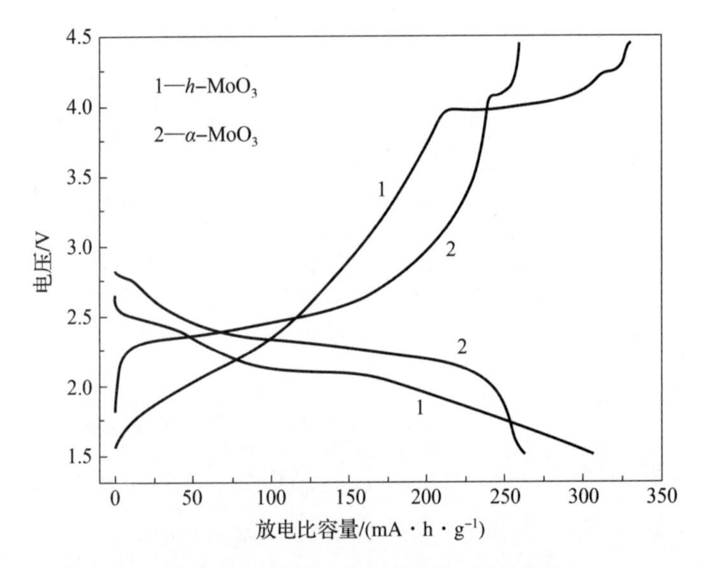

图 2-8　$h-MoO_3$ 样品的首次充放电曲线

其他有机溶剂的物质溶解，或发生反应生成溶解状态的目标产物，由于高压釜内存在温差形成对流效应使目标产物析晶出来。此方法操作方便，一步到位得到目标产物，避免了烦琐的后处理；另外通过改变溶剂/水热条件可以得到形貌各异、尺寸较小且均匀的纳米粉末或薄膜，从而可以得到性能优异的产物，此方法被广泛应用于制备纳米 MoO_3 物质。水热法由于其操作简单，所制备产物的结晶性较好，且实验的可重复性较高，是目前研究者广泛采用的方法。

为了改善 MoO_3 正极材料的性能，研究者们从提高晶体结构中层间的稳定性、改善材料的离子电导率、扩大离子的传输通道、缩短离子传输的路径、增大与电解质的比表面积等角度，通过材料纳米化、锂化、包覆、杂化掺杂（hybridization method）、引入氧空位（$\alpha-MoO_{3-x}$）等方面做了大量尝试。

材料纳米化

制备纳米材料是改善材料的有效手段。纳米材料可以为电子和锂离子提供相对较短的传输路径，增大电极和电解液之间较大的接触面积，有利于电子和离子的快速传输。纳米化的 MoO_3 可以有效解决 MoO_3 正极材料电子导电率低，衰减快这一问题。W. Li 等人认为，棒状结构更容易适应锂插入时发生的结构应变。Chen 等人通过改进的水热法合成了尺寸、长径比较小的 MoO_3 纳米棒（样品Ⅰ），以 1 mol/L 的 $LiPF_6$ 在 EC 和 DEC（M：M＝1：1）中的溶液为电解液，锂金属为负极组装了纽扣电池。与具有较大长径比的纳米化 MoO_3 材料（样品Ⅱ）以及微米 MoO_3 材料（样品Ⅲ）作为正极的电池相比，作者发现样品Ⅰ表现出更高的初始容量和更小的不可逆容量损失、更好的倍率性能和更好的循环性能（图 2 -9）。

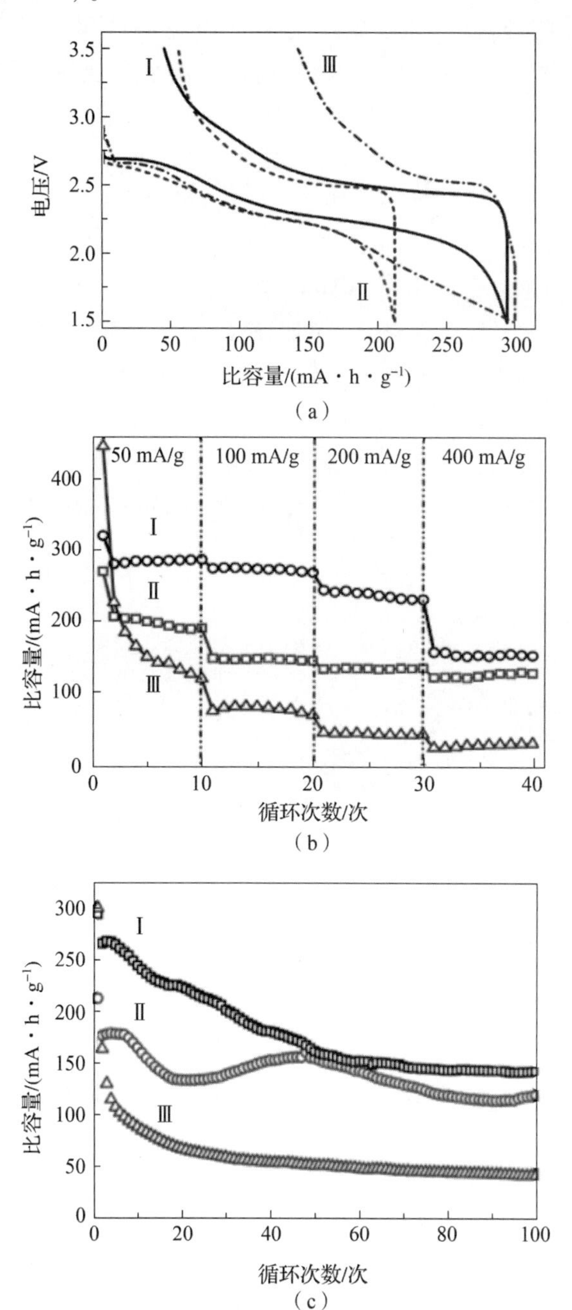

图 2 -9　电压 1.5 ~3.5 V、电流密度 300 mA/g 时样品Ⅰ~Ⅲ的充放电曲线、倍率性能和循环性能

（a）第 1 次循环充放电曲线；（b）不同电流密度下的倍率性能；（c）恒定电流密度下的循环性能

“锂化”（也被称为“预嵌锂”“补锂”）是在锂离子电池工作之前向电池内部增加锂来补充锂离子。通过锂化对电极材料进行补锂，抵消形成 SEI 膜造成的不可逆锂损耗，以提高电池的总容量和能量密度。MoO_3 锂化后，电化学性能得以提高，原因是锂离子占据了 MoO_3 晶格的间隙位置，从而可以稳定结构并减少循环过程中 MoO_3 层与中间层中的锂离子之间的静电相互作用。L. Mai 等人通过水热法制备了锂化改性的 MoO_3 纳米带，锂化的 MoO_3 纳米带表现出良好的循环能力，39 次循环后容量保持率为 50%，而原始的纳米带容量保持率仅为 26.5%，锂化 MoO_3 纳米带的放电容量略小于原始 MoO_3 纳米带，原因在于锂化后的 MoO_3 本身存在锂离子，其占据了一定的嵌锂位置，导致部分嵌锂位置的丧失而引起容量的降低。锂化后 MoO_3 的循环性能有所改善的原因有以下两方面：一方面，锂离子的嵌入提高了 MoO_3 的导电性，更利于锂离子的嵌入和脱嵌；另一方面，锂离子的嵌入稳定了 MoO_3 内部的微观结构，使得在充放电过程中锂离子的嵌入和脱嵌引起的不可逆的体积变化减少。原始 MoO_3 纳米带和锂化 MoO_3 纳米带的循环性能示意图如图 2－10 所示。

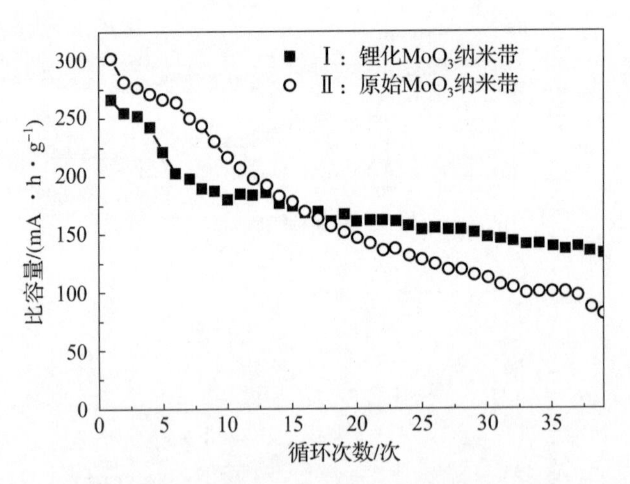

图 2－10　原始 MoO_3 纳米带和锂化 MoO_3 纳米带的循环性能示意图

包覆

由于 MoO_3 属于半导体材料，其离子电导率和电子电导率相对较低，因此通常采用导电性能良好的碳材料对 MoO_3 进行包覆。在各种碳材料中，碳纳米管（CNTs）因其优异的物理化学性质和独特的结构而被公认为是非常有前景的材料。G. Wang 等人通过简单的水热法合成了 $\alpha-MoO_3$/CNTs 纳米复合材料，CNT 网络不仅可以促进电子和离子的传输，而且还为锂嵌入和脱出时的应变和应力提供了额外的缓冲空间。该电极体系在0.1 C表现出超过320 mA·h/g的容量，并表现出优异的倍率性能，其初始充放电曲线、循环性能、倍率性能分别如图2-11、图2-12、图2-13所示。

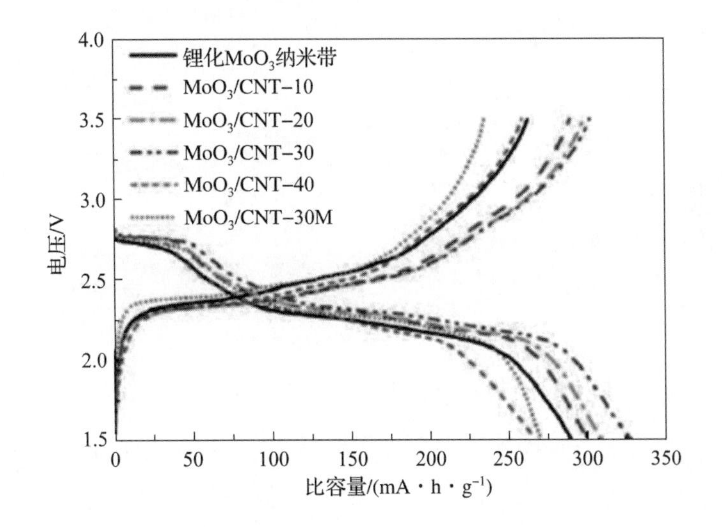

图2-11　纯MoO_3和MoO_3/CNT纳米复合材料在0.1 C、电压范围为1.5~3.5 V的初始充放电曲线

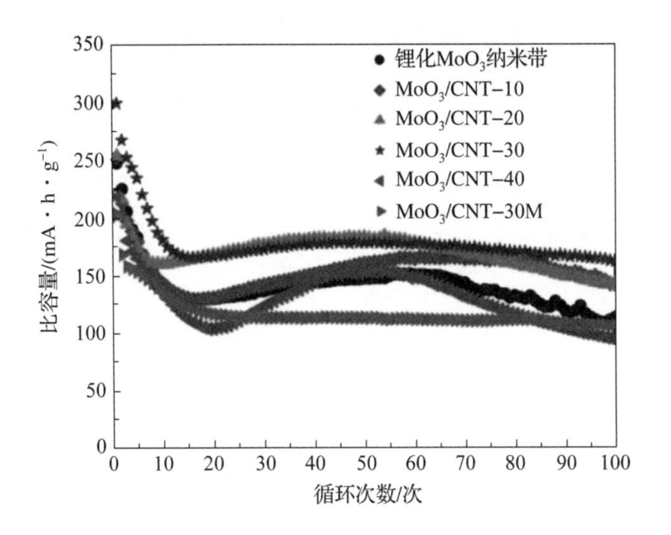

图2-12　纯MoO_3和MoO_3/CNT材料在0.5 C下的循环性能（书后附彩插）

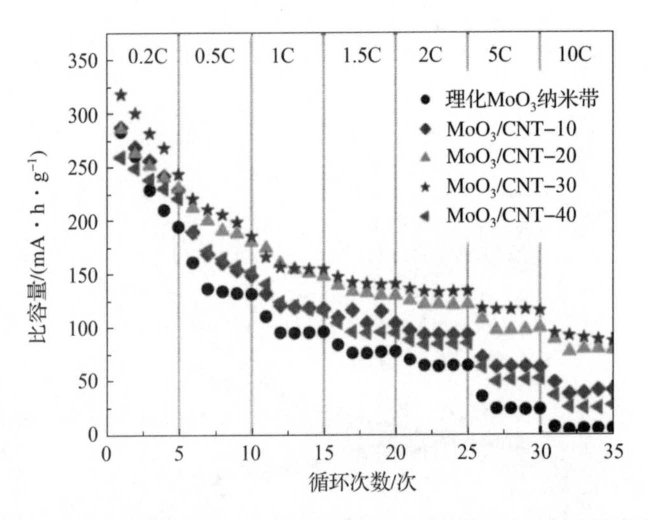

图 2-13　纯 MoO_3 和 MoO_3/CNT 材料在不同电流密度下的倍率性能

H. Zhang 等人认为简单的物理混合不能保证碳纳米管在 MoO_3 表面均匀分布，因此采用电沉积法使纳米 MoO_3 在 N 掺杂的碳纳米管上均匀分布。在 N-CNTs 表面生长的 α-MoO_3 纳米粒子显著降低了锂离子在 MoO_3 晶体内的扩散距离，具有良好导电性的 N-CNTs 骨架为电子传导提供了通路。与原始 MoO_3 粉末相比，该纳米复合材料具有明显改善的循环性能和倍率性能，其初始充放电曲线、循环性能、倍率性能如图 2-14、图 2-15、图 2-16 所示。

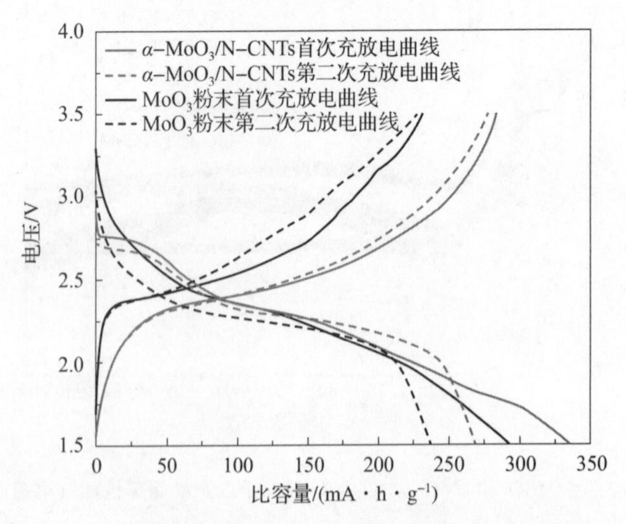

图 2-14　纯 MoO_3 和 α-MoO_3/N-CNTs 纳米复合材料在电流密度为 30 mA/g、电压范围为 1.5～3.5 V 的初始充放电曲线

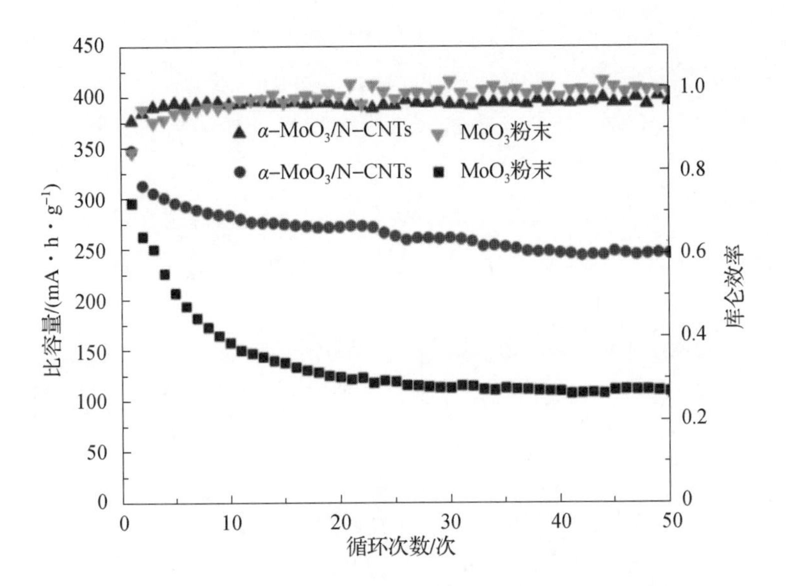

图 2－15　纯 MoO_3和 α－MoO_3/N－CNTs 纳米复合材料在电流密度为 30 mA/g、电压范围为 1.5～3.5 V 的循环性能

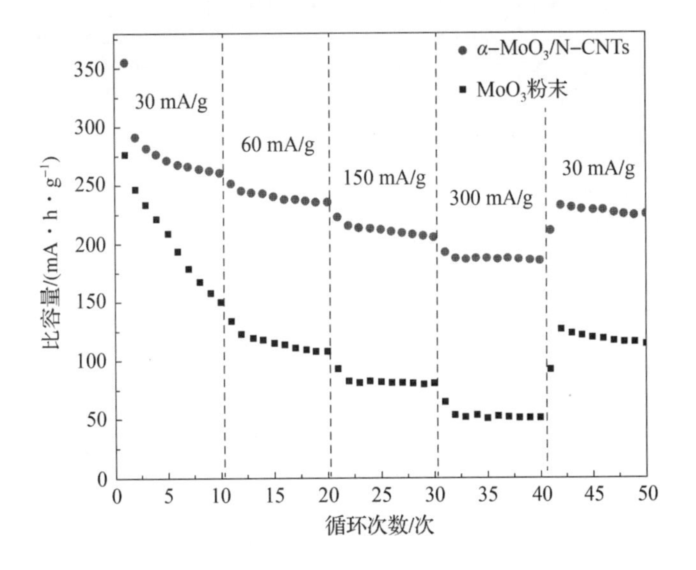

图 2－16　纯 MoO_3和 α－MoO_3/N－CNTs 纳米复合材料在不同电流密度的倍率性能

杂化

可以通过杂化的方法来提高 α - MoO_3 正极材料的电化学性能。S. M. Paek 等人通过固相法合成了 TiO_2 掺杂的 TiO_2 - MoO_3，相比于原始 MoO_3 正极，TiO_2 - MoO_3 展现出 420 mA · h/g 的超高放电容量，并在 20 次循环后循环性能仍然好于原始 MoO_3 正极。原始 MnO_3 与 TiO_2 - MnO_3 的放电曲线和循环性能如图 2 - 17 所示。研究人员认为掺杂 TiO_2 后电化学性能的提高源于 TiO_2 - MoO_3 形成了开放结构，有助于锂离子有效地嵌入和脱出。

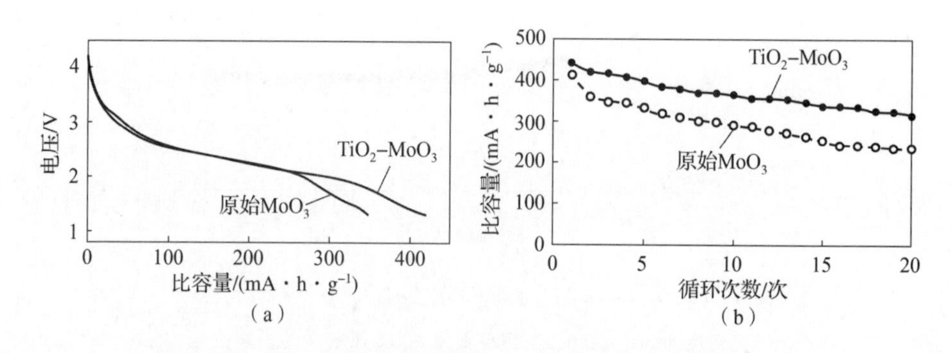

图 2 - 17　原始 MoO_3 和 TiO_2 - MoO_3 的放电曲线和循环性能

(a) 放电曲线；(b) 循环性能

引入氧空位

氧空位是指金属氧化物晶格氧脱去一个氧原子后形成的缺陷。氧空位可以调节金属氧化物电子结构，改变能带结构。对于 α - MoO_3 正极材料来说，氧空位可以充当离子的浅施主（shallow donors）以增加载流子浓度，从而有效解决电导率低的问题，提高材料的电化学性能。G. Zhang 等人通过可控等离子体蚀刻 α - MoO_3 纳米带制备缺氧 α - MoO_{3-x}，并首次用作锂离子电池的正极材料。研究人员以原始 α - MoO_3（MoO_3（Ⅰ））、H_2 等离子蚀刻 10 min（MoO_3（Ⅱ））、20 min（MoO_3（Ⅲ））的 α - MoO_3 为正极，LB315 为电解液，锂金属为负极组装纽扣电池。结果表明，MoO_3（Ⅱ）在电化学过程中具有最大的 Li^+ 扩散系数、最低的电荷转移电阻和最小的极化，因此 MoO_3（Ⅱ）放电容量远高于 MoO_3（Ⅰ）和 MoO_3（Ⅲ）（图 2 - 18）。同时，原位 XRD 测试结果（图 2 - 19）进一步表明，在循环过程中，MoO_3（Ⅱ）的范德华间隙变化小且呈周期性，呈现出稳定的晶体结构。

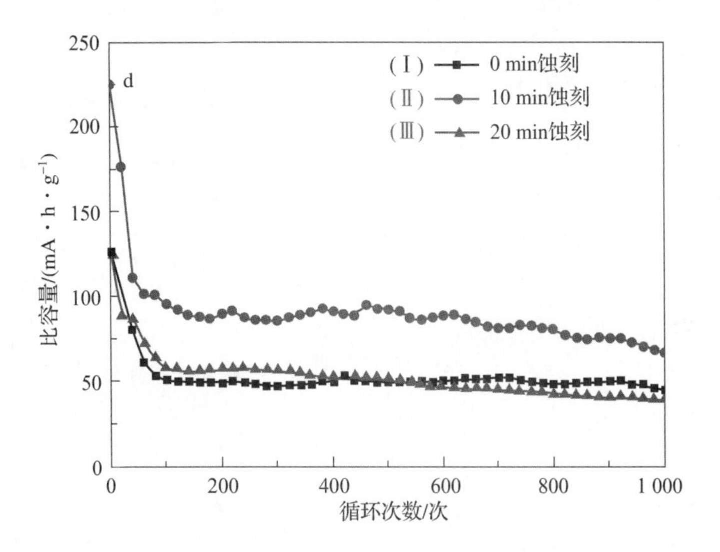

图 2－18　MoO_3(Ⅰ)、MoO_3(Ⅱ)、MoO_3(Ⅲ) 在 1 A/g 下的循环性能

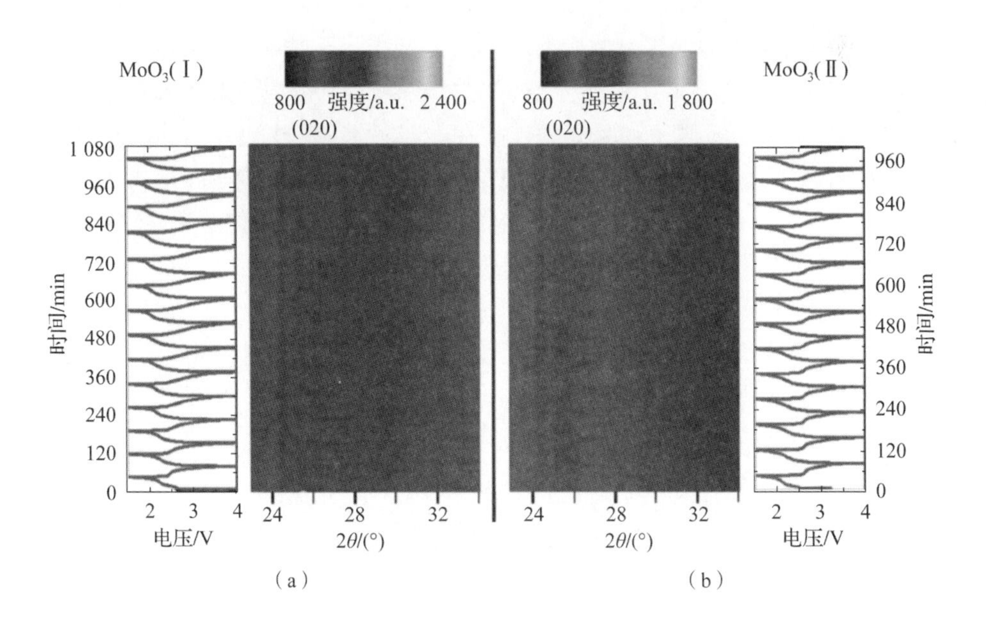

图 2－19　以 0.4 A/g 循环电池时的原位 XRD 测试结果

(a) MoO_3(Ⅰ)；(b) MoO_3(Ⅱ)

2.1.2 五氧化二钒

1. 结构及电化学性能

钒（V）是一种具有多价态的元素，其原子序数为23，位于第4周期VB副族，价电子结构为$3d^3 4s^2$，V元素常见的价态为+2～+5价，对应的氧化物主要有VO、V_2O_3、VO_2和V_2O_5，其中V^{5+}最为稳定，V^{4+}次之，V^{3+}和V^{2+}较差。钒氧化物为层状结构，层内为键能较强的共价键连接，层间为键能较弱的范德华力连接，从而有利于锂离子或者是其他较小的分子的自由嵌入，而且钒氧化物价态多样，还具有较高的理论容量，所以近年来引起了人们的广泛关注。

V-O体系中，V_2O_5是最稳定的氧化物，其具有优异的层状结构，层间V—O键键能较弱，Li^+在脱嵌过程中晶格变化小，从而其容量具有良好的可逆性。作为锂离子电池中被广泛关注的正极材料，五氧化二钒被研究了很久。V_2O_5晶体属于Pmnm空间群，具有正交晶胞结构，其晶格参数为$a=11.510$ Å，$b=3.563$ Å，$c=4.369$ Å。如图2-20（a）、（b）所示V_2O_5的层状结构是由一系列体VO_5结构构成，VO_5结构具有扭曲的顶点，形成金字塔形结构，它们在（001）的平面上串联。在每个金字塔中，由1个钒原子和5个氧原子组成，5个V—O键将钒原子和氧原子连接在一起。在同一层中，根据位置的不同，每个氧原子会与2个或者3个钒原子进行键合，因而金字塔顶端的氧原子位置按照上-上-下-下的顺序进行交替排列；同时，顶端的这个氧原子与相邻层的钒原子之间会存在较弱的化学键的相互作用，正是这种垂直于c轴的层间相互作用使得V_2O_5的层状结构可以保持。

V_2O_5敞开的层状结构使Li^+嵌入层间空隙更加容易，这使得V_2O_5比其他层状化合物能够储存更多的Li^+。如图2-20（c）和（d）显示了五氧化二钒锂化之前和锂化之后（$Li_xV_2O_5$）的结构变化。在锂化过程中材料保留原始V_2O_5的扭曲金字塔结构，但是原始V_2O_5拥有的光滑的层状结构会随着锂离子插入数x的增加而发生起皱。根据x的值和晶体结构的差异，可以将其划分为5种相，即$\alpha-Li_xV_2O_5(0<x<0.01)$、$\varepsilon-Li_xV_2O_5(0.35<x<0.7)$、$\delta-Li_xV_2O_5(0.7<x<1)$、$\gamma-Li_xV_2O_5(1<x<2)$、$\omega-Li_xV_2O_5(2<x<3)$。在相邻两相之间存在相互转变的4个相变的电化学反应。在不断嵌锂和相变的过程中，$\alpha\leftrightarrow\varepsilon$、$\varepsilon\leftrightarrow\delta$、$\delta\leftrightarrow\gamma$的反应均为可逆相变，但$\omega-Li_xV_2O_5$相的形成有时是不可逆的，该过程会发生严重的容量衰减。

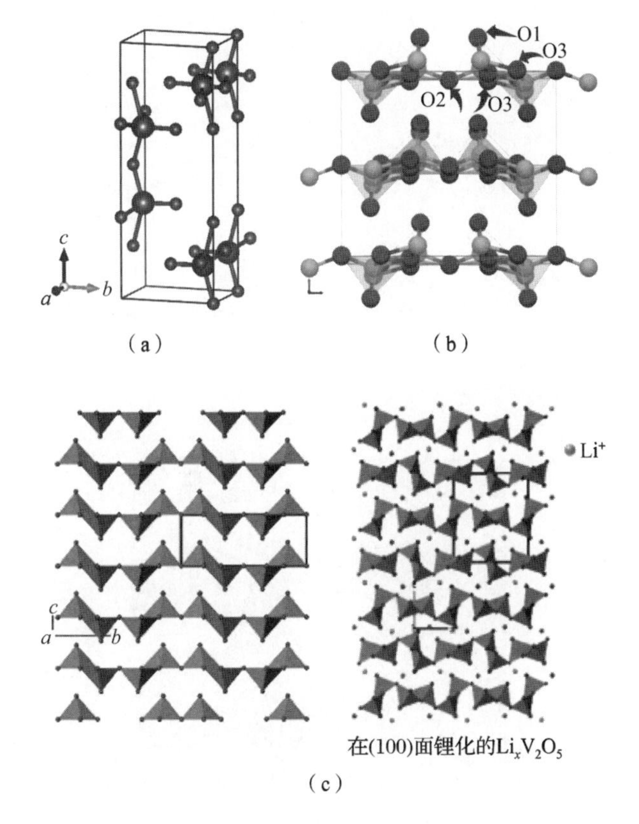

图2-20　V_2O_5结构示意图和嵌入锂的结构变化（书后附彩插）

通常来说，作为正极材料，x 的值一般不会超过3。在2.5~4.0 V，$x=1$，其理论比容量为147 mA·h/g；在2.0~4.0 V，$x=2$，理论比容量为294 mA·h/g；在1.5~4.0 V，$x=3$，相应的理论比容量为441 mA·h/g。在 V_2O_5 作为正极的锂离子电池中最常见的情况是 $x=2$，这是因为 $x=2$ 时既能提供较高的理论容量（294 mA·h/g），同时也可以确保性能稳定。$x=3$ 的嵌入模式具有441 mA·h/g的最大理论比容量，但缺乏容量稳定性。

2. 制备和改性方法

1）五氧化二钒的制备

V_2O_5 的制备方法有许多种，如直接合成法、水热法、溶剂热法、溶胶-凝胶法、离子液体法、模板法等。

（1）水热法

在封闭的釜中把水作为反应介质，在预设的温度以及压力下使料液发生反应，这是制备五氧化二钒颗粒最常用的方法之一，具有成本低、操作简单、收率高的优点，同时通过调节生长参数，可以很好地控制最终产品的成分和结构。伴随超临界流体技术的发展，超临界水热/溶剂热成了制备纳米电极材料的常用方法。

Shi 等人使用十二烷基硫酸钠为表面活性剂溶于去离子水中，并与纯五氧化二钒粉末混合，剧烈搅拌 20 min 之后形成悬浮的橙色溶液，之后转移到 80 mL 的高压釜中 150 ℃ 反应 48 h，最后得到了如图 2－21 所示直径 100～200 nm，厚度 20～30 nm 的 V_2O_5 纳米带。表面活性剂的添加使五氧化二钒的生长得到控制，从而形成纳米带，并且这种高长径比的颗粒有利于锂离子的转移，使其电化学性能有一定提高。

图 2－21　用水热法制备的 V_2O_5 纳米带的 SEM 照片

（2）溶胶－凝胶法

Li 等人采用简便的溶胶－凝胶法以五氧化二钒粉末和双氧水为原料进行反应，得到深红色凝胶后用去离子水稀释成溶液并冻干，最后经热处理获得叶片状的五氧化二钒纳米片，其合成路线示意图如图 2－22 所示。在电流密度为 50 mA/g 时，其具有高达 303 mA · h/g 的放电容量（图 2－23）。

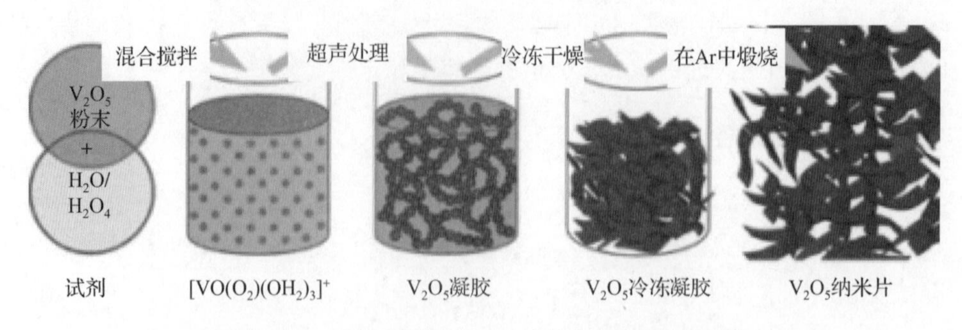

图 2－22　二维叶片状 V_2O_5 纳米片的合成路线示意图

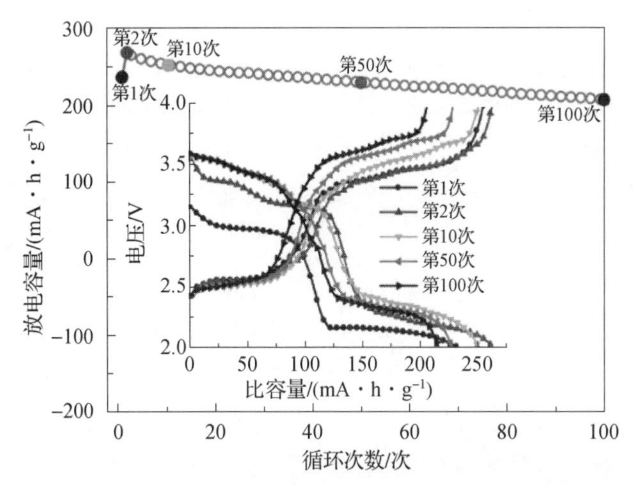

图 2－23　叶片状 V_2O_5 纳米片电极在 500 mA/g 电流密度下的循环性能

（3）模板法

模板法有优良的可控制性，主要用于制备一维纳米材料，通过空间约束模板剂的影响对所制备材料的结构、形貌、尺寸和排列进行控制。

Patrissi 等人采用模板合成方法制备了正交五氧化二钒纳米材料，探究了这种材料的锂离子扩散距离和比表面积对五氧化二钒倍率性能的影响。通过在微孔聚碳酸酯滤膜孔中沉积前驱体制备了直径 115 nm、长度 2 mm 的 V_2O_5 纳米线。最后发现五氧化二钒纳米线在 200 C 速率下的容量是薄膜五氧化二钒的 3 倍。在 500 C～1 190 C 的放电速率提高了 4 倍。

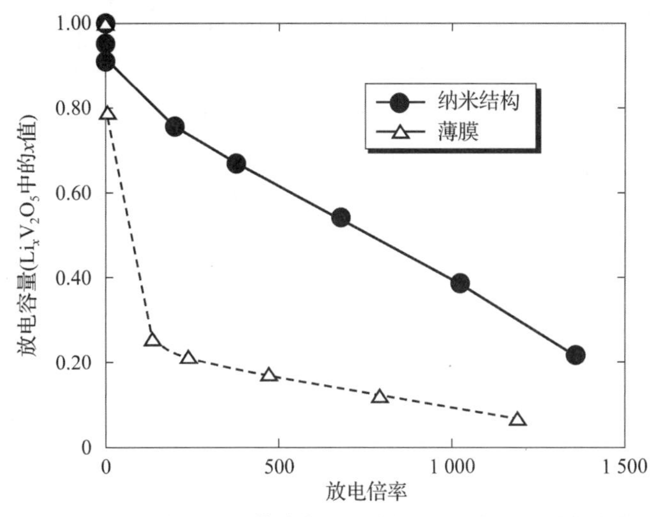

图 2－24　典型纳米结构和薄膜电极的放电容量与恒电流放电率的关系

2）五氧化二钒的改性

（1）纳米结构化

纳米化可缩短离子和电子的传递距离，从而提升锂离子电池的传输动力学。因此，各种纳米 V_2O_5 材料被制备出来，包括一维 V_2O_5 纳米材料（如纳米带、纳米线）、二维 V_2O_5 纳米材料（如纳米片、多孔球、蛋黄壳球和空心球等）和三维 V_2O_5 纳米材料（如纳米片花等）。一维 V_2O_5 纳米材料，具有一个维度的电子传输路径，并具有较大的比表面积，这缩短了锂离子的扩散路径，是一种很好的高倍率 V_2O_5 材料。二维 V_2O_5 纳米材料是指少数的薄层 V_2O_5，它相较一维 V_2O_5 具有更大的比表面积，这使得活性 V_2O_5 充分被电解液浸润，具有更多的活性反应位点。三维 V_2O_5 纳米材料具有独特的结构优势：一方面具有一维、二维纳米材料的高比表面积和低尺度结构的优势；另一方面，具有优异的结构稳定性，能缓解充放电过程机械应力对电极材料结构的破坏。因此，三维 V_2O_5 纳米材料较一维、二维纳米材料具有更高比容量、优异的倍率性能和循环稳定性能。

（2）与导电材料复合

虽然纳米结构 V_2O_5 能够缩短锂离子的扩散距离，从而改善电池的倍率性能，但是 V_2O_5 自身导电率低以及扩散系数差的固有缺陷，单纯地通过 V_2O_5 的纳米化是无法获得高倍率性能。将 V_2O_5 纳米材料与碳基导电材料复合可以改善其电导率、锂离子扩散系数和提高材料结构的稳定性。因此，V_2O_5 纳米材料与碳基导电材料也得到了广泛的研究，如乙炔黑包覆的 V_2O_5 纳米复合材料、还原氧化石墨烯/V_2O_5 杂化片、V_2O_5/3DC - CF、碳包封的空心多孔 V_2O_5 纳米纤维和五氧化二镍核心 - 外壳阵列。这些复合材料可以增强表面的电子转移行为，从而提高电化学性能，也能很好地解决低维纳米结构五氧化二钒严重的自聚集和粉化作用等问题。

通常 V_2O_5 纳米材料与导电材料复合可以分为以下两大类：①原位生长法是将碳基材料进行化学修饰或者表面改性，在碳基材料表面原位生长 V_2O_5 纳米材料。②非原位生长法是先制备出 V_2O_5 纳米材料，然后通过中间体分子的静电作用或氢键作用，最终将 V_2O_5 纳米材料和导电碳基材料连接在一起。

（3）离子掺杂

主要是将外来金属离子，如 Ag^+、Cu^{2+}、Mn^{2+}、Cr^{3+}、Sn^{4+}、Ni^{2+} 和 Al^{3+} 等掺杂到［VO_5］层中，并与负氧离子（O^{2-}）相互作用。具有相对较大的半径和对氧的亲和力的金属元素能起到支柱的作用，能维持 V_2O_5 结构的稳定性和完整性，并可以提高锂在 V_2O_5 材料中插层/脱层过程中的本征电导率和锂离子扩散系数。同时通过增大层间距，达到增大扩散通道的目的，提高材料的循环性能。除此之外，金属离子还能有效抑制充放电循环过程中活性材料与电解液由于发生副反应造成大 V_2O_5 的溶解。

(4) 其他

基于 V_2O_5 的层状结构，人们尝试对 V_2O_5 进行剥离以提高其电化学性能。Xianhong Rui 等人采用液相剥离的方法得到了单个厚度为 2.1～3.8 nm 的 V_2O_5 纳米片，如图 2－25 所示。超薄的纳米片结构提供了较大的比表面积，缩短了 Li^+ 和电子的扩散路径，使其表现出优异的倍率性能，在 1 C、3 C、5 C、10 C、20 C 和 30 C 下的可逆容量分别为 266 mA · h/g、251 mA · h/g、233 mA · h/g、192 mA · h/g、156 mA · h/g、137 mA · h/g。

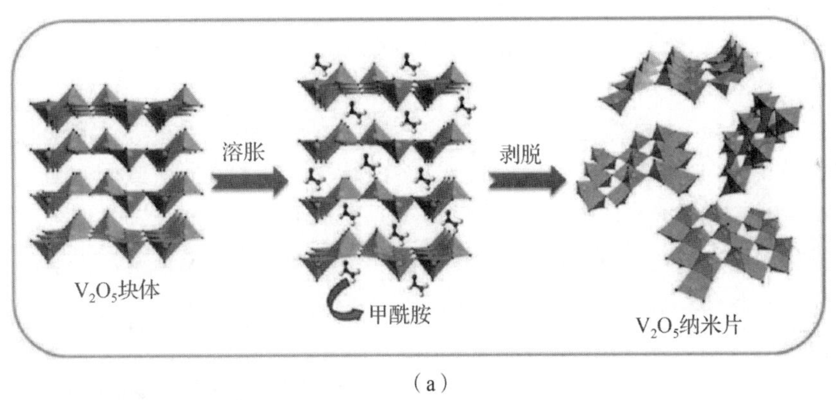

(a)

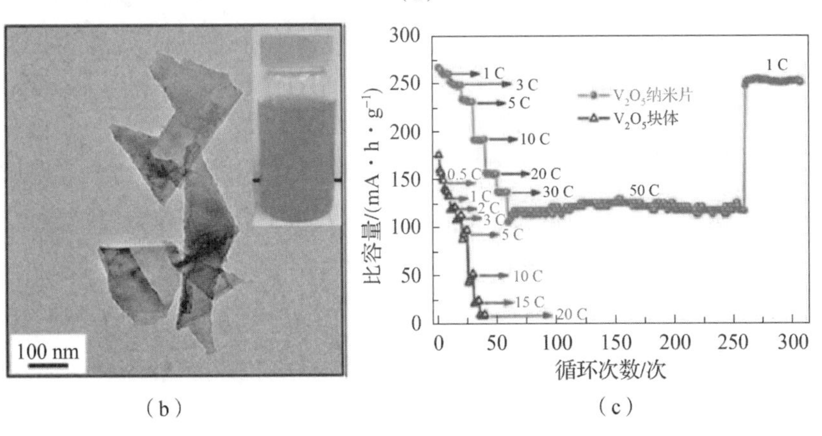

(b) (c)

图 2－25 V_2O_5 纳米片的剥离过程示意图以及 TEM 图像和倍率性能

(a) V_2O_5 纳米片的剥离过程示意图；(b) TEM 图像；(c) 倍率性能

2.2 二元层状氧化物

2.2.1 层状钒酸锂

1. 结构及电化学性能

层状钒酸锂（LiV_3O_8）在1957年首先被Wadsley等人发现，并提出其具有作为锂电池正极材料的潜能，但当时关于锂电池研究刚起步，并没有引起大家的重视。在20世纪80年代，Besenhard等人研究发现，钒酸锂作为正极材料具有优异的嵌锂能力，并且还具有高的比容量、合成价格低廉和资源储备丰富等优势，从而逐渐引起广泛的关注和研究。层状结构钒酸锂（LiV_3O_8）属于单斜晶系，P21/m空间群，晶胞参数分别为 $a = 6.680$ Å，$b = 3.596$ Å，$c = 12.024$ Å，$\beta = 107.83°$。图2-26（a）为LiV_3O_8晶体结构示意图，可以看到该结构中存在两种基本的结构单元：［VO_6］八面体和［VO_5］三角双锥体，二者通过共角方式相连形成褶皱的（V_3O_8）$^-$离子层。

LiV_3O_8晶体结构中存在两种锂离子可占据的空位：八面体空位（Li1）和四面体空位（Li2）。

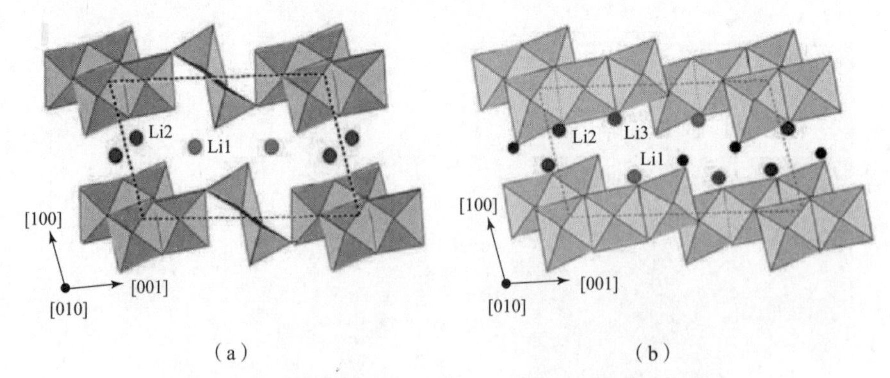

图2-26 层状钒酸锂在［010］晶向的晶体结构示意图，圆圈代表层间的八面体位点（Li1）与四面体位点（Li2）

（a）LiV_3O_8；（b）$Li_4V_3O_8$

八面体间隙的锂离子（Li1）主要是支撑着整体结构，在充电过程中它们不会脱出，起着稳定结构的作用。四面体间隙是过量的锂离子的嵌入位置，这里面的锂离子是可以脱出的，属于“活锂”（Li2）。此外，八面体间隙中的Li^+（Li1）丝毫不影响四面体间隙处锂离子（Li2）向别处的迁移和扩散。钒酸锂（LiV_3O_8）材料理论比容量在300 mA·h/g以上，主要因为每个钒酸锂单元可以可逆地嵌入和脱出超过3 mol以上的锂离子。钒酸材料具有稳定的晶体结构、高的比容量、价格低廉以及易于生产等优势，但其作为正极材料属于贫锂材料（本身所含的锂在八面体间隙中不可移动）。因此，使用LiV_3O_8为正极生产锂离子电池时，负极材料需要富锂材料能提供锂源。以锂金属作为负极时，LiV_3O_8在充放电时的电极反应为：

正极反应：$LiV_3O_8 + xLi^+ + xe^- = Li_{1+x}V_3O_8$

负极反应：$xLi = xLi^+ + xe^-$

在放电过程中，外来的锂离子将占据四面体空位（Li2），占据该位置的锂离子能够在V_3O_8层间进行可逆脱嵌，每个结构单元最多可容纳3个锂离子，形成组分为$Li_4V_3O_8$相，V_3O_8的框架保持完整，单斜结构单元的晶格参数随着相比发生各向同性改变如图2-26（b）所示，因而该材料通常表现出优异的结构稳定性。LiV_3O_8电极的嵌锂过程动力学研究表明，LiV_3O_8的锂离子扩散系数（10^{-13} cm^2/s）要明显低于$Li_xV_2O_5$（10^{-10} cm^2/s）。锂离子嵌入LiV_3O_8晶体的过程涉及一系列的相变步骤，当嵌锂量$x<1.5$时，单相转变发生在3.5 V、2.8 V与2.7 V附近，此时锂离子填充四面体间隙，Li^+在单相LiV_3O_8中的扩散速率很快。继而，当嵌锂量$1.5<x<3.0$时，锂离子通过两相转变（$Li_3V_3O_8$与$Li_4V_3O_8$）过程填充八面体间隙，此时放电电压在2.5 V附近，锂离子在两相中的扩散速率明显变慢。在更低的放电电位2.3 V附近时，嵌锂量$x>3.0$，此时锂离子的嵌入步骤更为缓慢，材料出现$Li_4V_3O_8$的单相区。由于$Li_4V_3O_8$与电解液发生反应，产生钝化膜以及金属离子溶解的问题，该过程被认为是LiV_3O_8容量衰减的主要原因。

2. 制备和改性

1）制备

就目前而言，LiV_3O_8主要的制备方法有固相法、溶胶-凝胶法、微波合成法、溶剂热合成法、冷冻干燥法、静电纺丝法、超声波制备法、流变相合成法、喷雾热解法等。

（1）固相法

固相法是合成钒酸锂正极材料的传统方法。传统固相法是将化学计量比的锂源和钒源混合，在较高的温度下和空气气氛中，保温一段时间后缓慢冷却至室温即可获得钒酸锂产品。固相法操作较为简单，设备要求不高，容易大规模生产。但是，固相法存在耗时耗能、合成颗粒大且尺度不均一、制备材料结晶度高等缺点。为了改善这些缺陷，人们对固相法进行了改进。

Yu 等人将化学计量比 3∶1 的 V_2O_5 和 Li_2CO_3 充分混合后，在 650 ℃下保温 10 h 后迅速将熔融的液体放于水中进行快速冷却，得到的产物干燥后在不同温度下热处理。从实验结果可知，快速冷却得到的钒酸锂材料中存在着水分子。在 150 ℃下，与 LiV_3O_8 材料之间仅是松散结合的水分子就会被去除。350 ℃下持续加热下，才能全部去除与材料强结合的水分子。如图 2－27 所示，在 250 ℃热处理后，LiV_3O_8 电化学性能最优。在电流密度 0.2 mA/cm^2 下初始放电比容量可达 250 mA · h/g；在大电流密度 5 mA/cm^2 下其放电比容量也有 180 mA · h/g。少量水分子的存在扩大了 LiV_3O_8 材料的层间距，这有利于锂离子的迁移。通过在水中的高温固态反应中反应熔体的快速淬火，水分子可以结合到锂化钒氧化物结构中。水分子可以通过加热到 350 ℃以上去除，生成的氧化物与结晶 LiV_3O_8 没有什么不同。在 250 ℃的中间温度下进行热处理会产生部分脱水的氧化物，与完全脱水的结晶 LiV_3O_8 相比，它具有更高的放电比容量和更好的循环性能。主晶格中少量强结合水的存在会导致更大的层间距，从而提高锂的迁移率和层间锂离子的均匀分布。

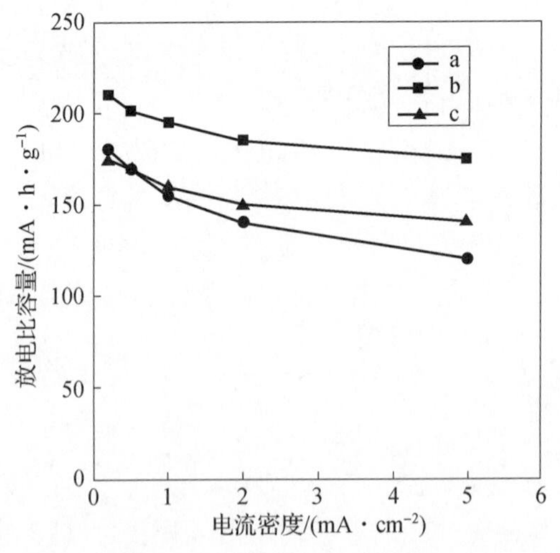

图 2－27 几种锂化钒氧化物第 10 次循环的放电比容量与电流密度的关系

a—没有热处理；b—加热至 250 ℃；c—加热至 350 ℃

（2）溶胶－凝胶法

溶胶－凝胶法具有合成温度低，制备材料颗粒尺寸较小（甚至可以制备出纳米材料）且均匀以及结晶度比较低等优点，但因为工艺步骤较多而不能大规模生产。最早是 Pistoia 等人用 V_2O_5 和 $LiOH \cdot H_2O$ 为原料使用溶胶－凝胶法制备了钒酸锂材料。此后，研究人员对溶胶－凝胶法制备钒酸锂进行了研究和改良。

2）改性

层状结构 LiV_3O_8 在深度嵌脱锂过程中存在不完全可逆的相转变，并且钒会部分溶解于电解液，对晶体结构的稳定性有一定的影响。此外，LiV_3O_8 通常具有较低的锂离子扩散系数及较差的电子传导率，作为锂离子电池正极，表现出较差的倍率性能及较严重的容量衰减现象。目前主要采用表面包覆或者离子掺杂的手段来提高 LiV_3O_8 正极的电化学性能。

（1）表面包覆

表面包覆能够有效抑制 LiV_3O_8 活性材料的溶解及相转变。例如，Wang 等人利用 LiV_3O_8 纳米片和石墨烯纳米片（GNS）之间的自组装作用合成了 GNS/LiV_3O_8 复合材料，如图 2－28 所示。独特的纳米片结构和石墨烯的修饰作用，在提高材料结构稳定性的同时，加快了 Li^+ 扩散动力学，使其表现出优异的倍率和循环性能。在 2 C、5 C、10 C、20 C、50 C 下的放电比容量分别为 329 mA·h/g、305 mA·h/g、277 mA·h/g、251 mA·h/g、209 mA·h/g；在 3 C 下充放电循环 100 次之后，材料仍然有接近 287 mA·h/g 的可逆容量，保持初始容量的 88%。

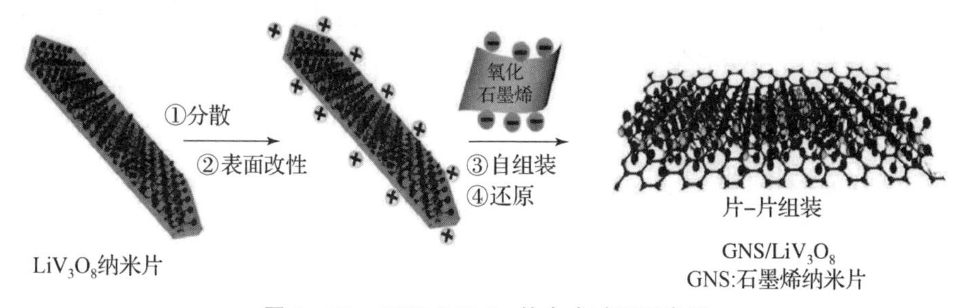

图 2－28　GNS/LiV_3O_8 的合成过程示意图

用于钒基正极表面改性的材料除了碳材料以外，还有快离子导体、导电聚合物和导电金属等。常见的快离子导体包覆材料包括 Li_3PO_4、$AlPO_4$、$CePO_4$、AlF_3、Li_3VO_4、RuO_2 和 Al_2O_3 等。氧化物及磷酸盐包覆层能够改善电极材料的表面状态，提高锂离子扩散速率，主要是由于它们在电极界面可以形成特殊的锂离子导体相，进而提高其电化学性能。目前，利用快离子导体对钒基材料进行表面改性的研究较少，主要集中在氧化物、氟化物。

（2）离子掺杂

对 LiV_3O_8 进行离子掺杂是改善其嵌脱锂过程中结构稳定性的有效方式，

通常利用不同的金属离子如 Na^+、Mg^{2+}、Cu^+、Ca^{2+}、Ag^+ 等对 Li^+ 进行替代或者 Ga、Zr、Mn、Mo 等对 V^{5+} 离子进行替代。

Song 等人以 $LiOH \cdot H_2O$、V_2O_5 和 $(NH_4)_6Mo_7O_{24}$ 为原料通过简单的水热法和热处理（图 2-29）成功制备出 Mo 掺杂的 LiV_3O_8 纳米片。XRD、拉曼光谱（图 2-30）测试结果表明 Mo^{6+} 取代了 LiV_3O_8 层中的 V^{5+} 并且使材料的结晶度降低。X 射线光电子能谱（图 2-31）显示，在 400 ℃ 下热处理的 Mo 掺杂 LiV_3O_8 纳米片含有 25% V^{4+} 和 3.5% 氧空位，并且呈现显著改善的循环性能（图 2-32）。

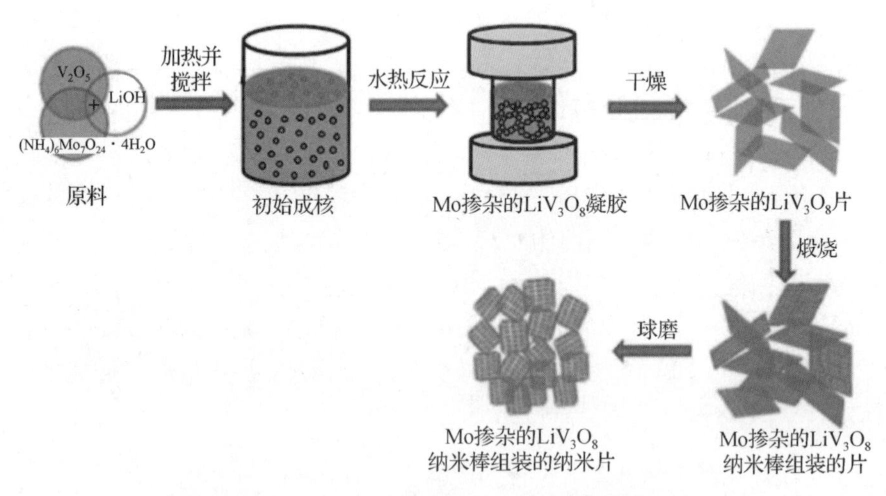

图 2-29　Mo 掺杂的合成路线示意图（书后附彩插）

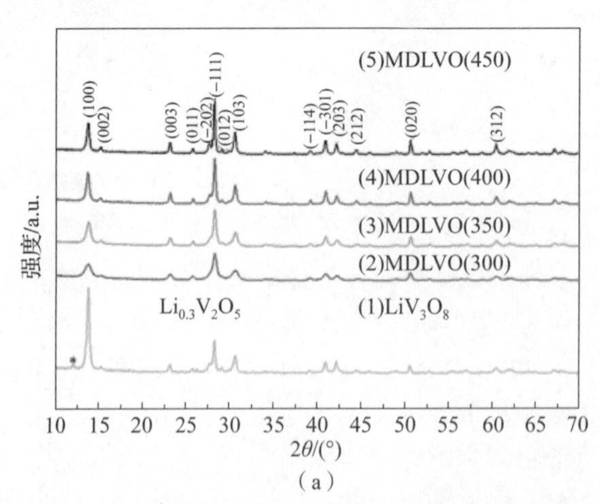

图 2-30　LiV_3O_8 与 MDLVO 的 XRD 图和拉曼光谱

(a) 400 ℃ 下煅烧的 LiV_3O_8 和不同温度下煅烧的 MDLVO 的 XRD 图

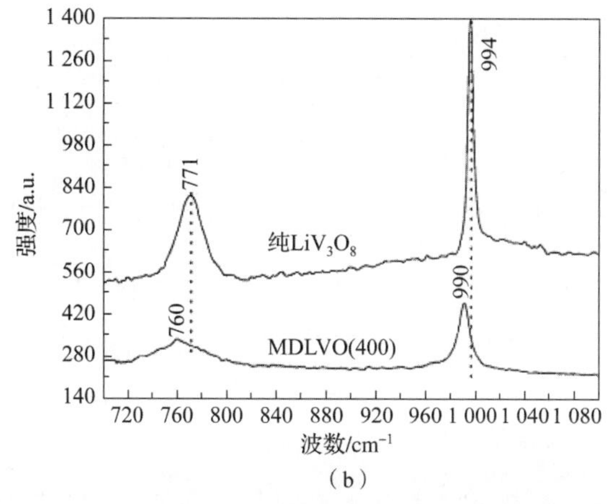

（b）

图 2-30 LiV_3O_8 与 MDLVO 的 XRD 图和拉曼光谱（续）

（b）400 ℃下煅烧的纯 LiV_3O_8 和 MDLVO 纳米片的拉曼光谱

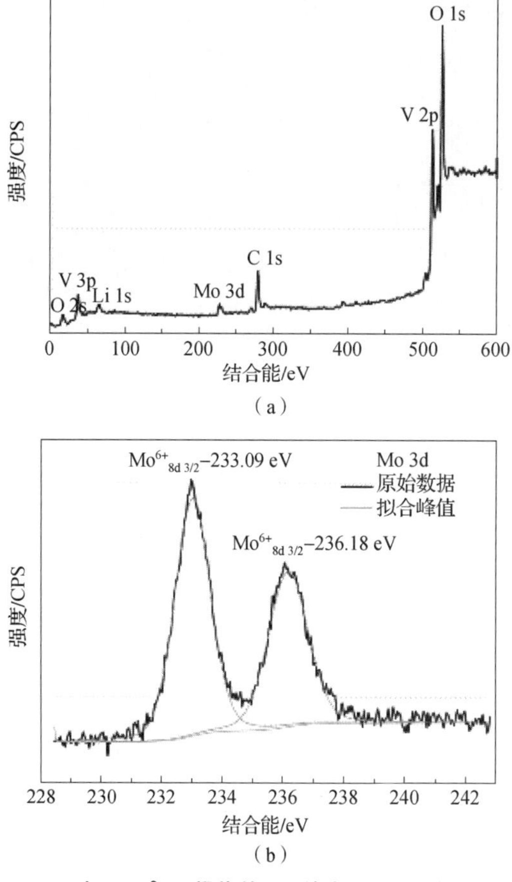

（a）

（b）

图 2-31 在 400 ℃下煅烧的 Mo 掺杂 LiV_3O_8 的 XPS 光谱

（a）测量光谱和高分辨率；（b）Mo 3d

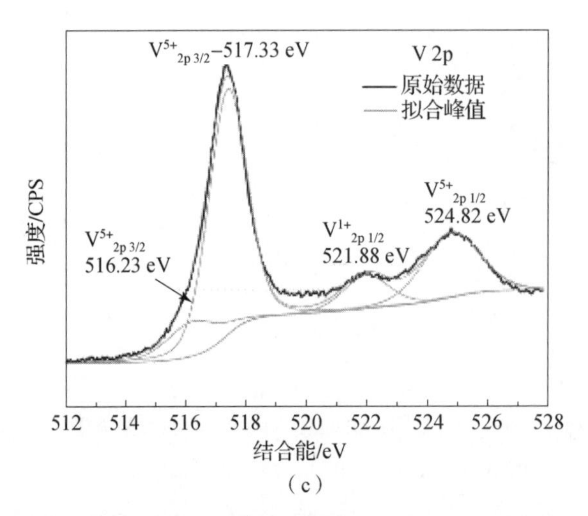

（c）

图 2－31 在 400 ℃下煅烧的 Mo 掺杂 LiV_3O_8 的 XPS 光谱（续）

（c）V 2p 光谱

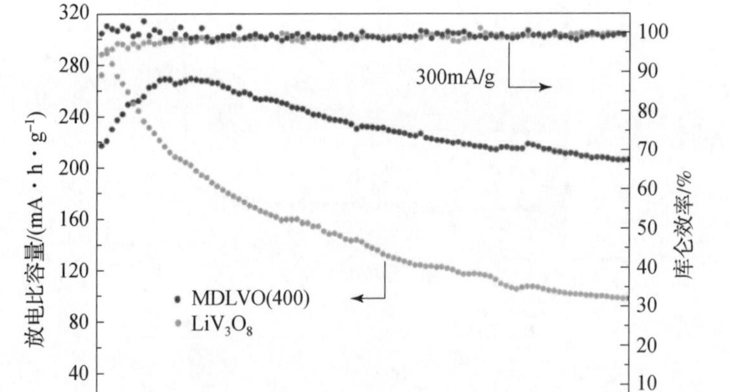

图 2－32 纯 LiV_3O_8 和掺杂 Mo 的 LiV_3O_8 在 300 mA/g 电流密度下的循环性能

2.2.2 层状钴酸锂

1. 结构及电化学性能

John Goodenough 研究开发的 $LiCoO_2$ 正极材料是十分成功的锂离子电池正极材料，日本索尼公司以 $LiCoO_2$/C 体系率先实现商业化，最早作为商品化正极材料被用于锂离子电池。由于该材料具备较高的工作电压、较大的能量密度、优良的循环性能和较高的倍率性能，并且无记忆效应，制备方法简单易行，是现阶段应用最为成熟的锂离子电池正极材料，已被广泛地使用在小型电子产品如手机、照相机和笔记本的锂离子电池中。

$LiCoO_2$晶体结构为$\alpha-NaFeO_2$型层状岩盐结构，属于六方晶系，空间群为$R\bar{3}m$，晶胞参数为：$a=0.281\ 6nm$，$c=1.408nm$。图2－33为层状$LiCoO_2$的晶体结构示意图。在理想的$LiCoO_2$晶体结构中，Li^+和Co^{3+}分别位于立方紧密堆积氧层中交替的八面体空隙的3a和3b位置。在充放电过程中，Li^+可以从所在的二维平面发生可逆的脱出嵌入反应，具有较高的锂离子扩散系数（10^{-9}～$10^{-7}\ cm^2/s$）。如果锂离子完全嵌脱，其理论质量比容量为274 mA·h/g，体积比容量为1 363 mA·h/cm^3；但在实际的充放电过程中，为了保持结构的稳定性，$LiCoO_2$只能发生部分的锂离子嵌脱，因此实际容量仅有160～200 mA·h/g，能反复利用的锂离子数目少于总量的60%。

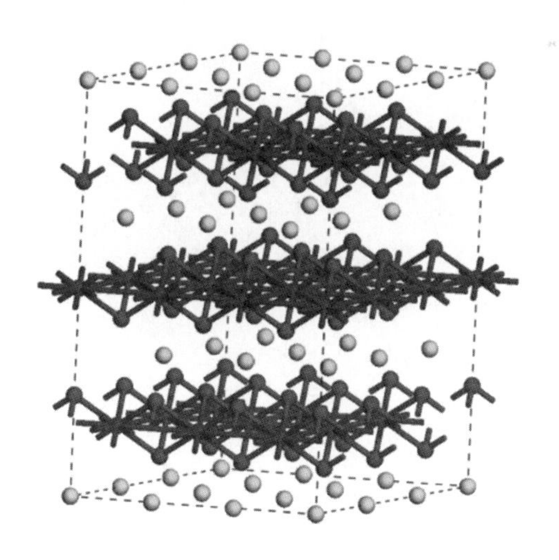

图2－33　层状$LiCoO_2$的晶体结构示意图（书后附彩插）

$LiCoO_2$的局限还在于成本高、热稳定性差、大电流放电或深度循环时容量衰减快等方面。与锰、铁、镍相比，钴资源短缺且价格昂贵；当电池内的温度超过一定温度时，会发生严重的放热反应，严重时会导致起火发生危险。另外，$LiCoO_2$过充时会发生如图2－34所示的结构转变，导致性能衰减。这些缺陷限制了$LiCoO_2$在大型动力电池方面的应用。随着锂离子电池正极材料的快速发展，$LiCoO_2$材料在市场中所占的份额正在逐渐降低。

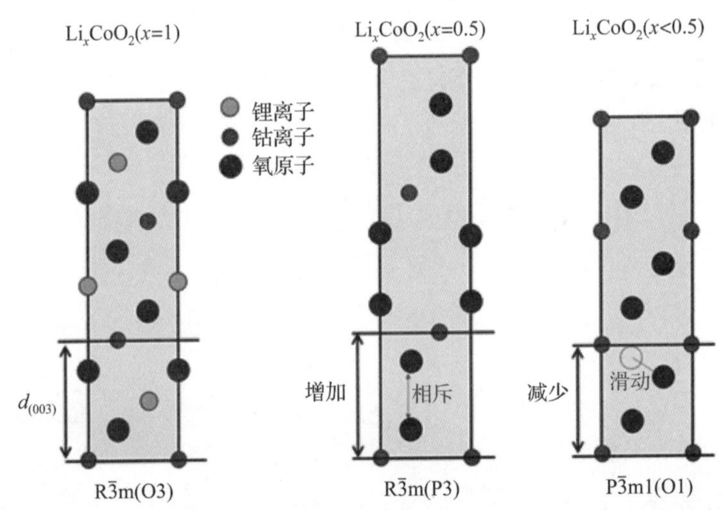

图 2－34　Li_xCoO_2随着充电深度增加逐渐从 O3 结构向 P3 和 O1 转变

2. 制备和改性

1）制备

下面介绍几种钴酸锂常用的制备方法。

（1）固相法

固相法合成过程简单，易于工业化生产，是目前制备 $LiCoO_2$正极材料最主要的方法。一般是将锂源（碳酸锂、氢氧化锂等）和钴源（氧化钴、碳酸钴等）按照一定的化学计量比混合均匀，在高温下烧结，进行固相反应生成 $LiCoO_2$。Antolini 等人利用 Li_2CO_3 和 Co 为前驱体在 850～1 100 ℃煅烧制备了 $LiCoO_2$，研究了烧结温度对产物成分的影响。结果表明，在 850 ℃以上时 $LiCoO_2$ 会发生分解失锂而出现钴氧化物杂质，因此在高温固相反应时一般使用锂源过量的前驱体配比。Chiang 等人使用 $Co(OH)_2$ 和 LiOH 为反应前驱体在 200～300 ℃低温烧结合成高度有序的 $LiCoO_2$，产品表现出较好的电化学性能。高温固相反应一般所需反应时间在几小时到几十小时之间，而低温固相反应所需的反应时间更长，一般需要数天才能完成。因此，其生产效率不高、能耗较大，而且该方法合成材料粒径较大，过程中易混入杂质而恶化产品性能。

（2）微波合成法

相较于高温固相法，微波合成法加热快，大大缩短了合成时间。由于其直接在材料本身产生热量，所以其加热速度快且受热均匀，能有效避免常规加热方式热传递导致的受热不均现象，因此该技术常被用于材料的合成。徐徽等人通过微波法制备的 $LiCoO_2$ 在 2.5～4.3 V 电压区间首次放电比容量为 153 mA·h/g，在之后的充放电循环中期比容量保持在140 mA·h/g左右。Yan等人以$Li(CH_3COO)\cdot 2H_2O$和$Co(CH_3COO)_2\cdot 4H_2O$为原料采用微波加热法合成颗粒细小均匀的$LiCoO_2$，产品充放电循环40次后仍保持约130 mA·h/g的比容量。该方法易于产业化生产，但是产物的形貌较差。

(3) 共沉淀法

化学共沉淀法制备钴酸锂正极材料的一般过程是向钴盐和锂盐溶液中加入沉淀剂发生共沉淀反应生成锂钴共沉淀物，再将沉淀物经过干燥、烧结等工艺处理后，制得钴酸锂产品。钴盐一般选取硝酸钴、硫酸钴等，锂盐一般选取碳酸锂、硝酸锂等，原料的选择和配比是影响产品质量的关键因素之一。工艺参数一般包括烧结温度、烧结时间等，选择合理的工艺参数并合理控制工艺参数能够改善制备的钴酸锂正极材料的电化学性能。

共沉淀法不仅可以制备各组分均匀分布的材料，也可以根据要求制备核壳材料和梯度材料。该法具有合成温度低、前驱体颗粒和形貌易于控制、过程简单等优点，已广泛应用到电池材料的制备当中。同时，共沉淀法也有缺点，如混入沉淀物中的杂质离子需要反复洗涤、过程中废水处理等问题。

(4) 溶胶-凝胶法

采用溶胶-凝胶法制备钴酸锂正极材料涉及的化学试剂主要包括原料及有机溶剂，原料包括钴盐（一般为氯化钴、硝酸钴、硫酸钴、乙酸钴等）、锂盐（一般为氯化锂、硝酸锂、乙酸锂等），有机溶剂一般为柠檬酸及乙二醇的混合溶液、乙二醇、聚乙烯醇和/或聚乙二醇、马来酸、丙烯酸等，选择合理的原料及有机溶剂是影响钴酸锂正极材料产品质量的关键因素之一。工艺参数包括pH值、烧结温度、烧结时间等对钴酸锂的形貌和性能都有影响。Sun等人采用$LiNO_3$和$Co(NO_3)_2\cdot 6H_2O$溶于聚苯烯酸作为前驱溶液，通过调节pH值及干燥煅烧处理制备了平均粒径在30~50 nm的$LiCoO_2$超细纳米粉末。Gao等人研究发现煅烧气氛对$LiCoO_2$的结晶取向和电化学性能产生巨大的影响。溶胶-凝胶法可以制备性能优异的材料，但是由于制备过程复杂，大多采用有机物酸作螯合剂，因此不适合产业化生产，是实验室阶段合成材料的重要方法之一。

2) 改性

钴酸锂在高压下脱出锂离子后，层状晶格的过渡金属（TM）层具有很强的滑移趋势，从而导致不利的相变；另外与电解液之间发生的副反应也会降低钴酸锂的循环稳定性。为了提高钴酸锂的结构稳定和循环性能，通常要对钴酸锂进行改性，目前主要的改性方法是掺杂与表面包覆。

(1) 掺杂

钴酸锂的充放电反应由下式表示：

$$LiCoO_2 + 6C = Li_{1-x}CoO_2 + Li_xC_6 (x < 0.5)$$

$LiCoO_2$电化学的理论容量为274 mA · h/g，实际容量约为理论容量的一半，即140 mA · h/g左右。通过充电约一半锂离子脱出（0 ~ 0.5），一般认为是六方晶相向单斜晶相转化的结果。随着锂脱出的进行，氧的层间距扩大，当一半以上锂脱出时结构有破坏的趋势。因此，脱锂量 $x > 0.5$ 时应设法减轻六方相向单斜相转变的趋势，这是改善钴酸锂结构稳定性的基本原则。

抑制钴酸锂相变的问题在学术界引起了相当高的重视，主要的工作集中在使用V、Cr、Fe、Mn、Ni、Al、Ti、Zr等异种元素对钴酸锂进行掺杂，使其取代晶格中部分Co原子的位置，得到由通式 $LiCO_{1-x}M_xO_2$ 表示的含有锂的钴复合氧化物，这些复合氧化物与 $LiCoO_2$ 相比容量及充放电循环性能显著提高。这种掺杂改性的方法在工业领域也得到了大量的应用，欧洲以及美国、日本和加拿大的研究机构就此发表了大量的学术论文和专利文献。

元素掺杂的方式多种多样，有阳离子掺杂、阴离子掺杂和复合掺杂等，不同元素的掺杂对材料性能的影响各异。

阳离子掺杂

阳离子掺杂是提高 $LiCoO_2$ 结构稳定性最有效的方法之一。目前，研究者研究较多的掺杂元素主要有Mg、Al、Cr、Ti、Zr、Ni、Mn等。Mg掺杂是最成功的商用掺杂元素之一。1997年，阿伯丁大学的H. Tukamoto及A. R. West两人首次将Mg掺杂引入到钴酸锂的改性当中。他们认为，Mg元素的掺杂能够提高材料的电子电导，同时他们认为Mg更倾向于掺杂在Co的位置并促使Co升高价态，这是一种导入空穴的P型半导体掺杂。研究还认为，钴酸锂在合成过程中很容易产生少量锂空位，而锂空位的存在也与Mg掺杂具有异曲同工的作用，能够在一定程度上提高材料的电子电导。

由于 $LiCoO_2$ 中Co元素是+3价的，因此很容易会联想到用同样价态的离子取代钴来调控材料的性能。因此，三价掺杂元素是最早开始研究的掺杂元素。1993年Delmas等人所在课题组及Ohzuku所在课题组就开始合成不同比例Ni掺杂的钴酸锂材料，并测试了其电化学性能。1994年，J. R. Dahn等人首次将铬元素引入到 $LiCoO_2$ 的体系中，希望能够通过多电子变价的Cr元素调控钴酸锂的性能。1998年G. Ceder等人在Nature上报道通过理论计算预测及实验验证，证明铝离子能够有效提高钴酸锂在高电压（4.4 V）下的循环稳定性并降低其使用成本。

韩国Yong－Mook Kang等人发现重金属离子（Sn^{4+} 或者 Sb^{4+}）掺杂能够减少金属离子的热运动，进而抑制其向锂位的迁移，从而改善 $LiCoO_2$ 的循环稳定性。制备得到材料的电化学性能如图2－35所示。在容量发挥方面，Sn掺杂的钴酸锂（SLCO）容量略低于未掺杂的钴酸锂（LCO）。这是因为 Sn 不具有电化学活性。在循环稳定性方面，SLCO 远优于 LCO(50 mg/g)，100 次循环之后 SLCO 的容量保持率为 72.1%，而 LCO 的保持率只有 38.5%。研究人员认为较重的金属离子 Sn 掺杂后很难发生迁移，导致其周边的 Li、Co、O 都比较稳定，因此使得整体结构保持长久稳定。

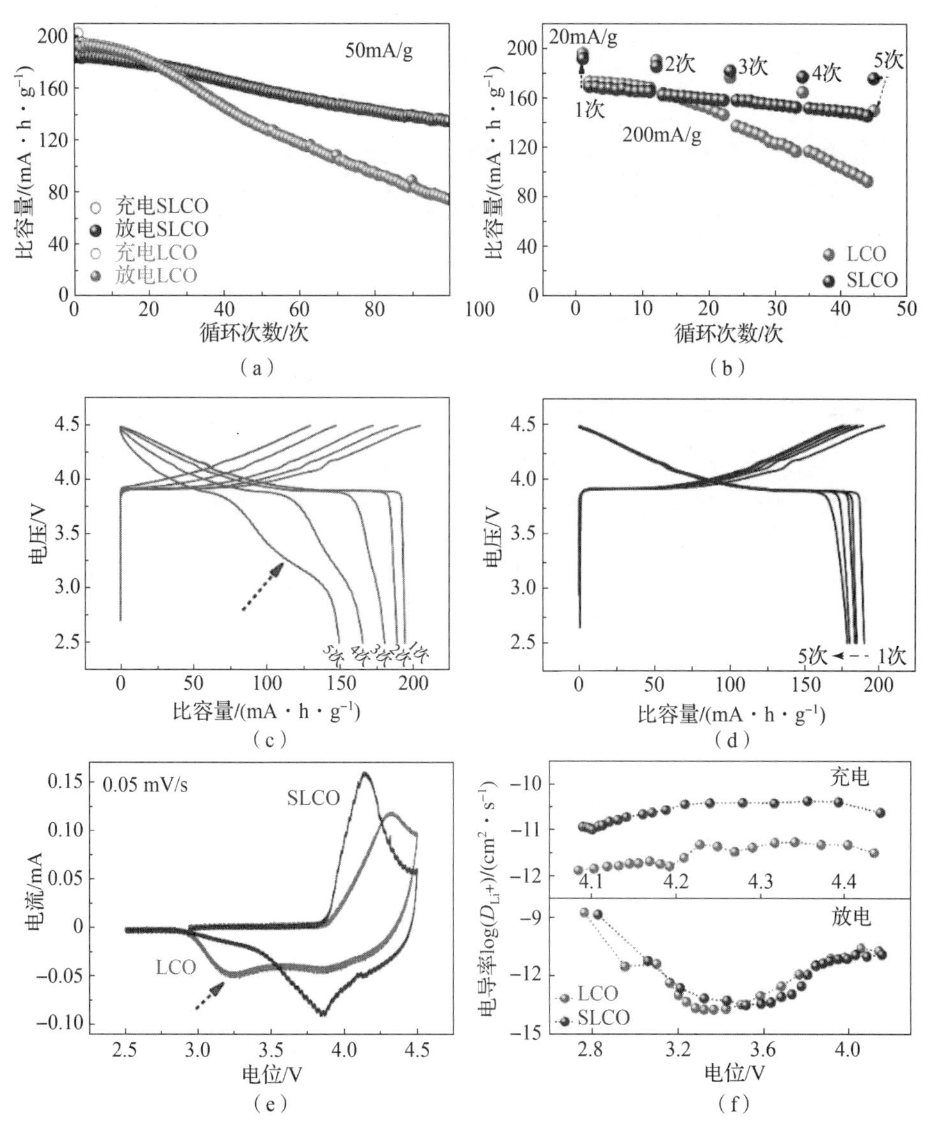

图 2-35　SLCO 和 LCO 的电化学性能（书后附彩插）

(a)，(b) 循环性能；(c)，(d) 充放电曲线；

(e) 100 次循环后的 CV 曲线；(f) 不同充电电位下材料的电导率

阴离子掺杂

阴离子掺杂的研究相比阳离子掺杂要少，阴离子如 B、F、Cl 和 P 等主要取代层状结构中的部分氧元素。由于氟的电负性比氧大，与金属离子的结合能力强，因而可以提高材料的结构稳定性。Kim 等人以 LiF 作为氟源采用固相法合成了 F 掺杂量分别为 5% 和 10% 的 $LiNi_{1/3}Co_{1/3}Mn_{1/3}O_{2-z}F_z$材料，研究发现部分氟取代了原晶体中氧的位置，而另外一部分氟以 LiF 的形式包覆在材料的表面。此外，他们认为 F 掺杂有利于材料一次颗粒的生长，从而提升了材料的振实密度。电化学测试结果表明，在 2.75 ~ 4.6 V 的充放电区间内，不同含量的 F 掺杂均提升了材料的循环和倍率性能，其中 10% 掺杂量的材料性能更加优异。DSC 测试结果表明掺杂后材料的热稳定性也得到了提升，这主要是由于 F 掺杂稳定了材料的结构。

复合掺杂

复合掺杂是指在层状结构中引入两种或两种以上的离子进行掺杂，效果通常会优于单一元素的掺杂。

曹景超等人采用高温固相法制备了 B - Mg 共掺杂的钴酸锂材料$LiCo_{1-2y}Mg_yB_yO_2$，研究发现少量 B 和 Mg 掺杂不影响钴酸锂材料的晶体结构，但大幅度提升了材料的电子电导率与锂离子在钴酸锂固相中的扩散系数。电化学测试结果显示，在 3 ~ 4.5 V 的测试电压范围内，掺杂后材料的循环稳定性和倍率性能优于未掺杂的材料。当掺杂摩尔总量为 2% 时，材料 0.5 C 倍率下循环 100 次放电容量依然能达到 167.2 mA · h/g，相应的容量保持率为 88.6%，高于未掺杂材料的 75.1%。

Yan - Shuai Hong 等人进一步利用先进同步辐射 X 射线三维纳米衍射成像技术研究了 Ti - Mg - Al 共掺杂的钴酸锂材料的颗粒结构与材料在充放电过程中反应可逆性的关系。该实验技术可以观察到微米级颗粒材料内部 50 nm 空间尺度下晶体结构缺陷及其空间分布。研究发现，共掺杂的 Ti 不均匀掺入 LCO 晶格导致了很大程度的晶格畸变（弯曲、扭曲和 *d* 间距的不均匀性，图 2 - 36）。同时，所有预先设计的多尺度结构缺陷都对 LCO 晶格在深电荷态下的稳定性有积极的作用。例如，在 4.5 V 以上时，可有效抑制 LCO 的相变（从 O3 相到 H1 - 3 和 O1 相），大大提高了材料在高电压下的循环性能。

（2）表面包覆

体相掺杂可以提高 $LiCoO_2$材料结构的稳定性，但是通常只是在常规充放电电压范围内。当充电电压上限提高到 4.4 V 以上时，钴的溶解与氧的析出导致 $LiCoO_2$的循环性能依然较差。为了提高 $LiCoO_2$在高电压条件下的结构稳定性，研究人员采取了包覆的手段阻止了 $LiCoO_2$界面与电解液的直接接触，从而抑制

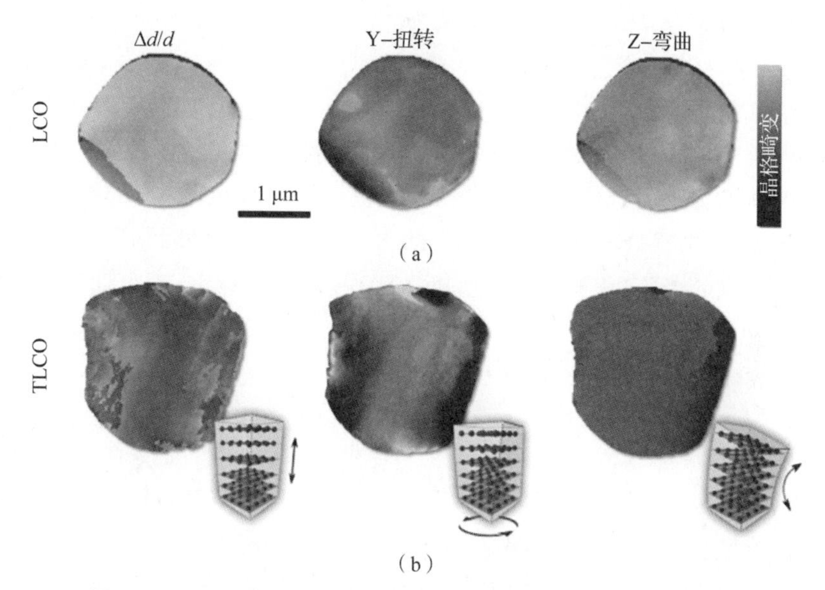

图 2－36　LCO 和 TLCO 粒子的纳米衍射数据比较（书后附彩插）

(a) 一个 LCO 粒子的晶格畸变图；(b) TLCO 粒子的晶格畸变映射与相应的晶格原理意图

钴的溶解和电解液的分解。$LiCoO_2$表面上包覆的物质主要可以分为氧化物、氟化物、磷酸盐、其他正极材料、离子导体包覆和金属等。

早在 20 多年前，Jaephil Cho 等人就开启了 Al_2O_3 包覆钴酸锂的研究，他们利用铝元素对钴酸锂层状结构的稳定作用，抑制了钴酸锂在充放电过程中从稳定的六方相向不稳定的单斜相的转变过程，得到了在 2.75～4.4 V 工作电压放电比容量高达 174 mA·h/g 的材料，该材料在充放电 50 次之后容量保持率为 97%。

氟化物由于其高压稳定性也较常用于包覆改性钴酸锂材料。Sun 等人采用液相法合成了不同包覆比例的 AlF_3 包覆的钴酸锂材料。研究结果显示，在 3～4.5 V 的测试电压范围内，所有 AlF_3 包覆的钴酸锂材料的循环稳定性和倍率性能均优于未包覆的材料。当包覆量为 0.5 at.% 时，材料的性能最为优异，在 0.5 C 倍率下循环 50 次容量保持率为 97.7%，远高于未包覆材料的 60%。研究人员认为包覆后材料电化学性能的提升主要原因是 AlF_3 的包覆提升了正极/电解液界面高电压下的稳定性。

与氧化物和氟化物相比，由于聚阴离子结构的磷酸盐和硅酸盐拥有更加稳定的结构，且含锂的磷酸盐或者硅酸盐大部分具有较好的锂离子传导特性，所以也较常用于对正极材料的表面包覆改性。2003 年，Cho 等人首次采用液相法制备了纳米 $AlPO_4$包覆的钴酸锂材料并与石墨负极组装成软包电池。通过测试电池的过充性能发现：未包覆的钴酸锂/石墨全电池在过充时首先电解液在5 V电压左右发生分解，出现较长的电压平台；随后电压快速上升到12 V，伴随着电解液的分解，电池内部温度急剧上升；当电池内部温度上升到120 ℃时，隔膜会发生熔化和收缩而导致电池内部短路；最终电池的表面温度急剧地上升到500 ℃，出现燃烧和爆炸现象。但是，纳米$AlPO_4$包覆的钴酸锂/石墨全电池在过充时，电压同样在5 V左右出现平台后快速上升到12 V，但是电池表面温度一直保持在60 ℃以下，保证了隔膜的稳定性，在一定程度上避免了电池的内部短路，且即便电池发生内部短路，电池表面的最高温度依然在60 ℃左右。这一研究结果表明，纳米$AlPO_4$的包覆有效地改善了钴酸锂材料的过充能力和热稳定性。研究人员认为性能的提升主要是由于$AlPO_4$包覆层中，P=O双键键能较大（5.64 eV），不易发生化学反应，且聚阴离子PO_4^{3-}和Al^{3+}之间的强共价键作用保证了材料的热稳定性。王洪等人采用共沉淀法合成了不同包覆比例的$FePO_4$包覆的钴酸锂材料，发现$FePO_4$的包覆提升了材料的比表面积。AES测试结果表明，Fe^{2+}离子扩散入$LiCoO_2$的深度约为15 nm，在$LiCoO_2$表面形成生成了Li-Fe-Co-O结构，抑制了钴的溶解。电化学测试结果表明，$FePO_4$的包覆改善了$LiCoO_2$的循环性能和热稳定性。这是由于包覆层和钴酸锂材料形成了$LiFePO_4$保护层，抑制钴酸锂在高电压下与电解液的反应并改善了$LiCoO_2$的耐过充能力。

1999年，Jaephil Cho首先报道了锰酸锂包覆的钴酸锂材料，开创了正极包覆正极的先河，也开启了锂离子电池包覆的新篇章。在当时的情况下，钴酸锂尚无法突破4.3 V的充电电压，而锰酸锂包覆是一种良好的保护手段。但在现阶段，锰酸锂包覆已经不再是合适的选择。稳定的磷酸铁锂成了更为合适的选择，磷酸铁锂的理论比容量为170 mA·h/g，不会影响钴酸锂比容量的发挥，同时聚阴离子正极优异的稳定性能够保护正极表面免受电解液的腐蚀。2007年，Hong Wang等人报道了磷酸铁锂包覆的钴酸锂，虽然其未将材料充电至高电压，但在4.2 V的循环电压下，磷酸铁锂包覆能够提高钴酸锂的比容量、循环稳定性以及高温稳定性。

离子导体包覆主要指在钴酸锂表面包覆具有离子电导的材料，一般情况下，主要包括各类固体电解质材料。固体电解质材料一般具有较高的离子电导以及较宽的电化学窗口，因此能够作为正极材料的包覆层使用。但是，电子绝缘且质量较重的固体电解质包覆也可能会导致材料的电阻增大和比容量下降等问题的出现，因此需要综合考虑其具体的包覆形式。在众多的固体电解质中，$Li_{1.4}Al_{0.4}Ti_{1.6}(PO_4)_3$(LATP)因为具有较高的离子电导率与较低的成本成了常被考虑的包覆材料。2013年，Morimoto等人通过机械法将大颗粒的固体电解质 LATP 包覆在钴酸锂的表面，发现包覆后的钴酸锂在 4.5 V 下的循环稳定性得到了提高。2020 年，李泓等人报道 $LiCoO_2$ 可以在 700 ℃下与 LATP 反应，形成 Li_3PO_4 相和尖晶石相（Co_3O_4、$CoAl_2O_4$ 和 Co_2TiO_4），其具有与 $LiCoO_2$ 层状晶格相似的晶格结构，从而可以在 $LiCoO_2$ 上形成表面涂层（图 2－37）。原位形成的稳定尖晶石相可以抑制在高电压和高温下氧的氧化还原，还可以避免高氧化态的 Co^{4+} 直接暴露于电解质中，从而有效减缓了电解质的分解和钴酸锂表面结构的破坏。此外，具有锂离子传导性的 Li_3PO_4 不仅具有高电压化学稳定性，而且还提供了一种促进界面锂离子扩散的途径。通过上述方法获得的 2 wt. % LATP 表面包覆的 $LiCoO_2$ 在室温和 45 ℃下在 4.6 V 均具有出色的循环性、倍率性能和优异的热稳定性（图 2－38）。

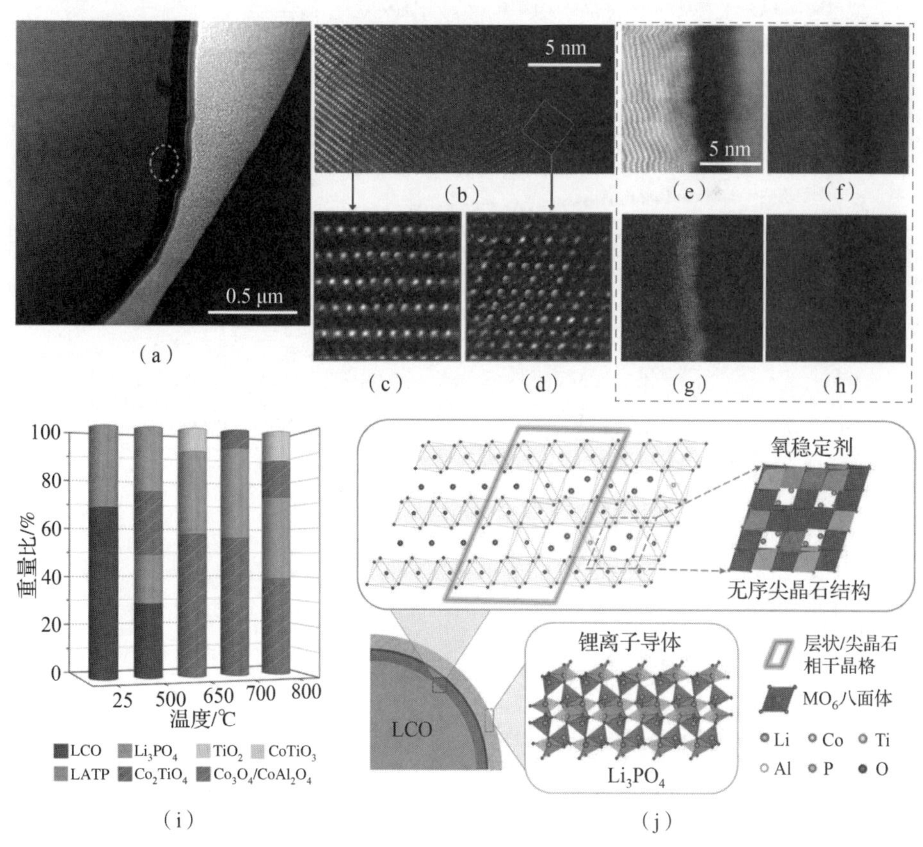

图 2－37　高温下与 LATP 反应后 $LiCoO_2$ 的表层结构和组成（书后附彩插）

（a）低倍 STEM 图像；（b）～（d）表面区域、局部区域和尖晶石相的 HAADF 图像；（e）～（h）通过电子能量损失谱获得的表面附近 Co（红色）、Ti（绿色）和 O（蓝色）元素分布；（i）和 LATP 在不同温度下反应后 $LiCoO_2$ 的表层产物组成；（j）表面层生长机理示意图

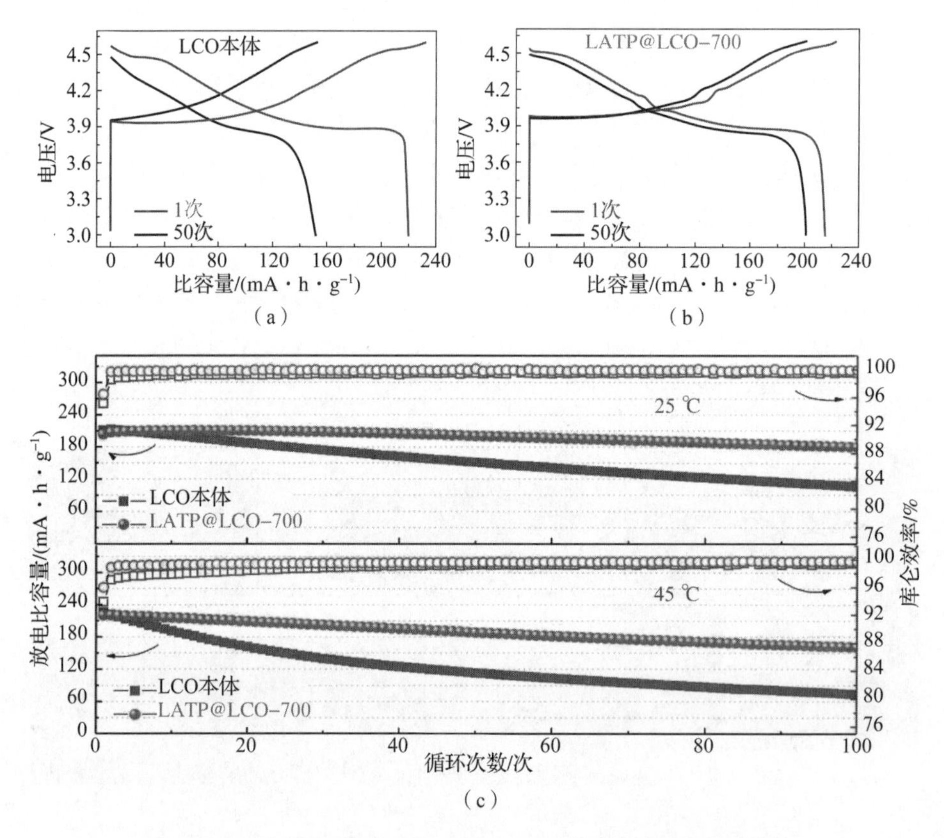

图 2-38 纯 LCO 和 LATP@LCO-700-基半电池的电化学性能

(a) 0.2 C 下首次循环充放电曲线；(b) 0.5 C 下第 50 次循环充放电曲线（1C = 274 mA/g）；
(c) 温度 25 ℃和 45 ℃时，0.5 C 下的电池循环性能

目前，LCO 充电电压通常只能在 4.35 V，比容量在 165 mA·h/g 左右，以保证其循环稳定性。因此，提高 LCO 的充电电压，使其放出更多的容量是学术界目前热门的研究领域。如果能够利用高压下氧离子的氧化，则可获得更高的容量。但是，LCO 在 4.62 V 的电压下循环，氧化的 $O^{\alpha-}$ 会变得更易移动，并且更有可能从颗粒中逸出，从而导致氧损失（OL），引发不可逆相变（$CoO_2 \rightarrow Co_3O_4$），加剧电解质分解，从而导致快速的容量衰减。Zhu 等人通过表面硒（Se）包覆，成功地抑制了高电压下 $LiCoO_2$ 表面的氧损失以及电解质分解。在深度充电过程中，预包覆的 Se 会与溢出的 $O^{\alpha-}$ 反应生成 SeO_2 并同时占据氧空位，起到稳定晶格并防止 $O^{\alpha-}$ 将电解液氧化的作用（图 2-39）。

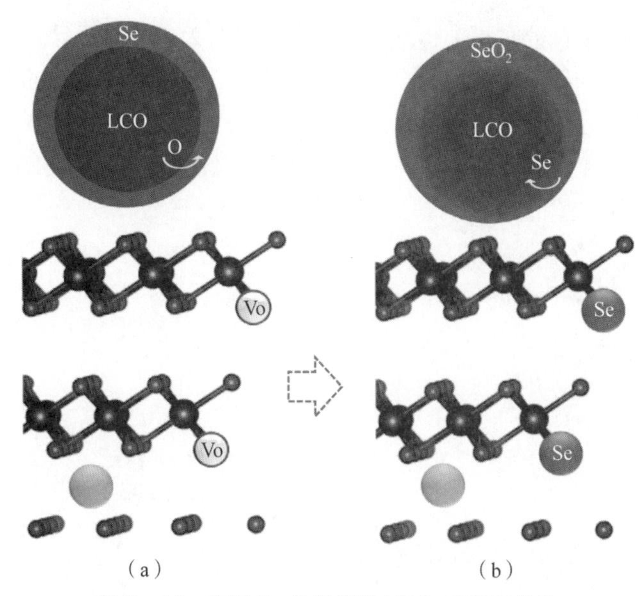

图2-39 表面Se包覆抑制$LiCO_2$表面氧损失

(a) 电极表面氧空位的形成；(b) Se与$O^{\alpha-}$反应生产SeO_2并占据氧空位

2.2.3 层状镍酸锂

1. 结构及电化学性能

$LiNiO_2$化合物具有两种结构变体：立方$LiNiO_2$(Fm3m)和六方$LiNiO_2$($R\bar{3}m$)结构。只有具有与$LiCoO_2$相同的层状结构的六方结构$LiNiO_2$才有电化学活性。具有六方结构的$LiNiO_2$($R\bar{3}m$)其中的氧离子在三维空间作紧密堆积，占据晶格的6c位置，镍离子和锂离子填充于氧离子围成的八面体空隙中，二者相互交替隔层排列，分别占据3b位和3a位，如果把镍离子和锂离子与其周围的6个紧邻氧离子看作是NiO_6八面体和LiO_6八面体，那么也就可以把$LiNiO_2$晶体看作由NiO_6八面体和LiO_6八面体层交替堆垛而成。由于Ni^{3+}外层是7个d电子，在O八面体场的作用下，d电子轨道发生分裂，使LiO_6八面体扭曲，形成2个长的Ni—O键（2.09 Å）和4个短的Ni—O键（1.91 Å）。$LiNiO_2$理论可逆比容量为275 mA·h/g，与$LiCoO_2$接近，但它的可逆比容量可以达到180 mA·h/g以上，Li^+在$LiNiO_2$中的扩散系数为10^{-11} cm^2/s左右。$LiNiO_2$的工作电压范围为2.5~4.2 V，自放电率低，对环境无污染，充放电过程中可以有大约0.7个锂离子进行可逆脱嵌，实际容量可达到190~200 mA·h/g，远高于$LiCoO_2$材料，曾被认为是最有前途的正极材料之一。

在$Li_{1-x}NiO_2$脱锂的过程中，$Li_{1-x}NiO_2$经历着图2-40中所示的几个阶段结构转变：（Ⅰ）当$x<0.25$时，$Li_{1-x}NiO_2$能维持斜方六面体晶型；（Ⅱ）$0.25<x<0.55$，结构转变为单斜晶型；（Ⅲ）$0.55<x<0.75$，结构再转变为六方晶型；（Ⅳ）$0.75<x<1$，由于Ni^{3+}离子的八面体位置稳定能量（OSSE）很低，Ni^{3+}离子会向四面体位置迁移，材料发生不可逆相变，导致其层间距发生剧烈的变化，因而容量保持率会急剧下降。因此，$LiNiO_2$的脱锂量不应该大于0.75，其放电比容量也就不超过200 mA·h/g。

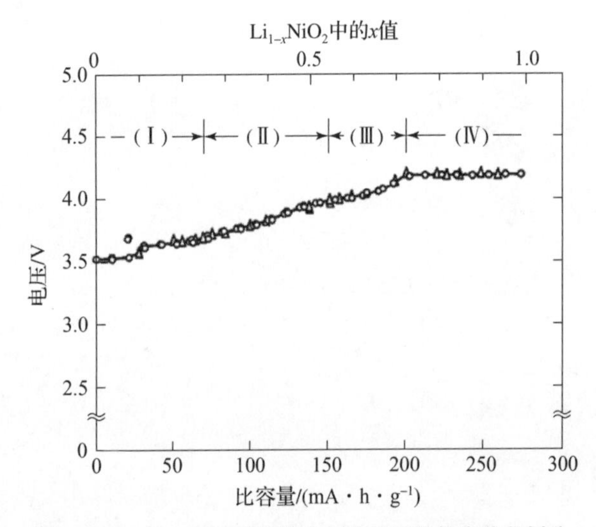

图2-40　$Li_{1-x}NiO_2$的开路电压曲线以及相变阶段划分

另外，$LiNiO_2$还存在一些致命的缺点，限制了其进一步的发展与应用：①$LiNiO_2$的热稳定性差，易于分解且产生大量的热，使得电池的安全稳定性较差；②合成条件较为苛刻，制备工艺复杂，材料中Ni^{3+}很容易被还原为Ni^{2+}，需要严格控制煅烧的气氛和温度；③容易发生阳离子混排现象，合成过程中生成的Ni^{2+}离子半径（$r_{Ni^{2+}}=0.068$ nm）与Li^+（$r_{Li^+}=0.076$ nm）的离子半径相近，Ni^{2+}占据Li^+的位置，妨碍了锂离子的扩散，从而影响材料的电化学活性。

2. 制备与改性

对于$LiNiO_2$来说，制备过程中稳定的Ni^{2+}倾向于占据Li^+的位置而导致非计量比化合物的形成是制约其实现商业化应用的主要因素之一。实际上，准确计量比的$LiNiO_2$的合成几乎难以实现，产物的真实表达式应为$Li_{1-x}Ni_{1+x}O_2$（$0\leq x\leq 0.20$），而且x的值强烈依赖于具体的实验条件，正是这种偏离计量比导致了材料的初容量及循环性能的急剧恶化。为了制备出性能优良的计量比

$LiNiO_2$ 化合物，研究者们尝试了各种含锂原材料（LiOH、$LiCO_3$ 和 $LiNO_3$ 等）及含镍原材料［$NiCO_3$、$Ni(NO_3)_2$、$Ni(OH)_2$、NiO 和 γ - NiOOH 等］和多种合成工艺。从降低反应温度以稳定 Ni^{3+} 的角度出发，应选用化学活性大的锂源（如 Li_2O、LiOH 和 $LiNO_3$）和镍源（如 NiO 和 $Ni(OH)_2$），但是合成温度也不应低于合成出具有层状结构所要求的 700 ℃。

在高充电电压条件下，锂的过分脱出时会导致 $LiNiO_2$ 结构的破坏，并由此引起容量的衰减和安全性问题。$LiNiO_2$ 在过充时的安全性能差也是制约其商业化进程的主要原因之一。通过 DSC 研究 $LiNiO_2$ 在电解质中的热行为发现，$LiNiO_2$ 即使与电解质共同加热到约 300 ℃也是稳定的。但随着 $LiNiO_2$ 中 Li^+ 的逐渐减少，放热反应逐渐增加：$Li_{1/2}NiO_2$ 在 180 ℃出现了较为温和的放热反应峰，但当 Li_xNiO_2 中 $x<0.25$ 时，在约 185 ~ 200 ℃时出现显著的放热反应峰，这个放热过程是脱锂反应和电解液的氧化反应共同影响的结果，而不仅仅是 Li_xNiO_2 材料本身的分解反应所致。在电池过充的情况下有大量的 NiO_2 形成，不稳定的四价镍会发生分解反应，形成 NiO 并释放出 O_2。

因此，为了尽可能提高镍酸锂的比容量和容量保持能力，使大量锂脱出后仍能保持结构的稳定，降低首轮不可逆容量，人们进行了大量的研究工作。研究发现，采用其他元素 M 代替（M = Al、Ti、Co、Mg、Mn 等）$LiNiO_2$ 中的一部分镍，可以降低阳离子混排现象，提高材料的结构稳定性，改善材料的电化学性能，因而衍生出后来的层状三元材料以及层状富锂材料。研究最多的掺杂化合物为 $LiNil-xCo_xO_2$，人们发现适量的 Co^{3+} 的引入明显提高了其电化学性能。Co 的掺杂可以减少 Ni^{2+}/Li^+ 的混排，使其结构更接近理想的 2D 结构，从而使锂几乎可以完全再嵌入，因而增大了电池容量。更重要的是引入 Co^{3+} 后，$LiNi_{1-x}Co_xO_2$ 的晶胞体积在充放电过程中的体积变化非常小，这对容量保持能力的提高是有利的。

2.2.4 层状锰酸锂

1. 结构及电化学性能

锂锰氧化物相比其他类型的锂过渡金属氧化物具有资源丰富、价格低廉、环保无毒的优点，是一种具有广阔发展前景的锂离子电池正极材料。用于锂离子电池正极材料的锂锰氧化物主要包括尖晶石结构和层状结构两种类型。

尖晶石结构正极材料主要是 $LiMn_2O_4$ 及其掺杂改性的衍生物，该材料属于立方晶系，Fd3m 空间群，晶格内三价 Mn 和四价 Mn 各占一半，平均价态 +3.5 价。在立方尖晶石结构中，锂位于 8a 位，锰位于 16c 位，氧则位于 32e

位，Li^+在［Mn_2O_4］构成的三维通道中自由嵌入脱出。$LiMn_2O_4$放电平台在4 V左右，理论容量和实际容量分别为148 mA·h/g和120 mA·h/g左右，这种尖晶石型正极材料在循环过程中存在严重的容量衰减，具体原因在第3章中有专门的章节进行介绍。

由于尖晶石结构锰酸锂容量低且稳定性较差，层状结构的锂锰二氧化物$LiMnO_2$受到了广泛的关注。层状$LiMnO_2$属于同质多晶化合物，主要有正交（$o-LiMnO_2$）和单斜（$m-LiMnO_2$）两种结构，结构示意图如图2-41所示。

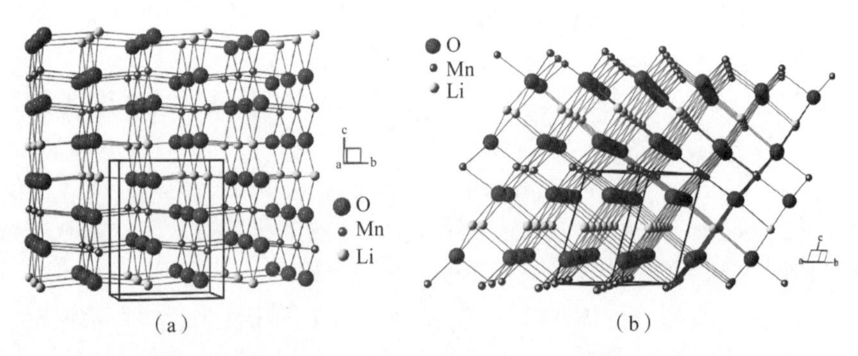

图2-41　正交$o-LiMnO_2$和单斜$m-LiMnO_2$的点阵示意图

（a）正交$o-LiMnO_2$；（b）单斜$m-LiMnO_2$

正交$LiMnO_2$为$\beta-NaMnO_2$型结构，属于Pmnm空间群，是层状$LiMnO_2$中比较稳定的相。和层状$LiCoO_2$结构不同的是，晶格中氧原子的分布呈扭曲的四方密排结构，而锂离子层和锰离子层根据由［LiO_6］八面体和［MnO_6］八面体组成的锯齿状结构呈间隔排列。

层状单斜晶型$LiMnO_2$属于$\alpha-NaFeO_2$型结构，属于C2/m空间群，其阳离子排列形式基本上与$LiCoO_2$相似，Li^+位于MnO_2层与层间的八面体位，八面体内O-Mn-O通过较强的化学键结合，而层与层之间则是靠较弱的分子间作用力相结合。

Armstrong等人在1996年首次报道了层状结构的$LiMnO_2$。该正极材料的首次放电比容量超过270 mA·h/g，达到理论值的95%。层状$LiMnO_2$理论比容量可达286 mA·h/g，大约是尖晶石结构$LiMn_2O_4$（148 mA·h/g）的两倍，但是这种层状结构的$LiMnO_2$是一种非热力学稳定相，循环过程中电化学性能会发生严重衰减。主要原因是Mn^{3+}产生的Jahn-Teller畸变效应会严重降低层状结构的稳定性，致使该正极材料易向尖晶石型结构转变，从而造成可逆容量的迅速衰减。

图2-42显示了两种不同的层状$LiMnO_2$向尖晶石相转变的过程示意图

（图2－42（a））以及正交 $o-LiMnO_2$ 的充放电曲线（图2－42（b））。由图2－42（b）可知，$o-LiMnO_2$ 在不同的循环阶段表现出不同的行为，在首次循环中，充电时出现较长的3.5 V电压平台，随后缓慢上升至4.4 V左右；放电时只有极短的电压平台，大致位于3.8 V和2.9 V附近，首次库仑效率较低，放电容量仅有充电容量的一半左右。第二次循环后，充电过程3.5 V平台消失，充放电过程均包含2.9 V和3.8 V两个平台，说明在首次循环过程中 $o-LiMnO_2$ 发生了不可逆相变，2.9 V和3.8 V平台分别对应着 Li^+ 在新生成的尖晶石相中八面体16d位和四面体8a位的脱出和嵌入，即 $LiMnO_2$ 材料在循环过程中，会逐渐向尖晶石相结构发生转变，这也是正交型层状 $LiMnO_2$ 循环性能较差的一个重要原因。

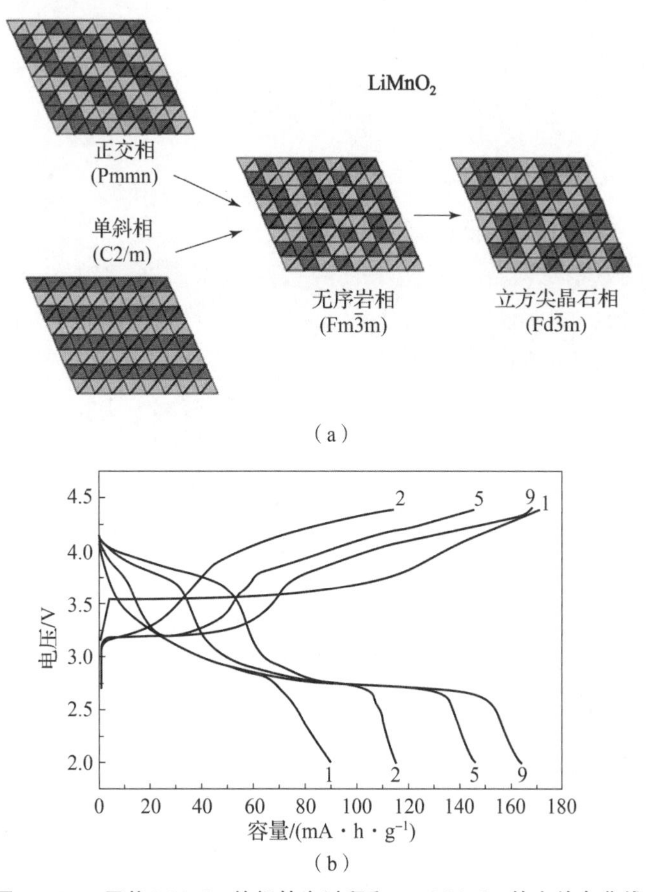

图2－42　层状 $LiMnO_2$ 的相转变过程和 $o-LiMnO_2$ 的充放电曲线

（a）正交 $o-LiMnO_2$ 和单斜 $m-LiMnO_2$ 的层状结构向尖晶石结构转变过程示意图；

（b）正交 $o-LiMnO_2$ 的充放电曲线图

大量研究已经表明，$o-LiMnO_2$本身的电化学活性较差，其作用相当于由其转变成的岩盐型和类尖晶石型锰酸锂的前驱体，而后者才是主要的活性物质。在循环过程中，往往要经过活化过程，也就是晶相转变的过程，放电容量才能达到最大值。范广新等发现，$o-LiMnO_2$材料在首次循环就出现了相变，5次循环后相变基本完成，且相变产物中包括尖晶石结构和岩盐结构的锰酸锂化合物，而尖晶石结构是主要的电化学过程参与者，多次循环后岩盐相也会向立方尖晶石相转变，放电容量逐步增大；转变结束时，容量基本稳定，活化过程结束。

2. 制备及改性

1）制备

层状$LiMnO_2$正极材料可通过多种方法制备，代表性的方法有高温固相烧结法、共沉淀法、溶胶－凝胶法、水热合成法等。

（1）高温固相烧结法

高温固相烧结法是直接将锂盐（Li_2CO_3和 LiOH）与锰的氧化物（如Mn_3O_4、MnO_2等）进行混合，研磨均匀后在合适的保护性气氛如N_2和 Ar 中烧结，经过高温固相反应后制备出$LiMnO_2$。李义兵等人将MnO_2焙烧还原得到Mn_2O_3并与$LiOH \cdot H_2O$混合焙烧得到$o-LiMnO_2$粉末，该材料经过 20 次循环后，仍能保持在 140 mA · h/g 以上的放电比容量。李学良等人使用MnO_2、LiOH 和$C_6H_{12}O_6$为原材料，控制 Li、Mn 和 C 的摩尔比为 5 : 4 : 2，然后在高温下混合烧结得到层状结构的$o-LiMnO_2$。高温固相烧结法工艺较为简单，适合工业化大规模生产，但是由于固体粉末混合不均匀会导致反应物接触性较差，反应不充分等问题；此外固相反应的缺点还存在能耗高、锂损失量大、合成的颗粒大小不均匀和副产物多等问题。

（2）溶胶－凝胶法

溶胶－凝胶法制备$LiMnO_2$是将含有 Li、Mn 的原料与螯合剂如柠檬酸混合，再加入乙二胺来调节溶液的 pH 值，使溶液变成溶胶，搅拌后脱水缩聚成为凝胶，最后经过真空干燥、固化、烧结等流程制备出高纯度的$LiMnO_2$材料。该方法反应条件温和，反应速率快，产品纯度高，但过程复杂，成本较高，难以实现大规模生产。Guo 等人使用$Mn(CH_3COO)_2 \cdot 4H_2O$、$Li(CH_3COO) \cdot 2H_2O$以及柠檬酸作为原料，利用溶胶－凝胶法制备出了粒径较小、分布均匀的层状$LiMnO_2$正极材料，材料呈现出 190 mA · h/g 的高放电比容量。

（3）共沉淀法

共沉淀法是一种广泛用于制备锂离子电池正极材料的湿化学方法。该方法通过在溶液中，把沉淀剂加入含有反应物的可溶性盐溶液中，使反应物组分以超微粒不溶物的形式沉淀，再经过过滤、干燥后得到前驱体，最后进行固相反应制备出所需的正极材料。常见的正极材料如 $LiCoO_2$、NCM 三元材料等均可通过该方法制备。范广新等人将 $MnCl_2$和 NH_4HCO_3进行共沉淀反应，得到类球形的前驱体 $MnCO_3$，然后将其在空气中煅烧得到 Mn_2O_3，再将 Mn_2O_3和 LiOH 混合均匀后烧结 5 h 得到细小颗粒状的 $LiMnO_2$，该材料制备的电池经过 80 次循环后容量保持率为 75%。共沉淀法工艺成熟、操作简单，反应周期短且产物的粒度均匀，结构和电化学性能均优于传统的固相法所制备的产物，具有良好的商业化前景。

（4）水热合成法

水热合成法使用锰的氧化物粉末（如 Mn_2O_3、MnO_2和 γ - MnOOH 等）和锂盐（如 LiOH）溶解于水等溶剂中，搅拌使其分散均匀，然后倒入水热釜中，在较低温度下能就得到 o - $LiMnO_2$。水热法的优点是产物粒径较小、颗粒均匀、能耗低、制备成本低；缺点是设备要求高、技术难度大、不能连续生产、存在不安全问题等。Wu 等人以 Mn_3O_4和 LiOH · H_2O 为原料，经过在 160 ~ 180 ℃的温度下水热反应 70 ~ 120 h 后制备出了层状 $LiMnO_2$正极材料，在电压范围为 2.0 ~ 4.3 V 下首次放电容量高达 255 mA · h/g。Tang 等人使用高锰酸钾为锰源与乙醇溶液混合后在 140 ℃下水热反应 24 h 得到了纯相的 γ - MnOOH，然后以 LiOH · H_2O 为锂源，继续经 100 ℃下水热 15 h 得到了纯相纳米棒状的 o - $LiMnO_2$材料，该材料首次放电比容量达到了 170 mA · h/g，但循环性能不佳，30 次循环后循环保持率仅有 66%。

（5）离子交换法

离子交换法是一种利用离子交换剂中的阴离子或阳离子与液体中的离子发生可逆交换反应来分离、提纯或制备新物质的方法。使用该方法制备 $LiMnO_2$ 是利用了 $NaMnO_2$对锂离子的亲和力高于钠离子的特性，使其与锂盐的溶液发生离子交换反应制备出 $LiMnO_2$。该方法优点是成本较低，制备条件温和；缺点是生产周期长、废液再处理困难以及交换不彻底导致产品质量低等。Armstrong 等人用离子交换方法制备出了层状结构的 $LiMnO_2$正极材料，在电流密度为0.5 mA/cm^2、电压范围为 3.4 ~ 4.3 V 的条件下充放电首次放电比容量高达 270 mA · h/g，已接近材料的理论容量，但是在后续循环过程中其层状结构逐渐转变为尖晶石结构，使得可逆容量大幅衰减。许天军等人使用球磨固相反应得到 $NaMnO_2$，浸渍在 $LiNO_3$和 LiCl 的混合熔融盐中，制得了 m - $LiMnO_2$，使用 SEM 和 TEM 观测到 $LiMnO_2$颗粒尺寸为 300 ~ 500 nm，合成的 $LiMnO_2$显示出了较好的电化学循环性能，但材料的比容量有待进一步提升。

除以上制备方法外，还可以通过其他方法如流变相法、乳液干化法、模板法以及熔融法等来制备层状 $LiMnO_2$，由于本书篇幅限制，此处不再进行一一介绍。

2）改性

层状 $LiMnO_2$ 材料由于具有较高的理论比容量和较低的成本优势，有望成为下一代锂离子电池正极材料的较优选择，然而目前制约其电化学性能的因素有很多，如 Mn^{3+} 的 Jahn－Teller 效应、过渡金属离子（Mn^{2+}）的溶解、电极表面氧的释放等，都会严重限制 $LiMnO_2$ 材料的循环性能。针对这些问题，科学家采用了一些改性的方法来提升材料的稳定性和电化学性能，常见的有元素掺杂和表面包覆等。

（1）掺杂

元素掺杂是提升材料电化学循环性能的一种有效手段，包括了阳离子掺杂、阴离子掺杂和阴阳离子共掺杂等。阳离子掺杂，包括位于锂位的掺杂和过渡金属位的掺杂，常见元素有 Na^+、Al^{3+}、K^+、Mg^{2+}、Cr^{3+}、Nb^{5+}、Ti^{4+}、Zn^{2+}、V^{5+} 等；阴离子掺杂主要是氧位掺杂，如 F^-、SO_4^{2-}、PO_4^{3-} 等；阴阳离子的共掺杂如 Al^{3+} 和 F^- 的共掺杂等。阳离子掺杂的主要目的是抑制 Jahn－Teller 效应对 $LiMnO_2$ 正极循环性能的负面影响。例如，掺入低价金属阳离子 Ni^{2+}，可以使得 Mn 的平均价态升高，从而抑制 Mn^{3+} 的 Jahn－Teller 效应；掺入 Co^{3+} 等半径相似的离子，则可以取代一部分 Mn^{3+} 从而稳固晶体的结构，改善材料的循环性能。Lang 等人以 $Li(CH_3OO)\cdot 2H_2O$、$Mn(Ac)_2\cdot 4H_2O$ 和 $Ni(NO_3)_2\cdot 6H_2O$ 为原料采用溶胶－凝胶法制备了 Ni 掺杂的 $LiMn_{1-x}Ni_xO_2$ 正极材料，相比无掺杂的材料，晶体层错大幅减小，材料的有序度得到了增强，且随着 Ni 掺杂量的提升，趋势越明显。Kim 等人也通过共沉淀法制备出了 Cr 掺杂的 $LiCr_xNi_{0.5-x}Mn_{0.5}O_2$（$x=0$、0.05、0.1），实验发现 Cr 掺杂量越少，初始容量就越高，但容量的衰减速率随着 Cr 的增多而变得更缓慢，证明了 Cr 对于材料结构稳定性的提升有促进作用。此外，由于存在电对 Cr^{3+}/Cr^{4+} 氧化还原反应，电池出现了两个放电平台，电化学性能如图 2－43 所示。

阴离子掺杂一般掺杂到材料的氧位，如 F^- 掺杂，氟的电负性比氧更大，吸电子能力更强，对锰的束缚力也更强，可以有效抑制锰在电解液里的溶解，稳定材料的结构，进而提高材料的循环性能。陈猛等人通过将 F^- 掺杂到 o－$LiMnO_2$ 材料中，制备出了 $Li_{1.08}MnO_{1.92}F_{0.08}$ 材料。研究发现，掺杂了少量 F^- 的材料相比原样品表现出了更大的颗粒尺寸和更光滑的表面形貌，有利于稳定材料的本征结构和抑制过渡金属的溶解。该研究还发现，虽然 F^- 掺杂可以提升

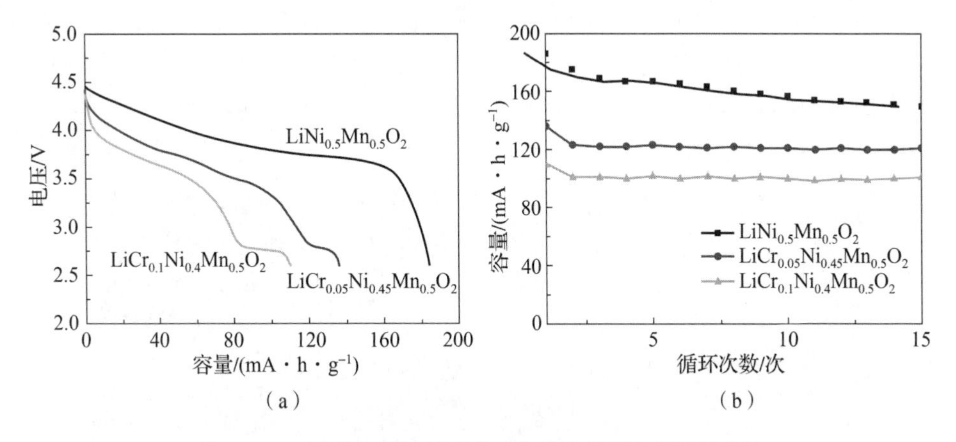

图2－43 不同Cr掺杂材料的首次放电曲线和循环曲线图

(a) 放电曲线；(b) 循环曲线

材料的循环性能，但由于F^-电负性过大，会对Li^+嵌入及脱出造成影响，一定程度会降低材料充放电过程中的可逆容量。

单一元素掺杂可以稳定材料结构，改善循环性能，但是往往会降低材料的实际放电容量，而多元素掺杂则可以充分发挥各元素的协同改性作用，从多方面、多维度进一步提高其电化学性能。蔡智等人通过将$LiOH \cdot H_2O$、Mn_2O_3、LiF和Al_2O_3混合煅烧，制备了Al^{3+}和F^-共掺杂的正极材料$Li_{1.08}Al_{0.0625}Mn_{0.9375}O_{1.92}F_{0.08}$，该材料采用阴阳离子共掺杂稳定了晶粒的堆积方式，材料跺堆层错度得到降低，有效减小了阳离子混排程度，Al^{3+}和F^-可以抑制锂位过渡金属的进入，从而提升材料的循环性能和放电容量。

(2) 包覆

表面包覆也是一种$LiMnO_2$的有效改性手段，可以解决材料本身电导率低、固液界面副反应以及过渡金属溶解等一系列问题。电解液中生成的HF是正极材料中锰溶解的主要因素，通过在$LiMnO_2$表面构建一层包覆物，降低电极材料与电解液的接触，减少了HF侵蚀带来的晶体缺陷，从而稳定了材料的结构。常见的包覆物类型有氧化物包覆（Al_2O_3、MgO）、碳材料包覆、锂金属氧化物包覆（$LiCoO_2$、$LiAlO_2$）以及磷酸盐包覆（$FePO_4$）等。粟智等人使用H_3BO_3、$Cu(NO_3)_2 \cdot 3H_2O$和$Fe(NO_3)_3 \cdot 9H_2O$为前驱体，与本体材料在溶液中混匀后再使用热处理技术制备了分别包覆有B_2O_3、CuO以及$FePO_4$的$LiMnO_2$正极材料。图2－44为包覆前后的$LiMnO_2$的SEM图像，可以看到包覆后材料颗粒间的团聚得到抑制，晶粒界面轮廓更加清晰，有利于提高活性物质的利用率。结合多项表征测试结果发现，表面包覆层有效地抑制了正极材料中锰的溶解，提升了材料的结构稳定性和循环性能，但是材料的实际容量略有降低，这是由于包覆物的使用减少了活性物质的质量占比，因此降低了材料的比容量，在保持材料容量的基础上得到性能优良的材料是改性研究的主要方向和目标。

图 2-44　包覆前后的 $LiMnO_2$ 的 SEM 图像

(a) 未包覆；(b) 包覆 1% B_2O_3；(c) 包覆 1% CuO；(d) 包覆 1% $FePO_4$

2.3　高镍三元正极材料

2.3.1　高镍三元材料的结构与电化学特性

如之前章节所述，$LiNiO_2$正极材料自 20 世纪 90 年代被发现以来，由于其高性价比，逐渐成为 $LiCoO_2$ 正极材料的有力竞争对手。然而，由于 Ni^{2+} 难以完全氧化成 Ni^{3+}，无法合成化学计量比的 $LiNiO_2$ 正极材料，这一问题阻碍了 $LiNiO_2$ 正极材料的商业化应用。为了对 $LiNiO_2$ 正极材料进行优化处理，采用部分过渡金属元素（TM）取代 $LiNiO_2$ 正极材料中的 Ni，形成了分子式为

$LiNi_xCo_yMn_zO_2$(NCM)和$LiNi_xCo_yAl_zO_2$(NCA)($x+y+z=1$)的三元正极材料。高镍正极材料是指层状正极材料中 Ni 含量高于 50% 的一系列材料，包括 NCM、NCA、NCMA 等材料体系。由于镍含量在 80% 以上的高镍材料如 NCM811($LiNi_{0.8}Co_{0.1}Mn_{0.1}O_2$)和 NCA($LiNi_{0.8}Al_{0.15}Mn_{0.05}O_2$)三元材料的可逆比容量超过 200 mA · h/g，所以近年来 NCM811 材料的发展备受关注。

以典型的高镍三元材料 $LiNi_xCo_yMn_zO_2$(NCM，$x>0.5$，$0\leqslant y+z<0.5$)为例，其晶体结构与 $LiCoO_2$ 材料相似，属于典型的六方晶系 $\alpha-NaFeO_2$ 结构，$R\bar{3}m$ 空间群。图 2-45（a）是高镍三元正极材料的晶体结构模型，Li^+ 和 O^{2-} 分别占据晶格中的 3a 位和 6c 位，而过渡金属离子（M = Ni、Co、Mn）随机占据晶格中的 3b 位。过渡金属离子 Mn^+ 填充进垂直于晶轴 c 的共边氧八面体结构中形成 MO_2 过渡金属层，而 Li^+ 则嵌入到不同 MO_2 层之间的氧八面体位，形成由 Li 层和 MO_2 层沿［001］方向交替排列的层状结构。由于 Li^+ 与 Ni^{2+} 的离子半径相近，高镍正极材料同样存在 Li^+/Ni^{2+} 阳离子混排现象。

层状结构决定了高镍正极材料中 Li^+ 的扩散路径是二维的，Li^+ 可沿垂直于晶轴 c 方向的晶面进行脱嵌。Li^+ 在 Li 层中的脱嵌路径有两种，分别为 ODH 模式（Oxygen Dumbbell Hopping，氧哑铃状迁移）和 TSH 模式（Tetrahedral Site Hopping，四面体位迁移）。如图 2-45（b）所示，位于氧八面体位中的 Li^+ 可直接迁移到临近的氧八面体空位中，此过程中 Li^+ 迁移会挤压临近的两个类似哑铃结构的 O^{2-} 离子，因此 Li^+ 直接通过相邻八面体位迁移的模式也被称为 ODH 模式（氧哑铃状迁移）。此外 Li^+ 还可以通过四面体位进行迁移，相邻的氧八面体之间存在四面体间隙位，氧八面体位中的 Li^+ 可先迁移到中间四面体位，再迁移到空的相邻氧八面体位，即四面体位迁移的 TSH 模式。根据 Pan 等人的研究，在充电过程早期 Li^+ 迁移一般采用 ODH 模式，当 Li^+ 脱出超过 1/3 时更倾向以 TSH 模式迁移。Li^+ 迁移所需的迁移能与高镍正极材料中的 Li 层间距有关，镍含量的增加一方面促使离子半径更大的 Ni^{3+} 取代 Co^{3+} 和 Mn^{4+}，引起 Li 层间距降低；另一方面由于 Mn^{4+} 含量的降低，离子半径较大的 Ni^{2+} 被 Ni^{3+} 取代，引起 Li 层间距增大。这两者通过竞争关系共同影响了高镍正极材料中的 Li 层间距。

由于层状正极材料中 Li^+ 占据氧八面体位（Octahedral coordination），同时氧原子以 AB CA BC…形式进行堆垛，因此层状正极材料具有典型的“O3”结构。在充电过程中，随着 Li^+ 从晶格中不断脱出，O3 结构会逐渐转变为不同脱锂态的 H1、H2 和 H3 相结构（如图 2-45（c）所示）。高度脱锂时会发生向 O1 结构的相转变，氧原子堆垛转变为 AB AB…形式。在充电过程中，高镍正极材料首先在 4 V 以下发生 H1→H2 的相转变，电压在 4.2 V 以上时出现 H2→H3 的相转变。H2→H3 相变的电压随着高镍正极材料中镍含量的提高而降低，且随着镍含量的提高，H2→H3 相变逐渐占据材料容量贡献的主要地位。典型的高镍正极材料有 $LiNi_{0.6}Co_{0.2}Mn_{0.2}O_2$（NCM622）、$LiNi_{0.7}Co_{0.1}Mn_{0.2}O_2$（NCM712）、$LiNi_{0.8}Co_{0.1}Mn_{0.1}O_2$（NCM811）等，为了消除 Mn^{4+} 的不良影响，也开发出了 $LiNi_{0.9}Co_{0.1}O_2$ 等超高镍正极材料。高镍正极材料中的镍含量越高，其放电比容量越高，但随之而来的结构稳定性和热稳定性差等问题也会越严重。

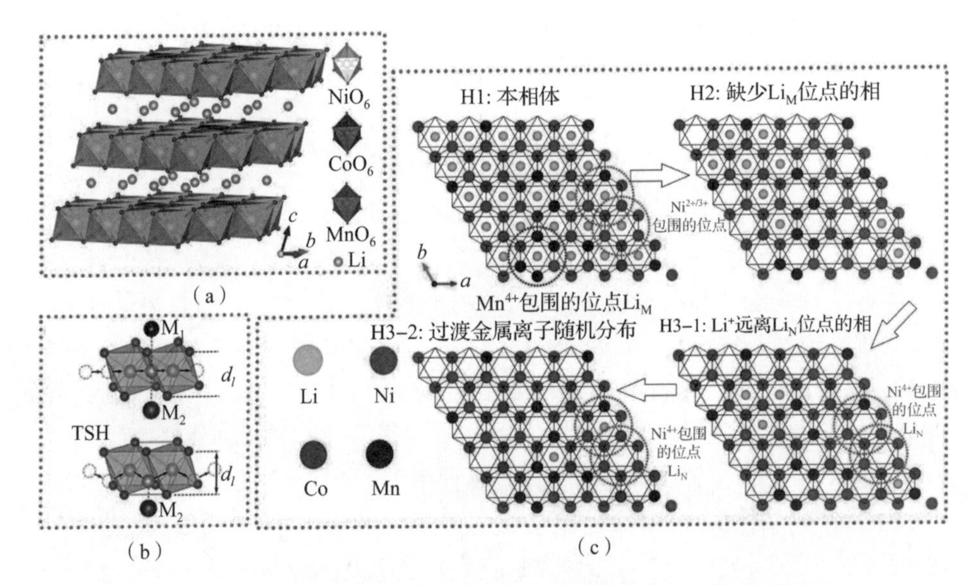

图 2-45　高镍层状正极材料充电过程的晶体结构变化（书后附彩插）

（a）高镍层状正极材料晶体结构示意图；（b）高镍正极材料中 Li^+ 扩散的 ODH（氧哑铃状迁移）和 TSH（四面体位迁移）模式示意图；（c）局部环境角度下的 H1→H2→H3 相变示意图

2.3.2　高镍层状正极材料失效机制

高镍正极材料具有其他商业化正极材料难以超越的比容量，这也为高能量密度锂离子电池的开发提供了先决条件。然而，高镍正极材料的循环寿命随着镍含量增加而快速衰减的问题亟待解决。高镍正极材料在循环过程中主要面临严重的界面副反应、Li^+/Ni^{2+} 阳离子混排导致的表层不可逆相变以及材料颗粒开裂等问题，这些问题不仅会加剧高镍正极材料的不可逆容量损失，导致其放电比容量和库仑效率快速下降，还会破坏高镍正极材料的层状结构，带来内阻增加及产气等问题，增加安全风险。

1. 界面副反应

高镍正极材料的界面副反应一方面来自表面 LiOH、Li_2CO_3 等残碱杂质形成及其与电解液的反应，另一方面则与高镍正极材料界面处有机电解液的分解有关。高镍正极材料表面的残碱种类包括 LiOH、Li_2CO_3、Li_2O、Li_2O_2 以及 $LiHCO_3$ 等，但在接触空气后都会转化为 LiOH 和 Li_2CO_3。高镍正极材料表面残碱一般来自两部分，由于锂盐在高温下易挥发，一般在煅烧过程中需要添加多于理论所需的锂盐以补偿煅烧过程中的锂损失，这些额外的锂盐最终会沉积在高镍正极材料表面并形成残碱杂质。此外，高镍正极材料中不稳定的 Ni^{3+} 会自发还原为 Ni^{2+}，导致晶格氧被氧化的同时产生具有活性的氧离子（O^{2-} – active）。活性氧接触空气中的 CO_2 和 H_2O 后进一步与高镍正极材料中的 Li^+ 反应生成 LiOH 和 Li_2CO_3 等残碱。高镍正极材料表面 LiOH 和 Li_2CO_3 形成过程如图 2 – 46（a）所示。表面残碱的电子电导和离子电导较低，大量的残碱会增加高镍正极材料的界面阻抗，使得材料电化学性能衰减。表面残碱还会使高镍正极材料表面 pH 达到 12 以上，导致高镍材料在混浆过程中出现严重的凝胶化，增加工程化应用难度。

高镍正极材料界面副反应还与电解液分解有关。商业化的电解液一般由无机锂盐和有机碳酸酯类溶剂组成，$LiPF_6$ 是常见的无机锂盐之一，碳酸酯类溶剂则是包含如碳酸乙烯酯（EC）、碳酸二甲酯（DMC）、碳酸二乙酯（DEC）在内的多种碳酸酯的组合。充电态和放电态下电解液与高镍正极材料的 HOMO 和 LUMO 轨道能级如图 2 – 46（b）所示，充电时高镍正极材料表面不稳定的 Ni^{4+} 增加，使得高镍正极材料的费米能级接近电解液的 HOMO 轨道能级，电子从电解液转移到正极材料，引发电解液氧化。此外，充放电过程中 $LiPF_6$ 容易分解为 LiF 和 PF_5。由于有机电解液在生产过程中无法避免的会存在痕量 H_2O，且 $LiPF_6$ 还会与表面残碱 LiOH 发生反应生成 H_2O，PF_5 与这些水分子反应生成副产物 HF，HF 会侵蚀高镍正极材料，导致过渡金属离子从材料中溶出，破坏高镍正极材料的结构。HF 侵蚀高镍正极材料时会继续生成 H_2O，引发界面副反应的恶性循环。HF 还能与 Li_2CO_3 等残碱发生反应生成 CO_2，影响材料的安全性能。

界面副反应的产物会沉积在高镍正极材料表面，如图 2 – 46（c）所示。无机成分包含 LiOH、Li_2CO_3 等残碱以及 $LiPF_6$ 分解产生的 LiF，过渡金属离子溶出后还会形成 MF_n 等产物。有机成分则主要来自电解液氧化分解生成的 $ROCO_2Li$ 和 $Li_xPO_yF_z$ 等。这些副产物的锂离子导电性较差，循环过程中大量沉积会导致高镍正极材料局部电阻增大，使材料性能快速衰减。

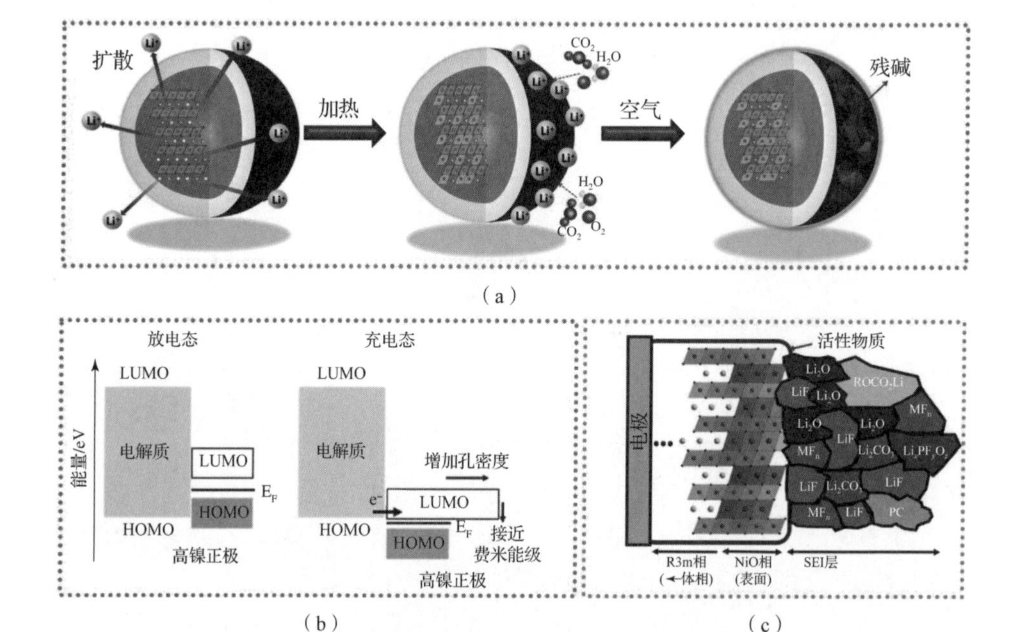

图 2-46 高镍正极材料表面残碱和固态电解质膜的形成

(a) 高镍正极材料表面 LiOH 和 Li_2CO_3 形成过程示意图；

(b) 高镍正极材料和电解液在充电态/放电态的 LUMO 和 HOMO 能级；

(c) 高镍正极材料表面固态电解质膜成分

2. 表层不可逆相变

高镍正极材料在循环过程中会发生从层状相到类尖晶石相，再到类岩盐相的不可逆相变，这一过程与高镍正极材料的 Li^+/Ni^{2+} 阳离子混排和晶格氧损失有关，而材料中高镍含量、高荷电态（SOC）及温度都会加速高镍正极材料的不可逆相变。Li^+/Ni^{2+} 阳离子混排是高镍正极材料中的固有问题，Li^+ 和 Ni^{2+} 在氧八面体中的离子半径相近（$r_{Li^+}=0.76$ Å、$r_{Ni^{2+}}=0.69$ Å），在材料煅烧过程中 Ni^{2+} 容易从过渡金属层迁移到 Li 层中形成阳离子混排结构。同时，180°的 $Ni^{2+}-O^{2-}-Ni^{2+}/Mn^{4+}$ 层间线性超交换作用也会促进 Ni^{2+} 迁移到 Li 层。Li^+/Ni^{2+} 阳离子混排不仅存在于材料制备过程，也发生在高镍正极材料充放电过程中。图 2-47（a）是高镍正极材料在脱锂态下的层状结构及形成的部分阳离子混排结构示意图。充电过程中 Li^+ 从 Li 层中脱出，导致 Li 层中存在大量锂空位，这些锂空位降低了 Ni^{2+} 向 Li 层扩散的阻碍。Kim 等人利用第一性原理计算发现，在脱锂过程中（锂从 100% 到 0）Ni^{2+} 从过渡金属层迁移到 Li 层，其迁移能从 0.598 eV 降低到 0.303 eV，说明在高度脱锂时高镍正极材料

更容易形成 Li^+/Ni^{2+} 阳离子混排。Li 层中的 Ni^{2+} 会阻碍 Li^+ 的正常扩散，影响材料的倍率性能。在高度脱锂态下，高镍正极材料除了阳离子混排加重外，还会发生晶格氧的损失。氧损失促使高镍正极材料的层状相首先转变为类尖晶石相，再进一步转变为类岩盐相。反应的过程如下：

$$3NiO_2(\text{layered}) \rightarrow Ni_3O_4(\text{spinel}) + 2[O] \tag{2-1}$$

$$Ni_3O_4(\text{spinel}) \rightarrow 3NiO(\text{rock-salt}) + 2[O] \tag{2-2}$$

不可逆相转变在每次充电过程中均会发生，NiO 岩盐相结构的形成在阻塞 Li^+ 扩散路径的同时会降低 Li^+ 扩散速率，导致高镍正极材料在循环过程中出现放电比容量快速衰减等问题，影响材料的实际应用。由于 Ni^{4+} 稳定性较差，因此在高 SOC 及高温下晶格氧更容易以 O_2 形式释放，加速不可逆相转变过程。

此外，如图 2-47（b）所示，充电过程中高镍正极材料的不可逆相转变一般从表层开始，逐渐向材料内部延伸。Li^+ 扩散动力学的限制会引发高镍正极材料颗粒内部荷电态的不均匀性，导致材料表层的 Li^+ 首先大量脱出，因此过渡金属离子迁移和不可逆相变先发生在高镍正极材料表面。随着脱锂程度的逐渐加深，不可逆相变逐渐从高镍正极材料表面向内部扩散，最终导致高镍正极材料完全失活。

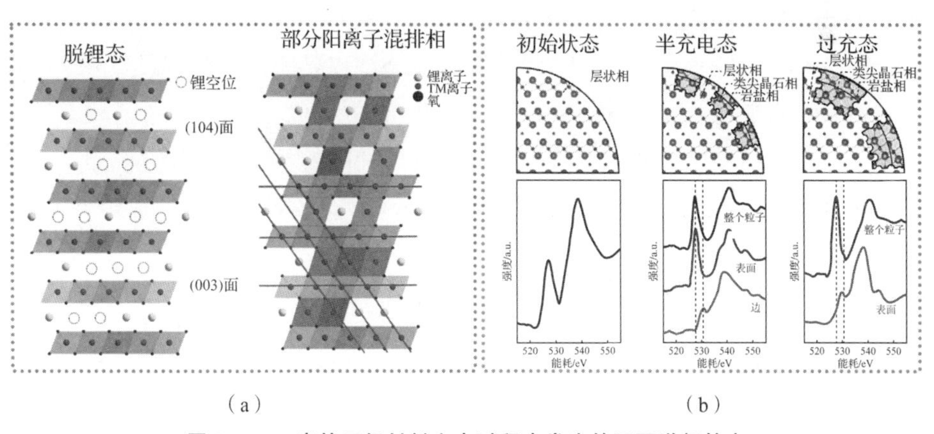

图 2-47　高镍正极材料充电过程中发生的不可逆相转变

（a）充电态下具有锂空位结构的 $R\bar{3}m$ 层状结构及部分 TM 离子在 Li 层形成的阳离子混排结构；（b）高镍正极材料在充电过程中的晶体结构和电子结构变化示意图

3. 颗粒破碎开裂

高镍正极材料颗粒的破碎开裂源于循环过程中材料内部的应力积累，当应力积累超过高镍正极材料颗粒的屈服强度时颗粒即出现开裂现象。高镍正极材料内部的应力积累主要来自 3 个方面：晶胞尺寸膨胀收缩、荷电态的不均匀性以及一次颗粒的各向异性挤压。图2-48（a）为高镍正极材料在充电过程中晶胞结构的变化情况。鉴于高镍正极材料的层状结构特性，在充电过程的初始阶段，Li^+从Li层中脱出后局部电荷屏蔽作用消失，Li层中相邻的O^{2-}在静电斥力的作用下会促使晶胞尺寸沿着晶轴c方向膨胀。随着充电深度的增加，Ni^{2+}、Ni^{3+}被氧化为更高价态的Ni^{4+}，离子半径较小的Ni^{4+}会导致过渡金属层间距减小，同时Li^+的大量脱出也会引起Li层的坍塌，使得晶胞沿着晶轴c方向收缩，而在放电过程中晶胞尺寸变化则相反。除晶胞尺寸反复发生畸变外，Li^+向相邻八面体位迁移的过程也会导致局部晶格畸变的产生，进而在高镍正极材料晶格内部积累大量应力。由于Li^+扩散动力学的限制，高镍正极材料表层的Li^+相比于内部Li^+更容易脱出，这会促使充放电过程中材料内部不同区域Li^+浓度出现差异，即存在不均匀的荷电行为。荷电态的差异会导致材料不同区域的晶格尺寸出现错配，从而在荷电态过渡区域形成严重的晶格畸变并积累应力。

高镍正极材料的颗粒结构特征也会导致应力积累，通过共沉淀法和高温固相法制备的高镍正极材料一般是由更小的一次颗粒无规则堆积而成的微米级类球形的多晶二次颗粒，大量的晶界存在于相邻的一次颗粒之间，其结构如图2-48（b）所示。小的一次颗粒具有单晶材料各向异性的特性，在充放电过程中晶胞尺寸的收缩膨胀表现在单晶一次颗粒上即为一次颗粒体积沿某一特定方向的收缩拉伸，而一次颗粒的体积变化不可避免地会挤压周围的一次颗粒，从而在一次颗粒间的晶界处积累大量应力。Kim等人采用有限元模型计算分析在荷电态下高镍正极材料二次颗粒内部的应力积累情况，模拟计算证明应力分布主要集中在一次颗粒之间的晶界处，且由于二次颗粒内部的一次颗粒被更多的其他一次颗粒所包围，因此内部的一次颗粒晶界处应力积累高于表层一次颗粒晶界处的应力积累。

高镍正极材料在应力作用下形成的裂纹可分为两种，即晶内裂纹和晶间裂纹。晶内裂纹一般形成于一次颗粒内部，主要源于循环过程中一次颗粒的晶格畸变带来的应力积累及材料本身的晶格缺陷。晶间裂纹则主要是高镍正极材料二次颗粒沿晶界发生的破碎开裂。由于一次颗粒相互挤压后在晶界处积累应力，当达到二次颗粒的屈服极限时会沿应力集中的晶界区域发生开裂。晶内裂纹会阻碍电子和Li^+在高镍正极材料内部的迁移扩散，导致材料阻抗增大。晶间裂纹的形成则会使高镍正极材料二次颗粒暴露出更多的表面，电解液沿着晶间裂纹渗透进二次颗粒内部，引发更严重的界面副反应。此外晶间裂纹附近的一次颗粒也更容易出现Li^+过度脱出和晶格氧以O_2形式损失等问题，加速材料表面不可逆相变。

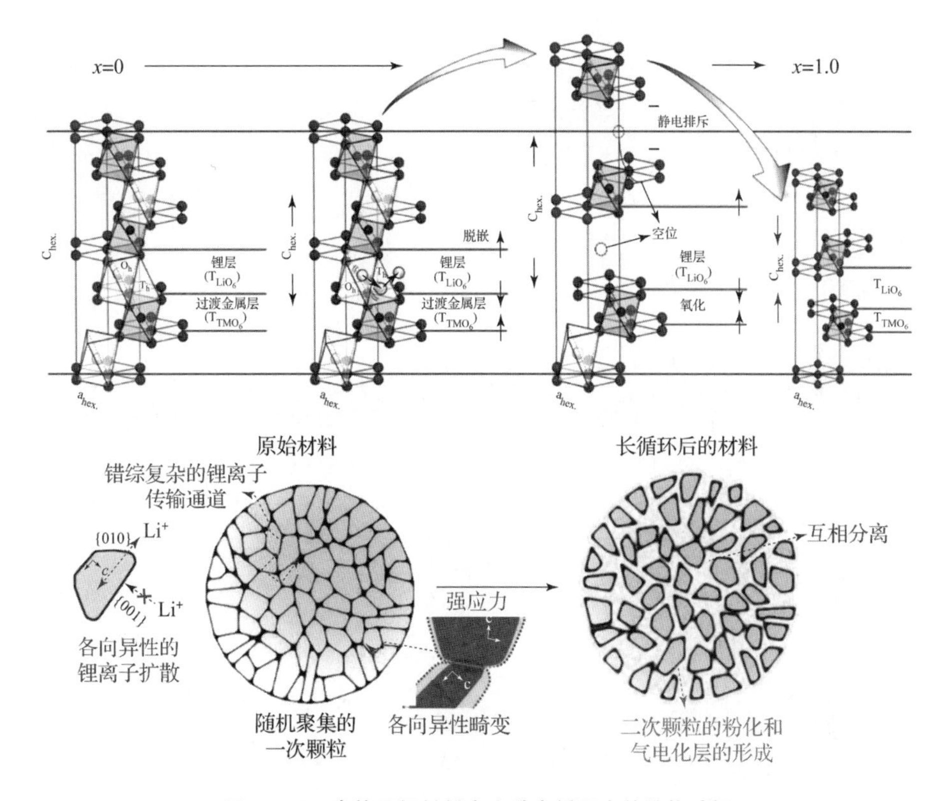

图 2－48　高镍正极材料在充放电循环中的结构破坏

(a) 脱锂过程中高镍正极材料的晶胞结构变化描述；

(b) 高镍正极材料在长循环后的颗粒结构特征示意图

综上所述，高镍正极材料循环性能的快速衰减可归因于差的界面稳定性、结构稳定性以及颗粒开裂问题。Li^+/Ni^{2+} 阳离子混排是高镍正极材料中的固有缺陷，适当调节 Li^+/Ni^{2+} 混排程度有助于高镍正极材料结构稳定性的提高；更关键的是，高镍正极材料在循环过程中的颗粒开裂问题会加剧电解液对材料的侵蚀，催生更严重的界面副反应，并加速表层不可逆相变。因此，从抑制高镍正极材料晶间和晶内裂纹产生的角度入手，缓解界面副反应及表层不可逆相变，对改善高镍材料循环性能具有显著效果。

2.3.3　高镍层状正极材料改性策略

为了改善高镍正极材料循环稳定性差的弊端，针对界面副反应、表层不可逆相变以及颗粒破碎开裂等问题可分别采用界面修饰、元素掺杂以及微结构设计等改性手段对其进行改性，以期实现高的循环性能。

1. 界面修饰

界面修饰一般是指将外来物质包覆在高镍正极材料的表面形成稳定的包覆层，降低高镍正极材料与电解液的直接接触，从而抑制界面副反应。表面包覆层作为人工构建的物理屏障，一直被认为是改善高镍正极材料循环稳定性的有效手段。高镍正极材料表面包覆层的形成对其电化学性能的发挥具有较大影响，理想状态下的表面包覆改性应满足以下条件：

①包覆层应足够薄且均匀，隔绝电解液的同时不影响高镍正极材料与电解液界面处的 Li^+ 扩散及电荷转移过程；

②包覆层应具有高的电子和离子导电性，改善高镍正极材料的界面电荷转移能力，提高其倍率性能；

③包覆层应具有高的机械刚性，防止循环过程中表面包覆层出现开裂等问题，增加电解液直接侵蚀高镍正极材料的风险；

④包覆工艺应简单、具有可操作性，实现均匀包覆的同时降低包覆后带来的废水处理、成本增加等问题；

⑤包覆物质应价格低廉、简单易得同时兼具环境友好性。

根据上述对高镍正极材料表面包覆改性的要求，科学界开展了大量的相关研究，采用的包覆物种类包括作为稳定物理屏障的金属氧化物，如 Al_2O_3、TiO_2、ZnO 等；具有较高的离子导电性的快离子导体类物质，如 Li_3PO_4、$LiBO_2$、Li_2ZrO_3、Li_2TiO_3 等；具有良好电子导电性的各种碳材料，如石墨烯、碳纳米管等；导电高分子聚合物类物质，如聚吡咯（PPy）、聚 3，4 - 乙烯二氧噻吩（PEDOT）等。为了解决电解液中 HF 杂质对正极材料的侵蚀问题，也有研究采用 SiO_2 等可与 HF 特异性反应的包覆物进行表面包覆，在循环过程中捕获 HF，降低其对高镍正极材料的侵蚀，针对性地解决高镍材料界面副反应问题。

快离子导体是研究最为广泛的一类包覆物质。快离子导体包覆层的形成一方面可以消耗高镍正极材料表面的残碱，另一方面可以改善界面处 Li^+ 的扩散能力，降低循环过程中的活性锂损耗。钛酸镧锂化合物（$Li_{3x}La_{2/3-x}TiO_3$，LLTO）作为一种常见的快离子导体和固态电解质，具有良好的离子导电性，但是由于高镍正极材料表面被较多残碱覆盖，直接将 LLTO 颗粒包覆在材料表面无法起到传导 Li^+ 的作用。Yu 等人将 $LiNi_{0.6}Co_{0.2}Mn_{0.2}O_2$ 高镍正极材料表面的残碱作为锂源，直接加入硝酸镧和钛酸四异丙酯作为反应剂，在高温共热条件下制备了表面均匀包覆 LLTO 的 $LiNi_{0.6}Co_{0.2}Mn_{0.2}O_2$ 材料（图 2 - 49），无定型的 LLTO 包覆层可通过透射电子显微镜（TEM）观察到。LLTO 包覆层可以

加快 Li^+ 扩散从而改善高镍正极材料的循环稳定性，在 0.5 C 下循环 200 次后仍有 87.2% 的容量保持。此外，在高电压下（4.5 V）的循环稳定性和空气储存性能也得到提升。

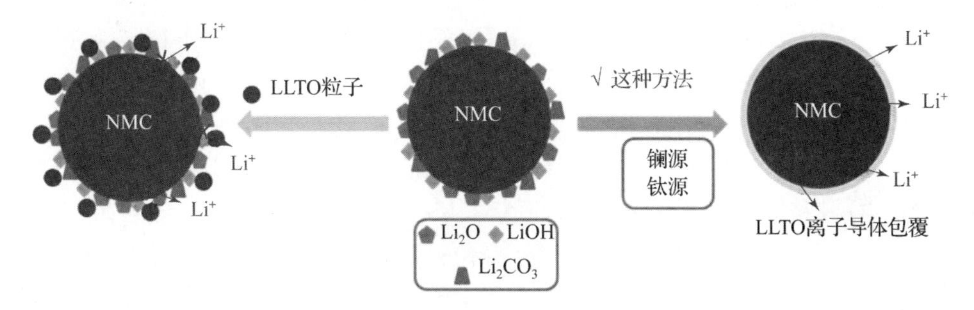

图 2-49　LLTO 修饰高镍 $LiNi_{0.6}Co_{0.2}Mn_{0.2}O_2$ 材料的示意图

除快离子导体外，一些化学稳定性较高的电极材料如纳米 $LiFePO_4$、Li_2MnO_3 材料也被作为包覆层改善高镍正极材料的电化学性能。包覆的电极材料可以作为物理屏障抑制电解液与高镍正极材料之间的副反应，同时能够提供部分容量，缓解包覆层的加入对高镍正极材料电化学性能的影响。Arumugam Manthiram 等人采用 AlF_3 处理表面包覆了 $Li_{1.2-x}Ni_{0.2}Mn_{0.6}O_2$ 富锂材料的 $LiNi_{0.7}Co_{0.15}Mn_{0.15}O_2$ 高镍正极材料，以期激活表层富锂材料释放容量。富锂材料包覆层在提供容量的同时能够降低界面副反应，研究发现即使在 10% 的包覆量下该复合材料仍有 200 mA · h/g 的容量释放，且在 4.5V 电压下循环 100 次后容量保持率仍高达 98%。通过对电极材料包覆改性研究的进一步扩展，韩国汉阳大学的 Yang - Kook Sun 等人开发出了以高镍正极材料为核、低镍正极材料为壳的核壳结构材料。由于正极材料中锰元素的增加有稳定材料层状结构的作用，因此可通过低镍、高锰含量的外壳来缓解界面处电解液的氧化分解等界面副反应。但由于核壳结构中核与壳材料组成的差异，循环过程中核壳结构容易在交界处发生晶格错配及颗粒破碎，因此该团队进一步开发出全浓度梯度的高镍正极材料，实现材料内部镍元素含量由内至外浓度梯度线性变化的同时，进一步改善高镍材料的界面稳定性及循环性能。

2. 元素掺杂

元素掺杂是改善高镍正极材料结构稳定性的有效策略，一般是指引入外源离子取代高镍正极材料晶格结构中的部分原子，以实现特定的掺杂改性目的。根据掺杂元素带电性的不同可分为阳离子掺杂和阴离子掺杂，具有代表性的掺

杂阳离子包括 Al^{3+}、Mg^{2+}、Zr^{4+}、Ti^{4+}、Nb^{5+}，代表性的掺杂阴离子则包括 F^-、Cl^-、Br^-、PO_4^{3-} 等。掺杂阳离子一般取代 Mn^+ 或者 Li^+，即占据过渡金属位或锂位，阴离子一般取代 O^{2-} 占据氧位。阳离子的具体掺杂位点根据阳离子种类的不同也存在较大差异，阳离子的具体掺杂位置与其离子半径和离子价态有关。其中，碱金属离子如 Na^+、K^+ 等倾向于取代 Li^+ 掺杂进 Li 层，由于 Na^+、K^+ 等离子的离子半径较大，掺杂进 Li 层后可以扩宽 Li 层，从而降低 Li^+ 在层间扩散的阻碍，提高 Li^+ 扩散速率以及材料的循环性能和倍率性能。但是，过渡金属离子如 Ti^{4+}、Nb^{5+} 等则更倾向于掺杂进过渡金属层，通过较强的 TM—O 键来改善循环过程中高镍正极材料层状结构的稳定性，达到抑制不可逆相变形成的目的。Al^{3+} 和 Mg^{2+} 是高镍正极材料中最常用的掺杂元素，Min 等人采用第一性原理计算深入研究了两种离子的掺杂位点及具体作用，发现 Al^{3+} 倾向于占据 Ni 位，而 Mg^{2+} 倾向于占据 Li 位。较强的 Al—O 键能够抑制荷电态下氧空位的形成，从而抑制氧气释放及不可逆相变；Li 位的 Mg^{2+} 则对 Li^+/Ni^{2+} 阳离子混排有显著的抑制作用。

阳离子的掺杂位点也会在 Li 层和过渡金属层之间发生变化，如图 2 - 50（a）所示，Hong 等人采用 Zr^{4+} 掺杂高镍 $LiNi_{0.6}Co_{0.2}Mn_{0.2}O_2$ 材料，并研究 Zr^{4+} 对改善高镍正极材料结构稳定性和 Li^+ 扩散动力学的具体作用。研究发现 Zr^{4+} 首先取代过渡金属层的 Ni^{2+}，但随着充电过程的进行 Zr^{4+} 会迁移到 Li 层，这可能与 Zr^{4+} 和 Li^+ 的离子半径相近有关。Zr^{4+} 迁移进 Li 层后不仅支撑 Li 层结构，同时在 Zr^{4+} 和 Ni^{2+} 之间强电荷斥力的作用下，Ni^{2+} 向 Li 层的迁移得到抑制，从而缓解不可逆相变的发生。掺杂元素的价态也会影响高镍正极材料中过渡金属元素的价态变化。在电荷平衡的作用下，高价态的掺杂阳离子（大于 +3 价）会增加高镍正极材料中的 Ni^{2+} 含量，反之低价态的掺杂阳离子则会抑制 Ni^{3+} 向 Ni^{2+} 的转变。Ni^{2+} 含量降低有助于抑制 Li^+/Ni^{2+} 混排，加快 Li^+ 扩散，但少量的 Ni^{2+} 迁移到 Li 层也能通过“支柱效应”抑制 Li 层坍塌，从而提高结构的稳定性。在阴离子掺杂中，由于 F^- 的电负性比 O^{2-} 更强，因此高镍正极材料结构稳定性的提升一般被归结为较 TM—O 键更加稳定的 TM—F 键的形成。此外 F^-、Cl^- 等价态高于 O^{2-} 的阴离子掺杂取代也能起到调节元素价态作用。如图 2 - 50（b）所示，Yang - Kook Sun 等人的工作也发现，F^- 取代 $LiNi_{0.80}Co_{0.05}Mn_{0.15}O_2$ 材料晶格中的部分 O^{2-} 会导致 Ni^{2+} 含量增加，Ni^{2+} 进入到 Li 层形成超晶格结构。这种有序的超晶格结构能够缓解长循环过程中的晶格错配，并提高高镍正极材料的循环稳定性，即使是 8 000 次的长循环后，此材料仍有 78% 的容量保持。

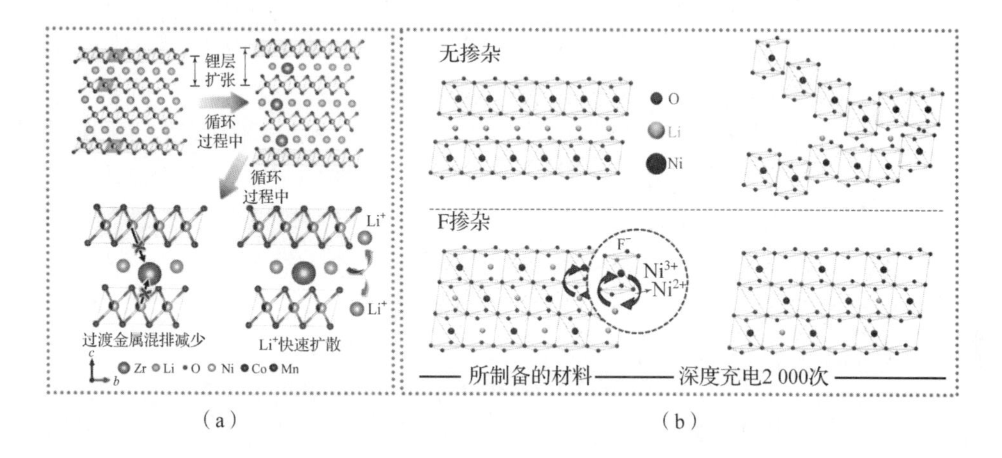

(a)　　　　　　　　　　　(b)

图2-50　Zr掺杂和F^-掺杂稳定高镍正极材料结构的示意图

(a) Zr掺杂高镍正极材料的具体作用示意图；(b) F^-掺杂前后的高镍正极材料在高充电态下的相关结构稳定性对比

3. 微结构设计

由于多晶高镍正极材料二次颗粒的结构特征，在循环过程中材料颗粒内部容易积累应力，并导致颗粒发生开裂。晶间裂纹的产生相比于晶内裂纹更加容易被检测且对材料电化学性能影响较大，因此科学界对抑制晶间裂纹产生进行了大量的研究。晶间裂纹的产生与循环过程中一次颗粒之间的各向异性挤压有关，而对高镍正极材料的微结构进行针对性设计，可以缓解循环过程中高镍材料颗粒内部应力积累，从而抑制颗粒开裂现象。

高镍正极材料颗粒的微结构设计包括晶界修补填充、多孔结构设计以及一次颗粒定向排列设计等。由于二次颗粒内部存在大量晶界，且二次颗粒一般沿着晶界发生开裂，因此对晶界进行填充修饰有助于缓解高镍正极材料循环过程中的开裂现象。由于晶界填充材料的不同，所以其在微结构设计方面所发挥的作用也有差异。如图2-51 (a) 所示，Jaephil Cho等人通过湿化学法将醋酸钴和醋酸锂渗透进高镍正极材料$LiNi_{0.8}Co_{0.15}Al_{0.05}O_2$的颗粒晶界中，中温二次热处理后在晶界处原位形成尖晶石结构的Li_xCoO_2材料 (glue-nanofiller)。得益于Li_xCoO_2和$LiNi_{0.8}Co_{0.15}Al_{0.05}O_2$材料一次颗粒之间的晶面相互作用，一次颗粒被牢固地“黏合”在一起，从而使高镍正极材料获得了优异的机械强度，在1 C下循环300次后二次颗粒仍保持了较高的颗粒完整性。此外，Li_xCoO_2修补后的高镍正极材料在60℃下和室温下循环300次，容量保持率都达到约

87%，远超未处理的高镍材料，证明抑制高镍正极材料二次颗粒开裂对改善电化学性能的积极作用。Ji – Guang Zhang 等人则通过原子层沉积法（ALD）将快离子导体 Li_3PO_4 注入高镍正极材料 $LiNi_{0.76}Mn_{0.14}Co_{0.10}O_2$ 的晶界中。晶界中的 Li_3PO_4 一方面能够通过三维的快离子导体通道加速 Li^+ 在二次颗粒内部的扩散，另一方面则能够通过阻碍液态电解液向材料二次颗粒内部的渗透作用，抑制界面副反应及过渡金属离子的溶出，从而缓解高镍材料颗粒开裂及表面的不可逆相转变。除填充快离子导体外，Chen 等人也采用具有高电子导电性和离子渗透性的聚（3，4 – 亚乙基二氧噻吩）高分子聚合物（PEDOT）均匀包覆填充 $LiNi_{0.85}Co_{0.1}Mn_{0.05}O_2$ 材料二次颗粒内部晶界。PEDOT 不仅能加快电荷转移过程，还能够与 HF 通过共价键作用特异结合，抑制 HF 对高镍材料的侵蚀及材料的不可逆相变过程，缓解高镍正极材料的开裂问题。此外填充的 PEDOT 还能抑制氧气释放，改善高镍材料的热稳定性。

除对高镍正极材料二次颗粒的晶界进行填充修饰外，多孔结构设计和一次颗粒定向排列设计也是缓解高镍正极材料内部应力积累的有效手段。高镍正极材料二次颗粒晶间裂纹的产生与一次颗粒间的应力积累有关，而减少一次颗粒之间的各向异性挤压有助于缓解材料内部的应力积累。二次颗粒内部的多孔结构设计能够为循环过程中一次颗粒的晶胞体积变化提供空间，从而降低一次颗粒之间挤压导致的内应力积累。Liu 等人采用有限元分析法分别构建了实心和空心高镍 NCM622 材料模型，来研究孔结构对高镍材料二次颗粒内部应力积累的影响。在完全充电态时，空心结构 NCM622 模型的拉应力和压应力分布均小于实心结构模型。这一方面是因为空心结构模型能够为颗粒机械形变提供空间，同时降低应力积累，另一方面空心结构模型可以缩短 Li^+ 的扩散路径，加速 Li^+ 的扩散过程，从而降低局部晶格错配及应力积累。Jaephil Cho 等人则通过在高镍材料前驱体共沉淀过程中添加牺牲模板，制备了一种内部具有多孔结构的高镍 $LiNi_{0.6}Co_{0.2}Mn_{0.2}O_2$ 正极材料，验证了多孔结构抑制应力积累、缓解颗粒开裂的具体作用。他们将聚苯乙烯微球（PSBs）作为模板包埋进高镍材料前驱体颗粒中，在后续配锂煅烧过程中聚苯乙烯微球分解并在高镍材料内部留下大量孔结构。聚苯乙烯微球分解促使一次颗粒表面形成稳定的“pillar”结构，提高循环过程中高镍材料的结构稳定性。另外，形成的多孔结构能够为循环过程中的一次颗粒体积变化提供空间，降低了晶界处的应力积累及二次颗粒晶间裂纹的形成。这种多孔结构使得 $LiNi_{0.6}Co_{0.2}Mn_{0.2}O_2$ 材料在 10 C 的高倍率下仍有 140 mA · h/g 的放电比容量，同时在 60 ℃ 下循环 250 次后容量保持率高达 86%。

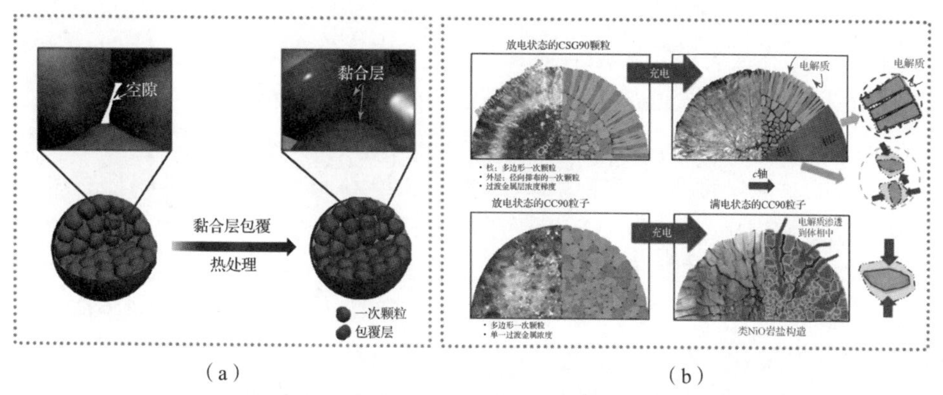

(a) (b)

图2-51 缓解高镍正极材料内部应力积累的多孔结构设计和一次颗粒定向排列设计

(a) 高镍 NCA 二次颗粒（灰色）内部黏合层（紫色）形成过程示意图；

(b) 充电态和放电态下 CSG90 和 CC90 高镍正极材料二次颗粒

内部形貌结构变化及损伤过程示意图

由于传统共沉淀法制备的高镍正极材料二次颗粒中的一次颗粒尺寸差异较大且无规则排列，在循环过程中不均匀的各向异性挤压会导致二次颗粒内局部应力积累加重，诱发晶间裂纹形核。有鉴于此，Yang - Kook Sun 等人在浓度梯度高镍正极材料的制备基础上，对一次颗粒的微结构进行设计，合成了一系列沿径向有序排列的长条状一次颗粒堆积而成的高镍正极材料。通过对合成的浓度梯度高镍材料 $LiNi_{0.90}Co_{0.045}Mn_{0.045}Al_{0.01}O_2$ 进行研究发现，径向排列的一次颗粒堆积结构能够将原本各向异性的体积形变转变为二次颗粒内沿周向的应力分布，为高镍材料二次颗粒内应力的吸收和释放提供途径。同时，由于浓度梯度高镍材料中颗粒内部的镍含量高于颗粒外部，Li^+ 的大量脱出导致长条状的一次颗粒近核端的体积收缩强于表面端的体积收缩，因此一次颗粒表面端受拉应力作用并连接形成屏障，阻碍裂纹延伸到二次颗粒表面，降低电解液渗透进二次颗粒内部的风险。鉴于镍含量梯度变化的特点，全浓度梯度高镍材料逐渐难以满足超高镍正极材料的开发需求，而采用沿径向有序排列的长条状一次颗粒作为稳定外壳层，来保护传统的超高镍材料内核成为一种提高颗粒结构稳定性的有效策略（图2-51（b））。有限元模拟结果证明，有序排列的条状一次颗粒外壳能够有效降低二次颗粒内部的拉应力分布，提高二次颗粒机械强度的同时抑制裂纹形核。此外，研究还发现 B^{3+} 等元素掺杂高镍正极材料有助于改变其表面能，从而实现一次颗粒定向排列的微结构设计目的。

为了解决多晶高镍正极材料二次颗粒开裂的问题，近年来针对单晶高镍材料的开发逐渐引起人们的关注。单晶形态是一种与普通多晶形态相比的特殊形态，为从根本上解决晶间裂纹和其他一些问题提供了可行的方法。单晶高镍正极材料由单晶一次颗粒组成，受益于这一特殊的形态，单晶高镍正极材料与具有相同成分的多晶材料相比，具有以下优势：更好的循环稳定性；单晶高镍正极材料在颗粒表面和内部都表现出无裂纹的形态；更好的高压稳定性和热稳定性；更少的副反应、可忽略的热流和更好的容量保持；更高的压实密度和高体积能量密度。但是随着充放电次数的增加，单晶高镍材料颗粒内部也会沿（003）晶面形成晶内裂纹。Xiao 等人通过原位 AFM 测试发现，单晶高镍材料晶内裂纹的形成与材料内局部应力积累引发的晶面滑移和缺陷产生有关。研究发现，单晶高镍材料晶内裂纹的形核来自材料内应力积累引发的位错缺陷等机制。晶内裂纹的尺寸较小且密度较大，在循环过程中会增加电子和 Li^+ 扩散阻碍，导致高镍材料发生不可逆相变、阻抗增加以及电化学性能下降。

从以上分析可看出，表面包覆及元素掺杂策略主要致力于解决高镍正极材料的界面副反应和不可逆相变问题，但对于循环过程中高镍材料颗粒开裂带来的更严重的界面副反应和不可逆相变却收效甚微。抑制高镍正极材料晶间和晶内裂纹的产生对降低高镍材料表面暴露、减少界面副反应和不可逆相变有着重要意义。从抑制高镍材料颗粒的内部应力积累及晶间和晶内裂纹产生的角度入手对高镍材料进行微结构设计，能有效改善其整体的结构稳定性和电化学性能。

2.4 层状富锂正极材料

2.4.1 层状富锂材料的结构和电化学特性

层状富锂锰基材料是一种新型锂离子电池正极材料，一般可写作 $x Li_2MnO_3 \cdot (1-x) LiMO_2$（M = Ni、Mn、Co 等），简写成 LMR，将只含 2 种过渡金属元素的这类材料称为二元层状富锂锰基材料，3 种过渡金属元素的为三元层状富锂锰基材料。1991 年，Lubin 等人发现 $LiMn_2O_4$ 通过盐酸处理之后形成类似 Mn_2O_4 框架结构的 $\lambda-MnO_2$ 氧化物；随后 1992 年和 1993 年，Thackeray 等人制得了具有立方密排结构的氧阴离子阵列型的层状富锂锰氧化物 $Li_{2-x}MnO_{3-x/2}$（$0<x<2$）并发现 $LiMn_2O_3$ 结构可以通过电化学嵌锂方式获得；1997～1998 年，Numata 等人合成了不同配比的 $LiCo_{1-x}Mn_{2x/3}Li_{x/3}O_2$ 正极材料，循环稳定性要优于纯 $LiMnO_2$ 正极材料，在 4.3 V 以内并未发现 $LiMn_2O_3$ 的电化学活性，到 1999 年，Kalyani 等人首次发现在 4.5 V 电压下 $LiMn_2O_3$ 具有电化

学活性；2001 年，加拿大达尔豪斯大学 J. R Dahn 等学者报道了化学式为 $Li[Ni_xLi_{1/3-2x/3}Mn_{2/3-2x/3}]O_2$ 的材料，这种材料可以看作是使用部分镍取代 $Li[Li_{1/3}Mn_{2/3}]O_2$（即 Li_2MnO_3）材料中的镍和锰，从而获得了较高的比容量；美国阿贡国家实验室 Thackeray 等学者通过引入钴元素和改变过渡金属元素（transition metal，TM）组分等方法对这种材料进行了大量研究，并申请了相对应的发明专利，随后富锂锰基材料进入快速发展时期。从实验室的角度来看，到目前为止全球各地的研发团队已经发表了非常多针对富锂锰基材料结构分析、性能增强、衰减机理以及改进合成方法的论文，尤其是近几年有学者提出氧阴离子参与电荷补偿的概念，更是使得富锂锰基材料的相关研究达到了一个全新的高度。从工业化的角度来看，2008 年日本 Toda Kogyo 公司和德国巴斯夫公司先后与美国阿贡国家实验室针对富锂锰基材料进行合作，试图将这种材料进行大规模工业化生产，目前这两家公司均可以提供公斤级样品；美国 Envia 公司也于 2009 年加入对富锂锰基材料商品化的研发，获得了美国能源部和美国先进电池联盟的资助；中国浙江遨优动力系统有限公司 2017 年 12 月宣布在全球范围率先实现富锂锰基动力电池的产业化，而且这种电池在 2018 年 5 月 28 日通过中国国家强检；2018 年 7 月 17 日，国家工业和信息化部公示的第 310 批《道路机动车辆生产企业及产品公告》中首次出现了富锂锰基电池配套的电动车辆，这也标志着富锂锰基材料的正式商用化。

1. 层状富锂材料的晶体结构

层状富锂正极材料通常被认为拥有 $\alpha-NaFeO_2$（$R\bar{3}m$）的结构，其中的 Na^+ 位被 Li^+ 占据，Fe^{3+} 位被过渡金属离子及过量的 Li^+ 占据。典型的层状富锂锰基正极材料的 X 射线衍射谱（$\lambda \approx 0.154\ 06$ nm）如图 2-52（a）所示。除了在 18~25°区间的峰只能基于 C2/m 结构索引外，其余的峰与其他层状材料如钴酸锂或三元材料相同，基于 $R\bar{3}m$ 结构索引，这是由于 Li_2MnO_3 组分中存在 $LiMn_6$ 超晶格结构而形成的超晶格衍射，通常也被当作富锂锰基材料的特征峰。另外，层状富锂锰基正极材料可以视为包含两种组分：Li_2MnO_3 和 $LiMO_2$，可写作 $zLi_2MnO_3 \cdot (1-z)LiMO_2$（$0<z<1$，$M = Mn_{0.5}Ni_{0.5}$ 和 $Mn_xNi_yCo_{(1-x-y)}$ 且 $0<x, y<0.5$），因此富锂正极材料的结构与这两种组分的结构相关。

关于 Li_2MnO_3 的晶型结构在文献中有不同的报道，如单斜晶系（C2/c 型、C2/m 型）和菱方晶系（$P3_112$ 型），但这些晶型结构均由 $R\bar{3}m$ 型空间群的 $\alpha-NaFeO_2$ 型层状结构衍生而来。Li_2MnO_3 可以被改写为 $Li[Li_{1/3}Mn_{2/3}]O_2$，其中 $\alpha-NaFeO_2$ 中 Na^+ 位被 Li^+ 占据，氧离子呈立方紧密堆积，Fe^{3+} 位的 1/3 被

过量的 Li^+ 占据，剩余 2/3 被 Mn^{4+} 占据，形成一个 $LiMn_2$ 层，隔层分布占据于由氧立方紧密堆积所形成的八面体空隙中；由于 Li^+ 和 Mn^{4+} 的离子半径不同（$r_{Li^+}=0.74$ Å，$r_{Mn^{4+}}=0.54$ Å），于是在原来的 Fe^{3+} 位形成了 $(\sqrt{3}\times\sqrt{3})$R30°的 $LiMn_6$ 的超晶格现象，其结构如图 2－52（b）所示。$LiMn_2$ 层的堆积顺序差异致使不同的空间结构的出现，ABC 的堆垛顺序产生 C2/m 的单斜晶系的 Li_2MnO_3，ABC 的堆垛顺序形成 $P3_121$ 的菱方晶系的 Li_2MnO_3，同属单斜晶系的 C2/c 亦采用 C2/m 的 ABC 的堆垛顺序，可以视作两个 C2/m 单元沿着 c 轴堆砌而成。

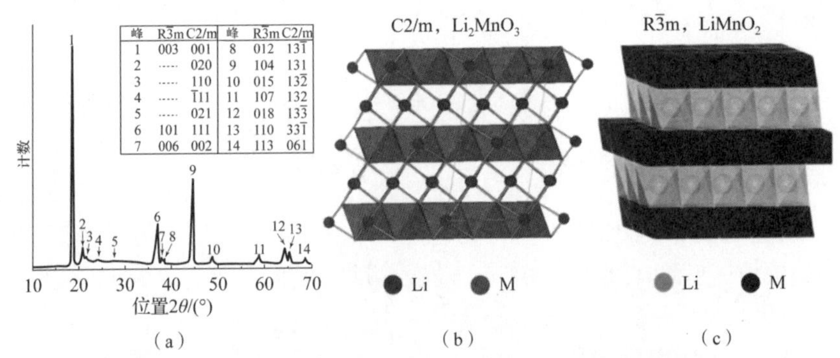

（a）　　（b）　　（c）

图 2－52　典型的层状富锂锰基正极材料的 X 射线衍射谱以及 Li_2MnO_3 和 $LiMO_2$ 层状结构示意图（书后附彩插）

（a）X 射线衍射谱；（b）Li_2MnO_3 层状结构示意图；（c）$LiMO_2$ 层状结构示意图

$LiMO_2$ 具有与 $LiCoO_2$ 相同的 $\alpha-NaFeO_2$ 层状结构，O3 型，属于六方晶系，$R\bar{3}m$ 空间点阵群。其中 Li^+ 占据 $\alpha-NaFeO_2$ 的 Na^+ 位形成 Li 层，M 为两种或者多种过渡金属元素的混合（Ni^{2+}、Co^{3+}、Mn^{4+}），其平均价态为 +3 价，占据 $\alpha-NaFeO_2$ 的 Fe^{3+} 位，形成过渡金属 M 层，氧呈立方紧密堆积形成八面体结构，Li 层和 M 层分布于该八面体的空隙中，其结构如图 2－52（c）所示。$LiMO_2$ 的过渡金属层是由两种或者多种过渡金属元素组成，这导致其结构会与 $LiCoO_2$ 的结构有所差别。当 M 中含有镍和锰时，由于 Ni^{2+} 与 Li^+ 的离子半径相差甚微，导致阳离子交换，部分 Li^+ 出现在过渡金属层中，造成锂镍混排（阳离子混排），使得过渡金属层中出现 Li^+，再加上过渡金属层中 Mn^{4+} 的存在，按照局部电中性原理，Mn^{4+} 和 Ni^{2+} 将发生电子交互作用和电荷重组定序现象，导致材料结构中将形成类似于 Li_2MnO_3 中的 $LiMn_6$ 或 $LiMn_5Ni$ 超晶格结构。但当 Co^{3+} 离子被引入到过渡金属层中时，Co^{3+} 离子会抑制过渡金属层中的锂镍混排现象，同时 Co^{3+} 均匀分散在 Mn^{4+} 和 Ni^{2+} 之间，使得整个过渡金属层间电荷均匀分布，有效抑制了 Mn^{4+} 和 Ni^{2+} 两者间的电子交互作用和电荷重组定序现象，因此在 $LiMn_xNi_yCo_{1-x-y}O_2$ 中，类似于 Li_2MnO_3 中的 $LiMn_6$ 或 $LiMn_5Ni$ 超晶格结构的形成得到了有效抑制，在 $LiNi_{0.333}Co_{0.333}Mn_{0.333}O_2$ 中，几乎不会出现类似的超晶格结构。

2. 层状富锂材料的结构之争

Thackeray、Grey 和 Abraham 等人研究表明，材料 $zLi_2MnO_3 \cdot (1-z)LiMO_2(0<z<1, M=Mn_{0.5}Ni_{0.5}$ 和 $Mn_xNi_yCo_{1-x-y}$ 且 $0<x, y<0.5)$——二元富锂锰基材料（图2-53（c）和（b））和三元富锂锰基材料中（图2-53（d）和（e））具有极其复杂的结构：组分 Li_2MnO_3 与 $LiMO_2$ 的结构大体上都与 $\alpha-NaFeO_2$ 的结构类似，其中组分 Li_2MnO_3 中过渡金属层中 Li^+ 与 Mn^{4+} 形成的超晶格结构使得 Li_2MnO_3 的点阵群由 $R\bar{3}m$ 转变成单斜晶系 C2/m，结构如图2-53（a）；$LiMO_2$ 中由于 Li^+-Ni^{2+} 的离子交换加剧了阳离子混排形成 $(\sqrt{3}\times\sqrt{3})R30°$ 超晶格结构；在三元富锂锰基材料中，Co、Ni 和 Mn 分别为 +3、+2 和 +4，Co^{3+} 的存在有效抑制了超晶格结构的形成。由于单斜晶系 C2/m 的 Li_2MnO_3 的（001）晶面与层状结构 $R\bar{3}m$ 的 $LiMO_2$ 的（003）晶面位置刚好重合，且晶面距离都接近4.7 Å，如果 $Li[Li_{1/3}Mn_{2/3}]O_2$ 中过渡金属层锰元素能与 $LiMO_2$ 中的过渡金属离子实现某种特定方式的混排，则两种组分可实现原子级别的融合，但探索如此精细的结构难度巨大，更何况区分 $zLi_2MnO_3 \cdot (1-z)LiMO_2(0<z<1)$ 中的组分以及过渡金属层中的阳离子排列的有序性，因此富锂锰基材料的具体结构在学术界仍然存在一定的争议。

富锂氧化物正极材料到底是 Li_2MnO_3 和 $LiMO_2$ 组成的两相纳米混合物还是单相固溶体仍然没有定论。以 Dahn 为主的学者利用 X 射线衍射（XRD）验证了 $Li[Ni_xLi_{1/3-2x}Mn_{2/3-x/3}]O_2(x=1/6、1/4、1/3、1/2)$ 的晶体结构，发现晶格常数和（1/3，1/3，0）超晶格峰的位置变化与组成成分的比例呈线性关系，说明 $R\bar{3}m$ 和 C2/m 两种空间群在原子尺度下有序融合，得到结论材料为固溶体；Ferreira，Paulo J 等人用 XRD 及其模拟、高角环形暗场扫描透射电子显微镜（HAADF/STEM）及其模拟、纳米束电子衍射（NBED）和衍射扫描透射电镜（D-STEM）表明 $Li[Li_{0.2}Mn_{0.6}Ni_{0.2}]O_2$ 拥有一个单斜结构（C2/m），但 C2/m 相的（001）面上有大量的晶格缺陷，它们造成了电子衍射图中沿[001] 向的紧密条纹和 XRD 在 20°～35°间的宽衍射峰，因而他们认为 $Li[Li_{0.2}Mn_{0.6}Ni_{0.2}]O_2$ 不能被分为两相，它是一种固溶体；而 Horn、Grey 和 Thackeray 等人利用高分辨透射电镜、扩展 X 射线精细结构吸收谱（EXAFS）以及核磁共振（NMR）测试数据发现材料结构过渡金属层中阳离子排布为短程有序，认为材料为一种假性的“固溶体”，实则为一种纳米级的复合材料；

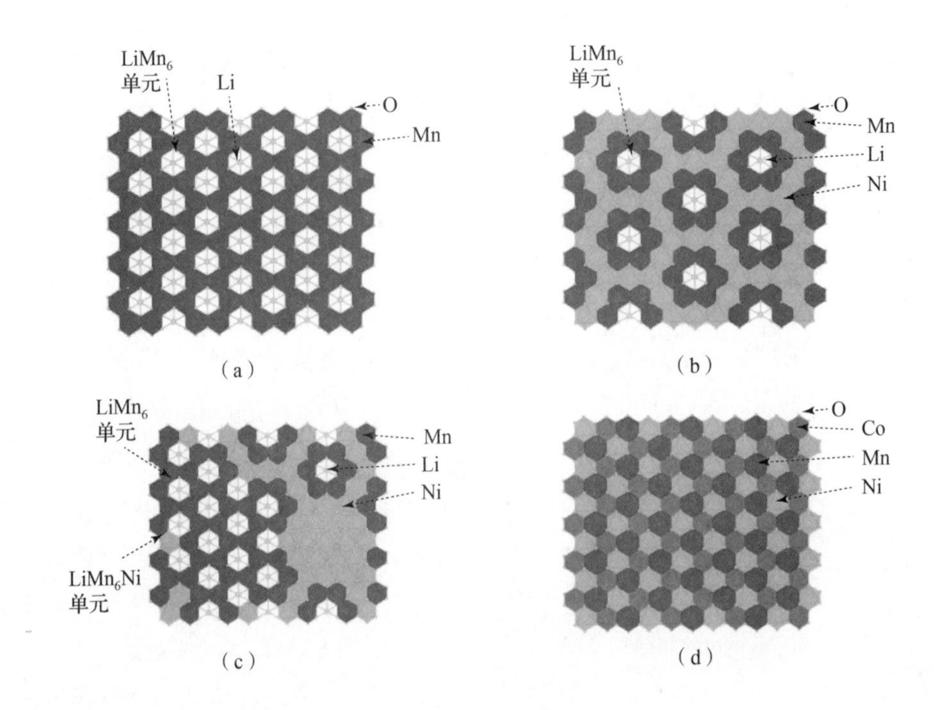

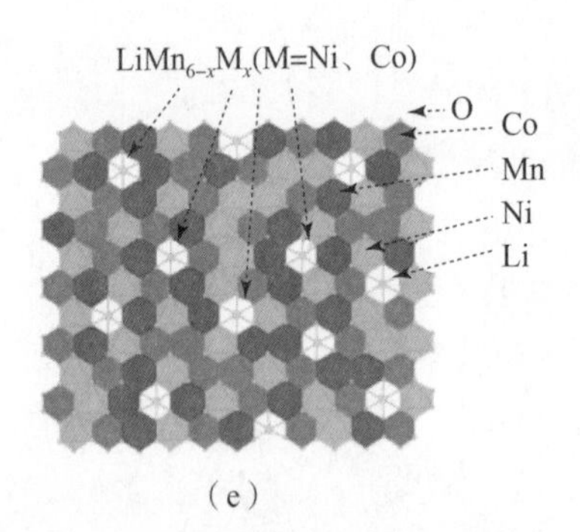

图 2-53 材料结构示意图

(a) Li_2MnO_3；(b) $LiMn_{0.5}Ni_{0.5}O_2$；(c) 二元富锂材料；
(d) $LiNi_{1/3}Mn_{1/3}Co_{1/3}O_2$；(e) 三元富锂材料

Alpesh K. S. 等学者利用 X 射线能量散射光谱、电子能量损失光谱、高角度环形暗场扫描透射电镜等先进表征手段对多种富锂锰基材料进行了精细分析，他们的结论是大部分富锂锰基材料颗粒是具有 3 种不同变体的单斜晶系构成，并且这 3 种变体相互之间具有随机性分布，也能在部分区域观测到缺陷和具有尖晶石结构的组分，因此只能按照现代晶体学理论将富锂锰基材料看作是一种“非周期性”晶体。此外，也有学者发现富锂锰基材料的结构对金属元素的组分极其敏感，金属离子含量微小的变化都将引起最终材料结构的改变，包括层状、尖晶石以及岩盐结构。总之，富锂材料的结构极具复杂性，现阶段仍未达成共识，有赖于更加有力的测试手段对材料结构的观测。复杂的结构导致材料复杂的性能，因此富锂材料结构的认知对材料性能的解析将具有很重要的意义。

3. 层状富锂材料的电化学特性

典型的富锂材料首次充放电曲线如图 2 – 54 所示。可以将曲线分为两个部分：第一部分是在首次充电时电压低于 4.5 V (vs. Li^+/Li) 的区间，出现一段沿斜线上升的曲线，主要对应结构中 $R\bar{3}m$ 相的活化，此时富锂材料中组分 $LiMO_2$中的 Li^+从锂层脱出进入电解液，迁移至负极，并伴随着过渡金属 Ni^{2+}氧化成 Ni^{4+}（三元富锂材料中还包括 Co^{3+}氧化成 Co^{4+}），遵循传统层状嵌脱锂材料的机理，即 $LiMO_2 \rightarrow Li^+ + MO_2 + e^-$，并且在反应过程中 Li_2MnO_3中锰层中位于八面体位置的 Li^+扩散至 $LiMO_2$中锂层的四面体位置来补充消耗的 Li^+，从而提供了维持结构稳定所需的额外结合能，这一阶段的充电比容量可达 120 mA · h/g 以上。第二部分是在充电电压高于 4.5 V 时，从曲线中可以看到一个很长的平台区域，其对应的是 Li_2MnO_3组分的活化，平台至 4.8 V 截止电压之间的比容量可超过 200 mA · h/g。目前的观点认为，在 4.5 V 平台至 4.8 V 截止电压阶段的过渡金属元素均处于高价态，因此很难继续氧化至更高的价态，所以为了保持电荷平衡，氧离子会从表面结构中脱出，以氧气的形式释放。

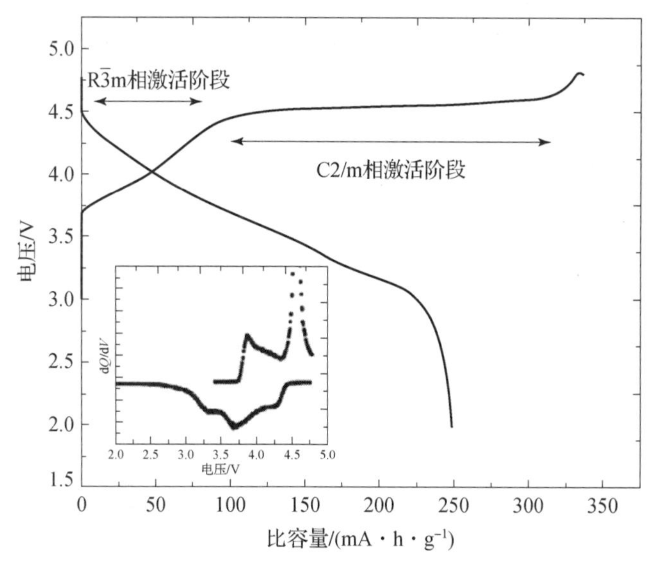

图 2 – 54　$0.5Li_2MnO_3 \cdot 0.5LiNi_{0.5}Mn_{0.5}O_2$ 扣式电池首次充放电曲线（2.0 ~ 5.0 V）

对于富锂材料在4.5 V处的平台，Armstrong等人提出了析氧机理：Li_2MnO_3组分中O_{2p}键的氧化，（O^{2-}从材料晶格中析出）同时伴随Li^+的脱出，最终以"Li_2O"的形式从电极材料中脱出，同时为了电荷平衡，表面的过渡金属离子从表面迁移到体相中占据锂离子脱出留下的空位，从而导致脱出的Li^+不能全部回嵌至富锂材料的体相晶格中而导致首次不可逆容量损失，通过计算发现理论放电比容量可以达到261 mA·h/g；Armstrong等人通过实验手段采用原位的DEMS检测到$Li[Ni_{0.2}Li_{0.2}Mn_{0.6}]O_2$材料在首次充电至4.5 V时有氧气析出；Min-Sik Park等人通过原位的电池内压测试证实在电压高于4.4 V时有氧气析出；Yukinori Koyama等人用第一性原理计算也证明了4.6 V平台为O_{2p}的氧化；Weill等人通过电子衍射的结果也证实了在富锂材料的首次充电过程中由于氧的析出使得材料的结构发生了重排，材料由一种结构大体上类似于O3-$LiCoO_2$的层状材料转变成另一种新的具有电化学活性的层状材料MO_2。

虽然目前析氧机理得到了广泛认同，但是该机理还存在以下几个问题：①实验中析出的氧气没有进行定量化的计算，无法证实是4.5 V处平台的所有容量均由氧气的析出产生；②虽然有些实验证明了在氧析出以后，结构发生了重排，并形成了新的层状结构，但氧、镍、锰离子是具体如何迁移重排的还没有得到解答；③假设在首次充电完成后，材料结构发生重排，并形成了新的理想的层状结构，但为什么在后续的循环过程中，只有0.6~0.7个锂离子参与脱嵌反应。

此外，由于4.5 V平台至4.8 V截止电压阶段的过渡金属元素均处于高价态，很难继续氧化至更高的价态，因此有学者提出氧阴离子-过氧/超氧阴离子($O^{2-}/O_2^{2-}(O_2^-)$)氧化还原电对来解释富锂材料的高比容量。Tarascon等学者从分子轨道理论对这一概念做出了详尽的解释，简单来说就是金属阳离子与氧阴离子在成键时会使氧的高能量级非键轨道与金属-氧轨道发生重叠，具有这种特征的氧化物在发生氧化还原反应时存在氧阴离子可逆得失电子的过程，从而可以参与电荷补偿而贡献可逆容量，如图2-55所示，具有这种特征的材料通常具有很高的锂含量或含有高价态过渡金属阳离子。

很多学者也通过实验和理论计算，进一步完善了氧阴离子氧化还原理论的研究。Guo等学者通过实验证明了氧阴离子参与电化学反应的理论。如图2-56所示，由原位X射线衍射和拉曼光谱结果能够看出$Li_{1.2}Ni_{0.2}Mn_{0.6}O_2$材料的前两次充放电循环过程中，沿晶体*c*轴方向的$O^- - O^-$（过氧二聚体）可逆氧化还原过程。有学者通过理论计算电子局域函数明确定位富锂氧化物结构中的氧原子孤对电子，并对其在氧化还原活性中的作用进行了细致讨论，提出了阴离子氧化还原活性的统一理论。通过实验和理论计算，揭示了氧阴离子参与电化学反应以及富锂材料高比容量的来源。

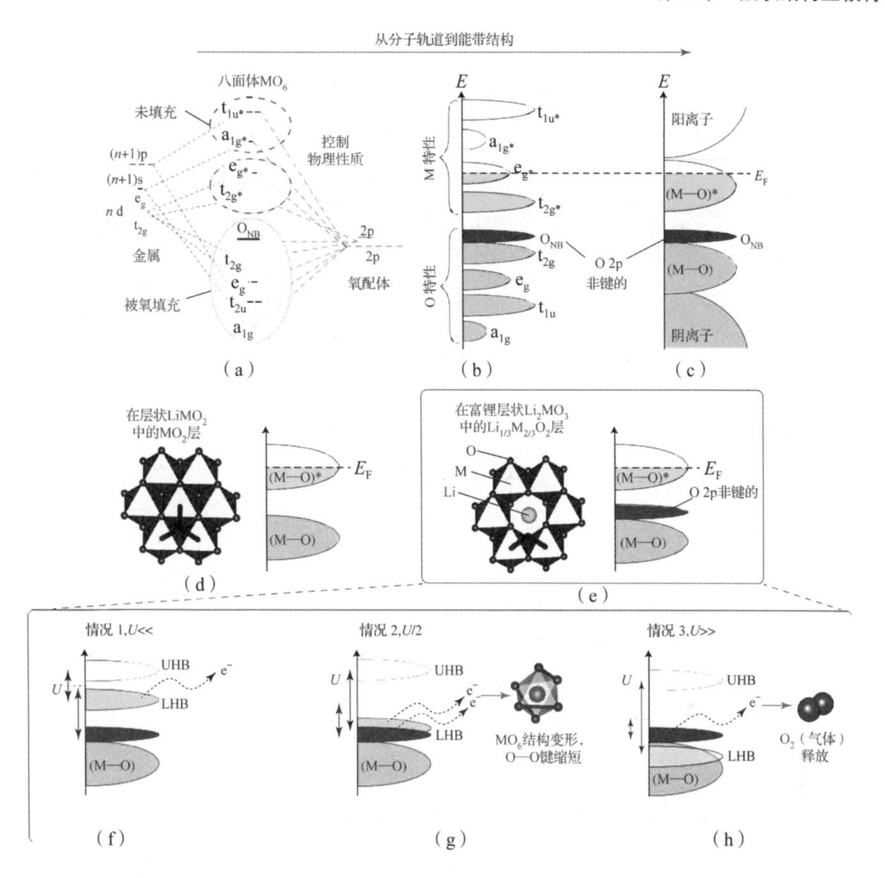

图2-55 富锂氧化物的能带结构和阴离子氧化还原机理示意图

(a) [MO_6] 八面体的分子轨道能量图；(b) 过渡金属的 d 轨道和氧的 p 轨道的能带结构示意图；(c) 过渡金属氧化物的能带结构示意图，其中 ONB 表示位于反键（M－O）＊能带之下和成键（M－O）能带之上的 O 2p 非键状态；(d) $LiMO_2$ 的晶体结构和能带结构；(e) 富锂 Li2MO_3 的晶体结构和能带结构；(f) 阳离子氧化还原（单个能带氧化还原）；(g) 可逆阴离子氧化还原（两个能带氧化还原），额外容量；(h) 不可逆阴离子氧化还原（单个能带氧化还原）

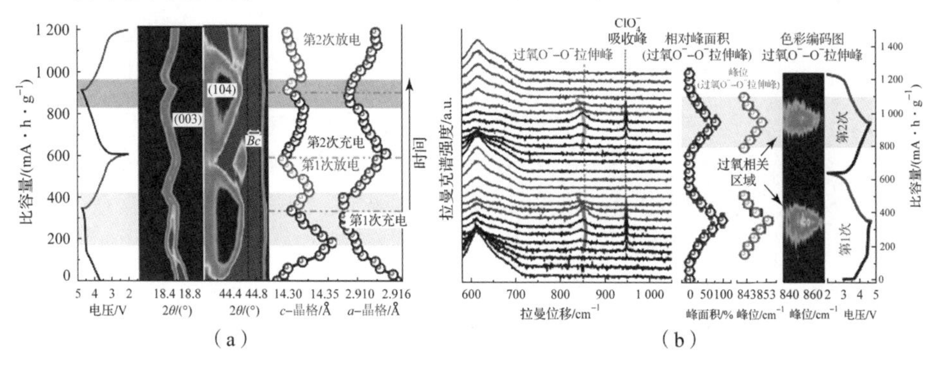

图2-56 富锂锰基材料前两次电化学循环中原位X射线衍射谱和拉曼光谱（书后附彩插）

(a) X射线衍射谱；(b) 拉曼光谱

除了被大家普遍接受的氧阴离子氧化还原理论之外，近期美国加州大学圣塔芭芭拉材料系的 Maxwell D. Radin 和 Anton Van der Ven 对传统插层机理下晶格氧的可逆氧化还原提出了质疑，基于 Li－Mn－O 相图的第一性原理计算提出了高价锰的电荷补偿新机理，$Li_2MnO_3 \rightarrow Li_{2-x}MnO_3 + xLi^+ + xe^-$，其中 $Li_{2-x}MnO_3$ 中的锰为 +4 和 +7 价的混合。在第一次放电时，四面体中的锰离子不太可能回到它们原来的八面体中，1 个四面体中的锰离子可以迁移到任何一个位置与 4 个八面体位点共用一个面。在第一次放电后，在 Li_2MnO_3 组分中的阳离子排序更像无序的岩盐相，而不是层状 Li_2MnO_3，随着局部锰离子环境变得多样化导致二次充电电压曲线将不同于第一次充电电压曲线，产生了较大的容量贡献。进一步循环时，锰离子的进一步重排引起电压衰减。如果锰离子在八面体和四面体之间迁移的动力学是限速的，那么放电可以通过 Mn^{7+} 还原为 Mn^{5+} 进行，并不需要锰离子迁移，因为 Mn^{5+} 更倾向于四面体配位。Mn^{4+}/Mn^{7+} 与 Mn^{5+}/Mn^{7+} 氧化还原电对之间的电压差将在电压曲线上表现为极化，锰离子逐渐迁移到八面体位置会释放热量。另外充电结束时剩余八面体中的 Mn^{4+} 还原为 Mn^{3+} 的过程同样可以在没有 Mn 迁移的情况下进行。由于 +7 价的锰化合物在高能射线下容易分解，再加上 Mn－O 的共价特性，一般测试结果表现出都是 O_k 边吸收谱的弛豫，目前测试手段较难为新机理提供足够的实验证据。

由此可见，尽管对富锂材料高比容量来源的探究有了更深层次的认识，但仍旧有很多问题等待研究者去解答，需要进一步去完善或者提出其他一些全新的机理。

2.4.2 层状富锂正极材料存在的问题

1. 首次库仑效率较低

正极材料的首次库仑效率和首次容量的损失对其实际应用的影响很大。尽管富锂材料首次具有很高的比容量，但其首次充电平台处的电化学反应是不可逆的，首次充放电会产生较大的容量损失，其对应的首次效率小于 79.5%。对于富锂正极材料首次容量损失的原因，主要有以下两种解释。

一个原因是首次充电至 4.5 V 平台后，Li_2MnO_3 相的激活会在脱锂的过程中伴随着材料内氧气的释放，导致材料中的部分锂离子不能可逆地嵌入，从而使得首次充放电产生很大的不可逆容量损失。这在富锂材料的充电曲线和循环伏安曲线上都有明显表现。图 2－57 为 $Li_{1.2}Mn_{0.6}Ni_{0.2}O_2$ 材料（图中 LLR 样品）及其改性样品（LPLR）在不同循环次数的充放电曲线。从图中可以看出，无论是本体材料还是其改性材料，首次的 4.5 V 特征平台在后续循环过程中都会消失。图2-58为$Li_{1.2}Ni_{0.2}Mn_{0.6}O_2$材料在0.1 mV/s扫速下的循环伏安曲线。在首次充电过程中，3.75 V与4.2 V左右的氧化峰分别对应于$Ni^{2+/3+}$与$Ni^{3+/4+}$的氧化反应。在4.5 V左右出现的巨大氧化峰对应Li^+脱出并伴随氧气释放，其在随后的循环过程中不再出现，也印证了这一过程的不可逆性。也有学者通过氧同位素标记的方法发现富锂锰基材料在首次充电至4.5 V时释放的不是氧气而是二氧化碳，其中有部分氧来自材料晶格，当电压继续升高后才会有氧气从晶格内部释放，他们证实了气体中的氧元素来自材料本身。

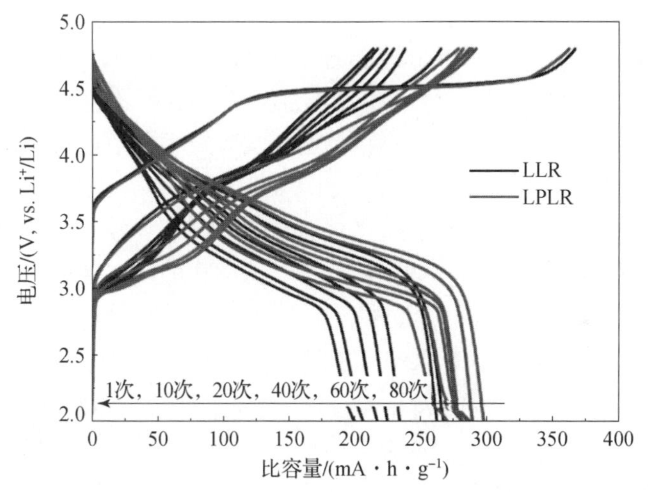

图2-57　$Li_{1.2}Mn_{0.6}Ni_{0.2}O_2$材料（图中LLR样品）及其改性样品（LPLR）在不同循环次数的充放电曲线

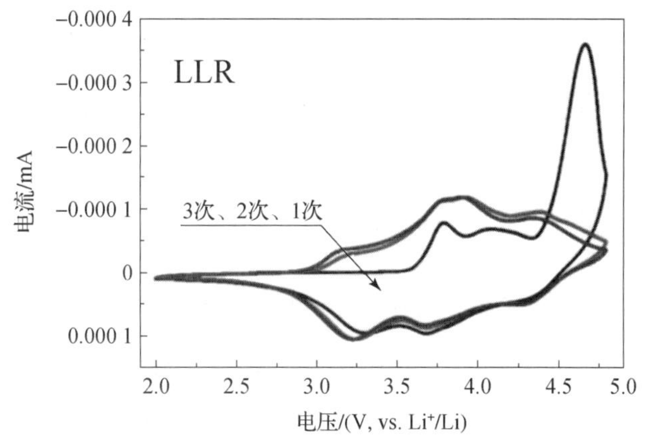

图2-58　$Li_{1.2}Ni_{0.2}Mn_{0.6}O_2$材料在0.1 mV/s扫速下的循环伏安曲线

另一原因是在较高的截止电压下活化时，正极材料和电解液发生不可逆副反应。目前广泛使用的商品化电解液使用范围多为4.4 V以下，高压电解液多为4.5 V以下，而层状富锂材料首次需充电至4.6 V甚至4.8 V后才能发挥其高比容量。因此，电解液容易受到局部过氧化活性基团的攻击而分解，这部分能量将直接体现在材料的充电比容量之中，同时还会在材料表面产生有机/无机物质共生的界面。

综上，富锂锰基材料在首次充放电过程中较低的库仑效率与产气特征使得材料难以实际应用，商品化进程受到严重阻碍。

2. 电压衰减问题

循环过程中电压衰减的问题是目前富锂材料产业化进程中遇到的最大挑战，因为它不仅会导致循环过程中能量密度不断减少，而且会使得电池难以和电池管理系统（BMS）相适配，是富锂材料实际应用最亟待解决问题。

层状富锂材料在2.0～4.6 V或4.8 V的循环测试区间能充分发挥其高比容量的优势，但会出现容量和电压衰减严重的情况。其中，在循环过程中富锂材料出现的层状结构向尖晶石结构和无序岩盐结构的转变和极化被认为是引起容量和电压平台衰减的主要原因。

对比循环前后的富锂材料XRD谱图和TEM照片，可观察到这种结构转变的发生。图2-59是$Li_{1.2}Mn_{0.6}Ni_{0.2}O_2$在不同循环次数的非原位XRD图。图中（003）和（104）峰在循环后峰强变得十分微弱，其峰位也存在向右发生偏移现象，这表明材料的层状结构特征变弱，并伴随层间距的减小；层间距的减小意味着层状结构发生了塌陷，印证了层状特征的减弱。

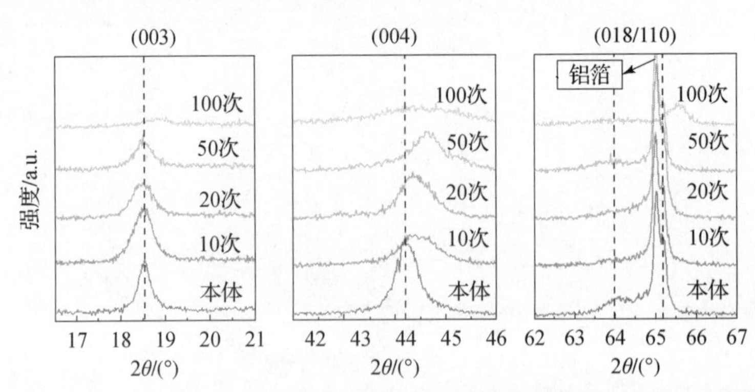

图2-59　$Li_{1.2}Mn_{0.6}Ni_{0.2}O_2$在不同循环次数后富锂材料的非原位XRD图

图2-60为$Li_{1.2}Mn_{0.6}Ni_{0.2}O_2$循环前后富锂材料的TEM图像，可以看出富锂完整的层状结构，图像中清晰的0.475 nm的层间距对应了典型的层状结构中的（003）峰的层间距；插图中对应的SAED图像亦展示了典型的层状结构特征。

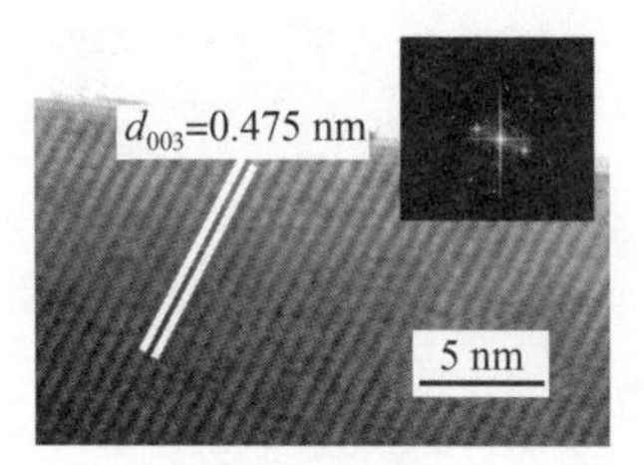

图2-60　$Li_{1.2}Mn_{0.6}Ni_{0.2}O_2$ 循环前后富锂材料的 TEM 图像

在经过电化学循环之后，富锂材料的结构发生了明显的转变，图2-61是在4.8 V截止电压下富锂材料典型的结构变化。图2-61（a）是循环后富锂材料表层的晶格图像，图2-61（a）中的1—4四个区域分别对应图2-61（b）、（c）、（d）、（e）4张图。从图2-61（a）中可以看出体相区域仍然是层状结构（图2-61（b）），结构变化主要集中在表面区域。在距表面12～15 nm区域出现了连续的尖晶石相（图2-61（c））；在距表面2～3 nm很窄的区域出现了立方相（图2-61（d）、（e））；在图2-61（d）、（e）快速傅里叶变换（FFT）图中，只检测到两个强衍射点，衍射点数量的减少表明高对称岩盐相的形成。由晶格图像和FFT获得的岩盐相间距约为2.45 Å，与NiO(2.42 Å)和CoO(2.46 Å）岩盐相的（11-1）面相符合。从NiO(2.42 Å）和CoO(2.46 Å）之间的晶格参数（2.45 Å）来看，推测它很可能是NiO和CoO之间的固溶体。

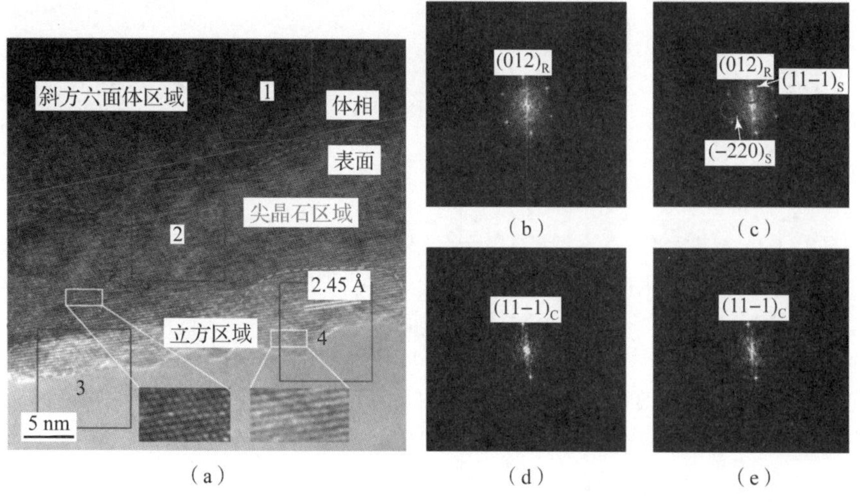

图2-61　在3.0～4.8 V条件下，$LiNi_{0.5}Co_{0.2}Mn_{0.3}O_2$ 循环50次后表面区域的HRTEM图像和晶格的FFT图像，其中（b）～(e）分别对应于区域1—4的FFT

Gu等学者提出了过渡金属离子迁移理论来解释富锂材料在循环过程中出现的相变问题。富锂材料在充电过程中可脱出比其他传统层状材料更多的锂离子，因而能够产生更多的锂空位，过渡金属层的金属离子从八面体位置向层间的四面体位置迁移。电压继续升高，会有更多的锂离子从过渡金属层中脱出，过渡金属离子将继续迁移至锂层中的八面体位置。在放电过程中，锂离子嵌入，部分过渡金属回到过渡金属层，部分将会留在锂层的八面体位置。当留下的过渡金属离子较少时，会形成类似于尖晶石的结构，当大量的锂层八面体位置被过渡金属离子占据时则会形成岩盐相结构。这一迁移过程如图 2-62 所示。这种相变是由表面逐渐向内部发展，从层状结构逐渐向尖晶石和岩盐相转变，在这一过程中还会伴随着颗粒的开裂现象，从而导致富锂材料出现循环过程中较严重的容量和电压衰减问题。

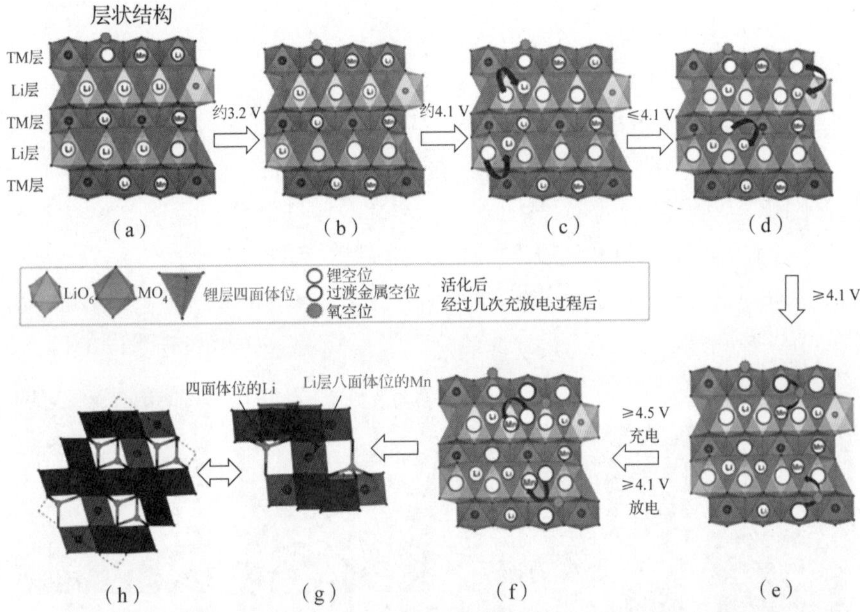

图 2-62　富锂锰基材料过渡金属离子迁移导致结构转变机理示意图（书后附彩插）

(a) 锂位于锂层的八面体位，Li 和 TM 位于过渡金属层的八面体位；(b) 在锂层形成空位；(c) 锂在锂层中从八面体向四面体的迁移；(d) 锂从金属层的八面体位置向锂层的四面体位置迁移，形成“哑铃”结构；(e) 金属层中锰从八面体位置向锂层中四面体位置的迁移；(f) 锰从锂层四面体位置向锂层八面体位置的迁移；(g) 锰处于在锂层的八面体位置，锂处于在锂层的四面体位置，形成尖晶石晶格；(h) 尖晶石结构

此外，组分 Li_2MnO_3 晶相由于 Li_2O 的脱出与组分 $LiMO_2$ 晶相形成间隙。这些材料结构上的变化被认为是材料在后续循环过程中结构转变的主要原因。美国阿贡国家实验室的研究表明，即使在 4.5 V 的活化平台下循环，压降现象仍然存在，这一现象是由于晶体中局部尖晶石结构累积造成的。这些尖晶石域，部分是在合成过程中由于 Li 的损失形成的，存在于材料的表相；部分是在循环

过程中由于 $LiMO_2$ 组分中过渡金属离子向 Li 层迁移导致的。压降的速率主要由两种因素共同决定：层状与尖晶石相的相平衡，以及过渡金属离子的迁移速率。

组分 Li_2MnO_3 活化是层状富锂锰基材料具有高容量的根源，但也是产生压降的起因，如何稳定 Li_2MnO_3 活化后的衍生物是现阶段解决压降问题的出发点。

近年来的研究表明，离子掺杂能有效缓解压降现象。美国东北大学 Mehmet Nurullah Ates 等人对 $0.3Li_2MnO_3 \cdot 0.7LiMn_{0.33}Ni_{0.33}Co_{0.33}O_2$ 进行了钠离子掺杂，合成了 $0.3Li_2MnO_3 \cdot 0.7Li_{0.97}Na_{0.03}Mn_{0.33}Ni_{0.33}Co_{0.33}O_2$（掺杂量为 5%），掺杂后的材料压降得到了抑制。XRD 数据表明，掺杂钠离子后的材料具有更大的晶胞参数，这一变化使得富锂相活化后，Ni^{3+} 更易向锂层中的钠空位迁移，这一过程反而使得结构变得更加稳定，抑制了层状相向尖晶石相的转变。中国科学院福建物质结构研究所 Li Liping 等人对 $Li_{1.2}Mn_{0.54}Co_{0.13}ONi_{0.13}O_2$ 进行钾离子掺杂后合成了 $Li_{1.151}K_{0.013}Mn_{0.552}Co_{0.146}Ni_{0.145}O_2$。如图 2－63 所示，他们认为，锂层中的钾离子弱化了锂层空位的形成与锰向其中的迁移，此外钾离子较大的离子半径，也对尖晶石相的生成了造成了很大的空间位阻，由此降低压降的程度。以上研究表明，离子掺杂，尤其是大离子半径的元素，对富锂材料的压降问题有一定的抑制作用。

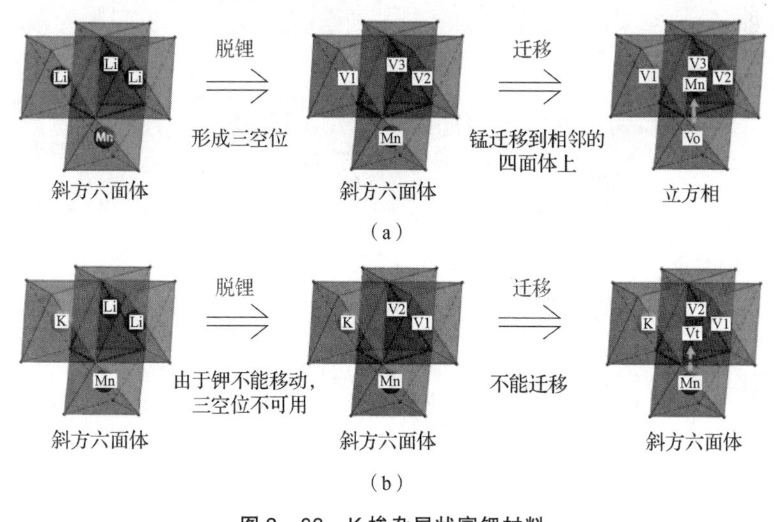

图 2－63　K 掺杂层状富锂材料

（a）Mn 向锂空位迁移；（b）K 掺杂抑制 Mn 向锂空位的迁移

美国阿贡国家实验室 Belharouak 等人通过 Al_2O_3 的原子层沉积技术（atomic－layer deposition，ALD）在材料的表面包覆了一层 Al_2O_3，压降问题得到改善。然而，这一方法并未真正解决压降与电压滞后的问题。这一研究表明，体相形成尖晶石相是压降的主要成因，因而表面包覆是无法真正解决这一问题。这一观点在其他研究中并未得到证实。北京理工大学李宁等人通过仿生设计，在富锂材料表面包覆了超薄的尖晶石膜，由于结构转变，改性前后材料均表现出压降现象，但改性后材料在经过一段时间循环后，压降现象得到显著抑制。

美国西北太平洋国家实验室 Wang Chongmin 等人通过原子序数衬度成像及 XEDS 谱图研究发现，合成方法极大影响了元素在材料水平空间中的分布情况，尤其是镍元素的偏析现象（图 2－64），使得富锂材料的压降现象更为严重。该研究表明，通过共沉淀法与溶胶－凝胶法制备的富锂材料 $Li_{1.2}Ni_{0.2}Mn_{0.6}O_2$，表面富集了较多的镍；采用溶剂热法合成的材料，元素分布较为均匀，其压降也得到了很好的抑制。同时，循环过程中本征结构变化带来的缺陷也会加速诱导镍的不均匀分布。镍元素分布不均的材料，主要由 $R\bar{3}m$ 相主导，偏析的镍阻碍了锂离子的脱嵌，并降低了与锰之间的相互作用，使得锰更容易发生还原反应，导致压降；镍元素分布均匀的材料，主要由 C2/m 型单斜晶系主导，其更稳定的结构有助于抑制过量锂的脱出与氧流失。

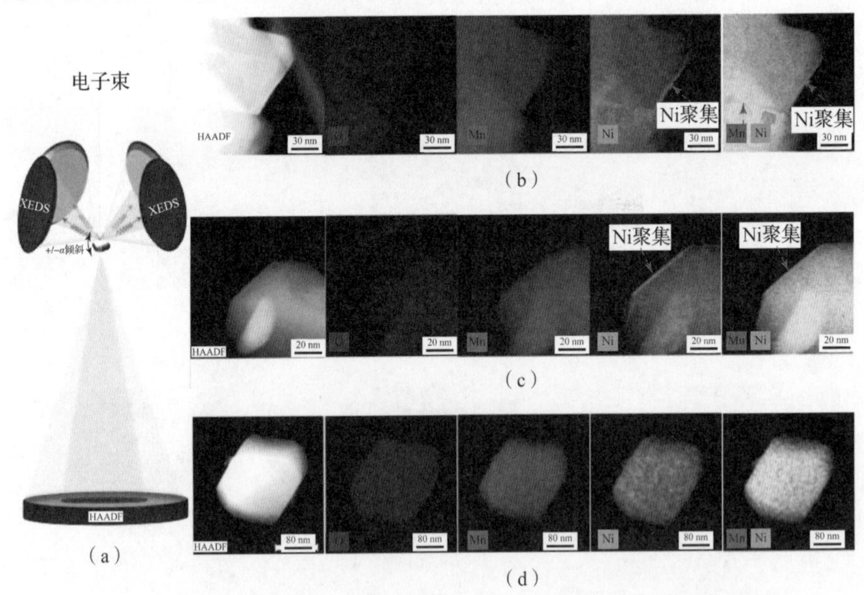

图 2－64　不同合成方法制备的富锂材料中的元素分布（书后附彩插）

（a）HADDF 成像及 XEDS 谱图测试示意图；（b）共沉淀法制备的材料；

（c）溶胶－凝胶法制备的材料；（e）水热辅助法制备的材料

有趣的是，湘潭大学的王先友等人通过一种浓度梯度的设计来抑制 $Li_{1.14}[Mn_{0.60}Ni_{0.25}Co_{0.15}]_{0.86}O_2$压降。如图 2－65 所示，该富锂微球中，其内部往表面的方向，锰元素的含量逐渐增加，而钴逐渐减少，镍基本维持不变，其认为富钴区域对压降起到了抑制作用。

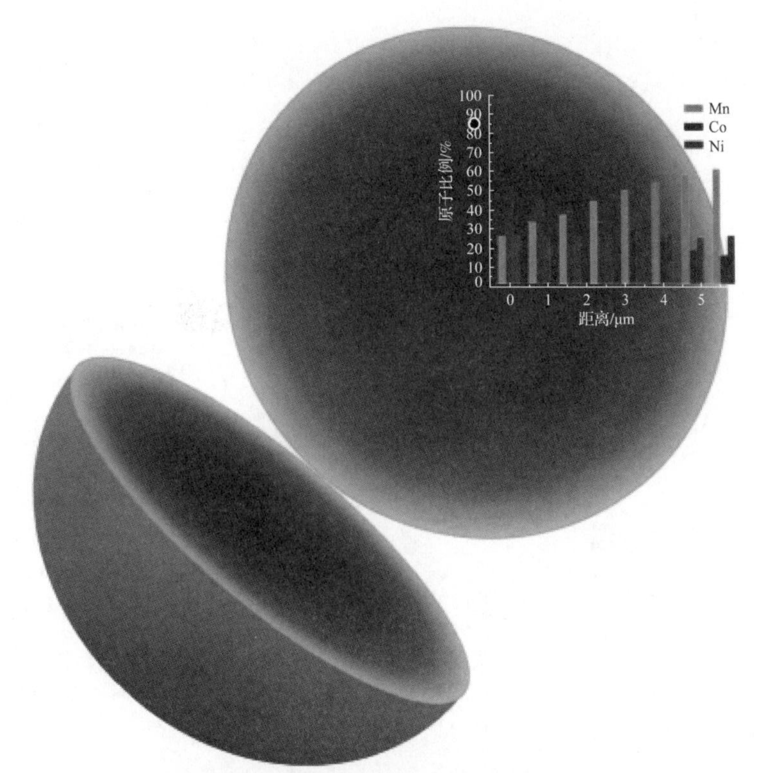

图2-65 元素浓度梯度分布的层状富锂材料（书后附彩插）

如前文所述，组分 Li_2MnO_3活化是层状富锂锰基材料具有高容量的根源，但也是产生压降的起因。美国德克萨斯大学奥斯汀分校的 Manthiram 等人认为，首次活化过程中 4.5 V 充电平台的长短决定了压降的程度，并以此设计了一种新的富锂材料：$Li_{1.2-x}Mn_{0.54}Ni_{0.13+2x}Co_{0.13-x}O_2$，最优为 $Li_{1.15}Mn_{0.54}Ni_{0.23}Co_{0.08}O_2$，相比 $Li_{1.2}Mn_{0.54}Ni_{0.13}Co_{0.13}O_2$，压降得到了抑制。美国阿贡国家实验室的 Thackeray 等人也认为，富锂材料的电压滞后现象与压降现象被证明是相互关联的，均是由于富锂相的首次活化引起的。锂离子和锰离子在其中的排布，对于该类材料的压降行为有着至关重要的作用，其作用机理还需进一步深入研究。减少 Li_2MnO_3的相对含量，降低其活化程度，增大 Mn/Ni 间的相互作用，降低 Mn/Mn 间的相互作用，可能是一种抑制压降的可行思路。

美国阿贡国家实验室 Thackeray 小组的一项研究是以 Li_2MnO_3为模板，通过酸处理，将化学计量比的 Li_2MnO_3与适量过渡金属元素混合在一起，尔后进行煅烧，设计了一系列“层－层”“层－尖晶石”“层－尖晶石－岩盐”复合材料，如图 2－66 所示。这一方法有效抑制了压降。

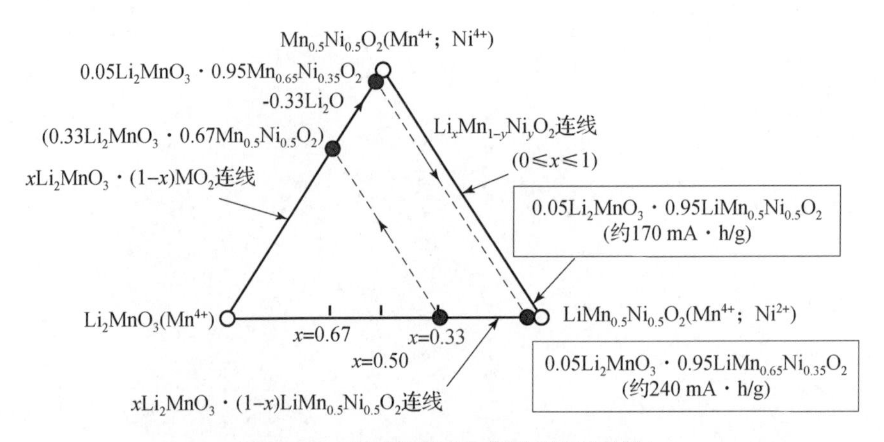

图 2－66　不同构成成分的层状富锂材料

3. 电压滞后问题

富锂锰基材料在电化学循环时有电压滞后的现象。如图 2－67（a）所示，在充放电循环过程中，放电电压曲线远低于充电电压曲线，导致电池体系能够释放的能量远低于充电时消耗的能量，使得富锂材料为电极的锂离子电池能量效率较差。富锂锰基材料的电压衰退和电压滞后之间存在着一定的关联，造成两个现象的共同原因可能是过渡金属离子可逆迁移引起的充放电路径和结构的不对称，发生这种离子迁移与不可逆相变是与锰原子的尺寸及电子自旋排布的特点有关。此外，通过硬 X 射线光电子能谱（HAXPES）和 X 光吸收光谱（XAS）与电化学表征手段将阴离子氧化还原与电压滞后相联系起来（图 2－67（b）），并发现相比于快速的阳离子氧化还原过程，在高电压下的阴离子氧化还原受迟缓的动力学限制。因此，电压滞后和迟滞的动力学累积造成富锂材料总体的极化变大。

电压滞后现象一般与材料的反应动力学密切相关，这在 $LiMnO_2$ 等材料中较为常见，通过提高电化学反应时的外界温度可以有效缓解这一现象，但有研究表明富锂锰基材料的电压滞后不会随外界温度上升而减弱，却反而增强；有学者通过原位 XRD 发现材料的晶胞体积变化并不存在“滞后”的现象。通过非原位 XRD 的结果发现晶胞体积在放电过程中存在滞后现象，通过 XAS 发现锰元素所处位置在材料活化后基本没有变化，钴元素和镍元素在充放电过程发生了明显变化。因而可以推测出：电压滞后现象和过渡金属离子在过渡金属层和锂层之间随着充放电的迁移相关，这个往复迁移的特点与电压衰减问题有关系，但也不完全相同。

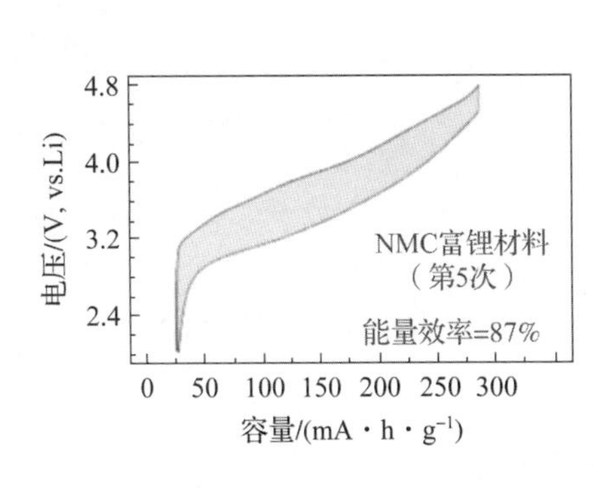

（a）

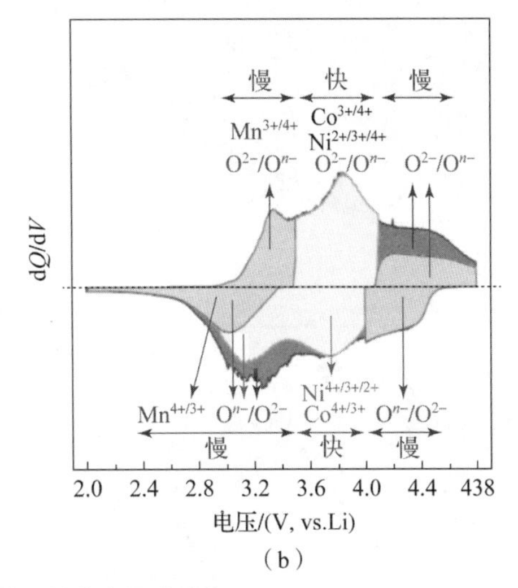

（b）

图2-67　富锂锰基材料的电化学性能

（a）第5次循环电压-比容量曲线以及能量效率；

（b）微分容量-电压滞后曲线和电压衰减关系示意图

除此之外，另一种观点认为电压滞后是由于材料中阴阳离子参与电荷补偿时存在先后顺序引起。当充电至4.1 V及以上时，如图2-68（a）、（b）中红色部分所示，这部分的放电曲线无法随着不同充电电压而重合，从而产生滞后现象。结合不同氧化还原电对容量贡献的区间可知：红色部分对应的是锰和氧的电对，尤其是在高电压部分主要由氧阴离子参与氧化还原反应，而这部分的电压滞后现象最为明显。同样的结论也可从图2-68（c）、（d）中得到。

4. 较差的电化学反应动力学

富锂材料中Li_2MnO_3相及其活化后的Li-Mn-O组分参与电荷补偿速率明显比层状$LiMO_2$更慢，由此产生了反应动力学阻滞的情况，影响了富锂材料的倍率性能和低温性能。针对富锂材料较差的反应动力学问题，众多学者进行了相关研究。

Kyung-Wan Nam等学者通过原位XAS和XRD等手段发现了Li_2MnO_3相是影响富锂材料反应动力学的关键因素。通过将不同结构成分和过渡金属元素所产生的容量贡献与局部结构变化联系起来，发现在活化前后锰的反应动力学都比较差，并提出Li_2MnO_3是影响富锂锰基材料倍率性能的关键因素。Zhang等学者发现在大倍率充放电情况下的富锂材料反应动力学阻滞更明显。此外，充放电时的温度对动力学阻滞的影响也十分明显。首先，富锂锰基材料的首次活化对温度敏感，通过进一步研究发现Li_2MnO_3的活化与转变对温度敏感。当

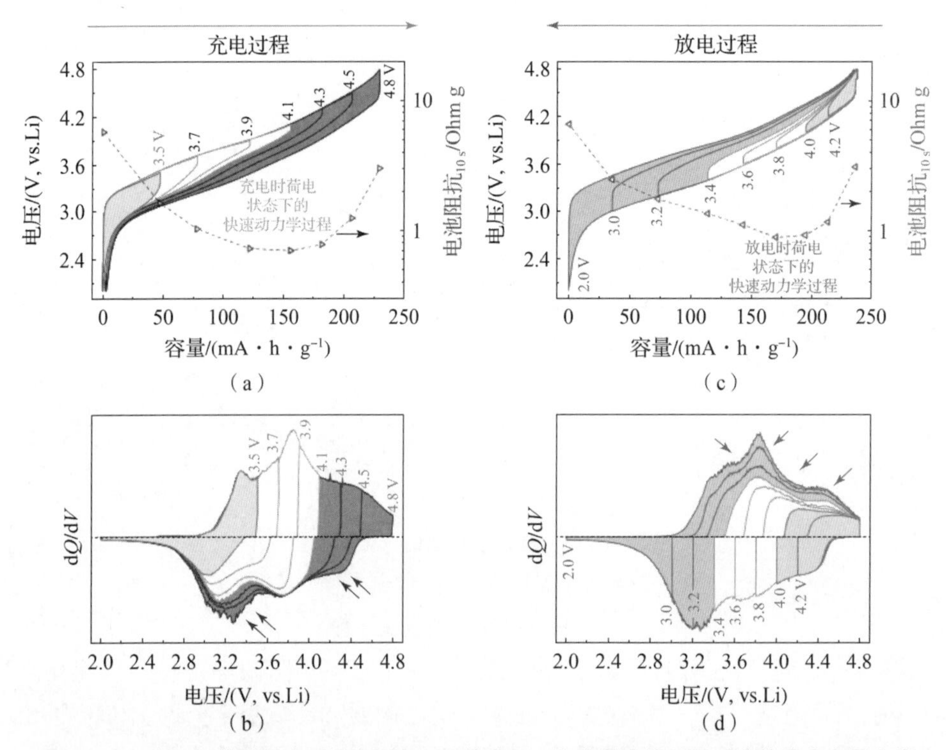

(a)　(c)

(b)　(d)

图 2-68　富锂锰基材料在不同电压窗口下的电压-比容量曲线以及对应的微分容量曲线

(a) 不同充电截止电压-比容量曲线；(b) 不同充电截止电压对应的微分容量曲线；
(c) 不同放电截止电压-比容量曲线；(d) 不同放电截止电压对应的微分容量曲线

温度为 -20 ℃时富锂材料在首次充电至4.8 V时没有出现明显的4.5 V特征平台，且首次放电比容量仅有70 mA·h/g左右。其次，发现升高温度能够有效提高锂锰基材料的首次库仑效率。升高温度提高了嵌入 MnO_2 组分的动力，将首次库仑效率由74.6%（0 ℃）提高至91.5%（50 ℃）。关于富锂材料反应动力学机理和改性的研究工作仍然较为缺乏，改善富锂锰基材料的反应动力学，能够有效提高材料的倍率性能和高低温性能，增加其实际应用的价值。

5. 层状富锂电极与电解液间的副反应

从前面的论述中可以看出为了充分发挥层状富锂正极材料的高容量，在充电时截止电压必须大于4.6 V。但是在高电压条件下，正极中的活性物质会与电解液发生大量的副反应，连续副反应机理示意图如图2-69所示。

在首次充电时，除了失去两个电子生成副产物氧气外，更容易发生只失去一个电子产生氧基，氧基与碳酸基电解液会发生副反应生成 H_2O、CO 和 CO_2 等副产物。副产物水与 $LiPF_6$ 反应会生成 LiF、HF 等，而 HF 会加速过渡金属

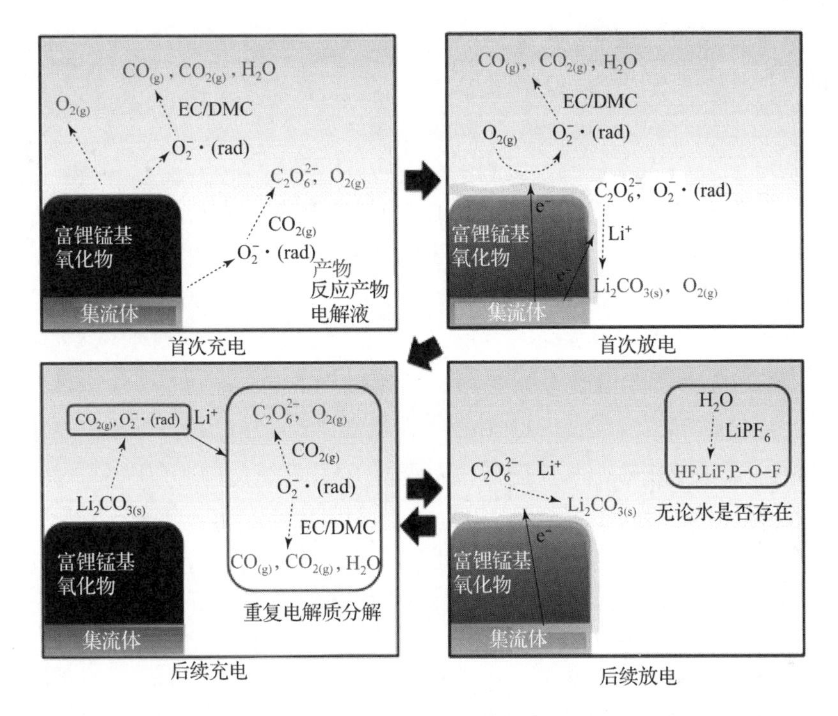

图2-69　层状富锂正极材料在密闭系统中氧参与的连续副反应机理示意图

离子溶出，迁移到负极而被还原。LiF 不仅消耗了锂源，降低了材料的放电比容量，还降低了电极表面的导电性，造成倍率性能下降。此外，氧基还与副反应产物 CO_2 反应生成过氧碳酸根离子，过氧碳酸根离子在放电时与锂结合生成 Li_2CO_3 和氧气。产生的 Li_2CO_3 在充电到 4 V 以上时会被电化学分解，可以贡献部分容量。在放电时虽然又有部分 Li_2CO_3 生成，但经过循环充放电后终将被消耗。与此同时，副反应产物的不断累积会在活性材料表面生成一层厚的 SEI 膜，从而影响电极反应动力学，电解液不断被消耗，最终造成性能的快速下降。因此，提高富锂材料的表面稳定性是十分必要的。

2.4.3　层状富锂正极材料的常规制备方法

1. 固相法

固相法直接将金属氧化物和金属碳酸盐或金属氢氧化物等按一定比例混合，随后进行高温固相反应得到层状富锂材料。固相法优点在于能够大量合成层状富锂材料，并且制作方法较为简便，成本较低。缺点在于固相烧结过程中固体的扩散系数较差，并且对于层状富锂材料其在固相反应中多种过渡金属扩散速率不同，微粒很难充分地扩散，因此该方法合成的材料均一性较差，会影响正极材料的性能。使用此方法需要有效地控制材料的粒径大小及其表面积，并充分均匀地进行混合。同时，烧结温度和升温速率、反应添加剂、压力和气氛等因素对反应产物也有很大影响。

Yu 等人使用乙二酸和 $LiOH \cdot H_2O$ 混合并研磨后分别加入乙酸钴、乙酸镍、乙酸锰，再次混合后先在 150 ℃干燥然后通过 350 ℃的预煅烧和 700 ℃的高温反应等制作出 $0.65Li[Li_{1/3}Mn_{2/3}]O_2 \cdot 0.35LiMO_2$（M = Co、$Ni_{1/2}Mn_{1/2}$ 和 $Ni_{1/3}Co_{1/3}Mn_{1/3}$）3 种电极材料。

Hao 等人探索了固相反应温度和时间对 $Li[Li_{0.2}Mn_{0.56}Ni_{0.16}Co_{0.08}]O_2$ 材料电化学性能的影响，发现在 800 ℃下高温合成 12 h 并在空气中风淬处理后得到的材料具有最好性能，制作电极材料在 0.1 C、0.5 C、1 C 和 2 C 下放电比容量分别为 265.6 mA · h/g、237.3 mA · h/g、212.6 mA · h/g 和 178.6 mA · h/g。当放电电流恢复到 0.1 C 倍率时，放电比容量仅损失了 2.3%，表明固相法合成的 $Li[Li_{0.2}Mn_{0.56}Ni_{0.16}Co_{0.08}]O_2$ 材料具有较高容量和较好可逆性能。

2. 溶胶 – 凝胶法

溶胶 – 凝胶法（sol – gel 法）的一般流程是先将过渡金属盐溶液加入螯合剂中生成溶胶，之后蒸发水分使其成为凝胶态，最后将其烘干并焙烧得到层状富锂材料。Kim 等人将 $Li(CH_3COO) \cdot H_2O$、$Ni(CH_3COO)_2 \cdot 4H_2O$、$Co(CH_3COO)_2 \cdot 4H_2O$ 和 $Mn(CH_3COO)_2 \cdot 4H_2O$ 混合并溶于水中，溶液加入螯合剂乙醇酸后搅拌并用氨水调节 pH 至 7.0 ~ 7.5，在 70 ~ 80 ℃蒸发水分后形成透明凝胶，将凝胶前体加热到 450 ℃在空气中分解 5 h 并研磨成固体颗粒，最后在 950 ℃下煅烧 20 h 并在空气中淬火制成 $Li[Li_{0.1}Ni_{0.35-x/2}Co_xMn_{0.55-x/2}]O_2$。

此方法得到的材料分布均一，纯度较高，并且制作的电极电化学性能较好。缺点在于材料制作周期长，需要较多螯合剂（有机酸或乙二醇），成本较为高昂，而且制作的层状富锂材料多为较细小的纳米/微米颗粒，振实密度较低，因此目前该方法多用于实验室制作层状富锂材料，难以进行商业化的普及。

目前关于溶胶 – 凝胶法的研究集中于探索不同的螯合剂对所制备层状富锂材料的性能影响，包括柠檬酸、玉米淀粉、酒石酸等。Zhao 等人比较了草酸、琥珀酸和酒石酸 3 种螯合剂在溶胶 – 凝胶法中的作用，发现酒石酸制作材料由于电荷转移电阻较低，具有最高的初始放电比容量，在 0.1 C 时为 281.1 mA · h/g，2 C 时为 192.8 mA · h/g，首次库仑效率和倍率性能也在 3 种螯合剂中为最佳。但是，琥珀酸制作材料具有最好的循环性能，在 0.1 C 下循环 50 次后容量保持率为 87.4%，即使 0.5 C 放电时容量保持率仍高达 80.1%，并证明了在循环过程中并未发生明显的层状结构向尖晶石相转变的现象，说明了材料结构具有更好的稳定性。对于用溶胶－凝胶法制作层状富锂材料时应考虑不同生产需求来选用螯合剂。

除螯合剂以外，材料颗粒的性质在制备中也是重要因素。Shi 等人研究了金属盐与颗粒形态对层状富锂材料的影响，发现只用硝酸盐作为金属元素来源制作的层状富锂氧化物比用硝酸盐和乙酸盐共同制作的具有更大的比表面积和更多孔径结构，而多孔颗粒降低了电极的阻抗，有效提升了正极材料的电化学性能。

溶胶－凝胶法在富锂材料制备中的应用较为广泛，包括富锂材料元素掺杂、表面改性等。王昭等人以柠檬酸为螯合剂，合成了固溶体富锂正极 $x\mathrm{Li_2MnO_3}\cdot(1-x)\mathrm{Li[Ni_{1/3}Mn_{1/3}Co_{1/3}]O_2}$，研究了不同高温煅烧温度对材料晶体结构的影响。研究发现，在 1 000 ℃以下时，溶胶－凝胶法合成的富锂材料具有明显的 $\alpha-\mathrm{NaMnO_2}$型结构；过高的温度会影响晶体结构的形成，当煅烧温度达 1 100 ℃时，产物会发生明显的团聚现象，材料的比表面积下降，并且材料颗粒粒径增大后，锂离子在正极材料中所迁移的距离变长，球状活性物质中心区域难以得到利用。陈来等人用此方法合成并研究比较了不同组分下 $\mathrm{Li_2MnO_3}$与 $\mathrm{LiNi_{0.5}Mn_{0.5}O_2}$形成的固溶体，发现两种组分的含量变化会导致固溶体结构与电化学性能发生较大变化，$\mathrm{Li_2MnO_3}$占比上升后能更好抑制尖晶石相的生成，有利于维持材料层状结构。

3. 共沉淀法

共沉淀法是指在含有多种金属阳离子的溶液中加入共沉淀剂使金属阳离子完全沉淀，得到的沉淀物即为前驱体，将前驱体经过过滤、洗涤、干燥、热处理等步骤后得到所需要的材料即为成品。该法工艺简单，操作简便，使掺杂元素均匀分布，成本较低，是如今最常用且最适用于大规模生产高振实密度材料的方法。共沉淀法的关键步骤是得到理想的前驱体，前驱体的形成包括成核、生长/团聚和老化的步骤。得到前驱体后将之与锂盐混合再通过高温固相反应得到富锂层状材料。前驱体合成中的控制条件与最后产品的形貌及性能直接相关。

在前驱体合成中，盐溶液通常是硫酸盐，而沉淀剂分为碳酸盐沉淀和氢氧化物沉淀两类。碳酸盐路线的合成工艺相对氢氧化物路线更简单和环保，反应条件更为温和，而且形貌更好控制，但如果条件控制不当非常容易团聚成过大的二次颗粒，并且其振实密度一般低于氢氧化物路线得到的沉淀物。氢氧化物共沉淀法制备的产物，振实密度较高，性能更为稳定，但氢氧化物沉淀的难点在于控制条件得到均匀分布的组分，因为沉淀中的镍和锰非常容易被氧化。因此为了得到合适的形貌和组分的前驱体，需要准确控制搅拌速度、pH、反应温度、反应时间、保护气体等条件。

Thackeray 等人采用共沉淀法结合固相烧结法合成的 $0.3Li_2MnO_3 \cdot 0.7LiNi_{0.5}Mn_{0.5}O_2$，在 2.0 ~ 4.8 V 电压范围内，首次放电容量在 280 mA · h/g 以上；Lee 等人采用碳酸盐共沉淀法合成了前驱体 $(Ni_{0.25}Mn_{0.75})CO_3$，在将其与 $LiOH \cdot H_2O$ 混合并在 900 ℃煅烧 20 h 得到 $Li[Li_{0.2}Ni_{0.2}Mn_{0.6}]O_2$，在 20 mA · h/g、2.0 ~ 4.6 V 下，电极材料首次放电容量为 265 mA · h/g，经 50 次循环后容量保持在 244 mA · h/g 左右。

卢华权针对溶胶 - 凝胶法耗时长、容易干燥老化，使用氢氧化物作为沉淀剂较难获得均相组分的问题，首次提出一种使用草酸盐作为沉淀剂的制备方法，制备出均匀的 NiC_2O_4 和 MnC_2O_4 前驱体，再通过热处理前驱体和 $LiNO_3$ 的混合物制备出高电化学活性的 $Li[Ni_{0.2}Li_{0.2}Mn_{0.6}]O_2$。与“混合氢氧化物”方法相比，“混合草酸”方法的优点在于在草酸盐共沉淀过程中，溶液的 pH 值可以控制在中性范围内，Mn^{2+} 不容易氧化，不需要惰性气体保护，使得制备条件更容易控制，更有利于工业化生产。其具体实验过程是：将硝酸镍和硝酸锰溶解在蒸馏水中，并将草酸铵溶解在另一杯蒸馏水中以得到水溶液。将两种溶液缓慢加入反应器中，反应器中有剧烈搅拌下的蒸馏水。在沉淀过程中，通过加入 $NH_3 \cdot H_2O$ 将反应溶液的 pH 调节至 7.0。将得到的沉淀物与化学计量比的 $LiNO_3$ 混合，并在空气中在 450 ℃下预先退火 5 h。然后，将前驱体压成粒料并在 900 ℃下在空气中热处理 12 h，然后在两块铜板中淬火。通过一系列测试表征可以得到使用“混合草酸”方法所制备的成品相比于溶胶 - 凝胶法所制备成品晶体有序性更强，颗粒团聚程度更低；在电化学性能方面，“混合草酸”方法所制备的成品具有更好的容量和循环稳定性，在第 10 次循环后，其放电容量从初始值 228 mA · h/g 逐渐增加到超过 260 mA · h/g 的稳定容量。在第 30 次循环时，其放电容量为 258 mA · h/g。

寇建文提出一种乙醇基一步草酸盐共沉淀法（图 2 - 70），合成了层状富锂正极材料。该方法在共沉淀反应过程中可以将包括锂在内的所有元素共沉淀，以实现锂和过渡金属元素的均匀混合。此外，与传统的草酸铵共沉淀法相比，消除了前驱体预热过程，减少了反应时间和成本。在一步草酸盐共沉淀法中，$Ni(NO_3)_2$、$Co(NO_3)_2$ 和 $Mn(NO_3)_2$（50% 水溶液）的摩尔比为 1 : 1 : 4.15，将化学计量 $(NH_4)_2C_2O_4$ 分别溶解在去离子水中。同时，将 $Li(NO_3)_2$ 加入该过渡溶液中，并选择 $H_2C_2O_4$ 作为沉淀剂。将这两种溶液溶解在乙醇中并滴入强烈搅拌的烧杯中，合成前驱体。过滤并干燥后，将得到的粉末直接压成颗粒，在 900 ℃下煅烧 12 h，得到最终产物 $Li_{1.2}Mn_{0.54}Ni_{0.13}Co_{0.13}O$。使用 X 射线衍射（XRD）、扫描电子显微镜（SEM）和电化学测量来研究合成样品的晶体结构、形态和电化学性能。与通过常规草酸铵共沉淀法合成的样品相比，通过新型一步草酸盐共沉淀法制备的样品表现出更高的结晶度，具有更大的层间距，更小、更均匀的颗粒。这种晶体结构和形态使得该样品具有比通过常规方法合成的样品更好的放电容量、循环性能和倍率性能，为制造高性能锂离子电池的层状材料提供了新方法。

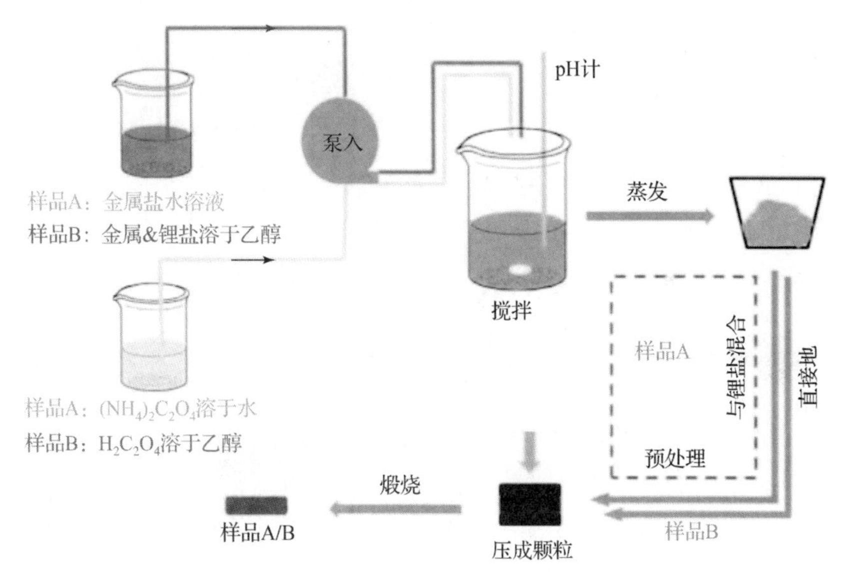

图 2－70　乙醇基一步草酸盐共沉淀法合成过程示意图

李宁提出使用草酸盐共沉淀法合成层状富锂材料。他选择钇（Y^{3+}）作为掺杂剂，使用“混合草酸”法在层状富锂材料 $Li_{1.2}Mn_{0.6}Ni_{0.2}O_2$（或重写为 $0.5Li_2MnO_3 \cdot 0.5LiMn_{0.5}Ni_{0.5}O_2$）中代替 Mn^{4+}。方法如下：化学计量的金属通过将两种溶液缓慢泵入反应罐中，将溶解在蒸馏水中的盐（硝酸镍、硝酸锰和硝酸钇）与适量的草酸铵水溶液共沉淀；为了获得混合的草酸盐沉淀，使用 $NH_3 \cdot H_2O$ 剧烈搅拌反应溶液，pH 值保持在 7.0。再通过真空过滤分离沉淀物，用蒸馏水洗涤数次，然后在真空烘箱中在 80 ℃下干燥 12 h。将干燥的沉淀物与所需量的 $LiNO_3$混合，然后在空气中在 500 ℃下预先搅拌5 h，将分解的混合物压成粒料并在 900 ℃下在空气中煅烧 12 h，然后在两块铜板中淬火。得到的材料 $Li_{1.2}Mn_{0.6-x}Ni_{0.2}Y_xO_2$（$x = 0.01$、0.03、0.05）。通过一系列表征和电化学测试可以证明，掺杂后的富含锂的材料具有高容量保持率（在 0.1 C 倍率下

40 次循环后 240.7 mA · h/g）和优异的倍率性能（在 1 C 倍率下 40 次循环后 184.5 mA · h/g）。为进一步提高富锂电池初期库仑效率、容量、循环能力、倍率性能等，他还提出在使用“混合草酸”方法所制备的富锂材料（lithium rich materials，LRMs）颗粒上涂覆电化学活性脱锂锰氧化物 MnO_x（$1.5 < x < 2$），使用纳米研磨混合物 $LiNi_xMn_{2-x}O_4$ 包封“混合草酸”制备的层状富锂材料。

4. 其他制备方法

近年来，水热法、溶剂热法、喷雾干燥法、聚合物热解法等其他方法也被用来合成制备层状富锂材料。

水热法是在特制的密闭容器如高压釜中，用水作反应介质，通过对反应容器加热，获得高温、高压的反应环境，从而合成所需要的材料。该法避免了高温烧结，能耗低，工艺简单，可直接得到分散且结晶良好的粉体，并且通过控制水热条件，可得到不同形貌的粉体，制得的材料物相均一，粒度范围分布窄，结晶性好，纯度高。Lee 等人以 $Co_{0.4}Mn_{0.6}O_2$ 为前驱体，与 LiOH 在 200 ℃水热合成纳米线 $Li_{0.88}[Li_{0.18}Co_{0.33}Mn_{0.49}]O_2$，在 240 mA/g、2.0 ~ 4.8 V 充放电条件下，该纳米线材料经过 50 次循环之后的放电容量高达 217 mA · h/g，显示了良好的倍率性能。

王昭采用聚乙烯基吡咯烷酮（PVP）作为结构导向剂通过水热法制备了一种中空纳米结构中空球形富锂材料 $Li_{1.2}Mn_{0.54}Ni_{0.13}Co_{0.13}O_2$（图 2 – 71）。该材料表现出良好的倍率和循环性能（在 1.0 C 下容量达到 183.9 mA · h/g；在 2.0 C 下容量可达 205.89 mA · h/g；1.0 C 电流密度下经过 112 次循环后容量保留 86.2%）。

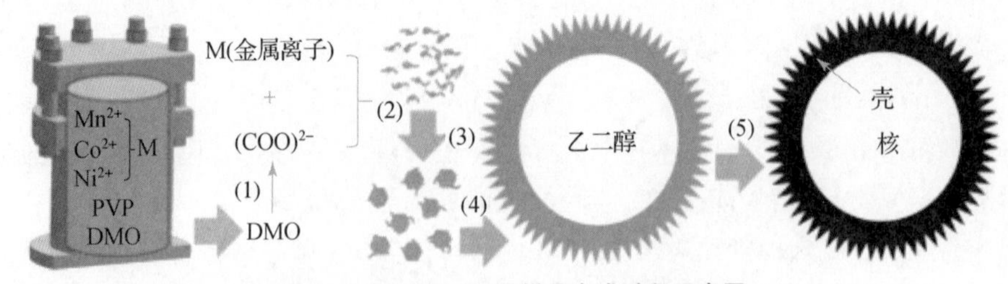

图 2 – 71　HP – PVP 样品合成过程示意图

溶剂热法是基于高温、高压下，锂离子与镍离子、钴离子、锰离子在液相中生长、结晶而制成样品材料的方法。有些溶剂热法制得的粉体无须经过高温烧结即为最终产物；有些溶剂热法制得的产物只是富锂材料的前驱体，仍然需经过初烧、配锂、高温烧结等步骤才能得到最终产物。溶剂热法的优势在于，因为其高温、高压的反应条件，可以有效控制材料生长晶面、调节材料形貌，但其工艺对设备要求高，生产成本高，并没有得到工业化应用。邱新平等人以尿素为沉淀剂，通过溶剂热法制备的球形 $Li_{1.2}Ni_{0.2}Mn_{0.6}O_2$富锂材料，粒径分布均匀，首次容量达到237 mA·h/g，循环50次后上升为253 mA·h/g。孙世刚等人通过控制水热合成过程中的各参数，成功提高了富锂材料锂离子脱嵌活性晶面的比例，从而大大改善了材料的倍率性能。

喷雾干燥法是通过将前驱体喷洒到热干燥介质中，将前驱体从流体状态转变为干燥的颗粒形式，用这种方法进行干燥的主要目的是获得具有所需性能的干燥颗粒。张联齐等人利用喷雾干燥法制备得到$(1-x)LiNiO_2 \cdot xLi_2TiO_3$富锂正极材料；Sun 等人用喷雾干燥的方法合成了层状结构良好的 $xLi_2MnO_3 \cdot (1-x)LiCoO_2$ $(0.5 \leqslant x \leqslant 0.93)$。

Kim 等人通过聚合物热解法合成了 $Li(Li_{(1-x)/3}Co_xMn_{(2-2x)/3})O_2(0 \leqslant x \leqslant 1)$，其中当 $x=0.4$ 时 $Li(Li_{0.2}Co_{0.4}Mn_{0.4})O_2$材料展现出最好的电化学性能，在100 mA/g、2.0～4.6 V 下循环50次后可逆容量为180 mA·h/g；Yu 等人也通过聚合物热解法合成了 $Li[Li_{0.12}Ni_{0.32}Mn_{0.56}]O_2$材料，但电化学性能较差，在2.5～3.5 V 下首次放电容量仅为140 mA·h/g。

2.4.4　层状富锂材料的改性

现阶段商品化应用的锂离子电池正极如 $LiCoO_2$、$LiFePO_4$、$LiMn_{1/3}Ni_{1/3}Co_{1/3}O_2$和 $LiMn_2O_4$等，其放电比容量均低于200 mA·h/g。电动汽车和大规模储能急需高比能量高功率的锂离子电池，因而缺少高性能的锂离子电池正极材料制约了其开发。近年来，层状富锂锰基材料 $xLi_2MnO_3 \cdot (1-x)LiMO_2(0<x<1$，$M=Ni_{0.5}Mn_{0.5}$、$Mn_{x'}Ni_{y'}Co_{1-x'-y'}$且 $0<x',y'<1)$由于其高放电比容量引发了广泛关注。一般认为，层状富锂锰基材料 $Li[Ni_xLi_{(1/3-2x/3)}Mn_{(2/3-x/3)}]O_2$由组分 Li_2MnO_3和组分 $LiMn_{1/2}Ni_{1/2}O_2$组成，且两者结构均属于层状 $\alpha-NaFeO_2$结构。此类材料放电比容量可达到250 mA·h/g、环境友好且成本低廉。然而，层状富锂锰基正极材料也存在几个众所周知的问题：首次充电至4.5 V(vs. Li^+/Li)时会出现一个明显的平台，这主要是材料中 Li_2MnO_3组分的脱锂过程，随着 Li^+从 Li_2MnO_3中脱出，氧气会从晶格中以“Li_2O”的形式逸出造成材料表面结构的不可逆转变，同时材料为了保持电荷平衡，表面的过渡金属离子从表面迁移到体相中占据 Li^+脱出留下的空位，从而导致脱出的 Li^+不能全部回嵌至富锂材料的体相晶格中，造成材料首次不可逆容量的严重损失（约80 mA·h/g）和较低的首次库仑效率（约75%），且重组的表面结构阻碍锂离子的自由嵌入和脱出，材料的倍率性能低；较高电压下电解液会腐蚀材料并导致部分活性成

分溶解，材料的循环性能差；循环过程中材料的平均放大电压衰减大，限制了富锂层状正极材料的实际应用。

为了解决上述难题，许多科研团队都针对层状富锂锰基材料进行了改性，如通过元素掺杂、表面包覆、特殊形貌及结构设计、前置处理等。

1. 元素掺杂

元素掺杂/离子掺杂是一种常见的材料改性手段，已经被广泛应用在各种正极材料之中，无论是三元材料，还是富锂层状氧化物都可以通过元素掺杂这种方法进行改性。关于富锂锰基正极材料用元素掺杂进行改性的文章很多，该方法对富锂锰基材料的首次库仑效率、循环稳定性以及倍率性能都有较大的改善，但是掺杂元素的挑选和掺杂量的调控很关键。元素掺杂分为 3 种类型：阳离子掺杂、阴离子掺杂、多种离子共掺杂。富锂锰基材料典型元素掺杂改性示意图如图 2－72 所示。

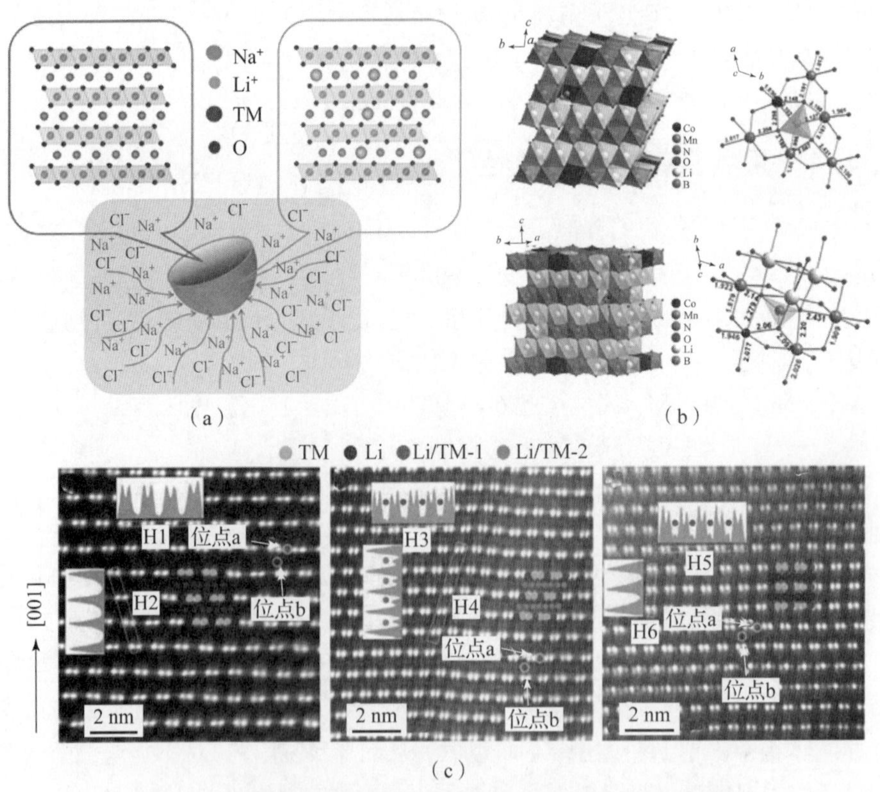

图 2－72　富锂锰基材料典型元素掺杂改性示例（书后附彩插）

(a) 钠离子的锂位掺杂；(b) 硼－氧聚阴离子掺杂；

(c) 硅元素的锂位/过渡金属位混合掺杂和锡元素的过渡金属位掺杂

1）阳离子掺杂

阳离子掺杂可选择的元素很多，理论解释也较多，目前已经报道的元素包括 Na、Mg、Al、Si、K、Ti、V、Cr、Fe、Zn、Ga、Se、Y、Zr、Nb、Mo、Ru、Sn、La、Nd、Yb 等，也有采用 Ru、Fe、Co 等来取代 Ni/Mn 元素的报道，有部分文献也报道了用聚阴离子掺杂富锂锰基正极材料，如 PO_4^{3-}、SiO_4^{4-}和 SO_4^{2-}等。阳离子掺杂后可以明显地提高材料的循环稳定性和倍率性能，这与掺杂阳离子在晶格内部的位点有关。一般有两种情况：如果掺杂阳离子位于锂位，可以起到“支柱”作用，在充放电过程中大量锂离子脱出的时候保持锂层的稳定，从而提高了循环稳定性，同时还能减少锂镍混排、增大锂层与锂层之间的层间距，使得锂离子能够快速地脱出和嵌入，提高倍率性能；如果掺杂阳离子位于过渡金属位，可能会形成更强的金属－氧键，使结构更加稳定。这些都能促进锂离子的传导，对晶体结构的稳定性也有很大帮助。

Nayak 等人报道 Al^{3+}掺杂对 $Li_{1.2}Ni_{0.16}Mn_{0.56}Co_{0.08}O_2$材料循环时的容量和放电电压有显著的稳定作用。他们用铝取代了富锂锰基层状氧化物（LMLO）中的部分锰元素，并比较了不同铝离子掺杂量对材料比容量和放电电压的影响。结果发现，循环过程中的电压衰减随着掺杂的铝离子量的增加而有所减弱，比容量也有所提升。他们发现掺杂对 LMLO 的结构稳定性具有表面和体积效应：用 Al^{3+}代替 Mn^{4+}会促进 Ni^{3+}形成以用于电荷补偿，而 Ni^{3+}比 Ni^{2+}半径小，从而导致晶胞参数降低；在循环过程中形成 $LiAlO_2$和 AlF_3，这些成分能够提高材料表面的锂离子扩散速率。铝掺杂对富锂锰基氧化物层状结构的稳定有两个原理：一是掺杂 Al^{3+}后可以抑制阳离子迁移；二是抑制了层状结构向尖晶石结构的转变，而结构从层状向尖晶石的转变被认为是容量和电压衰减的主要原因。

镁也是常用的掺杂元素。镁和铝在元素周期表中位置非常接近，但由于离子半径不同，Mg^{2+}对富锂层状正极材料电化学性能的改善机制不同于 Al^{3+}。Al^{3+}掺杂并不影响首次充电期间的析氧平台，但 Mg^{2+}掺杂会缩短这一平台，这是因为 Mg^{2+}的掺杂导致更强的 Mg—O 键的形成，抑制了氧阴离子的氧化还原。另外由于 Mg^{2+}相比材料中的其他过渡金属离子与 Li^+有更为接近的离子半径，使得过渡金属层中的镁能够在循环时优先向锂层迁移，抑制其他过渡金属（锰和镍）迁移，减缓相转变，防止电化学性能恶化；Mg^{2+}在锂层可以起到支持结构的作用，防止晶胞体积过度收缩或膨胀而导致层状结构塌陷。同时镁掺杂可以提高电极的电子导电性，因此镁掺杂对层状富锂材料的倍率性能也有一定的提升。Jin 等人通过溶胶－凝胶法将镁元素掺入进了 $Li[Li_{0.2}Ni_{0.13}Co_{0.13}Mn_{0.54}]O_2$三元富锂材料中，XRD 测试表明 Mg^{2+}使得层间距增大，加快了 Li^+在层间的传输，倍率性能有所提升。当镁离子的掺杂量为2%时，在1 000 mA/g 的电流密度下放电容量高达 150 mA · h/g，并且容量保持率较高。

除了比较常见的铝、镁等元素掺杂，Li 等人通过草酸盐共沉淀法将大离子半径的 Y^{3+} 掺杂到二元富锂锰基材料中作为 Mn^{4+} 的替代元素，得到不同钇掺杂量的改性材料 $Li_{1.2}Mn_{0.6-x}Ni_{0.2}Y_xO_2$（$x=0$，0.01、0.03、0.05），分别将掺杂量 $x=0.01$、0.03、0.05 的样品命名为 YD1、YD2 和 YD3（YD：yttrium dropped）。钇元素掺杂形成的 Y—O 键的结合能比 Ni—O 键的更高，掺杂后有利于提升层状结构的稳定性。此外，Y^{3+} 的离子半径（0.096 nm）显著大于 Mn^{4+} 的离子半径（0.053 nm），将 Y^{3+} 掺杂进层状结构可以有效扩宽晶格中的锂离子通道，提升材料的倍率性能。

图 2-73 为 YD1、YD2、YD3 和本体 $Li_{1.2}Mn_{0.6}Ni_{0.2}O_2$ 的 XRD 图谱。

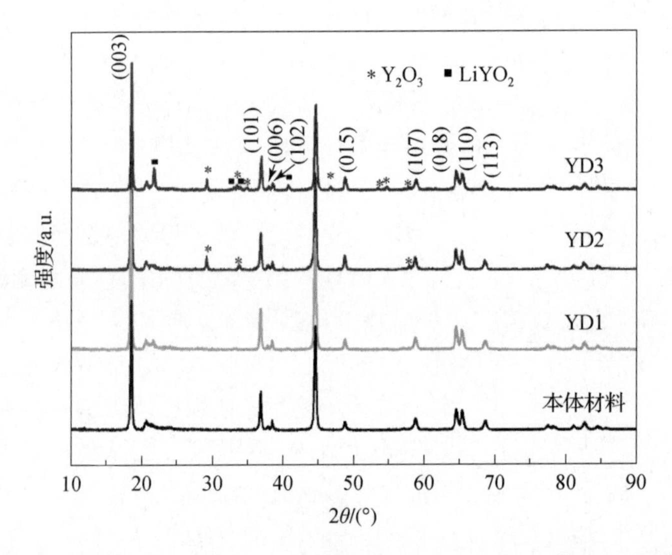

图 2-73　为 YD1、YD2、YD3 和本体 $Li_{1.2}Mn_{0.6}Ni_{0.2}O_2$ 的 XRD 图谱

采用最小二乘法计算出所有样品的晶胞参数，如表 2-1 所示。在层状 $\alpha-NaFeO_2$ 晶格中，晶胞参数 a 代表金属-金属间距，而晶胞参数 c 对应于晶格中层间距，晶胞参数 c/a 值可以作为材料的层状特征指数，c/a 值越大，材料的层状特征更明显。从表中数据可以明显发现，掺杂后的样品晶胞参数 a、c 均比本体样品中的大，表明掺杂后样品的晶格中嵌脱锂通道得到扩展，推断这可能是由于钇离子（0.096 nm）取代较小的锰离子（0.053 nm）所致。同时，掺杂样品比未掺杂的本体样品表现出更好的层状特征。此外，衍射峰（003）/（104）峰强比值与层状结构中阳离子混排有关，掺杂后该峰强比值均大于本体材料，即掺杂后样品的 Li^+-Ni^{2+} 锂镍阳离子混排现象有所抑制。

表 2－1　YD1、YD2、YD3 和本体 $Li_{1.2}Mn_{0.6}Ni_{0.2}O_2$ 的晶胞参数对比表

样品	*a*	*c*	*c/a*	I(003)/I(104)
本体材料	2.854 6	14.211 4	4.978 4	1.25
YD1	2.854 9	14.222 4	4.981 7	1.47
YD2	2.855 9	14.234 5	4.984 2	1.35
YD3	2.855 1	14.224 4	4.982 1	1.50

掺入晶格中的钇元素在材料中主要以 Y_2O_3 或 $LiYO_2$ 的形式存在，极有可能保留了层状富锂材料的氧空位，使电解液对材料的溶解和腐蚀得以抑制。材料的首次充放电性能如图 2－74 所示，其中对比了各种样品在 0.1 C 下（20 mA/g）首次充放电曲线。YD2 样品的首次库仑效率（79.0%）和放电容量（281.0 mA·h/g）是所有样品中最高的，这可能是由于适量的 Y^{3+} 掺杂能够稳定材料的层状结构，且掺入的微量 Y_2O_3 能够在首次充电时保护氧空位，减少锂空位在材料表面结构转变过程中的消失。相反，少量/不足量的钇掺杂对材料性能改善作用有限；过量的钇掺杂难以进入富锂材料的层状晶格中，从而生成较多杂质使活性成分的含量减少。

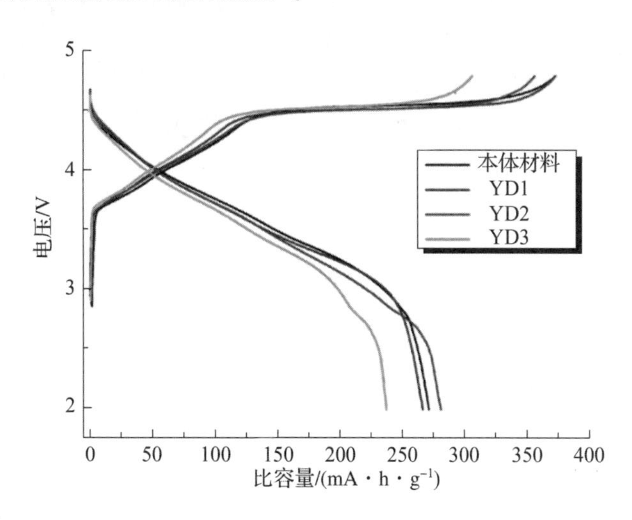

图 2－74　YD1、YD2、YD3 和本体 $Li_{1.2}Mn_{0.6}Ni_{0.2}O_2$ 的首次充放电曲线

此后，研究人员测试了所有样品的循环性能，图 2－75 所示所有样品的放电容量均呈现先逐渐降低后趋于稳定的趋势。容量衰减是层状富锂锰基材料晶格中氧空位和锂空位的减少以及高电位循环下电解液对材料腐蚀的共同作用。

从图 2 - 75 中可以看到，其中 YD2 样品的容量保持率最高，经过 40 次循环后容量可达 240.7 mA·h/g。这是因为钇掺入层状晶格后能在循环过程中稳定晶体结构，而未掺入的微量 Y_2O_3 能有效抑制电解液对活性成分的腐蚀和溶解。

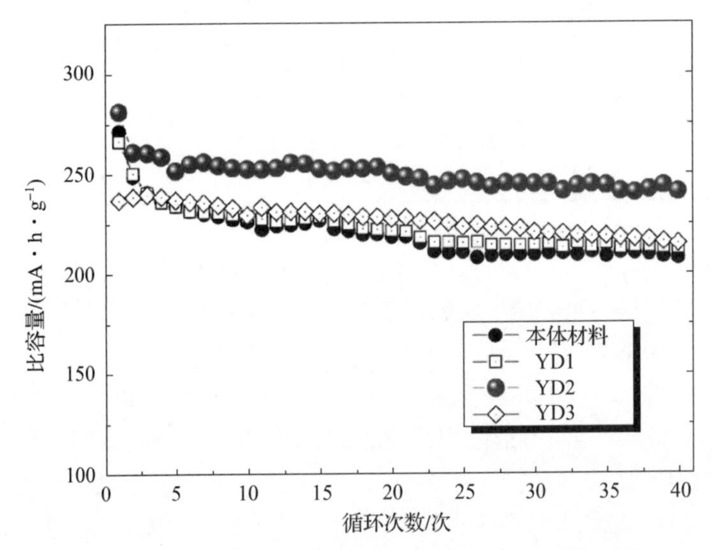

图 2 - 75　YD1、YD2、YD3 和本体 $Li_{1.2}Mn_{0.6}Ni_{0.2}O_2$ 在 0.1 C 下的循环特性（书后附彩插）

Zeliang Yang 等人通过溶胶 - 凝胶法合成了一系列镱（Yb）掺杂的富锂锰基正极材料 $Li_{1.2}Mn_{0.54}Ni_{0.13}Co_{0.13-x}Yb_xO_2$（$x$ = 0、0.001、0.003、0.005、0.010、0.015、0.020 和 0.050），命名为 Yb00、Yb01、Yb03、Yb05、Yb10、Yb15、Yb20 和 Yb50。镱掺杂改性材料的电化学性能测试结果如图 2 - 76 所示，证明适度的镱掺杂对初始比容量具有积极影响。在低掺杂水平下，镱掺杂后放电容量和循环稳定性得到改善，但随着掺杂量的逐渐增加，电化学性能显著降低。

Yang 等人研究了镱掺杂量对材料电化学性能产生不同影响的内在原因，认为当使用适当的掺杂量（$x \leqslant 0.005$）时，镱离子将占据 M 位，由于镱的较大离子半径和 Yb - O 较强的结合能，使得锂层的间距得以扩大并且氧骨架也更稳定，允许更快的 Li^+ 输送而不损害层状结构。此外，镱作为多价元素可参与电化学反应并有助于提高容量。然而，由于主体材料中掺杂元素镱和过渡金属元素之间的离子半径差异很大，掺杂剂量被限制在上限（$x = 0.005$）以下。当镱过量（即 $x > 0.005$）时，过量的镱离子倾向于占据 Li 层，甚至偏析在材料表面上以形成电化学惰性的 Yb_2O_3 氧化物，从而阻碍 Li^+ 传输并导致劣化的电化学性能。这项研究的发现可能为稀土元素在层状富锂正极材料中的应用提供指导和启发。

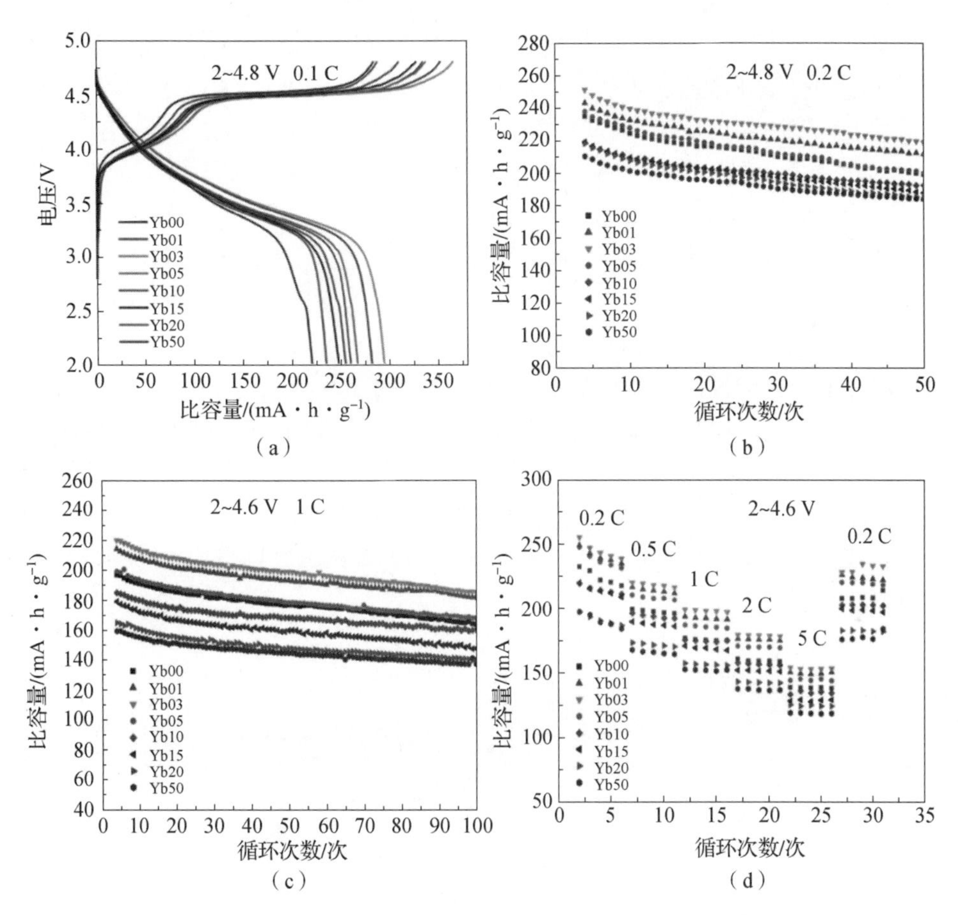

图 2-76　富锂锰基正极材料 Yb00、Yb01、Yb03、Yb05、Yb10、Yb15、Yb20 和 Yb50 的初始充电/放电曲线和循环性能（书后附彩插）

（a）初始充电/放电曲线；（b）0.2C 下的循环性能；

（c）1C 下的循环性能；（d）不同倍率下的循环性能

2）阴离子掺杂

阴离子掺杂的元素比阳离子掺杂可供选择的元素少了很多，最常见的阴离子掺杂元素是氟元素。一些聚阴离子也被证实可以成功掺入富锂锰基材料中，如 PO_4^{3-} 和 BO_x^{y-} 等。在研究初期，研究阴离子掺杂是为了抑制层状富锂锰基材料中氧气的释放以达到提高循环稳定性的目的，同时也可以通过增强富锂材料的动力学因素从而使材料的倍率性能得到提升。关于氟元素掺杂改性富锂层状材料的文献相对较多。

Yong Yang 等人在 $Li[Li_{0.2}Mn_{0.54}Ni_{0.13}Co_{0.13}]O_2$ 中掺入了氟元素，通过实验

和分析他们发现氟掺杂可以稳定电极－电解液界面，减少 LiF 的生成使阻抗更加稳定。在0.2 C 倍率下循环 50 次，改性后的含氟材料的容量保持率为 88.1%，而本体材料的容量保持率仅有 72.4%。Sun Ho Kang 等人也报道了类似的结果。

Kang 等人采用溶胶－凝胶法制备了氟掺杂的改性层状富锂材料 $Li[Li_{0.2}Ni_{0.15+0.5z}Co_{0.10}Mn_{0.55-0.5z}]O_{2-z}F_z$（$0 \leqslant z \leqslant 0.1$），并且在制备该化合物时，调节镍和锰含量以使镍、钴、锰的氧化态分别固定为 Ni^{2+}、Co^{3+} 和 Mn^{4+}。

图2－77 比较了不同氟掺杂剂含量的 $Li[Li_{0.2}Ni_{0.15+0.5z}Co_{0.10}Mn_{0.55-0.5z}]O_{2-z}F_z$ 材料的放电容量与循环性能，循环条件为室温 2.0～4.6 V。可以看到氟掺杂材料虽然首次放电容量略有降低，但随着氟含量的增加，循环性能大大提高。未掺杂材料 40 次循环后的容量保持率为 79%，而氟掺杂材料几乎没有容量衰减。如图2－78 所示，在55 ℃下循环，未掺杂材料循环容量显著下降，但氟掺杂材料的循环特性表现优异。此外，他们还发现氟掺杂同样可以显著降低材料的阻抗。

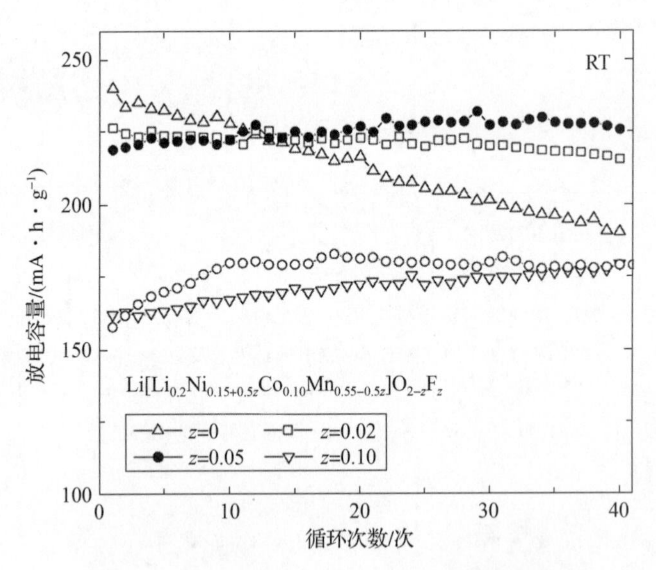

图2－77　室温下在2.0～4.6 V 的电压范围内循环的 $Li/Li[Li_{0.2}Ni_{0.15+0.5z}Co_{0.10}Mn_{0.55-0.5z}]O_{2-z}F_z$ 电池的放电容量，同时还展示了 $Li/Li[Li_{0.2}Ni_{0.2}Mn_{0.6}]O_2$ 的放电容量

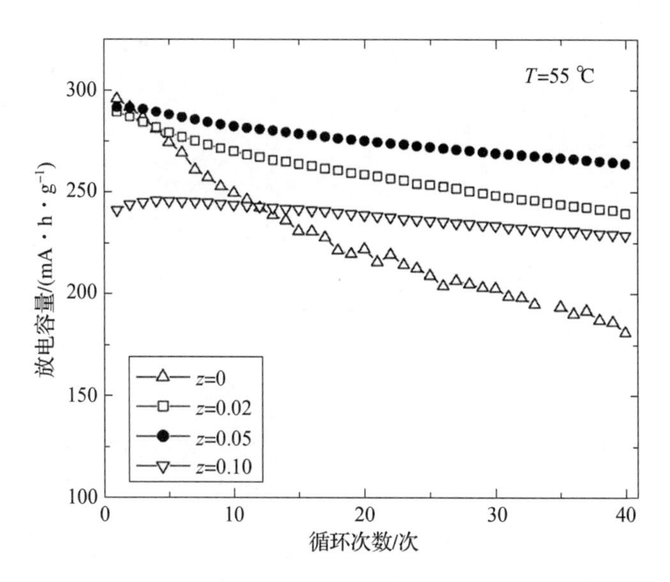

图 2－78　$Li/Li[Li_{0.2}Ni_{0.15+0.5z}Co_{0.10}Mn_{0.55-0.5z}]O_{2-z}F_z$ 电池在 55 ℃、2.0～4.6 V 电压范围内的放电容量与循环次数的关系

还有文献报道了通过氟掺杂改善富锂锰基层状材料的首次库仑效率和电压衰减问题。Li 等人用 LiF 作为氟离子掺杂的原材料，然后通过碳酸盐共沉淀法合成了氟掺杂改性的层状富锂正极材料 $Li_{1.2-x}Mn_{0.54}Ni_{0.13}Co_{0.13}O_{2-x}F_x$。不同氟掺杂量材料的充电和放电曲线如图 2－79 所示。从图可以看出，在首次充电过程中，在 4.5 V 附近出现一个电荷平台，这对应于晶格的不可逆氧损失，同时伴随着 Li^+ 从 Li_2MnO_3 组分中的脱出（$Li_2MnO_3 \rightarrow 2Li^+ + 2e^- + 0.5O_2 + MnO_2$）。从图中还可看出，在第 1 次循环充电曲线中，随着氟掺杂量的增加，4.5 V 左右的充电平台在逐渐缩短。这是因为氟元素取代了部分氧元素，从而减少了首次不可逆的氧损失，首次的库仑效率有所提升。与此同时氟元素有抑制从层状向尖晶石转化的过程的作用，还有助于稳定晶体结构。因此，氟掺杂材料在随后的循环中表现出比原始材料更好的结构稳定性。

但是有部分学者认为在层状富锂材料掺杂入氟元素是十分困难的，因为通过核磁共振等测试表明氟更倾向于生成金属氟化物滞留在氧化物表面而非进入晶格内部，这个结论也同样适用于层状三元正极材料。也有学者认为氟可以进入层状组分晶格，但范围非常小，关于阴离子掺杂的机理还有待更深入的研究。

此外，一些聚阴离子也被证实可以成功掺入层状富锂锰基材料中，如 PO_4^{3-} 和 BO_x^{y-} 等。聚阴离子型化合物是一类由四面体聚阴离子结构单元 $(XO_4)^{n-}$ 及其衍生物 $(X_mO_{3m+1})^{n-}$（X＝B、P、Si、S、As、Mo 或 W）与 MO_x（M 为过

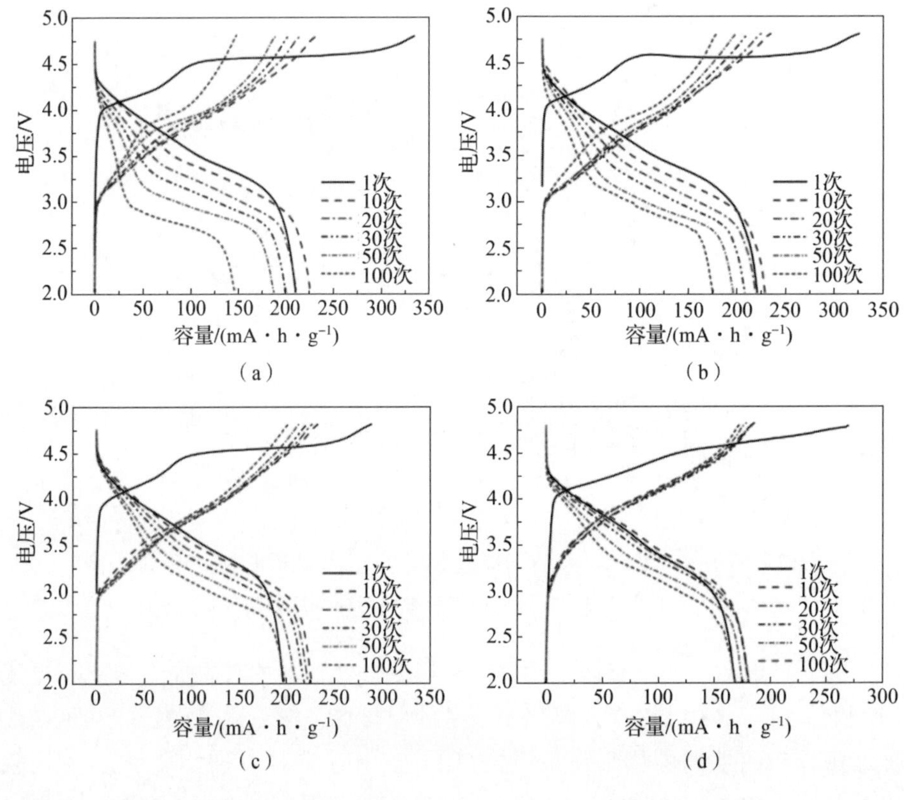

图 2-79 $Li_{1.2-x}Mn_{0.54}Ni_{0.13}Co_{0.13}O_{2-x}F_x$在 0.2 C 下的充放电曲线

(a) $x=0$; (b) $x=0.02$; (c) $x=0.05$; (d) $x=0.08$

渡金属）多面体结合的强共价键的材料。

Dingguo Xia 等学者成功制备出了聚阴离子掺杂的层状富锂材料 $Li[Li_{0.2}Ni_{0.13}Co_{0.13}M_{0.54}](BO_4)_{0.75x}(BO_3)_{0.25x}O_{2-3.75x}$（简写为 B_x - LRM，其中 $x=0$、0.02、0.04 和 0.08）。他们发现在富锂锰基层状材料中加入聚阴离子 $(BO_3)^{3-}$和 $(BO_4)^{5-}$对富锂正极材料进行改性后，改性后的富锂正极材料的比容量、循环性能、氧化还原电位和热稳定性明显得到了改善，这主要是由于硼聚阴离子能够促进材料生成更为有序的过渡金属层以及更加完整的层状结构，另外能够使得在高压下氧离子更加稳定。

3）多种离子共掺杂

多种离子共掺杂的研究工作起步较晚，研究文献也明显少于阴离子掺杂和阳离子掺杂，但该方法仍然具有广阔的发展前景。选择不同离子进行不同位点的掺杂，有望获得良好的协同效应。Vanessa K. Peterson 等人报道了使用铬-氟两种元素共同掺杂富锂材料，发现铬元素可能减少电压衰减且氟元素可以同时增强循环性能和倍率性能。

Min Ling 等学者报道在富锂锰基层状氧化物材料 $Li_{1.2}Ni_{0.2}Mn_{0.6}O_2$中掺杂适量的钠和氟离子分别代替本体材料中的 Li^+和 O^{2-}制备成 $Li_{1.12}Na_{0.08}Ni_{0.2}Mn_{0.6}O_{1.95}F_{0.05}$ 共掺杂改性样品。研究发现，钠掺杂和氟掺杂分别有助于提高材料的循环稳定性和倍率性能。钠掺杂抑制了循环过程中结构从层状向尖晶石的转变从而稳定了主体层状结构。与锂离子（0.76 Å）相比，钠离子（1.02 Å）的离子半径更大，会增大材料的晶格参数，扩大锂层层间距，有利于锂离子的扩散，从而增强电化学性能，改善结构及稳定性，而氟掺杂虽然无法降低阳离子混排的程度，但是由于氟离子倾向于近表面掺杂，较难掺杂到材料体相中，可能引发含有较低浓度的活性过渡金属离子的外壳形成。表面活性过渡金属的减少可能会减少界面处的副反应，并减少电解质的分解。氟掺杂后，增大的层间距有助于改善锂离子在表面的传输，从而降低循环过程中的阻抗上升并同时降低容量衰减率，并提高层状富锂正极的倍率性能。因此，共掺杂样品 $Li_{1.12}Na_{0.08}Ni_{0.2}Mn_{0.6}O_{1.95}F_{0.05}$ 显示出优异的循环稳定性（在0.2 C下100次循环后100%）和优异的倍率性能（在5 C下容量为167 mA·h/g），同时保留了钠掺杂和氟取代的优点。

此外还有文献报道了镁-氟共掺杂。Sung 等学者研究了 $Li_{1.167}Mn_{0.548-x}Mg_xNi_{0.18}Co_{0.105}O_{2-y}F_y$（$x=0$、0.02，$y=0$、0.02）层状复合正极材料的晶体结构和电化学性能，得到了与铝-氟掺杂类似的结论：镁-氟共掺杂能有效抑制材料由层状相向尖晶石相转化，从而提高其循环性能；双掺杂材料电阻较小，有利于锂离子的运动迁移，提高材料的倍率性能。Sung 等学者同时研究了镁掺杂、氟掺杂和镁-氟共掺杂时材料的电化学性能，图2-80为掺杂和未掺杂电池的初始充/放电容量图。研究发现，镁-氟共掺杂电池的放电容量（259 mA·h/g）高于未掺杂电池和单掺杂电池的放电容量，其认为这是因为共掺杂样品中的 F^-通过略微降低镍氧化程度和氧损失程度（氟元素取代氧位并部分占据氧空位）来减少局部结构收缩，从而消除了 Mg^{2+}的支柱效应。

在阴离子掺杂方面，上节讲述了以 BO_3^{3-}和 BO_4^{5-}两种聚阴离子基团共掺杂 $Li_{1.2}Ni_{0.13}Co_{0.13}Mn_{0.54}O_2$材料，掺杂后的材料每次的电压衰减率降低31%。结果表明，离子共掺杂可以有效缓解材料在长期循环中的极化现象。

总之，掺杂对于富锂锰基材料而言是一种十分普遍而又效果显著的改性手段，已经在改善循环稳定性、倍率性能和压降等方面取得了一定的突破；但是多种离子共掺杂改性相较于单一元素掺杂，涉及的体系更复杂，影响因素更多，还有很多深入的机理暂未探明，如掺杂离子对氧阴离子活性的影响以及对过渡金属离子迁移的影响机制等，因此还有很大的研究空间。

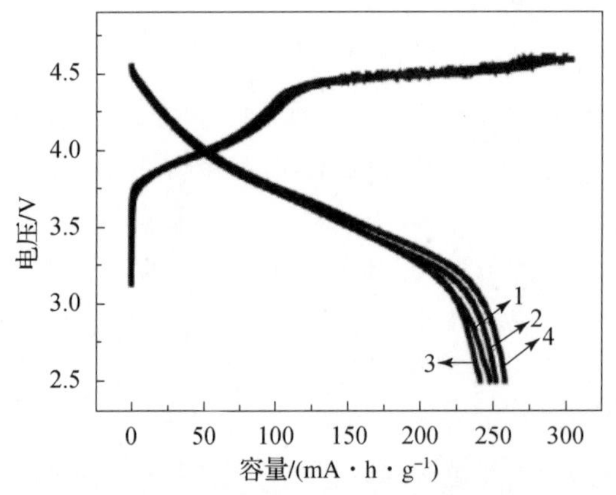

图 2-80　$Li_{1.167}Mn_{0.548-x}Mg_xNi_{0.18}Co_{0.105}O_{2-y}F_y$在电流密度为 20 mA/g、电压为 2.5~4.6 V 的初始充电/放电容量曲线

1—$x=0$，$y=0$；2—$x=0.02$，$y=0$；3—$x=0$，$y=0.02$；4—$x=0.02$，$y=0.02$

2. 表面包覆

表面包覆是层状富锂材料最常见的改性方法。其表面包覆改性手段繁多，包括无机物和有机物的简单包覆、预处理引起材料表面结构转变的特征包覆、特殊设计的复杂结构包覆等。富锂锰基材料表面包覆改性示例如图 2-81 所示。包覆可以降低正极材料和电解质之间发生副反应的可能性，同时抑制充电期间过渡金属离子溶解到电解质中引起的晶格畸变。Yuefeng Su 等学者报道了 $LiNi_xMn_{2-x}O_4(0\leqslant x\leqslant 0.5)-Li_{1.2}Mn_{0.6}Ni_{0.2}O_2$尖晶石异质结构包覆的设计。通过这种设计，材料的倍率性能相比于原始材料有大幅提高，在 10 C 倍率下能达到 180 mA·h/g 以上；Yuguo Guo 等学者报道了 $Li_4Mn_5O_{12}$尖晶石结构材料包覆富锂锰基正极材料可以有效抑制表面晶格氧释放，在 0.2 C 倍率下材料循环 300 次后容量保持率高达 83.1%，显著提升了材料的循环稳定性；Yanying Liu 等学者在 $Li_{1.2}Mn_{0.54}Ni_{0.13}Co_{0.13}O_2$表面包覆缺氧化合物 $Ce_{0.8}Sn_{0.2}O_{2-\sigma}$，可在首次捕获释放的氧元素，减少了首次氧元素的不可逆逸出，并且还能在活性材料表面生成尖晶石组分，降低了富锂层状材料的首次不可逆容量损失，使首次库仑效率高达 92.77%。

1）有机物包覆

Jie Zhang 等人研究了有机物包覆对富锂正极材料的影响。以聚酰胺酸（PAA）为原料在 $Li_{1.2}Ni_{0.13}Mn_{0.54}Co_{0.13}O_2$（LNMCO）的表面上涂覆，随后进行热酰亚胺化处理形成聚酰亚胺（PI）层。研究表明，在 450 ℃处理的 PI-LNMCO 会导致电荷转移从而使在 PI 层和 LNMCO 之间的 Mn^{4+}部分还原为

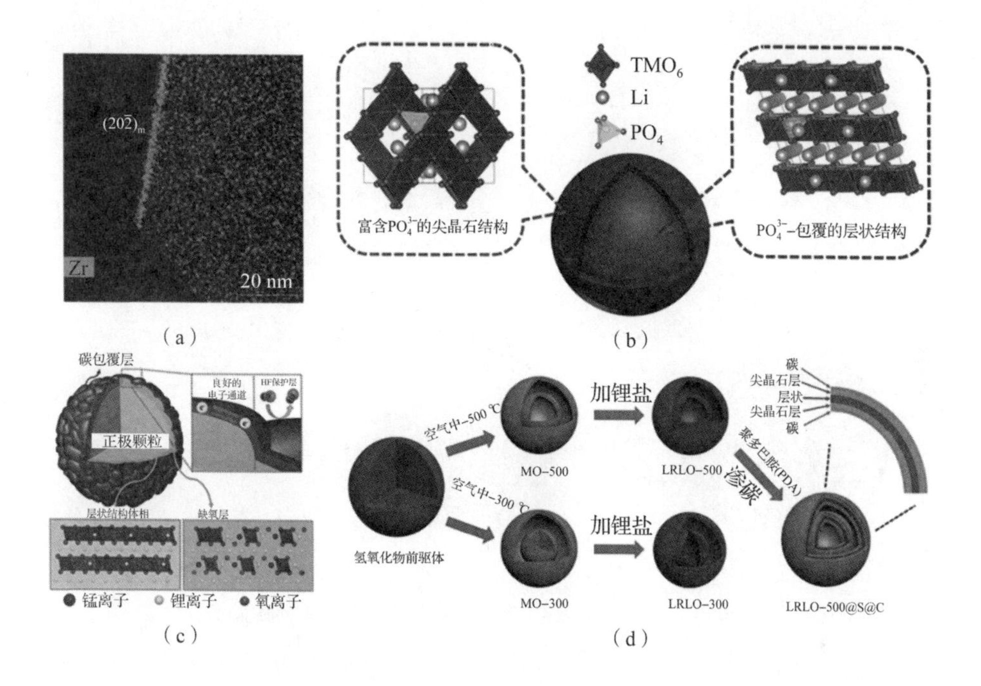

图 2-81　富锂锰基材料表面包覆改性示例

(a) 均匀 Zr 表面包覆-掺杂共改性；(b) 聚阴离子 PO_4^{3-} 表面包覆-掺杂共改性；
(c) 碳包覆调制氧分布；(d) 多重包覆结构

Mn^{3+}。与 LNMCO 相比，450 ℃下处理的 PI 包覆改性材料的循环稳定性和倍率性能明显改善。PI 涂层有效地将 LNMCO 与电解质分离，并在大于等于 4.5 V 的高电压下能稳定电极/电解质界面，提高材料的循环性能。此外，Mn^{4+} 部分还原为 Mn^{3+} 有利于极化子的迁移，从而使材料具有更高的倍率性能。

Weikang Li 等人采用聚丙烯腈（polyacrylonitrile，PAN）对富锂锰基材料进行了包覆改性研究。聚丙烯腈（PAN）是一种常见的高分子材料，它会在较低的温度（约 300 ℃）下发生自环化反应，在其链状结构中生成非定域化 sp^2 π 键，从而获得较好的电子电导率。环化后的 PAN(c-PAN) 依然能够通过分子间的交联和共轭作用来维持部分高分子材料的特征，从而使 c-PAN 能够均匀分布在其他材料的表面。采用 c-PAN 对亚微米级富锂一次颗粒进行包覆，有望防止颗粒的团聚，并与乙炔黑等传统导电剂一起在整个电极中构筑更加均匀且连续的电子导电网络。此外，Li 调研发现聚丙烯腈在热解时可在材料表面形成尖晶石结构，从而为材料提供了 3D 的锂离子传输通道。因此，Li 通过 PAN 包覆富锂锰基层状材料 LMNO（分子式为 $Li_{1.2}Mn_{0.6}Ni_{0.2}O_2$）并进行热处理，在 LMNO 表面构建了既导电子又导离子的“双导”结构。材料的结构示意图如图

2-82所示，本体材料记为p-LR，改性后的富锂锰基材料记为h-LR。

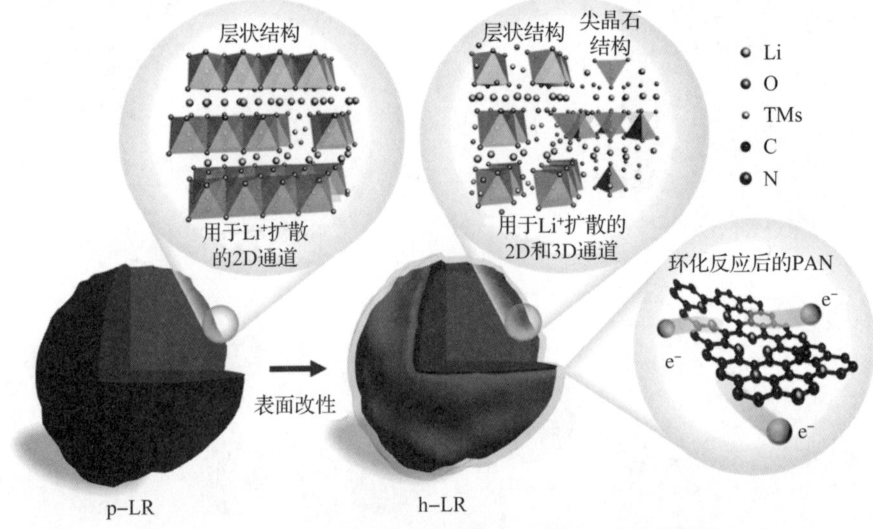

图2-82 p-LR和h-LR材料结构示意图（书后附彩插）

图2-83为不同倍率下p-LR和h-LR的放电曲线，由图可以直观地看出"双导"包覆层对电极中锂离子和电子传导的过程有加速的作用。这说明"双导"结构能有效提升材料的循环性能和倍率性能，一方面抑制材料从有序到无序转变而完全丧失活性的过程，当"双导"包覆层界面存在时尖晶石组分本身仍旧可以发挥部分的容量，另一方面是因为在界面上同时改善了锂离子和电子的传导能力。

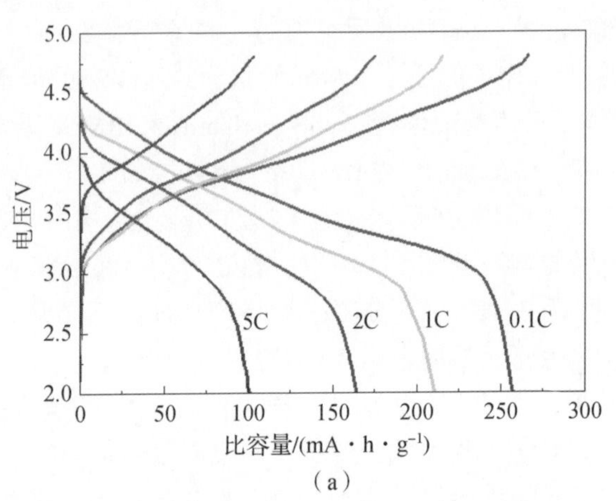

图2-83 在不同倍率下p-LR和h-LR的放电曲线

(a) p-LR

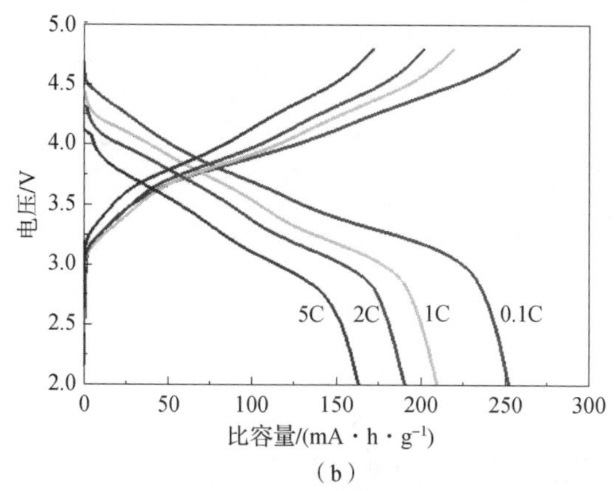

图 2-83　在不同倍率下 p-LR 和 h-LR 的放电曲线（续）

（b）h-LR

循环后对材料进行的 HRTEM 表征直观地反映了“双导”包覆层改性界面对材料颗粒本身结构的影响（图 2-84）。如图 2-84（a）中的插图所示，p-LR 材料的颗粒在循环后出现了具有多晶结构的特征 SAED 图，即出现拖影现象。这表明材料颗粒内部发生了较为严重的破损，颗粒由单晶向多晶甚至非晶转变，而循环后 h-LR（图 2-84（b））则显示出更好的结晶度。图 2-84（c）显示循环后 p-LR 材料表面由于过渡金属离子从过渡金属层迁移至锂层的八面体位置，层状结构转变成为无活性的岩盐无序结构；在 h-LR 的表面仍然可以看到部分 c-PAN 包覆层（图 2-84（d）），并且其尖晶石相的特征

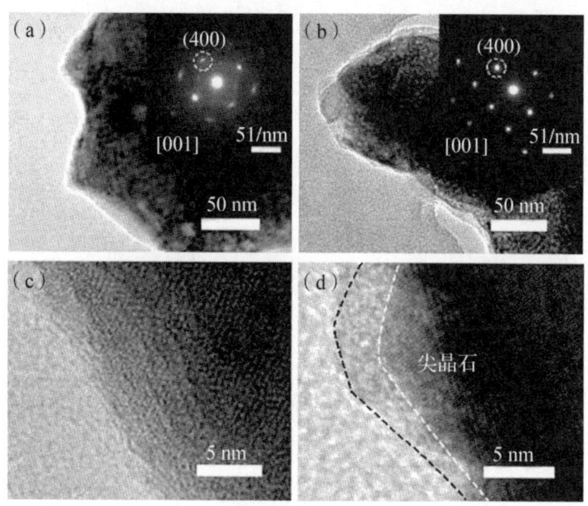

图 2-84　未改性的富锂材料（p-LR）和经改性的富锂材料（h-LR）循环前后结构变化情况

（a）p-LR 循环后的 TEM 图（插图为对应颗粒的选取电子衍射图）；
（b）h-LR 循环后的 TEM 图（插图为对应颗粒的选取电子衍射图）；
（c）p-LR 循环后的 HRTEM 图；（d）h-LR 循环后的 HRTEM 图

更为清楚。这说明 c – PAN 包覆层可以在长时间循环中保持一定的稳定性，缓解电解液和活性物质颗粒之间的副反应，即“双导”结构的存在也有利于帮助材料维持晶体结构，缓解材料向非晶体转变。

2）无机物包覆

常见的用于富锂锰基层状材料表面包覆改性的无机物包括电化学惰性的（如 Al_2O_3、$AlPO_4$、SiO_2、ZnO、CeO_2、ZrO_2）和电化学活性的（如 $LiMPO_4$(M = Ni、Co)、MnO_2等）。包覆改性的意义在于减少富锂材料与电解质的副反应，抑制由层状向尖晶石的转变，并保留富锂层状结构在充电过程中衍生的氧空位，从而有效提升富锂层状材料的容量、循环性能和倍率性能等。

A. Manthiram 小组采用 3% Al_2O_3对三元富锂材料$(1-z)Li[Li_{1/3}Mn_{2/3}]O_2 \cdot zLi[Mn_{0.5-y}Ni_{0.5-y}Co_{2y}]O_2$($0 \leqslant y \leqslant 0.5$ 和 $0.25 \leqslant z \leqslant 0.75$)进行表面包覆处理，发现材料首次循环过程中的不可逆容量有所减少，除 $y = 1/3$，$z = 0.25$ 以外，其他材料 30 次容量保持率有所增加；接下来对 $y = 1/6$，$z = 0.4$ 和 $y = 1/3$，$z = 0.4$ 的$(1-z)Li[Li_{1/3}Mn_{2/3}]O_2 \cdot zLi[Mn_{0.5-y}Ni_{0.5-y}Co_{2y}]O_2$材料分别采用 3 wt. % 的 CeO_2、ZrO_2、SiO_2、ZnO 和 $AlPO_4$包覆和 F^-掺杂处理，所有改性材料的充放电曲线如图 2 – 85 所示，可以发现材料的首次不可逆容量下降，放电比容量有所上升，但除 Al_2O_3包覆和 F^-掺杂与原材料容量保持率类似外，其他表面处理容量保持率有所下降；由于 Li_2O 从材料中脱出引发的过渡金属离子迁移和氧的流失而生成新的无缺陷的层状 MnO_2被认为是导致首次不可逆容量的主要原因，氧化物的表面包覆处理能够有效地保留氧流失造成的氧空位，而提高材料的充放电容量。特别发现用 Al_2O_3和 $AlPO_4$进行表面改性可有效保留更多的氧化物离子空位并抑制不可逆容量（irreversible capacity，IRC）值。图 2 – 86 比较了三氧化二铝（Al_2O_3）、二氧化锆（ZrO_2）、氧化锌（ZnO）、磷酸铝（$AlPO_4$）等包覆材料及 F^-掺杂对正极材料的性能影响，发现经 Al_2O_3包覆的正极材料具有更好的循环性能。

Wu 等人利用不同浓度（0 ~ 4 wt. %）的 $AlPO_4$对 $Li_{1.2}Mn_{0.54}Co_{0.13}Ni_{0.13}O_2$富锂材料进行了表面包覆改性。由于 $AlPO_4$表面包覆可以在材料表面上形成 Li_3PO_4，并将一些 Al^{3+}掺入层状晶格中，与未改性的样品相比，表面改性的样品表现出更高的放电容量和更低的不可逆容量损失。

Thackeray 等人用 $LiNiPO_4$对 $xLi_2MnO_3 \cdot (1-x)LiMO_2$(M = Mn、Ni、Co)进行包覆。在包覆过程中，富锂材料的表面或近表面处的锂离子脱出与溶液中的磷酸根发生反应，伴随着锂离子的脱出导致其在富锂材料的颗粒表面形成大量的锂离子空位。包覆层中的部分 Ni^{2+}进入了富锂材料体相中，取代了 Li 层中的部分 Li^+，在材料的表面形成了具有缺陷结构的类似快离子导体 Li_3PO_4的

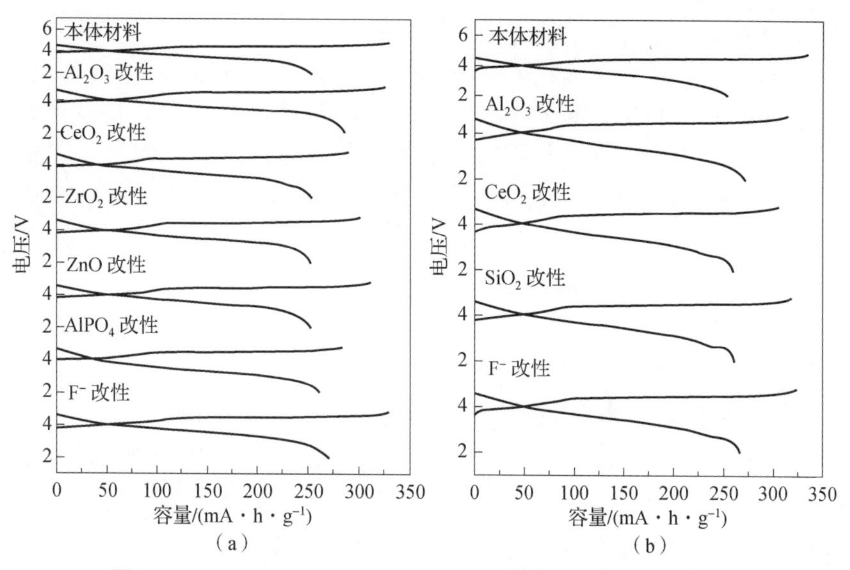

图2-85　$(1-z)Li[Li_{1/3}Mn_{2/3}]O_2 \cdot zLi[Mn_{0.5-y}Ni_{0.5-y}Co_{2y}]O_2$ 用3 wt.% Al_2O_3、CeO_2、ZrO_2、SiO_2、ZnO、$AlPO_4$ 包覆和 F^- 掺杂进行表面改性前后的首次充放电曲线比较

(a) $y=1/6$，$z=0.4$；(b) $y=1/3$，$z=0.4$

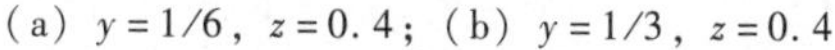

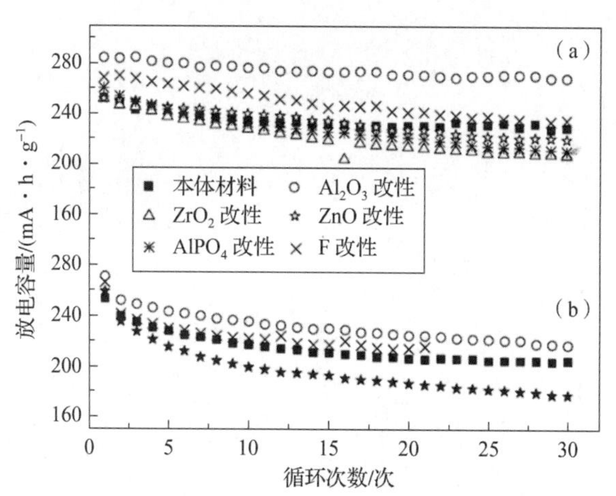

图2-86　$(1-z)Li[Li_{1/3}Mn_{2/3}]O_2 \cdot zLi[Mn_{0.5-y}Ni_{0.5-y}Co_{2y}]O_2$ 用3 wt.% Al_2O_3、CeO_2、ZrO_2、SiO_2、ZnO、$AlPO_4$ 包覆和 F^- 掺杂进行表面改性前后的可循环性比较

(a) $y=1/6$，$z=0.4$；(b) $y=1/3$，$z=0.4$

$Li_{3-x}Ni_{x/2}PO_4$ $(0<x<1)$ 层，这不仅使得 Ni^{2+} 和 Mn^{4+} 相互作用抑制富锂材料表面 Mn^{3+} 的溶解，稳定材料结构，而且能够提供 Li^+ 快速传输的导体。这使材料的倍率性能和循环稳定性都得到了改善。

Feiyu Yuan 等人提出了一种非晶/晶态 Li_3PO_4 的表面多相包覆工艺，通过湿化学法来解决富锂层状氧化物在高温下的循环和压降问题。该多相包覆包括非晶态 Li_3PO_4 和晶态 Li_3PO_4 包覆，分别起到了物理屏障和提高 Li^+ 扩散速率的作用。为了证明 Li_3PO_4 包覆层是否存在非晶态和晶态以及对富锂锰基正极材料（LRM）表面的影响，对改性样品 LRM－3 的微观结构进行了高分辨率透射电镜（HRTEM）表征。如图 2－87（a）所示，改性后的本体区仍保持层状结构，表面的多相 Li_3PO_4 包覆层交错共存，快速傅里叶变换（FFT）图像也证实了这一点。此外，如图 2－87（e）所示，所有的元素都均匀地分布在整个颗粒中，证明 Li_3PO_4 均匀包覆于富锂材料表面。该多相包覆层中，结晶态的 Li_3PO_4 可以增强 Li^+ 的界面扩散能力，非晶态的 Li_3PO_4 可以稳定晶体结构，这种独特的组合改善了富锂正极材料在高温下的电化学性能。在 55 ℃的测试条件下，改性后的 $Li_{1.2}Ni_{0.2}Mn_{0.6}O_2$ 首次库仑效率达到 92%，循环稳定性也得到了显著提高，1 C 循环 100 次后放电比容量为 192.9 mA · h/g。同时，电压衰减也被有所抑制，每一次循环中的平均压降从 5.96 mV 降至了 2.99 mV。

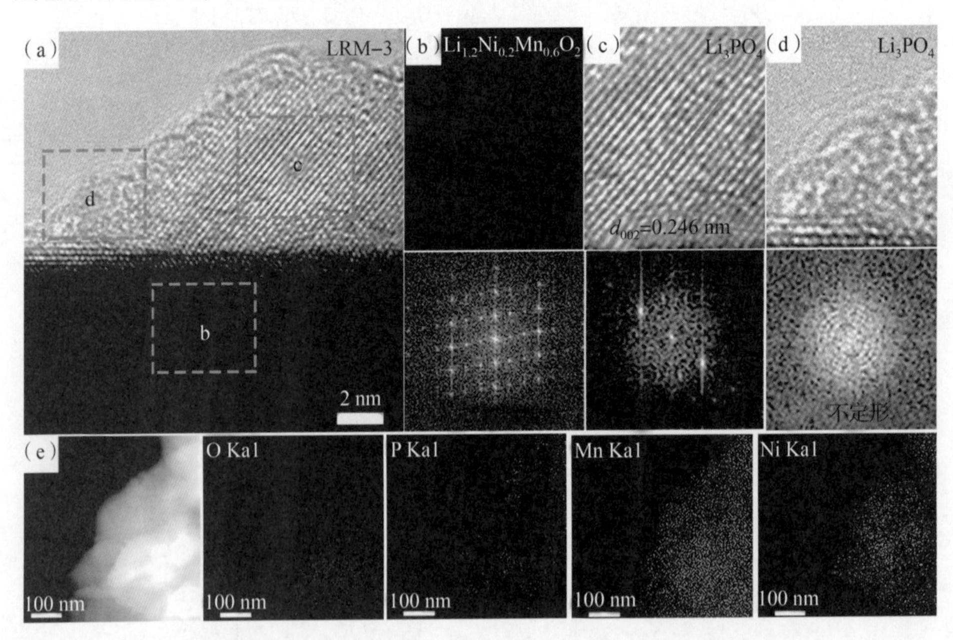

图 2－87　多相 Li_3PO_4 包覆的富锂层状材料 LMR－3 的结构和元素分布

（a）LRM－3 的 HRTEM 图；（b）～（d）与（a）对应矩形区域的放大图以及快速傅里叶变换（FFT）图像；（e）在 LRM－3 中锰、镍、氧和磷元素的 EDS 图

3）欠锂态氧化物包覆

一般氧化物包覆改性后的材料首次库仑效率的提升幅度有限（小于 90%）。

有研究发现，通过将具有嵌脱锂活性的欠锂态氧化物（如 V_2O_5、LiV_3O_8、$Li_4Mn_5O_{12}$和 MnO_x等）与富锂材料复合，可以使不能够回嵌到富锂材料内部的锂离子嵌入到这些嵌锂氧化物中，从而提高材料的首次效率；但是，经过硝酸酸浸处理后的层状富锂锰基材料具有较高的库仑效率，但是材料循环稳定性难遂人意。

Zhao Wang 等人通过简单的高能球磨过程制备了 MoO_3 包覆的 $Li_{1.2}Mn_{0.54}Ni_{0.13}Co_{0.13}O_2$颗粒（记为 $Li_{1.2}Mn_{0.54}Ni_{0.13}Co_{0.13}O_2-MoO_3$，图 2-88）$MoO_3$在放电过程中可以提供额外的 Li^+嵌入位点，以补偿 $Li_{1.2}Mn_{0.54}Ni_{0.13}Co_{0.13}O_2$材料中 Li_2MnO_3组分在充电过程中同时脱出 Li^+和 O^{2-}而丢失的 Li^+嵌入位点。在放电过程中，原本不能回嵌到材料内部的 Li^+可以嵌入到 MoO_3中，从而提高材料的首次库仑效率。同时，由于高能球磨有利于形成致密的无定型 MoO_3包覆层将 $Li_{1.2}Mn_{0.54}Ni_{0.13}Co_{0.13}O_2$与电解液隔开，有效地抑制了活性材料和电解液之间的副反应和循环过程中过渡金属离子的溶解，材料的循环稳定性得到了明显改善。

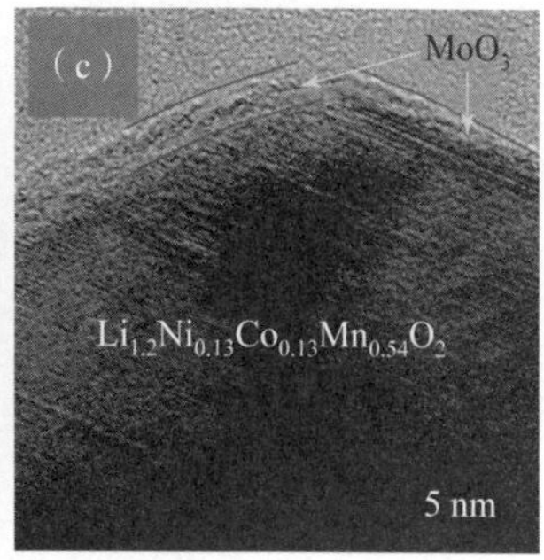

图 2-88 MoO_3 包覆的 $Li_{1.2}Mn_{0.54}Ni_{0.13}Co_{0.13}O_2$ 颗粒的形貌

(a) $Li_{1.2}Mn_{0.54}Ni_{0.13}Co_{0.13}O_2$的 SEM 图；

(b) $Li_{1.2}Mn_{0.54}Ni_{0.13}Co_{0.13}O_2-MoO_3$（5 wt. %）的 SEM 图；

(c) $Li_{1.2}Mn_{0.54}Ni_{0.13}Co_{0.13}O_2-MoO_3$（5 wt. %）的 TEM 图

为了实现层状富锂锰基材料在首次库仑效率、比容量、循环性能和倍率性能上的同时提升，Li Ning 等人拓展传统表面包覆概念，创新性地提出了以锰氧化物 MnO_x($1.5<x\leq2$) 作为包覆介质，用“厚包覆”手段改性富锂锰基材料。锰氧化物 MnO_x($1.5<x\leq2$) 是一种欠锂态氧化物，充电过程中不具脱锂能力，但其有可能保留主体材料氧空位和嵌脱锂位；同时，具有电化学活性的厚包覆层 MnO_x本身也能提供嵌锂位，使得主体层状结构能在放电时获得更多锂位，从而有望提升层状富锂锰基材料的首次比容量和库仑效率，对材料的循环性能也有较大的改善作用。Li 认为材料的表面微观结构，如表面欠锂态

MnO_x的结晶度和包覆层厚度等，均对包覆改性后材料的电化学性能改善起到至关重要的作用。

图2－89是MnO_x包覆材料的首次充放电嵌脱锂原理示意图。包覆材料的组成包括本体部分的层状结构、包覆层中的欠锂态氧化物MnO_x及一些微量尖晶石复合物。在充电过程中，锂离子从主体层状结构中的锂层和过渡金属层中分别脱出，分别形成锂空位和氧空位，但是在充电后期，材料主体结构出现不可逆的收缩重组，锂、氧空位逐渐消失，而由于MnO_x包覆层的存在，使部分锂、氧空位得以保留，同时有少量锂离子从包覆层中的微量尖晶石结构脱嵌出来。在放电过程中，锂离子不仅可以嵌入主体层状结构锂层，还能进入过渡金属层中保留下来的锂空位。此外，由于整个包覆层包括尖晶石复合相在内，均具有嵌锂活性，能回嵌较多的锂离子，从而有效地吸纳不可逆嵌出的锂离子，所以材料包覆后首次库仑效率能得到显著提升。另外，材料在放电过程中所有回嵌的锂离子在理论上均能可逆嵌脱。

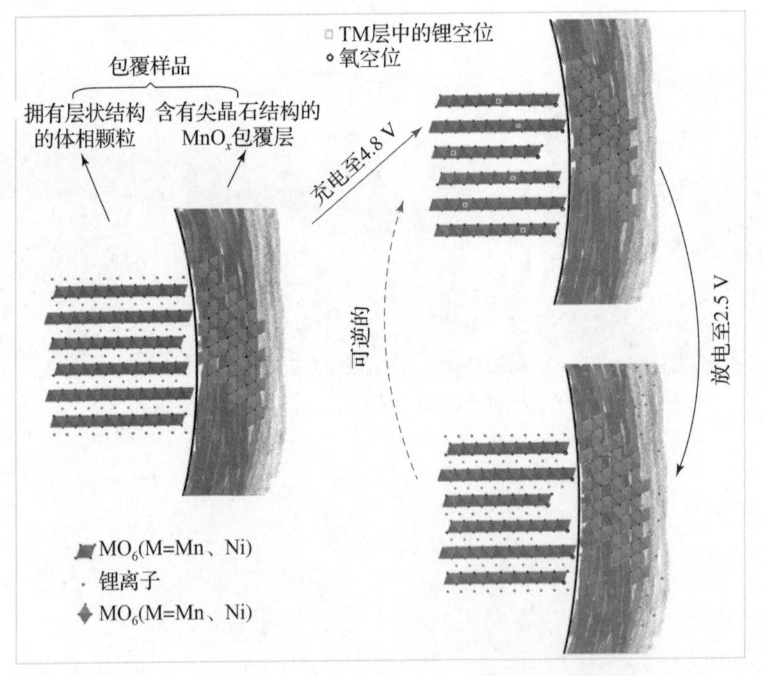

图2－89　MnO_x包覆材料的首次充放电嵌脱锂原理示意图

4）碳材料包覆

利用碳包覆正极或负极材料是提高电极材料电化学性能最常用的方法，碳包覆能够有效地减少颗粒的团聚，增加材料表面的电子传导率。近几年的研究过程中，碳源向多样化发展，包含聚合物、碳纳米管、碳纤维、石墨烯等。碳纳米管一般直径在 5 nm 左右，长度可达 10 ~ 20 μm，具有较大的长径比和良好的轴向平移不变性，被认为是理想的一维导电材料，一根碳纳米管能够起到几百甚至是几千个炭黑颗粒才能达到的传导距离。石墨烯是一种碳原子以 sp^2 杂化轨道呈蜂巢晶格排列构成的单层二维材料，由于其电导率优异（16 000 S/m），可以在二维空间内发挥其良好的导电性能，同时石墨烯还具有巨大的比表面积（2 630 m^2/g，理论值）和较高的机械强度（约 1 100 GPa），被认为是理想的二维导电材料。碳纳米管（或石墨烯）不仅能够在三维导电网络中充当“导线”的作用，同时还具有双电层效应，发挥超级电容器的高倍率特性，其良好的导热性能还有利于电池充放电时的散热，减少电池的极化，提高电池的高低温性能，延长电池的寿命。

富锂锰基正极材料的离子电导率和电子电导率较低，高倍率充放电性能不理想成为制约该类材料在推广应用中的主要障碍和瓶颈。有研究发现，对材料进行碳包覆，可以显著提高材料的电子导电性，从而提高材料的倍率性能。

Wang 采用碳纳米管（CNTs）通过水热法对层状富锂锰基材料 $Li_{1.2}Mn_{0.54}Ni_{0.13}Co_{0.13}O_2$(LMNCO)进行了包覆改性。如图 2 - 90 所示的 CNTs 样品 SEM 图所显示，相较于简单的物理混合，水热过程更能避免 CNT 的团聚，使 CNT 均匀紧密地包裹在材料表面，形成 3D 的 CNTs 网络结构。这种紧密包裹在材料表面的 3D 的 CNTs 网络结构，增加了活性材料之间的接触程度，可以提高电极整体的电导率，增强电极的倍率性能；同时，还可以缓解充放电过程中体积变化带来的应力，防止活性材料因体积膨胀和收缩，形成“孤岛”，造成活性材料的损失，进而提高电池的循环寿命。但是，当 CNTs 的复合量增大至 5% 时，CNTs 出现了较为明显的团聚。

Wang 还采用石墨烯对富锂层状材料 $Li_{1.2}Mn_{0.54}Ni_{0.13}Co_{0.13}O_2$ 进行了包覆改性。研究显示，适量的石墨烯包覆，能够将材料包裹在石墨烯层片中，形成良好的导电网络，并起到了骨架支撑作用，使复合材料具有良好的结构稳定性，防止电解液对材料的腐蚀以致材料溶解流失，抑制 SEI 膜的形成，从而使包覆后的材料循环稳定性（图 2 - 91）和倍率性能（图 2 - 92）都得到改善。当复合量逐渐增大时，石墨烯出现团聚在一起（图 2 - 93），将活性材料阻隔开来，延长了锂离子的传输路径，反而会对材料的电化学性能产生负面影响。

Bohang Song 等人通过湿法化学将富锂材料 $Li_{1.2}Mn_{0.54}Ni_{0.13}Co_{0.13}O_2$ 包埋于石墨烯中（图 2 - 94），所制备的复合材料在 12.5 mA/g 电流密度下的首次放电容量达到了 313 mA · h/g，2 500 mA/g 的大电流密度下仍能释放 201 mA · h/g 的容量。

图 2-90　CNTs 样品的 SEM 图

(a) CNTs 的复合量为 0；(b) CNTs 的复合量为 1%；(c) CNTs 的复合量为 2%；(d) CNTs 的复合量为 3%；(e) CNTs 的复合量为 4%；(f) CNTs 的复合量为 5%；(g) 直接物理混合 4% 的 CNTs

图 2-91　具有不同石墨烯添加量的 $Li_{1.2}Mn_{0.54}Ni_{0.13}Co_{0.13}O_2$ 材料的 SEM 图

图 2-91　具有不同石墨烯添加量的 $Li_{1.2}Mn_{0.54}Ni_{0.13}Co_{0.13}O_2$ 材料的 SEM 图（续）

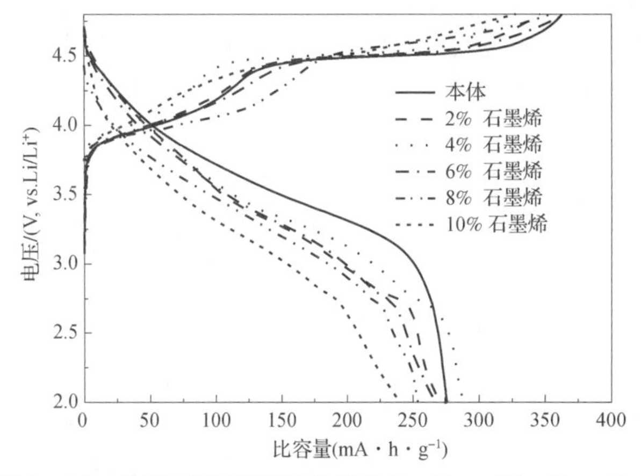

图 2-92　具有不同石墨烯添加量的 $Li_{1.2}Mn_{0.54}Ni_{0.13}Co_{0.13}O_2$ 材料在 25 mA/g 条件下的初始充放电曲线

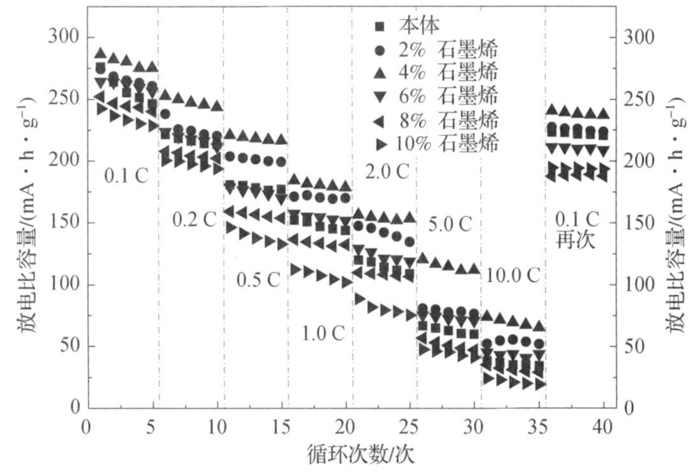

图 2-93　具有不同石墨烯添加量的 $Li_{1.2}Mn_{0.54}Ni_{0.13}Co_{0.13}O_2$ 材料在不同倍率下的放电比容量

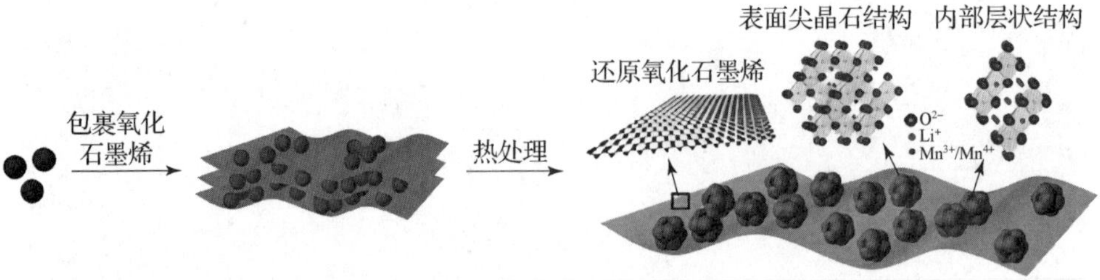

图2－94 石墨烯包裹的层状富锂正极材料

5）金属包覆

由于铝不与正极材料发生反应，所以采用铝包覆正极材料不仅能够有效地保护材料，而且能够提高材料表面的电子传导率。借鉴铝已经成功地运用在尖晶石锰酸锂（$LiMn_2O_4$）中的经验，Manthiram 等人采用气相沉积法制备了不同含铝量的 $Li[Li_{0.2}Mn_{0.54}Ni_{0.13}Co_{0.13}]O_2$ 包覆材料。在低倍率下，铝沉积时间为 20 s 和 30 s 的包覆材料在 50 次后的可逆容量和容量保持率都高于未包覆材料，其中沉积时间为 30 s 的电极材料容量保持率能够达到 98%，可逆容量稳定在 280 mA · h/g，比未包覆的材料高出约 50 mA · h/g；在 5 C 倍率下，沉积时间为 20 s 和 30 s 的包覆材料其放电容量分别为 157 mA · h/g 和 143 mA · h/g，而未包覆的只有 93 mA · h/g。研究表明，包覆层除了能够抑制材料与电解液的副反应，增加表面电子传导外，更重要的是能够抑制在首次循环后富锂材料中氧空位的消失。

6）共包覆改性

有文献报道了一种以上的化合物复合包覆富锂材料的方法，发现共包覆改性比单层包覆更具有优越性。

Yu Zheng 通过溶液浸泡法成功在富锂锰基正极材料表面同时生成尖晶石结构和纳米氧化物颗粒的共包覆结构。在这种设计中，尖晶石结构提供快速的锂离子扩散通道，而氧化物纳米颗粒作为 HF 中和剂。这样既能改善富锂锰基正极材料的倍率性能，又能增强它的循环稳定性。具体工艺由两部分组成：一是将本体材料浸泡在硝酸铁溶液中，利用离子交换法部分脱出活性材料表面的锂，同时生成氢氧化铁沉淀附着在颗粒表面；二是通过煅烧处理，使表层欠锂态结构转变成尖晶石结构，同时使氢氧化铁分解为氧化铁纳米颗粒。图 2－95 是这种表面共包覆的结构示意图。

将表面包覆了尖晶石结构和纳米颗粒氧化物的改性材料标记为 LSO（layer @ spinel@ oxide，层状/尖晶石/氧化物颗粒），未改性本体材料标记为 LLOs（Layered Li－rich oxides，层状富锂氧化物材料）。HRTEM 照片显示，经过表面

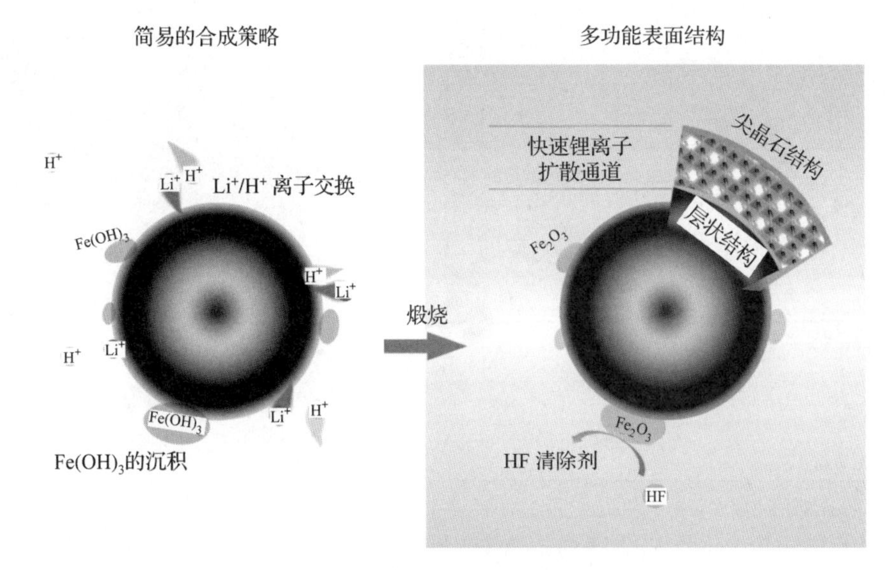

图 2－95　表面共包覆的结构示意图

处理的层状富锂锰基材料 LSO 表面出现不同的晶格条纹。如局部放大的图 2－96（e）所示，材料内部的晶格条纹间距为 0.42 nm，对应于层状富锂锰基正极材料的 C/2m 对称系的（020）晶面；表层的晶格条纹不同于内部，测量的间距为 0.248 nm 和 0.294 nm，该层间距正好对应于立方尖晶石（$Fd\bar{3}m$）结构的（331）和（220）面，证明 LSO 表面生成了尖晶石结构。由于这种尖晶石结构是由原来的层状结构转变而成的，Zheng 形容它能像皮肤一样覆盖在原始材料的表面，形象地称之为尖晶石皮肤层。

除了表面晶格条纹的变化，从图 2－96（d）中还可以观察到 LSO 表面附着明显不同于主体材料的微小颗粒。在其放大的 HRTEM 图（图 2－96（f））中可以测量到 0.223 nm 和 0.271 nm 的晶格条纹。结合样品 LSO 的化学成分，发现它们恰好与 Fe_2O_3 的（113）和（104）晶面相匹配，属于 $R\bar{3}C$ 对称系。这证明 LSO 是表面共包覆尖晶石皮肤层和氧化铁纳米颗粒的材料。

通过电化学测试发现，样品 LLOs 的首次充电容量为 378.0 mA · h/g，而样品 LSO 的首次充电容量稍低为 349.6 mA · h/g，但由于样品 LSO 的放电比容量并没有降低，因此它的首次库仑效率得到了提高。LSO 首次充电容量低于 LLOs 的原因，结合 ICP 的结果推测有两个：一是在改性的过程中，部分锂离子已经由化学方法脱出，因而活性材料中可脱出的锂量减少了，这会导致充电比容量的减少；二是因为样品 LSO 中的氧化铁纳米颗粒在该电化学区间是非

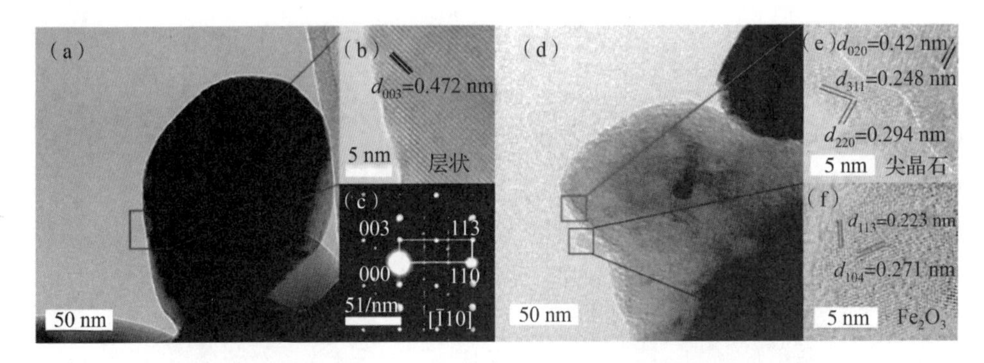

图 2－96　LLOs 和 LSO 材料的透射电镜照片

(a) 样品 LLOs 的 TEM 照片；(b) 样品 LLOs TEM 照片局部放大得到的 HRTEM 照片；
(c) 对应于 (a) 的选区电子衍射 (SAED) 图；(d) 样品 LSO 的 TEM 照片；
(e), (f) 样品 LSO TEM 照片局部放大得到的 HRTEM 照片

电化学活性的，它的存在增加了活性物质的总质量，从而拉低了整体比容量。图 2－97 (b) 是样品 0.1 C 充放电电流循环的循环性能图。从图中也可以看到两个样品的初始放电比容量是十分相近的。随着循环进行，原始富锂锰基正极材料 LLOs 表现出严重的容量衰减，首次放电比容量虽然高达 275.9 mA・h/g，但 50 次循环后其容量下降到 167.2 mA・h/g，容量保持率只有 60.6%；表面改性后的样品 LSO，由于有更细的纳米氧化铁颗粒中和 HF 的腐蚀作用，它 50 次后的放电比容量仍有 228.4 mA・h/g，循环容量保持率提升到 84.0%。改性得到样品 LSO 还具有明显优于原始材料 LLOs 的倍率性能（图 2－98）。

Zheng 通过容量微分曲线（图 2－99）分析了 LLOs 和 LSO 材料比容量变化的原因。可以看到，处于 3.5 V 以上的两对氧化峰和还原峰的峰强随着循环进行而逐渐减弱。其中，原始样品的峰强持续减弱，而样品 LSO 的峰强到第 34 次后减弱程度已经不明显。在图 2－99 中，位于 3.3 V 左右的阴极峰逐渐向更低的位置移动，这表明层状富锂锰基正极材料持续在向类尖晶石结构转变。相比于原始材料不仅峰的位置逐渐往低偏移，而且峰强逐渐减弱，样品 LSO 虽然峰的位置同样也在向低电压移动，但峰强得到很好的保持。这种现象说明改性得到的样品 LSO 虽然不能抑制富锂锰基正极材料向类尖晶石结构转变，但可以有效缓解类尖晶石结构的继续失活，从而增强富锂锰基正极材料的循环稳定性。

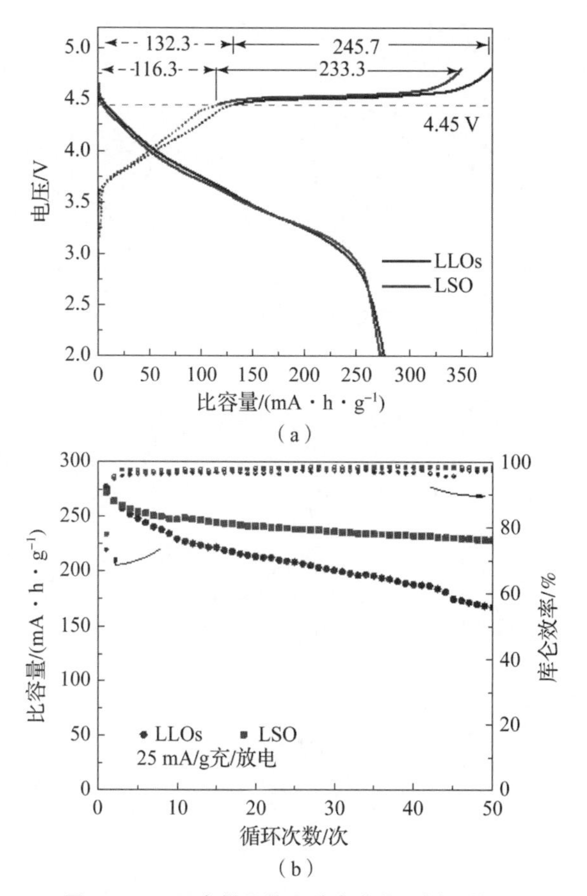

图 2-97　两个样品的充放电曲线和循环性能

(a) 首次充放电曲线；(b) 0.1 C 下的循环性能图

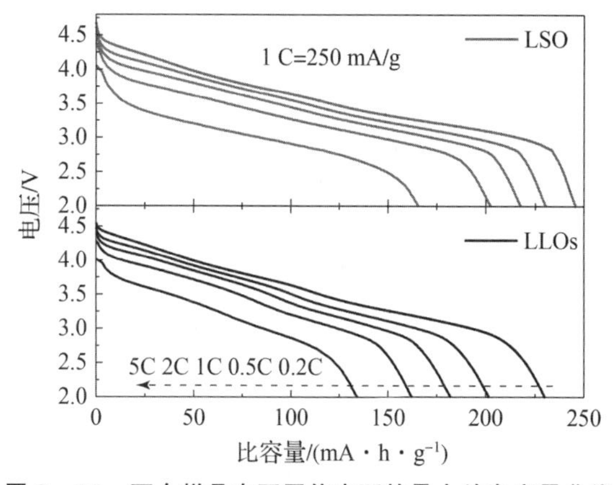

图 2-98　两个样品在不同倍率下的最大放电容量曲线

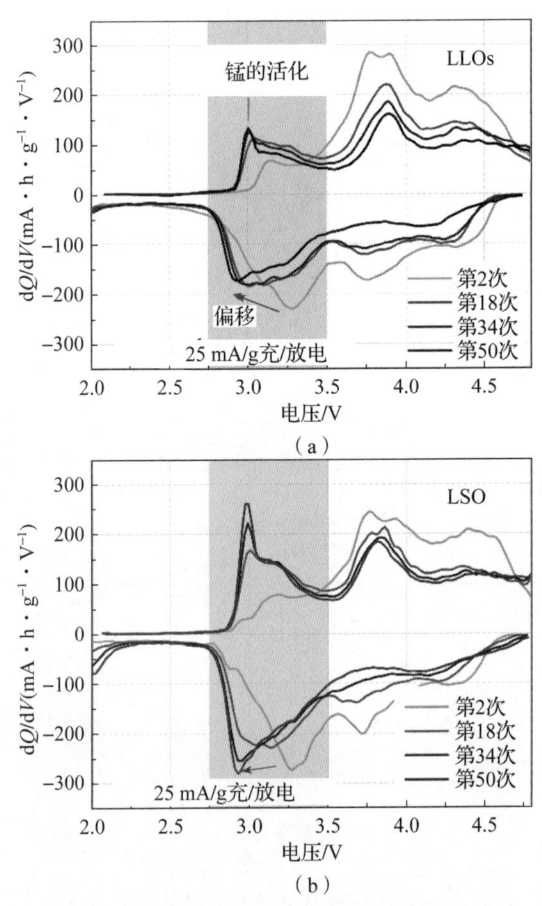

图 2-99 电压 2～4.8 V、电流密度 25 mA/g 时 LLOs 和 LSO 材料在第 2 次、第 18 次、第 34 次、第 50 次充放电的 dQ/dV 曲线

(a) LLOs；(b) LSO

7）表面掺杂－包覆共改性

已知对富锂锰基正极材料进行掺杂处理可以有效改进材料的导电性，增大材料的晶格常数，也可形成更强的金属－氧键，而这些都能促进锂离子的传导，对晶体结构的稳定性也有益处。但是常用的阳离子掺杂虽然可以改善材料的循环稳定性，同时也会发生 Li^+ 或过渡金属离子位点的不良占据，从而损害了理论能量密度的实现。表面包覆氧化物可以减小电解质与活性材料之间的接触面积，减轻电解液对电极材料表面的腐蚀，抑制充放电过程中活性材料表面的副反应，从而提高材料的循环稳定性和放电容量。但是该工艺无法有效抑制循环过程中的结构转变。相对而言，仅表面改性、离子掺杂或预处理无法同时实现界面和结构稳定性。因此，将掺杂－包覆工艺结合起来，同时进行表面包覆和晶格掺杂的协同作用，实现表面掺杂–包覆共改性，可以有效结合两种工艺的优点，相比于对富锂材料的单一改性，掺杂–包覆的组合策略在改善循环性能和抑制电压衰减方面更有效。

Xing Li等学者报道了将锆元素掺入富锂锰基材料表面，他们发现掺杂锆元素以后，同时可以形成Zr–O结构的盐岩相包覆层，达到掺杂–包覆共改性的目的。较强的Zr–O相互作用可以抑制后续循环中相转变造成的结构恶化，得到较好的电化学性能。

Ying Zhao等学者开发了梯度聚阴离子掺杂如PO_4^{3-}的方法以引起富锂层状氧化物的表面结构转变，具有浓度梯度分布的PO_4^{3-}聚阴离子在扩散时，同时触发表面结构向尖晶石状纳米层的转变以及聚阴离子掺杂的层状核材料的生成（图2–100）。该方法可以同时形成尖晶石状表面纳米层和聚阴离子掺杂的层状核结构，集成了大量掺杂和表面包覆改性的优点：形成的尖晶石状表面结构，其特征在于镍和磷的富集，可以保护LLO材料使其免受有机电解质引起的腐蚀，并且促进了锂离子和电子的传输；在LLO中掺入了适量的聚阴离子可以有效稳定LLO的氧密堆积结构，提高LLO正极材料的电化学性能。他们还在其他聚阴离子掺杂的LLO材料中发现类似的表面结构变化，如BO_4^{5-}、SiO_4^{4-}等。

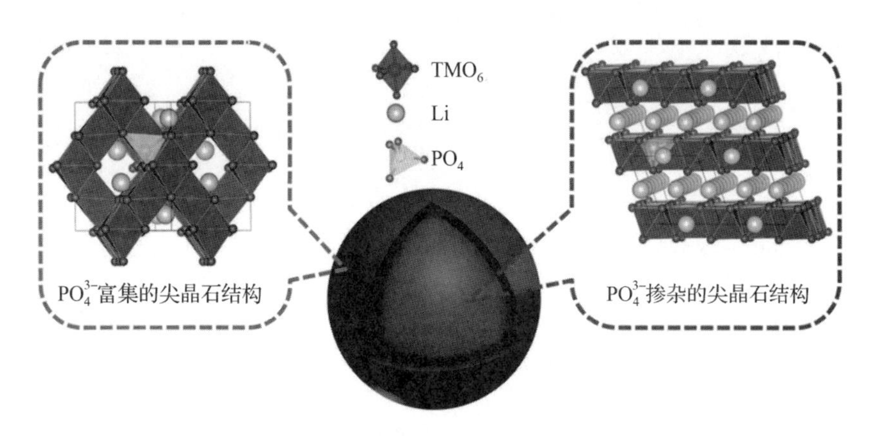

图2–100 由LLO材料中的梯度聚阴离子掺杂引起的表面结构转变的示意图

Xiang Ding等学者通过简单的NaF包覆过程以及随后的高温处理Li^+/Na^+交换步骤实现了梯度$Na_{1-x}Li_xF$和梯度$Li_{1.2}Ni_{0.13}Co_{0.13}Mn_{0.54}O_2$（LLO）表面$Li_{1.2-x}Na_xNi_{0.13}Co_{0.13}Mn_{0.54}O_2$的协同作用。双梯度表面改性过程的示意图如图2–101所示，即Li^+/Na^+交换会形成双梯度$Na_{1-x}Li_xF$表面包覆层，可以构造梯度表面包覆和梯度Na^+掺杂。受益于梯度表面包覆和梯度晶格掺杂的协同作用，改性的富锂锰基正极材料呈现出改善的长循环稳定性和倍率性能，并且可以有效抑制电压衰减。

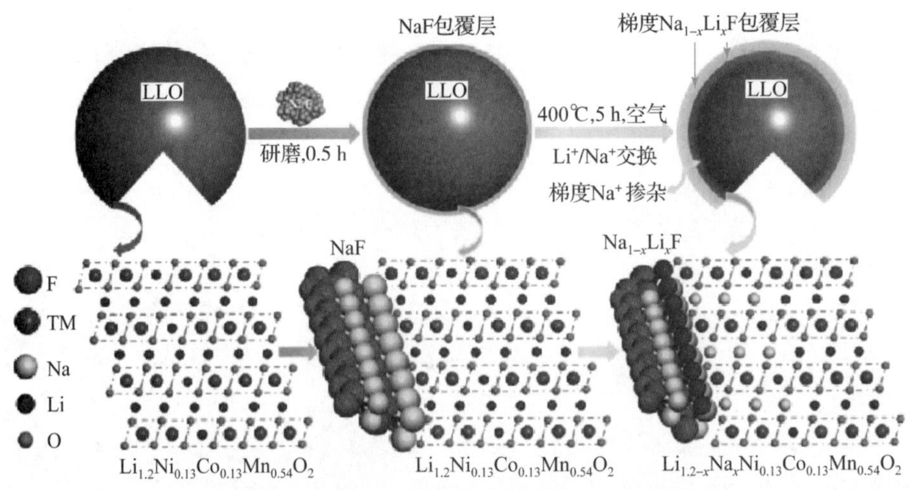

图 2－101　双梯度表面改性过程的示意图（书后附彩插）

3. 特殊形貌及结构设计

1）材料纳米化

正极材料具有较低的活性，电池高倍率放电时，活性物质的反应较快，锂离子在活性物质中的扩散是决定电化学反应快慢的决定因素。当充放电电流较大时，电子和锂离子需要在活性材料中迅速扩散迁移，若材料颗粒半径较大，锂离子和电子在材料中固相扩散的路程较长，不利于锂离子快速地从材料中扩散出来，材料颗粒半径越大，材料的倍率性能越差。缩小材料的粒径可以有效缩短电子和锂离子的扩散迁移路径，并且有利于增大锂离子的扩散面积，改善材料的倍率性能。

另外，减小材料粒径可增大材料的比表面积，增加电极与电解液的接触面积，有助于改善电极材料与有机溶剂的浸润性，同时增加电极界面上的脱嵌锂反应位点，有助于减小电极电化学过程中的极化现象。

因此，纳米化正极材料以其特有的高容量和优良的倍率充放电性能，引起了人们高度关注和广泛研究，而且在不同方面取得了进展，有望成为新一代重要的电极材料，在锂离子电池中得到应用。与普通尺寸的正极材料相比，纳米正极材料具有多方面优势。

从材料的表面状况来看，纳米正极材料的优势有以下几个方面：

①比表面积大，电极材料在嵌脱锂时的界面反应位点多，利于减小电极材

料在充放电过程中的极化现象；

②材料表面的缺陷可能产生亚带隙，使电极材料的放电曲线更加平滑，利于延长电极材料的循环寿命；

③材料的表面孔隙较多，可以增加电极材料与电解液的接触面积，利于改善电极材料与电解液的接触浸润性；

④表面张力较大，有机溶剂分子难以嵌入到电极材料的晶格内部，能够有效阻止溶剂分子对电极材料结构的破坏。

从材料的内部结构来看，纳米材料具有以下几个方面的优势：

①材料表面/内部的缺陷和微孔较多，有较复杂的储锂机制（包括晶格嵌锂、晶格缺陷嵌锂、表面吸附储锂、微孔吸附储锂等），储锂容量高；

②材料粒度较小，大大缩短了锂离子在材料中的扩散迁移路径，有利于锂离子在材料内部的快速脱嵌，充放电过程具有良好的动力学特性；

③对于一些容易发生不可逆相变的电极材料来说，纳米化可以在一定程度上抑制材料在循环过程中的结构转变，提高电极材料的循环稳定性。

Zhao Wang 等采用聚合物聚乙烯比诺烷酮（PVP）改良了溶胶－凝胶法，合成制备出了纳米级的富锂锰基正极材料 $Li_{1.2}Mn_{0.54}Ni_{0.13}Co_{0.13}O_2$，对材料的纳米化进行了初步的研究探索；又进一步研究了 PVP 和柠檬酸两种络合剂对于溶胶－凝胶法合成制备 $Li_{1.2}Mn_{0.54}Ni_{0.13}Co_{0.13}O_2$（SGP 和 SGC）的形貌、结构和电化学性能影响，该工艺的合成制备步骤如图 2－102 所示。

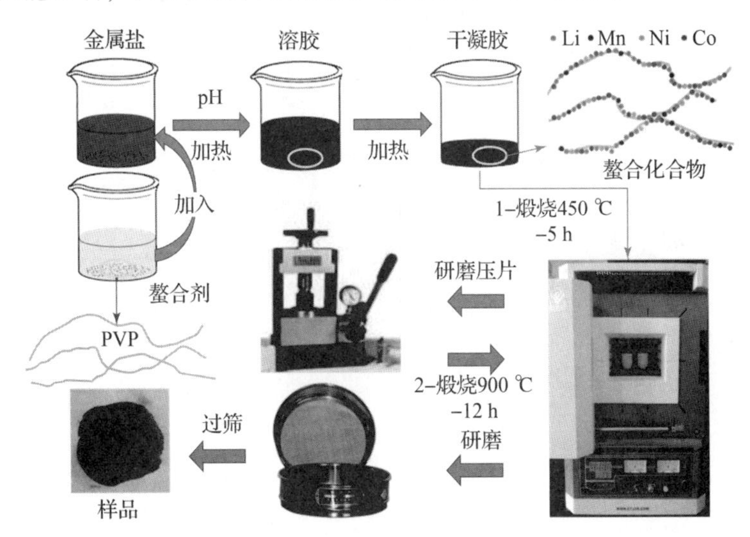

图 2－102　纳米级别的富锂锰基正极材料 $Li_{1.2}Mn_{0.54}Ni_{0.13}Co_{0.13}O_2$ 的制备过程示意图（书后附彩插）

在0.1 C下经过100次的循环后（图2-103），SGP材料样品和SGC材料样品的放电比容量分别为214.2 mA·h/g和168.6 mA·h/g，容量保持率分别为81.6%和65.3%。相较于SGC，SGP不仅展现出了更好的循环稳定性能，也呈现出更好的倍率性能（图2-104和图2-105），Wang认为这主要归功于：①SGP材料样品的粒径为纳米尺度具有更大的比表面积，使电解液与材料的接触面积增大，增大了锂离子脱嵌的活性位点，有利于提高材料的倍率性能；②材料颗粒的粒径为纳米尺度大大缩短了锂离子在材料内部传输扩散的路径，有利于锂离子在材料晶格内部的快速脱嵌，同时减小了锂离子脱嵌对材料晶格的破坏，提高了材料的晶体结构稳定性，从而提高了材料的倍率性能和循环稳定性。

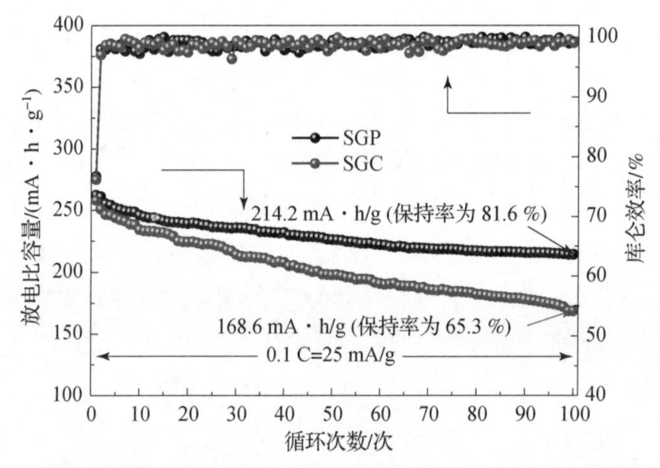

图2-103　所制备材料SGP和SGC在0.1 C(25 mA/g)下的循环性能

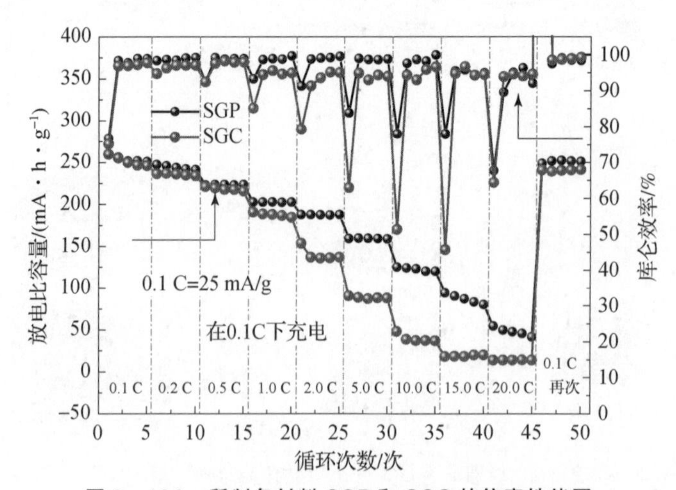

图2-104　所制备材料SGP和SGC的倍率性能图

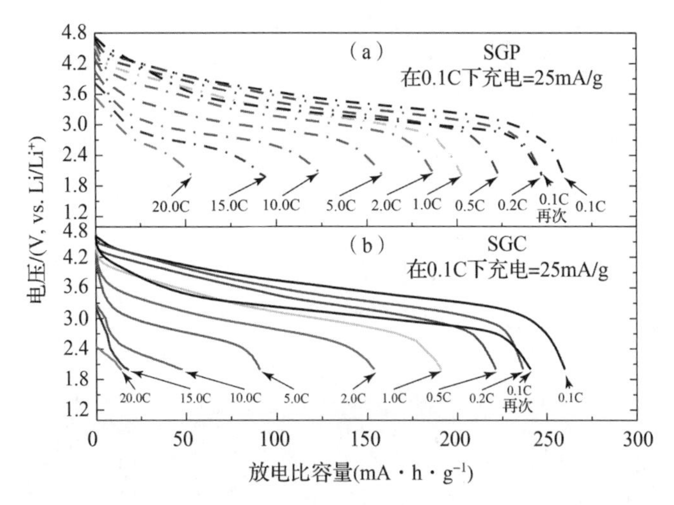

图 2-105 所制备材料 SGP 和 SGC 在不同放电倍率下的放电曲线

(a) SGP; (b) SGC

2）分级结构设计与晶面调控

在改善富锂材料的倍率问题方面，如前文所述可将材料纳米化，构建纳米尺度的形貌，如纳米颗粒、纳米棒、纳米管、纳米盘和中空纳米结构等。材料纳米化在提高材料倍率性能方面的主要贡献在于，可以缩短 Li^+ 在材料体相内部的扩散路径，以此缩短离子在体相内的传递时间。但材料纳米化后材料的比表面积大幅增加，反应活性也会有一定的提高，引起二次颗粒团聚和与电解液之间的副反应增加，影响材料的循环性能。在循环稳定性方面，微米级材料显然更有优势，由于自身物质传输方面的劣势引起的充放电深度上的一定损失使材料在充放电过程中的体积变化更小，结构更为稳定。当然，此消彼长，微米级材料显然在比容量、倍率性能等方面远不如纳米材料。为了结合两种尺度下材料的优势，分级结构设计在锂电材料中得到应用。分级结构即以纳米尺度的一次颗粒组装成微米级的二次颗粒，这种形貌设计结合了纳米尺度在离子传输和微米尺度在结构稳定方面的优势。例如，Bak 等人制备的具有分级结构的“层状－层状－尖晶石”复合材料表现出了优异的倍率性能和循环性能。

另外，富锂锰基正极材料作为一种层状材料，由厦门大学孙世刚教授课题组通过计算发现，锂离子在层状富锂材料所属的六方晶系型 $\alpha-NaFeO_2$ 结构中传输时，在 {010} 晶系，包括 (010)、$(\bar{1}10)$、$(\bar{1}00)$、$(0\bar{1}0)$、$(1\bar{1}0)$、(100) 等晶面脱嵌的阻力最小，提高这些晶面的比例，有助于大大提高层状结构材料的倍率性能。然而，{010} 晶系在六方晶系中属于高能晶面，在高温煅烧的过程，这些高能晶面很容易消失，因而制备晶系面积较大的层状材料，难度很大。Wei 等人通过调控溶剂热法反应时间，使所制备的富锂材料｛010｝晶系的比例得到提高，所合成的材料表现出了优异的倍率性能。

结合了层状材料｛010｝晶系锂离子传输方面的优势以及分级结构的优势，Chen 设计了一种一次纳米片朝径向排列将｛010｝晶系晶面暴露于表面的分级结构微米球（hierarchical structured lithium - rich material，标记为 HSLR），如图 2 - 106 所示。

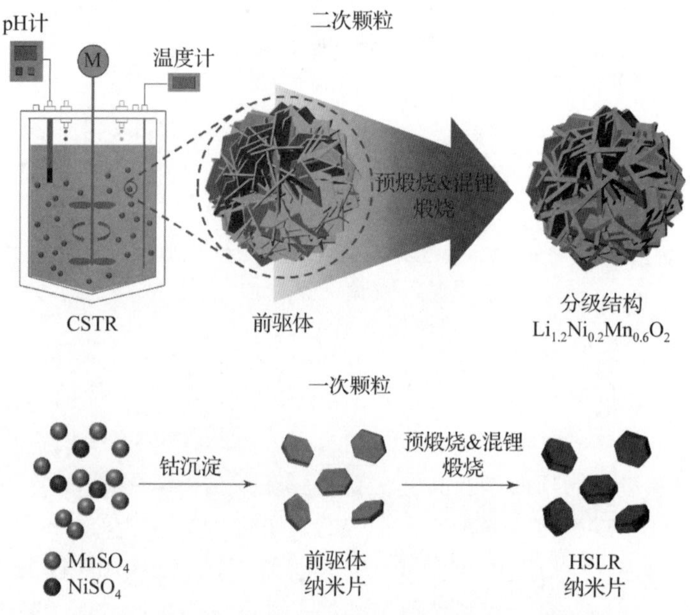

图 2 - 106　共沉淀法制备分级结构富锂材料的流程图

Chen 选取了 $Li_{1.2}Mn_{0.6}Ni_{0.2}O_2$ 这种典型的层状富锂材料，验证所设计结构的有效性。通过比较溶剂热法、碳酸盐共沉淀法以及氢氧化物共沉淀法制备工艺对于材料形貌的控制，最终利用氢氧化物共沉淀法制备 HSLR，首先通过氨水浓度与 pH 值的调控，成功制备了具有与设计类似形貌的 $Ni_{0.2}Mn_{0.6}(OH)_{1.6}$ 前驱体，如图 2 - 107 所示，一次纳米片颗粒沿径向排布组装成微米球，同时其表面形成了蜂窝状空隙；这些空隙有利于配锂反应过程中锂盐混入，也为晶体的生长预留了足够的空间。

众所周知，在制备纳米材料的过程中，应避免高温环境，防止颗粒的团聚现象以及结构的坍塌。这一现象在前驱体的初烧过程中也出现了，如图 2 - 108 所示，当煅烧温度在 700 ℃时，部分纳米片转变为了纳米颗粒；当温度达到 800 ℃时，几乎所有纳米片均转变为了纳米颗粒。然而，矛盾的是在层状富锂材料的制备过程中，需要高温煅烧以获得较好的结晶度。所幸 Chen 发现纳米

图 2 – 107　$Ni_{0.2}Mn_{0.6}(OH)_{1.6}$ 前驱体

(a) FESEM 照片；(b) 图 (a) 的放大照片

图 2 – 108　不同初烧温度处理的前驱体形貌

(a) 在 500 ℃初烧处理的前驱体的 FESEM 照片；(b) 单个纳米颗粒的放大照片；
(c) 在 700 ℃初烧处理的前驱体的 FESEM 照片；(d) 在 800 ℃初烧处理的前驱体的 FESEM 照片

结构在高温下坍塌的现象在配锂后消失了。前驱体在 500 ℃初烧后，与适量的锂盐混合并在 900 ℃下煅烧，材料在后续的高温反应过程中，其晶体的生长以前驱体为模板，可以维持原有形貌。具体变化过程如图 2 – 109 所示，随着温度的升高，纳米片的厚度逐渐增加，且纳米片间的缝隙越来越小，意味着层状富锂材料的晶体生长方向为垂直于纳米片的方向。在低温区域，视野中存在由黑色圆圈标识的异物，这些异物随着温度的升高逐渐消失，推测这些颗粒是残留的未反应的碳酸锂，因此为了反应彻底，高温是有必要的；但反应温度不能太高。例如，当温度上升到 1 000 ℃时，一次颗粒转变成为八面体型。900 ℃反应过程中，当反应时间达到 9 h 后，一次颗粒形貌的变化微乎其微，说明反应进行得较为彻底。图 2 - 109 所展示的晶体形貌在反应过程中的变化说明，预烧后的前驱体转变为了一种稳定的晶体生长模板，解决了低温维持纳米结构形貌与高温获得高结晶度之间的矛盾。

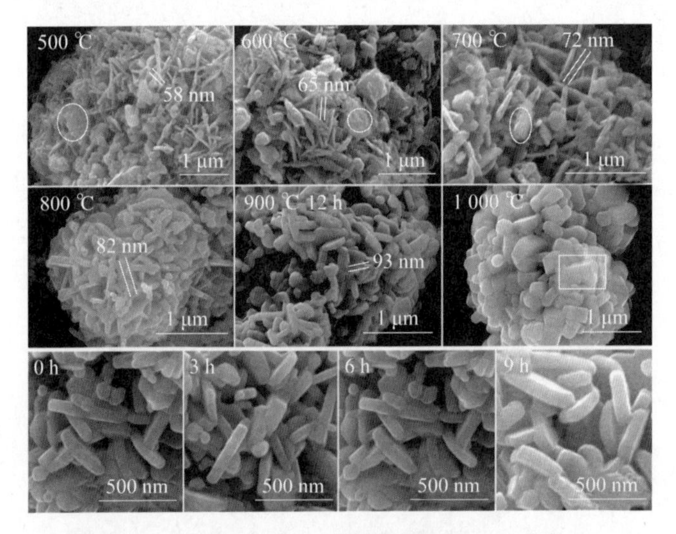

图 2 - 109　HSLR 晶体生长过程的非原位 FESEM 图

(500 ~ 1 000 ℃反应 12 h，以及 900 ℃反应 0 h、3 h、6 h 和 9 h)

图 2 - 110 为 HSLR 的 FESEM 图及其局部放大图，展示了最终产物的形貌细节。纳米片的厚度由 30 ~ 40 nm 上升到了 90 ~ 110 nm，并沿径向排列组装成了一个微米球，从形貌的角度，已达到预期设计。

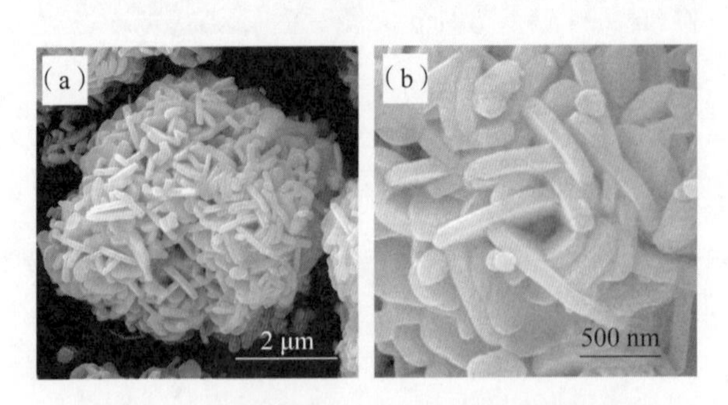

图 2 - 110　HSLR 的 FESEM 图及其局部放大图

(a) HSLR 的 FESEM 图；(b) 局部放大图

图2-111（a）展示了通过TEM观察到的一个由纳米片组装成的微米球，符合设计预期。紧密堆积为微米球的纳米片相比其独立分散时的状态，相互之间的接触更为紧密与连续，可形成一个电子三维方向的传递。同时，图2-111（a）中也可见不同亮度的部位，说明微米球内部存在空隙，这些空隙的存在有助于电解液浸润球内部的一次颗粒，利于锂离子脱嵌。图2-111（b）中所示的单个纳米片的正面，其晶格条纹间距为0.42 nm，归属于C/2m对称系的（020）晶面，相应的选区电子衍射斑点（图2-111（d））也显示了分别归属于六方$LiCoO_2$结构与单斜Li_2MnO_3结构的亮点叠加。这些结构表征说明，图2-111（b）中所示的单个纳米片的正面具有典型的层状富锂材料结构中过渡金属层中Li/TM原子排布特征，即暴露于该表面的晶面为层状结构中的（001）晶面。从逻辑上讲，根据图2-111（b）中的晶面特征，可以推测纳米片的侧面应属于{010}晶系。所幸，研究人员找到了更直观的证据，视野中出现了一个破裂后暴露侧面的纳米片，如图2-111（e）所示。该侧面的晶格条纹间距为0.475 nm，对应于过渡金属层在[001]方向上的层间距。同时，该侧面的原子排布中，出现了长方形、平行四边形的两种网格特征，以及黑色箭头所标识的晶格缺陷，这些典型的层状富锂材料{010}晶系晶面特征，充分证明了一次纳米片的侧面为层状材料活性晶面，图2-111（f）中相应的选区电子衍射谱图进一步证明了该暴露面为（$\bar{1}$10）晶面。结合图2-111中的形貌以及结构分析，表明所合成的HSLR微米球实现了预期的分级结构设计，其表面由{010}晶系晶面占据。

在随后的电化学测试中，HSLR材料表现出了十分突出的大电流放电能力（图2-112），在1 C、2 C、5 C、10 C、20 C倍率下分别释放出了230.8 mA·h/g、216.5 mA·h/g、188.2 mA·h/g、163.2 mA·h/g、141.7 mA·h/g的比容量。尽管该HSLR并未经过包覆、掺杂等改性手段，这一本体材料甚至表现出了可与改性后材料媲美的性能，如表2-2所示。HSLR同时表现出了优异的循环性能，在如此大电流放电下循环40次后，仍能维持较高的容量（图2-112（b））。实现高倍率性能的前提是同时满足电子、离子的快速传输，因此认为表现出如此优异倍率性能的HSLR材料满足了这一条件：特殊的径向排列的组装形式，为锂离子脱嵌提供了畅通的传输通道，而构建的分级结构提供了三维电子传递网络。

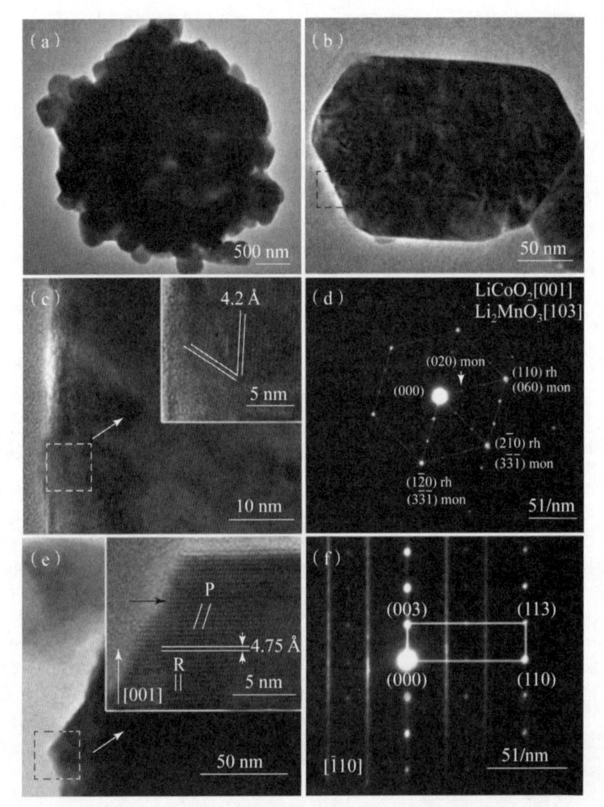

图 2-111　HSLR 的 TEM 与 HRTEM 图

(a) HSLR 整体形貌；(b) 单个纳米片；(c) 图 (b) 中所标记的区域的 HRTEM 图；
(d) 图 (b) 的选区电子衍射斑点；(e) 单个纳米片侧面的 HRTEM 图；

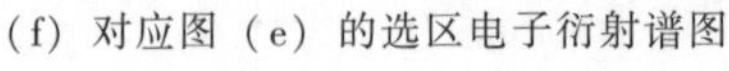
(f) 对应图 (e) 的选区电子衍射谱图

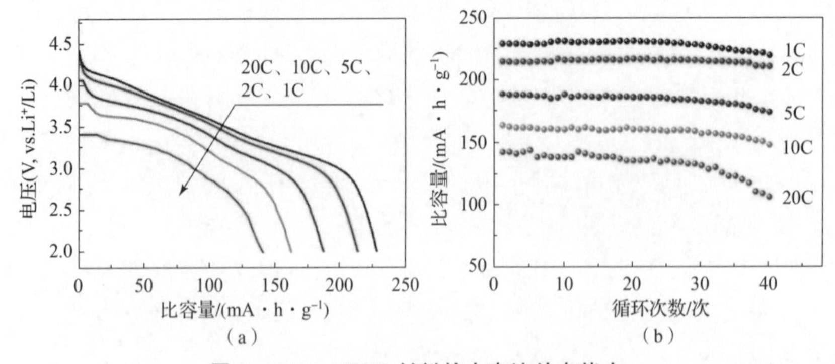

图 2-112　HSLR 材料的大电流放电能力

(a) 基于 HSLR 材料的半电池在 0.1 C 充电至 4.8 V 后在不同大倍率下的放电曲线；
(b) HSLR 材料在不同倍率下的容量保持

表 2-2　HSLR 与已报道的层状富锂材料的电化学性能对比

倍率	HSLR 1 C = 250 mA/g	1 C = 240 mA/g $Li_{1.19}Ni_{0.16}Co_{0.08}Mn_{0.57}O_2$		$Li_{1.2}Ni_{0.2}Mn_{0.6}O_2$		1 C = 200 mA/g $Li_{1.2}Ni_{0.15}Mn_{0.55}Co_{0.1}O_2$	
	本体	本体	AlF_3 包覆材料	本体	碳包覆材料	本体	$CO_3(PO_4)_2$ 包覆材料
1 C	230.8	190	210	145	185	105	134
2 C	216.5	165	190	99	162	86	110
5 C	188.2	95	145	50	125	30	67
10 C	163.2	/	/	/	/	/	/
20 C	141.7	/	/	/	/	/	/

3）尖晶石/层状异质结构

尖晶石结构材料或层状富锂锰基材料具有不同的优缺点：尖晶石结构材料具有三维锂离子脱嵌通道，倍率性能好，但在 3 V 以上放电比容量仅为 140 mA·h/g 左右；层状富锂锰基材料比容量高，但倍率性能和循环稳定性较差。美国阿贡国家实验室 Thackeray 课题组首先提出了高容量全锰基层状/尖晶石复合结构 Li-Ni-Mn-O 的概念，很好地结合了 $Li[M_2]O_4$ 尖晶石结构锰基材料具有三维嵌脱嵌锂通道和层状结构锰基材料充电至 4.6 V 以上能发挥高容量的优点。随后，高比能量的 Li-Ni-Mn-Co-O 层状/尖晶石复合结构材料被提出。

Li 等人通过在层状富锂锰基材料 $Li_{1.2}Mn_{0.6}Ni_{0.2}O_2$（记为 PL）表面包覆上 $Mn(Ac)_2$，高温煅烧处理过程中使层状富锂锰基材料中锂、镍等元素扩散到表面包覆层中，形成尖晶石/层状异质结构正极材料（记为 SLH）（图 2-113）。这种异质结构材料能两全其美，最大程度地发挥三维嵌脱锂结构的尖晶石材料和高锂离子存储能力的层状富锂锰基正极材料的内在优势。

材料的选区电子衍射（SAED）结果显示 SLH 材料（图 2-114（b））为尖晶石/层状异质结构材料。另外，对于 SLH 的分界面特征（如图 2-114（b）插图所示）分析发现，SLH 材料层状主体与外层尖晶石结构之间为紧密衔接，未发现任何孔洞和缝隙。这种现象可能是材料在后热处理过程中，主体与外层间发生的离子扩散过程导致的。尖晶石结构的 $LiNi_xMn_{2-x}O_4$（$0 < x \leq 0.5$）和层状结构材料均为氧的立方紧密堆积结构，一般认为这两种材料具有

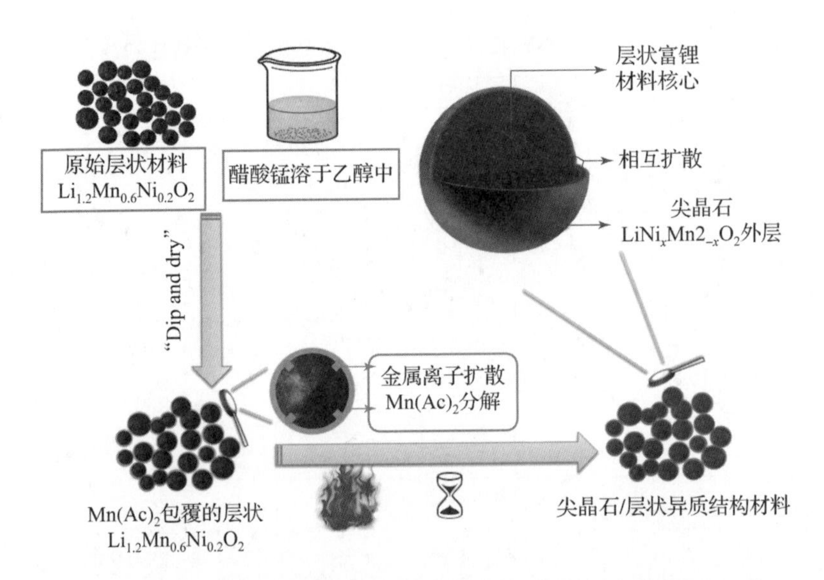

图 2-113　尖晶石/层状异质结构材料制备过程示意图

很好的结构融合和兼容性。在 SLH 样品中，在离子扩散作用下尖晶石结构紧密生长在主体的层状结构表层，从而在 SLH 样品内外层界面应具备很好的锂离子可穿透性或传导性。此外，最重要的是外层的尖晶石结构具备三维嵌脱锂通道，有利于与电解液之间快速传递锂离子。因此，尖晶石结构的外层纳米薄层能够担当电解液与主体层状结构之间的锂离子传导"高速公路"，有效发挥层状结构的高锂离子存储特性，对 SLH 样品倍率性能方面起到至关重要的作用。

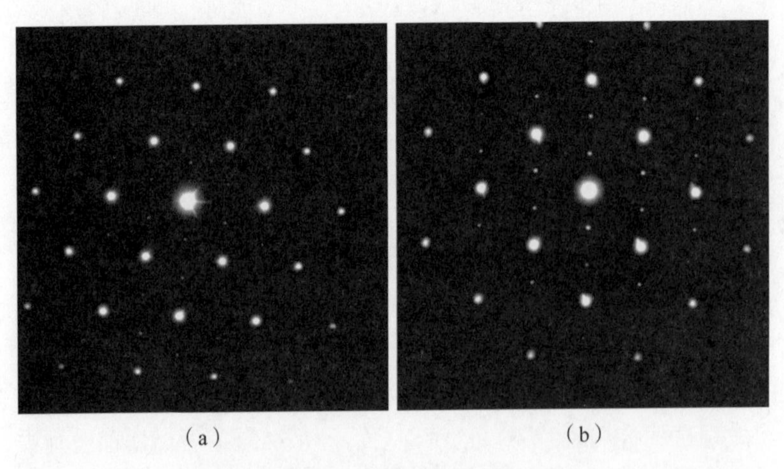

图 2-114　PL 样品和 SLH 样品的选区电子衍射图（SAED）（书后附彩插）

（a）PL 样品；（b）SLH 样品

电化学测试结果显示，SLH样品表现出比PL样品更好的放电比容量和首次库仑效率（图2-115），且SLH样品的放电比容量超过300 mA·h/g，在已报道文献中罕有达到此高度的结果。Li认为SLH样品容量的提升主要来源于两个方面：一方面是SLH样品释放了尖晶石结构包覆层$LiNi_xMn_{2-x}O_4$在4.7 V（$Ni^{4+}\rightarrow Ni^{2+}$还原）和2.9 V（$Mn^{4+}\rightarrow Mn^{3+}$）位置的活性；另一方面是外层尖晶石能够很好地保护主体层状结构的氧空位，提供更多嵌脱锂位，从图2-116中SLH样品和PL样品在3.5 V以下还原峰高低对比亦可证实。

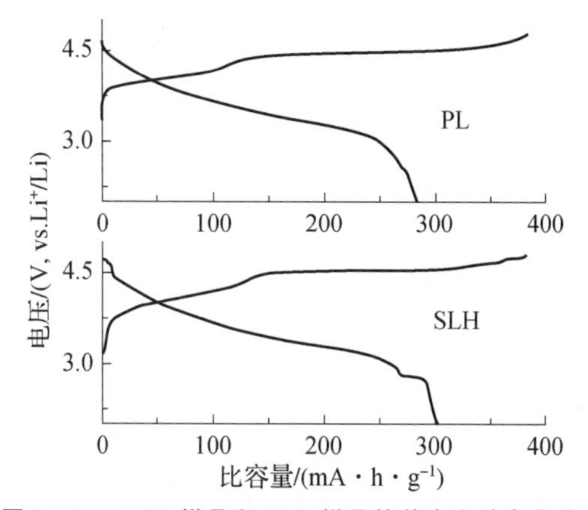

图2-115　PL样品和SLH样品的首次充放电曲线

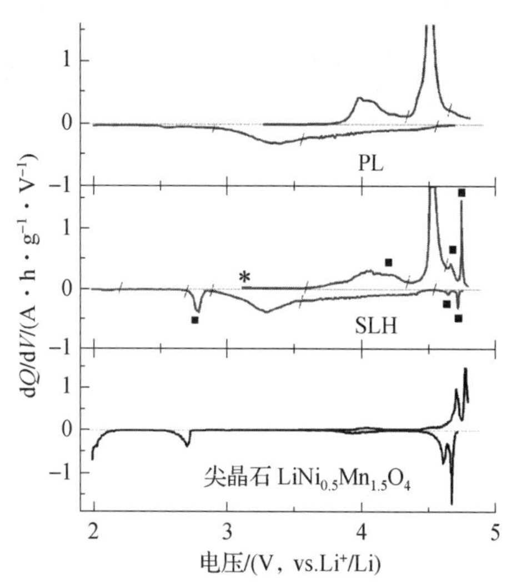

图2-116　尖晶石结构$LiNi_{0.5}Mn_{1.5}O_4$的首次充放电容量微分曲线

为了判断异质结构材料嵌脱锂反应的可逆性，Li对PL样品和SLH样品进行了充放电循环测试。如图2-117测试结果所示，SLH样品发挥出极其优异的循环性能，在C/10、C/5和C/2倍率下，最大放电容量分别为302.5 mA·h/g、

283.3 mA·h/g和262.9 mA·h/g，容量保持率较高，分别达到93.8%、96.8%和90.6%。在C/2倍率下，SLH循环80次后放电比容量仍接近240 mA·h/g。不同小倍率循环的容量和容量保持率均强于PL样品。此外，还进行了在C/10倍率下循环50次后静置30 d后重新开始循环，SLH样品表现出优异的循环稳定性。SLH在总共结束100次循环后，依旧能释放出高放电比容量，达到275.9 mA·h/g。

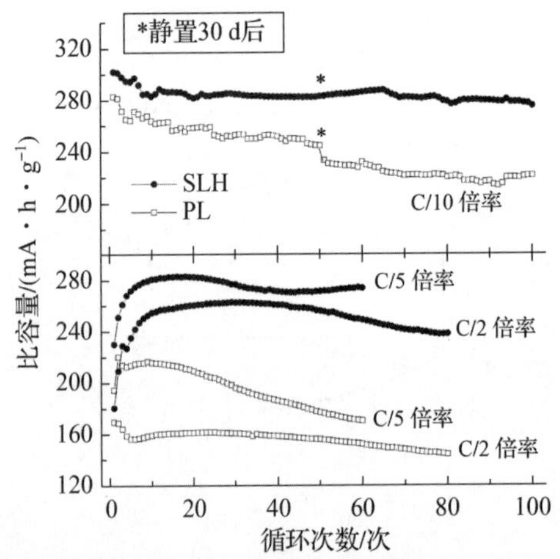

图2-117　PL样品和SLH样品在不同倍率下的循环性能图

不仅如此，SLH样品还呈现出优异的倍率放电特性（图2-118），且SLH样品放电曲线在4.5 V以上的平台随放电电流密度增大，所释放容量几乎没有减少，这部分容量源于外层纳米尖晶石相，证实了外层尖晶石相的高锂离子导电性和电化学反应活性。

为了进一步验证异质结构材料倍率性能的优越性，Li测定了超高倍率20 C、30 C和40 C下SLH材料的放电特性，为了使得嵌脱锂反应更加充分，下截止电压设定为1.0 V，结果如图2-119所示。可以发现，SLH样品在超高倍率下仍具有良好的容量，在40 C超高倍率下放电比容量能达到100 mA·h/g以上，而PL样品在25 C倍率时，放电比容量则已低于40 mA·h/g。

考虑到电极材料的快速充电能力亦在材料的实际应用中起到非常关键的作用，Li测试了SLH在1 C倍率下的充放电循环性能（为了消除极化带来的影响，充电过程末端采取恒压充电至C/10电流密度的模式）。测试结果显示，SLH样品在1 C倍率下充放电可获得250 mA·h/g的稳定放电比容量，其中最大放电比容量达264.8 mA·h/g，在100次之后的容量保持率达93.7%（图2-120）。通过对已有文献报道的数据了解，这是现有层状结构或尖晶石结构材料在1 C倍率下表现出的最高容量特性之一。

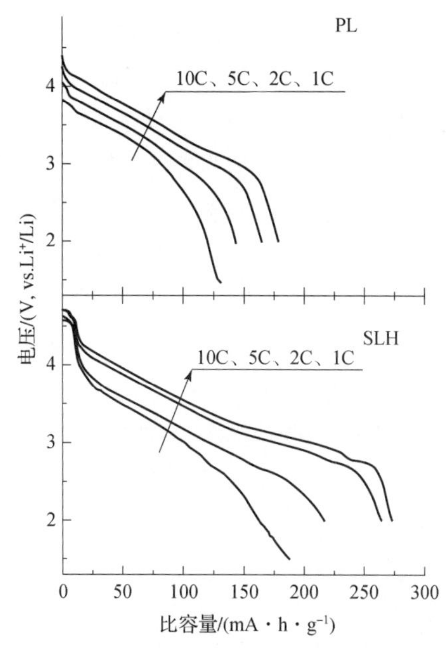

图 2－118　PL 样品和 SLH 样品的倍率放电曲线

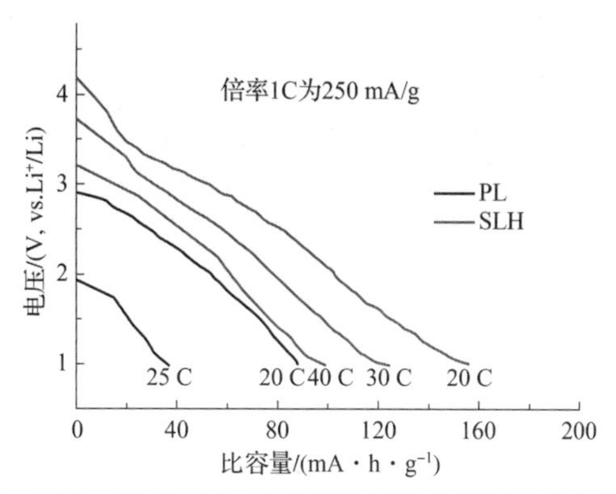

图 2－119　PL 样品和 SLH 样品超高倍率下的放电曲线

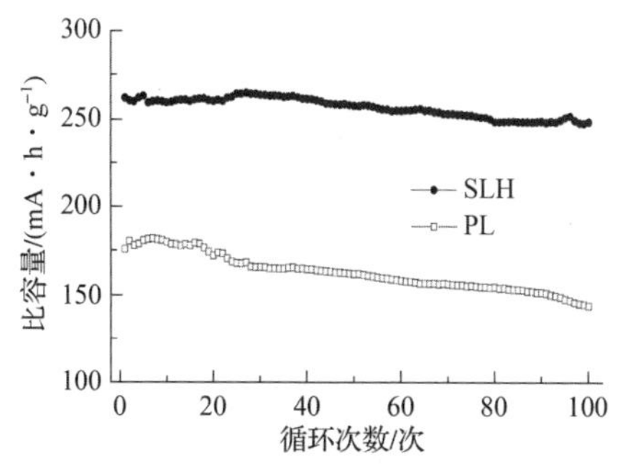

图 2－120　PL 样品和 SLH 样品 1 C 倍率下的充放电循环图

总之，SLH材料表现出的极为出色的倍率性能（包括高倍率和低倍率下）可以归因于合理的材料设计和切实可行的制备工艺。所设计的异质结构材料能将尖晶石结构材料的高锂离子导电性和层状富锂锰基材料的高容量存储能力的优势发挥到了极致。首先，稳定的尖晶石外层能有效地包覆层状主体结构免受电解液的腐蚀和抑制主体活性成分的溶解；其次，外层纳米尖晶石结构具备三维的锂离子扩散通道，有利于主体层状结构与电解液之间的快速锂离子传递；最后，尖晶石结构和层状结构同为氧的立方紧密堆积形式，界面离子扩散融合的尖晶石/层状富锂锰基材料异质结构材料具备很高的结构稳定性。这三方面的原因使得异质结构材料表现出极其优异的电化学特性，成为一种极具潜能的锂离子电池正极材料。尽管由于结构转变导致的压降问题依然存在，但这种异质结构电池材料的提出为锂离子电池材料的改性处理提供了新的科学思路，并对高比能量、比功率锂离子电池在未来新能源汽车和储能等方面的应用发展具有重要的促进作用。

4）其他复合结构设计

（1）超薄尖晶石膜改性层状富锂锰基材料的仿生设计

在绝大多数的真核细胞中，细胞质膜不但能维持细胞在环境中的稳定，同时细胞膜蛋白能以三磷酸腺苷（adenosine triphosphate，ATP）为能源，作为“离子泵”主动转运细胞胞内外碱离子。受此启发，Li提出将超薄4 V尖晶石$Li_{1+x}Mn_2O_4$膜包裹在层状富锂锰基材料（$Li[Ni_{0.2}Li_{0.2}Mn_{0.6}]O_2$，标记为PLLR）表面，不但能维持层状材料在高点位区间循环稳定，同时尖晶石膜三维嵌脱锂通道还能像“离子泵”一样有效促进锂离子的传导。为实现这一构想，Li提出一种新的通用超薄纳米包覆工艺，区别以往文献报道的原子层沉积工艺、化学气相淀积工艺等。工艺流程如图2-121所示，聚合物分散剂PVP首先分散在层状富锂锰基材料表面，促进溶解性锰盐均匀分散在材料表面，在高温煅烧和离子扩散的共同作用下，$Li_{1+x}Mn_2O_4$超薄尖晶石膜在层状富锂材料表面形成（样品标记为USMLLR）。

恒电流充放电测试结果显示，由于超薄尖晶石膜的存在，材料的放电比容量和首次库仑效率得到了明显提升（图2-122）。USMLLR样品在第一次和第二次循环中3.1 V和4.2 V位置出现新的氧化峰（绿色虚线所示），在2.8 V左右出现新的还原峰（红色星号所示）。这些峰加上4.0 V位置可能存在还原峰（被层状主体Ni^{4+}还原峰掩盖）组成的可逆氧化还原峰，与4 V $Li_{1+x}Mn_2O_4$中$Mn^{4+} \leftrightarrow Mn^{3+}$氧化还原反应位置很好地吻合，从而证实USMLLR样品中超薄尖晶石膜成分为4 V $Li_{1+x}Mn_2O_4$。

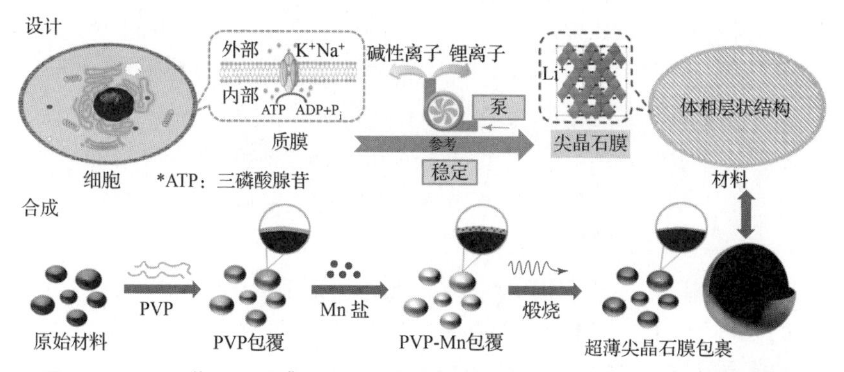

图 2－121　超薄尖晶石膜包覆层状富锂锰基正极材料仿生设计和制备示意图

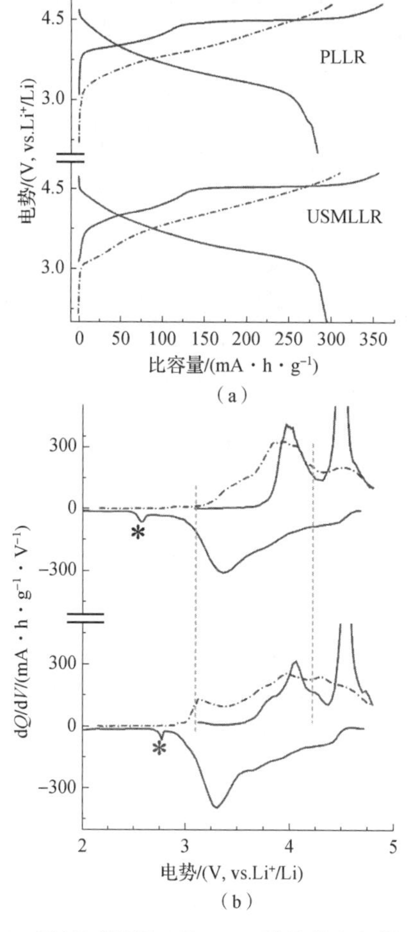

图 2－122　PLLR 样品和 USMLLR 样品首次和第二次充放电曲线和对应的容量微分曲线（书后附彩插）

（a）充放电曲线；（b）对应的容量微分曲线

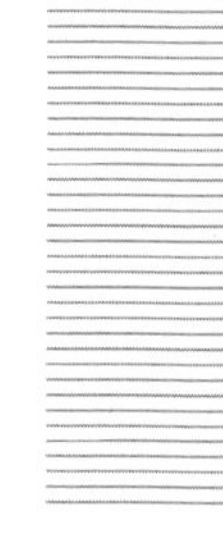

除此以外，USMLLR 样品在 3.5 V 以下对应于层状结构中的 Mn^{4+} 还原峰，比 PLLR 样品有明显增大，表明由于超薄尖晶石膜的存在使得主体结构中的锂、氧空位得到很好的保留。为了验证 USMLLR 样品表面包覆层对于促进材料锂离子脱嵌动力学的效果，Li 测试了 USMLLR 样品在不同倍率下的放电性能，5 次一个阶梯，电位区间为 2.0～4.8 V，充电电流密度为 C/10(约 25 mA/g)，如图 2－123 所示。与已报道的文献结果类似，PLLR 样品表现出极差的倍率性能，随着放电电流的提升，容量出现急剧下降，在 10 C 下几乎无容量释放；当放电电流回转至 C/10 时，仅 190 mA · h/g 比容量得以保留，这可能是高倍率下快速脱嵌的锂离子破坏了层状富锂锰基材料的表面结构。对于 USMLLR 样

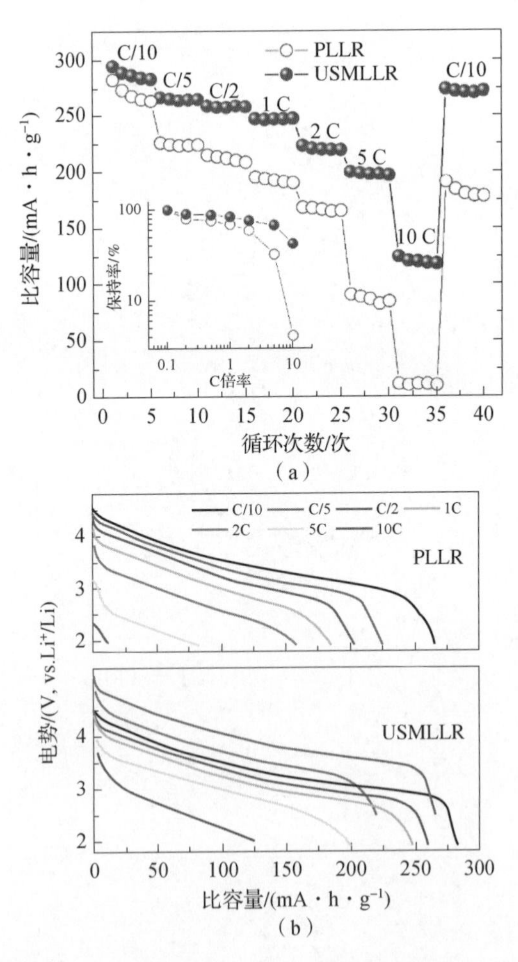

图 2－123　PLLR 样品和 USMLLR 样品的倍率特性及不同倍率下充放电曲线（书后附彩插）

(a) 倍率特性；(b) 不同倍率下充放电曲线

品，它结合了层状富锂锰基材料的高容量特性和尖晶石材料的高倍率特性，在1 C、2 C和5 C倍率下放电比容量分别达到247.9 mA·h/g、223.8 mA·h/g和200.1 mA·h/g，而在10 C倍率下，124.8 mA·h/g的放电比容量依然得以保留，插图显示其达到C/10倍率下容量的40%以上；当放电电流回转至C/10时，高达275.0 mA·h/g的放电比容量得以恢复。如此高倍率性能在以往报道文献中亦属前列。放电曲线图显示随着放电电流提升，明显的欧姆压降现象在两种样品中均能发现，PLLR样品在1 C倍率以下，放电曲线线形未有明显变化，但在2 C倍率以上，曲线特征明显变化；对于USMLLR样品，到10 C倍率下，样品放电曲线线形才有所改变，推断与USMLLR样品表面高效的传质能力有关。

Li提出的这种仿生设计和通用纳米包覆工艺有可能激发更多先进的嵌脱锂材料的研发。超薄尖晶石膜被证实是材料容量、循环性能和倍率性能显著改善的主要原因，并且使得层状富锂锰基材料难于解决的本征缺陷，如压降问题和热稳定性得到较大的缓解。虽然仍需完成更多的研发工作来完善这类材料，但此种高容量和高倍率正极材料极有可能促进先进锂离子电池应用于电动汽车和储能等方面。

（2）构建界面框架结构

Yu Zheng设计了一种界面框架结构来稳定层状富锂锰基正极材料的表面锂离子扩散通道。在这种框架结构中，为了抑制表面结构的转变，支撑原子被嵌入到表面锂层中。同时，为了新的支撑原子不构成对锂离子扩散的阻碍，原本表面只是二维通道的层状结构被转变成具有三维通道的尖晶石结构。这样，既借助了支撑原子来稳定表层结构，又不会妨碍锂离子的扩散。Zheng通过离子交换法化学脱锂和热处理诱发结构转变两个步骤来实现这种结构设计，其处理过程中的界面结构转变示意图如图2-124所示。与传统的表面包覆方法相比，这种改性方法更加简单、易操作，处理的效果也因为与溶液的充分接触而更加全面和均匀。同时，这种表面框架结构是由原来的层状结构演变而来，它能与主体材料有更紧密的连接。另外，产生的表面缺锂态尖晶石能提供额外的锂位，有望提高其首次库仑效率。

通过界面框架结构的构建，改性后的材料（SSLR）的首次库仑效率提升到93.3%，放电比容量、循环稳定性及倍率性能与未改性的材料（PLR）相比也有了明显改善（图2-125、图2-126），其5 C放电比容量为190.6 mA·h/g，而10 C放电比容量达到148.6 mA·h/g，这与其表面缺锂的尖晶石结构应该是密切相关的。

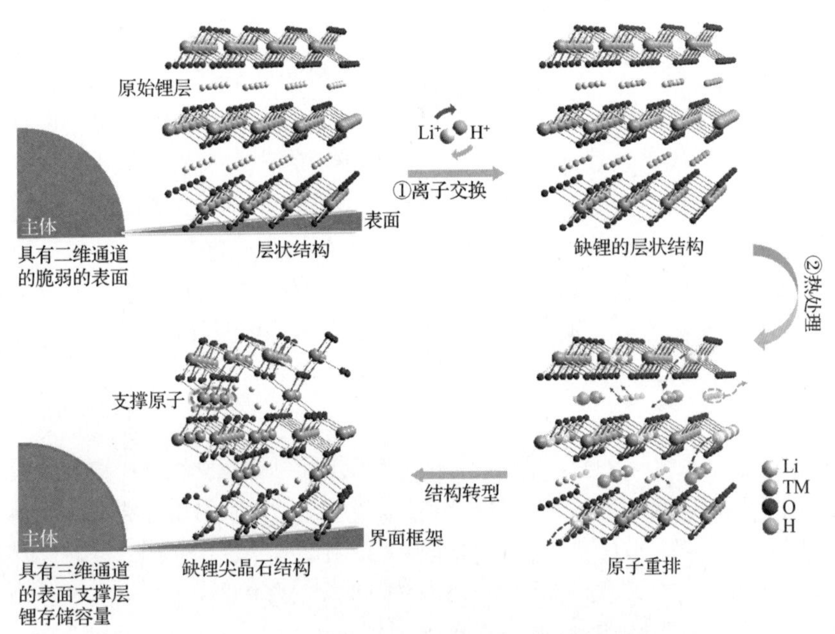

图 2-124　界面结构转变示意图（书后附彩插）

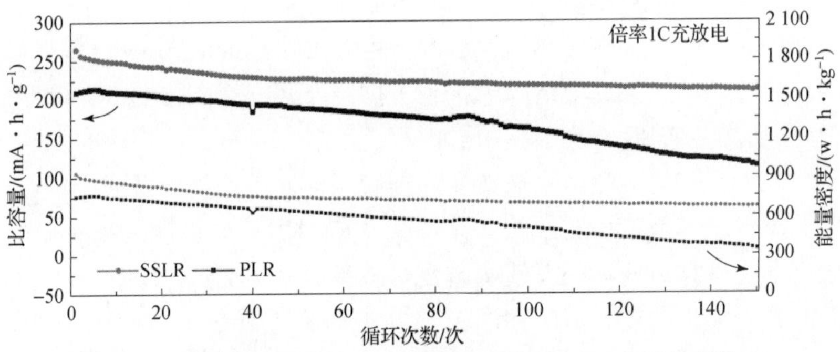

图 2-125　两个样品的 1 C 充放电循环稳定性图（书后附彩插）

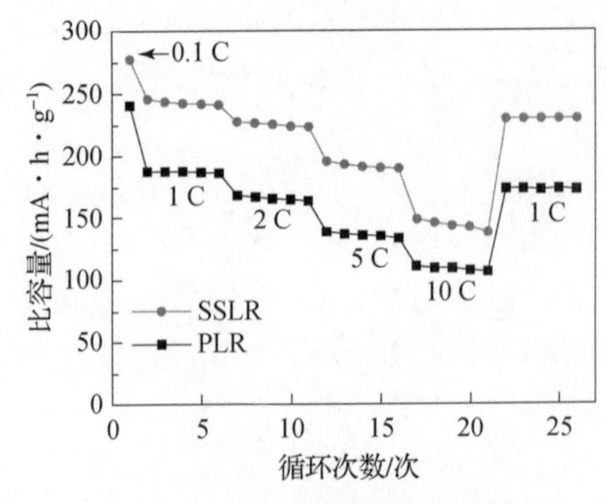

图 2-126　两个样品的倍率性能图

4. 前置处理

富锂锰基材料的表面具有很多特殊性质，如锂含量高，容易发生氧的析出，材料需要较高的活化电压才能发挥比容量的优势，因此对于材料颗粒的表面稳定性要求很高。前置处理的目的是通过物理或化学的方法改变表面各类元素的组分占比以及化合态从而提高富锂锰基材料稳定性。根据前置处理时用的处理剂是液体还是气体可分为液相处理和气相处理。

1）液相处理

Kang 等学者在早期研究中就尝试使用温和酸性的溶液（NH_4PF_6、$(NH_4)_3AlF_6$ 和 NH_4BF_4）处理富锂锰基材料。由于电极表面被含氟物质腐蚀和钝化后，在电极表面形成了具有较好化学稳定性的氟化层，溶液处理后的材料在循环稳定性以及倍率性能有明显提高。Kang 还提出使用 0.1 mol/L HNO_3 溶液对材料进行处理，处理后富锂材料的首次库仑效率有所提高，但循环稳定性和倍率性能都有所下降。

Denis Y W Y 等学者发现利用 $(NH_4)_2SO_4$ 溶液的硫酸根阴离子处理与酸处理不同，硫酸根处理的材料不发生 Li^+ 与 H^+ 置换，只从材料中溶出 Li^+，并发现富锂锰基材料的倍率性能明显提高。拉曼光谱测试表明，材料表面部分结构从层状转变为尖晶石类型，同时伴随有锂和氧的共同脱出。另外，他们还通过强还原性维生素 C（$C_6H_8O_6$）保留锂除去活性材料中的氧来得到尖晶石结构，提升材料的倍率性能。

Han 等人用过硫酸铵（$(NH_4)_2S_2O_8$）溶液对 $Li_{1.2}Ni_{0.16}Co_{0.08}Mn_{0.56}O_2$（$0.5Li_2MnO_3 \cdot 0.5LiNi_{0.4}Co_{0.2}Mn_{0.4}O_2$）处理，发现 $(NH_4)_2S_2O_8$ 溶液能从 Li_2MnO_3 中提取锂离子同时保持较好的层状结构，虽然降低了在 4.5 V 以上的充电容量，但提高首次库仑效率以及倍率性能。Guo 等学者使用高浓度 $H_2SO_4/NiSO_4/CoSO_4$ 溶液对富锂锰基材料进行了处理，在材料表面和体相晶格内制造了一些结构缺陷，提高了材料的循环性能并抑制了电压衰减。

2）气相处理

Thackeray 等学者利用 NH_3 气流对 $Li(Co_{0.33}Mn_{0.33}Ni_{0.33})O_2$ 材料进行处理，发现由于材料表面被轻微还原，产生了具有电化学活性的 MnO_2 相使得电池容量得到增加。Erickson 等学者将富锂锰基材料置入氨气中进行 400 ℃高温烧结 2 h 处理，氨气还原了部分材料体相中钴和锰，形成了具有氧空位的类尖晶石相以及 LiOH、Li_2CO_3 和 Li_2O 的表面，能够有效抑制电压衰减现象并提高电池的倍率性能和循环性能。Qiu 等学者使用 CO_2/NH_3 气体体系对富锂锰基材料进行处理，在材料表面制造了大量氧缺陷，同时很好地保持了原有的层状结构，因此倍率性能得到了极大的提升，0.5 C 倍率放电接近300 mA·h/g，1 C 倍率放电接近270 mA·h/g。

5. 其他辅助用剂改性

针对富锂锰基材料的改性手段不仅仅局限于针对材料本身，将富锂锰基与其他活性材料机械混合、更换电解液组分或者使用电解液添加剂以及研究黏结剂体系等也都是改善富锂材料性能的手段。

目前报道中可与富锂层状材料混合并有效改善其性能的活性材料包括 V_2O_5、Li_3VO_8、$Li_4Mn_5O_{12}$、$LiFePO_4$、$LiMn_{1.5}Ni_{0.5}O_4$和 $LiMn_{1.5}Ti_{0.5}O_4$等。这些活性材料中的部分可在首次“吸收”富锂锰基材料不可逆脱出的锂离子而生成新的活性材料参与后续电化学反应，这就可以明显改善首次库仑效率。此外，导电子性能或者导离子性能较好的活性材料可辅助电极中两种颗粒的传输，从而提升电极整体的倍率性能和循环性能。这种机械混合的方式需要注意的问题在于材料之间的电压窗口必须匹配。由于富锂锰基材料需要高电压循环（2～4.8 V）才能获得明显优势的比能量，所以耐高电压类的材料才是合适的选择。

Weikang Li 采用在电极中直接添加磷酸锂纳米颗粒（NLP）的方法对富锂材料/电解液界面（EEI）进行调控，从而改善富锂材料的性能。Li 归纳了富锂锰基材料 EEI 的演变过程以及通过加入 NLP 对 EEI 进行调制的机理，具体的变化步骤展示在图2－127 中。已知在普通正极材料的电极中，锂离子脱嵌的均匀度仅受到材料和极片制作工艺的影响，而对于富锂锰基材料来说，由于需要高电压活化，因此导致电解液更容易分解，与此同时材料表面也会容易发生局部过度脱锂的现象，这就会产生如超氧阴离子等高活性物质。这些高活性物质会进一步加快电解液的分解而产生更多的二氧化碳和水分，会直接导致 $LiPF_6$的分解而产生大量 HF 和 $PO_xF_y^{z-}$。当产生大量的游离 HF 和 $PO_xF_y^{z-}$ 物质时，游离氟离子会侵蚀阴极材料的表面，尤其是在覆盖 EEI 的情况下，导致过渡金属离子的溶解。这种溶解会导致表面出现多孔缺陷，从而可能吸收更多的氟离子，加速腐蚀。然后，所产生的金属氟化物将附着在电极表面，从而使相间阻抗增加，进而导致 EEI 降低。这种恶性循环可能导致 LMR 电极性能迅速下降。因此，对于 LMR 材料而言，拥有稳定的 EEI 更为重要。他们发现当在电极中添加少量 NLP 时，可以提高 EEI 的稳定性，从而有助于 LMR 和整个电极的稳定性。更重要的是，稳定的 EEI 抑制了本体材料的相变，有利于富锂锰基材料和电极整体的稳定。

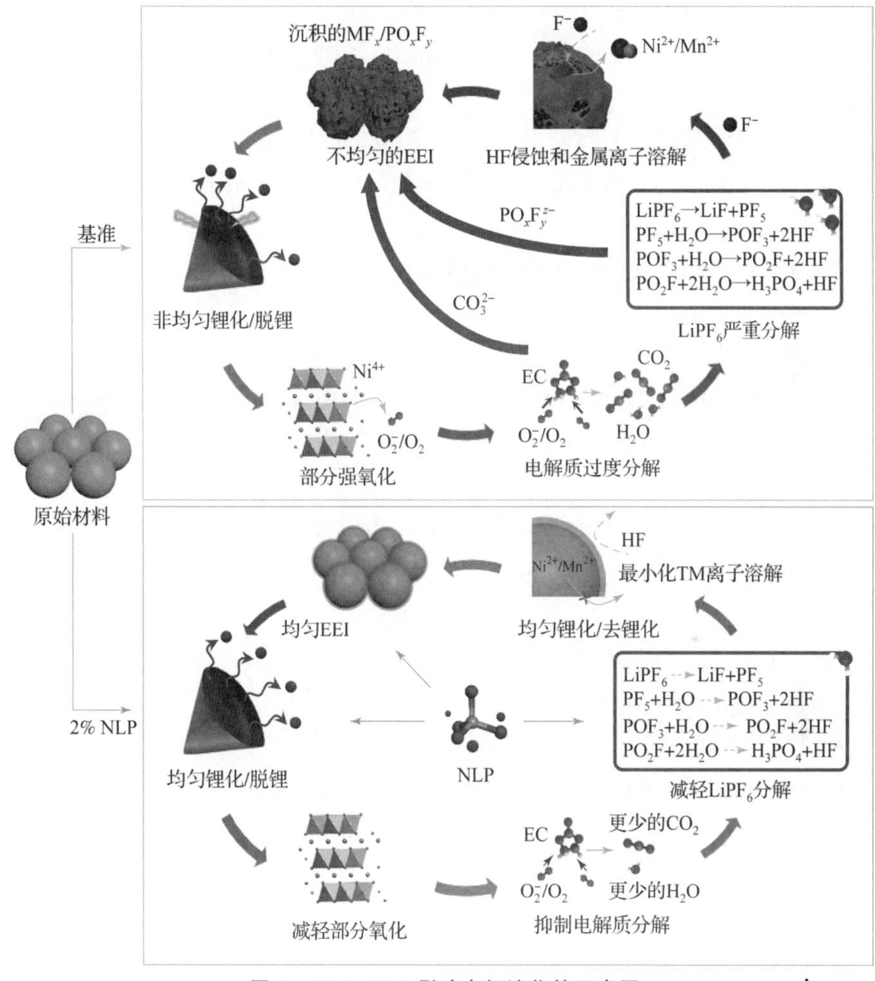

图2-127 NLP影响电极演化的示意图

参 考 文 献

[1] CAMPANELLA L, PISTOIA G. Molybdenum trioxide, a new electrode material for nonaqueous secondary battery applications. [Chemical behavior in LiAlCl - butyrolactone] [J]. Journal of the Electrochemical Society, 1971, 118: 12.

[2] BESENHARD J O, HEYDECKE J, WUDY E, et al. Characteristics of molybdenum oxide and chromium - oxide cathodes in primary and secondary organic electrolyte lithium batteries. part II: Transport - properties [J]. Solid State Ionics, 1983, 8 (1): 61-71.

[3] BESENHARD J O, SCHOLLHORN R. Discharge reaction – mechanism of MoO_3 electrode in organic electrolytes [J]. Journal of Power Sources, 1977, 1 (3): 267 – 76.

[4] BONINO F, BICELLI L P, RIVOLTA B, et al. Amorphous cathode materials in lithium – organic electrolyte cells: Tungsten and molybdenum trioxides [J]. Solid State Ionics, 1985, 17 (1): 21 – 28.

[5] JULIEN C, KHELFA A, GUESDON J P, et al. Lithium intercalation in MoO_3: A comparison between crystalline and disordered phases [J]. Applied Physics A, 1994, 59 (2): 173 – 178.

[6] LEE S H, KIM Y H, DESHPANDE R, et al. Reversible lithium – ion insertion in molybdenum oxide nanoparticles [J]. Advanced Materials, 2008, 20 (19): 3627 – 3632.

[7] MAI L Q, HU B, CHEN W, et al. Lithiated MoO_3 nanobelts with greatly improved performance for lithium batteries [J]. Advanced Materials, 2007, 19: 3712 – 3716.

[8] SPAHR M E, NOVAK P, HAAS O, et al. Electrochemical insertion of lithium, sodium, and magnesium in molybdenum (VI) oxide [J]. Journal of Power Sources, 1995, 54 (2): 346 – 351.

[9] SUN J, RUI X, WANG S, et al. Preparation and characterization of molybdenum oxide thin films by sol – gel process [J]. Journal of Sol – Gel Science and Technology, 2003, 27 (3): 315 – 319.

[10] CASTRO I, DATTA R S, JIAN Z O, et al. Molybdenum oxides from fundamentals to functionality [J]. Advanced Materials, 2017, 29 (40): 1701619 – 1701650.

[11] TSUMURA T, INAGAKI M. Lithium insertion/extraction reaction on crystalline MoO_3 [J]. Solid State Ionics, 1997, 104 (3): 183 – 189.

[12] JULIEN C, NAZRI G A. Transport properties of lithium – intercalated MoO_3 [J]. Solid State Ionics, 1994, 68 (1/2): 111 – 116.

[13] SONG J, WANG X, NI X, et al. Preparation of hexagonal – MoO_3 and electrochemical properties of lithium intercalation into the oxide [J]. Materials Research Bulletin, 2005, 40 (10): 1751 – 1756.

[14] BOSE A C, MARIOTTI D, LINDSTROM H, et al. Monoclinic β – MoO_3 nanosheets produced by atmospheric microplasma: Application to lithium – ion batteries [J]. Nanotechnology, 2008, 19 (49): 495302 – 495307.

[15] MAI L, HU B, QI Y, et al. Improved cycling performance of directly lithiated MoO_3 nanobelts [J]. International Journal of Electrochemical Science, 2008, 3 (2): 216 -222.

[16] CHEN J S, CHEAH Y L, MADHAVI S, et al. Fast synthesis of $\alpha - MoO_3$ nanorods with controlled aspect ratios and their enhanced lithium storage capabilities [J]. The Journal of Physical Chemistry, 2010, 114: 8675 - 8678.

[17] 张万松，张文欣，钟寿仙，等. 化学沉淀法制备六方相、正交相三氧化钼及其电化学性能 [J]. 内蒙古师范大学学报（自然科学汉文版），2013, 42 (4): 413 -416.

[18] WANG G, NI J, WANG H, et al. High - performance CNT - wired MoO_3 nanobelts for Li - storage application [J]. Journal of Materials Chemistry A, 2013, 1 (12): 4112 -4118.

[19] ZHANG H, LIU X, WANG R, et al. Coating of $\alpha - MoO_3$ on nitrogen - doped carbon nanotubes by electrodeposition as a high - performance cathode material for lithium - ion batteries [J]. Journal of Power Sources, 2015, 274: 1063 - 1069.

[20] PAEK S M, KANG J H, JUNG H, et al. Enhanced lithium storage capacity and cyclic performance of nanostructured $TiO_2 - MoO_3$ hybrid electrode [J]. Chem Commun (Camb), 2009, 48: 7536 -7538.

[21] ZHANG G, XIONG T, YAN M, et al. $\alpha - MoO_{3-x}$ by plasma etching with improved capacity and stabilized structure for lithium storage [J]. Nano Energy, 2018, S2211285518303033.

[22] LI W, CHENG F, TAO Z, et al. Vapor - transportation preparation and reversible lithium intercalation/deintercalation of alpha - MoO_3 microrods [J]. Journal of Physical Chemistry B, 2006, 110 (1): 119 -124.

[23] WANG G, LING Y, LI Y. Oxygen - deficient metal oxide nanostructures for photoelectrochemical water oxidation and other applications [J]. Nanoscale, 2012, 4 (21): 6682 -6691.

[24] SIVACARENDRAN, BALENDHRAN, JUNKAI, et al. Enhanced charge carrier mobility in two - dimensional high dielectric molybdenum oxide [J]. Advanced Materials, 2013, 25: 109 - 114.

[25] KIM H S, COOK J B, LIN H, et al. Oxygen vacancies enhance pseudocapacitive charge storage properties of MoO_{3-x} [J]. Nat Mater, 2017,

16 (4): 454 - 460.

[26] LIU Z, YUAN X, ZHANG S, et al. Three - dimensional ordered porous electrode materials for electrochemical energy storage [J]. NPG Asia Materials, 2019, 11 (12): 1 - 21.

[27] ARAVINDAN V, LEE Y S, MADHAVI S. Research progress on negative electrodes for practical Li - ion batteries: Beyond carbonaceous anodes [J]. Advanced Energy Materials, 2015, 5 (13): 1402225.

[28] HUANG X, RUI X, HNG H H, et al. Vanadium pentoxide - based cathode materials for lithium - ion batteries: Morphology control, carbon hybridization, and cation doping [J]. Particle & Particle Systems Characterization, 2015, 32 (3): 276 - 294.

[29] NATARAJAN S, KIM S J, ARAVINDAN V. Restricted lithiation into a layered V_2O_5 cathode towards building "rocking - chair" type Li - ion batteries and beyond [J]. Journal of Materials Chemistry A, 2020, 8 (19): 9483 - 9495.

[30] ZHAO D, WANG Y, ZHANG Y. High - performance Li - ion batteries and supercapacitors based on prospective 1 - D nanomaterials [J]. Nano - Micro Letters, 2011, 3 (1): 62 - 71.

[31] ZHANG Y, LIU Y, CHENG Y, et al. Development of cathode material V_2O_5 for lithium metal polymer battery [J]. Battery, 2005, 35 (5): 401 - 402.

[32] ZHANG X, SUN X, LI X, et al. Recent progress in rate and cycling performance modifications of vanadium oxides cathode for lithium - ion batteries [J]. Journal of Energy Chemistry, 2021, 59: 343 - 363.

[33] YUE Y, LIANG H. Micro - and nano - structured vanadium pentoxide (V_2O_5) for electrodes of lithium - ion batteries [J]. Advanced Energy Materials, 2017, 7 (17): 1602545.

[34] YUE Y, HAN P, DONG S, et al. Nanostructured transition metal nitride composites as energy storage material [J]. Chinese Science Bulletin, 2012, 57 (32): 4111 - 4118.

[35] YUAN B, YUAN X, ZHANG B, et al. Lithium - ion batteries cathode material: V_2O_5 [J]. Chinese Physics B, 2022, 31 (3): 038203.

[36] WU Y P, RAHM E, HOLZE R. Effects of heteroatoms on electrochemical performance of electrode materials for lithium - ion batteries [J]. Electrochimica Acta, 2002, 47 (21): 3491 - 3507.

[37] WANG F, XIAO S, HOU Y, et al. Electrode materials for aqueous asymmetric supercapacitors [J]. RSC Advances, 2013, 3 (32): 13059 – 13084.

[38] MCNULTY D, BUCKLEY D N, O'DWYER C. Synthesis and electrochemical properties of vanadium oxide materials and structures as Li – ion battery positive electrodes [J]. Journal of Power Sources, 2014, 267: 831 – 873.

[39] PARK S K, DOSE W M, BORUAH B D, et al. In situ and operando analyses of reaction mechanisms in vanadium oxides for Li – , Na – , Zn – , and Mg – ions batteries [J]. Advanced Materials Technologies, 2022, 7 (1): 2100799.

[40] RASHAD M, ASIF M, AHMED I, et al. Quest for carbon and vanadium oxide based rechargeable magnesium – ion batteries [J]. Journal of Magnesium and Alloys, 2020, 8 (2): 364 – 373.

[41] LIU J, LONG J, DU S, et al. Three – dimensionally porous Li – ion and Li – S battery cathodes: A mini review for preparation methods and energy – storage performance [J]. Nanomaterials, 2019, 9 (3): 9030441.

[42] LIU H, WU Y P, RAHM E, et al. Cathode materials for lithium – ion batteries prepared by sol – gel methods [J]. Journal of Solid State Electrochemistry, 2004, 8 (7): 450 – 466.

[43] SHI S F, CAO M H, FLE X Y, et al. Surfactant – assisted hydrothermal growth of single – crystalline ultrahigh – aspect – ratio vanadium oxide nanobelts [J]. Crystal Growth & Design, 2007, 7 (9): 1893 – 1897.

[44] LI Y W, YAO J H, UCHAKER E, et al. Leaf – like V_2O_5 nanosheets fabricated by a facile green approach as high energy cathode material for lithium – ion batteries [J]. Advanced Energy Materials, 2013, 3 (9): 1171 – 1175.

[45] PATRISSI C J, MARTIN C R. Sol – gel – based template synthesis and Li – insertion rate performance of nanostructured vanadium pentoxide [J]. Journal of the Electrochemical Society, 1999, 146 (9): 3176 – 3180.

[46] LI L I, BAOHUI W, MAOSONG T. Progress in characteristics and application of one – dimensional V_2O_2 nanomaterials [J]. Journal of Materials Engineering, 2007 (12): 73 – 78.

[47] LIU Z, ZHANG H, YANG Q, et al. Graphene/V_2O_5 hybrid electrode for an asymmetric supercapacitor with high energy density in an organic electrolyte [J]. Electrochimica Acta, 2018, 287 (1): 49 – 57.

[48] SOGE A O, WILLOUGHBY A A, DAIRO O F, et al. Cathode materials for lithium – ion batteries: A brief review [J]. Journal of New Materials for

Electrochemical Systems, 2021, 24 (4): 229 - 246.

[49] LI X, CAO Y, HUA K, et al. Characterization and modification method of oxovanadium - based electrode materials [J]. Progress in Chemistry, 2017, 29 (10): 1260 - 1272.

[50] CHEN C G, LIU Y P, LI L. Development of vanadium oxide in lithium - ion batteries [J]. Journal of Inorganic Materials, 2004, 19 (6): 1225 - 1230.

[51] CHEN C, LIU Y, ZHANG G. The development of research on cathode material V_2O_5 [J]. Battery, 2004, 34 (5): 368 - 370.

[52] RUI X, LU Z, YU H, et al. Ultrathin V_2O_5 nanosheet cathodes: Realizing ultrafast reversible lithium storage [J]. Nanoscale, 2013, 5 (2): 556 - 360.

[53] WADSLEY A. Crystal chemistry of non - stoichiometric pentavalent vandadium oxides: Crystal structure of $Li_{1+x}V_3O_8$ [J]. Acta Crystallographica, 1957, 10 (4): 261 - 267.

[54] BESENHARD J O, SCHöLLHORN R. The discharge reaction mechanism of the MoO_3 electrode in organic electrolytes [J]. Journal of Power Sources, 1976, 1 (3): 267 - 276.

[55] LIU J, LIU W, WAN Y, et al. Facile synthesis of layered LiV_3O_8 hollow nanospheres as superior cathode materials for high - rate Li - ion batteries [J]. RSC Advances, 2012, 2 (28): 10470 - 10474.

[56] SHI Q, HU R, ZENG M, et al. A diffusion kinetics study of Li - ion in LiV_3O_8 thin film electrode [J]. Electrochimica Acta, 2010, 55 (22): 6645 - 6650.

[57] LIU S, LI X, HE Z, et al. Synthesis and electrochemical characterization of LiV_3O_8 [J]. Battery, 2004, 34 (3): 164 - 165.

[58] LIU Y, ZHOU X, GUO Y. Structure and electrochemical performance of LiV_3O_8 synthesized by solid - state routine with quenching in freezing atmosphere [J]. Materials Chemistry and Physics, 2009, 114 (2/3): 915 - 919.

[59] KAWAKITA J, MAJIMA M, MIURA T, et al. Preparation and lithium insertion behaviour of oxygen - deficient $Li_{1+x}V_3O_8$ - delta [J]. Journal of Power Sources, 1997, 66 (1/2): 135 - 139.

[60] YU A, KUMAGAI N, LIU Z, et al. A new method for preparing lithiated vanadium oxides and their electrochemical performance in secondary lithium batteries [J]. Journal of Power Sources, 1998, 74 (1): 117 - 121.

[61] PISTOIA G, PASQUALI M, WANG G, et al. Li, $Li/Li_{1+x}V_3O_8$ secondary

batteries: Synthesis and characterization of an amorphous form of the cathode [J]. Journal of the Electrochemical Society, 1990, 137 (8): 2365 -2370.

[62] WANG Z K, SHU J, ZHU Q C, et al. Graphene - nanosheet - wrapped LiV_3O_8 nanocomposites as high performance cathode materials for rechargeable lithium - ion batteries [J]. Journal of Power Sources, 2016, 307: 426 -434.

[63] SONG H, LIU Y, ZHANG C, et al. Mo - doped LiV_3O_8 nanorod - assembled nanosheets as a high performance cathode material for lithium - ion batteries [J]. Journal of Materials Chemistry A, 2015, 3 (7): 3547 -3558.

[64] ANTOLINI E, FERRETTI M. Synthesis and thermal stability of $LiCoO_2$ [J]. Journal of Solid State Chemistry, 1995, 117 (1): 1 -7.

[65] CHIANG Y M, JANG Y I, WANG H, et al. Synthesis of $LiCoO_2$ by decomposition and intercalation of hydroxides [J]. ChemInform, 1998, 145 (3): 887.

[66] 徐徽，周春仙，陈白珍，等. 微波法制备 $LiCoO_2$ 正极材料及其电化学性能研究 [J]. 电源技术，2006，30 (7)：591 -593.

[67] SUN Y K, OH I H, HONG S A. Synthesis of ultrafine $LiCoO_2$ powders by the sol - gel method [J]. Journal of Materials Science, 1996, 31 (14): 3617 - 3621.

[68] GAO S, WEI W, MA M, et al. Sol - gel synthesis and electrochemical properties of C - axis oriented $LiCoO_2$ for lithium - ion batteries [J]. RSC Advances, 2015, 5 (64): 51483 -51488.

[69] REIMERS J N, DAHN J R. Electrochemical and in situ X - ray diffraction studies of lithium intercalation in Li_xCoO_2 [J]. Journal of the Electrochemical Society, 1992, 139 (8): 2091 -2097.

[70] TUKAMOTO H, WEST A R. Electronic conductivity of $LiCoO_2$ and its enhancement by magnesium doping [J]. Journal of the Electrochemical Society, 1997, 144 (9): 3164 -3168.

[71] DELMAS C, SAADOUNE I, ROUGIER A D. The cycling properties of the $Li_xNi_{1-y}Co_yO_2$ electrode [J]. Journal of Power Sources, 1993, 44 (1/3): 595 -602.

[72] CEDER G, CHIANG Y M, SADOWAY D, et al. Identification of cathode materials for lithium batteries guided by first - principles calculations [J]. Nature, 1998, 392 (6677): 694 -696.

[73] ZHAO R, ZHANG J, LEE G H, et al. The origin of heavy element doping to

relieve the lattice thermal vibration of layered materials for high energy density Li - ion cathodes [J]. Journal of Materials Chemistry A, 2020, 8 (25): 12424 - 12435.

[74] KIM G H, KIM J H, MYUNG S T, et al. Improvement of high - voltage cycling behavior of surface - modified Li [$Ni_{1/3}Co_{1/3}Mn_{1/3}$] O_2 cathodes by fluorine substitution for Li - ion batteries [J]. Journal of the Electrochemical Society, 2005, 152 (9): A1707 - A1713.

[75] 曹景超，肖可颂，姜锋，等. B - Mg 共掺杂 $LiCoO_2$正极材料的性能研究[J]. 矿冶工程，2016，36 (4): 109 - 112.

[76] HONG Y S, HUANG X, WEI C, et al. Hierarchical defect engineering for $LiCoO_2$ through low - solubility trace element dopin [J]. Chem, 2020, 6 (10): 2759 - 2769.

[77] CHO J, KIM Y J, PARK B. Novel $LiCoO_2$ cathode material with Al_2O_3 coating for a Li - ion cell [J]. Chemistry of Materials, 2000, 12 (12): 3788 - 3791.

[78] SUN Y K, CHO S W, MYUNG S T, et al. Effect of AlF_3 coating amount on high voltage cycling performance of $LiCoO_2$ [J]. Electrochimica Acta, 2007, 53 (2): 1013 - 1019.

[79] CHO J, KIM Y W, KIM B, et al. A breakthrough in the safety of lithium secondary batteries by coating the cathode material with $AlPO_4$ nanoparticles [J]. Angewandte Chemie International Edition, 2003, 42 (14): 1618 - 1621.

[80] 王洪，邓璋琼，李一民，等. $FePO_4$包覆修饰锂离子电池正极材料 $LiCoO_2$ [J]. 电源技术，2007，31 (5): 372 - 375.

[81] CHO J, KIM G J E, LETTERS S S. Enhancement of thermal stability of $LiCoO_2$ by $LiMn_2O_4$ coating [J]. Electrochemical and Solid State Letters, 1999, 2 (6): 253 - 255.

[82] WANG H, ZHANG W D, ZHU L Y, et al. Effect of $LiFePO_4$ coating on electrochemical performance of $LiCoO_2$ at high temperature [J]. Solid State Ionics, 2007, 178 (1/2): 131 - 136.

[83] MORIMOTO H, AWANO H, TERASHIMA J, et al. Preparation of lithium - ion conducting solid electrolyte of nasicon - type $Li_{1+x}Al_xTi_{2-x}(PO_4)_3$ (x = 0.3) obtained by using the mechanochemical method and its application as surface modification materials of $LiCoO_2$ cathode for lithium cell [J]. Journal

of Power Sources, 2013, 240: 636 - 643.

[84] WANG Y, ZHANG Q, XUE Z C, et al. An in situ formed surface coating layer enabling $LiCoO_2$ with stable 4.6 V high - voltage cycle performances [J]. Advanced Energy Materials, 2020, 10 (28):

[85] ZHU Z, WANG H, LI Y, et al. A surface se - substituted LiCo [$O_{2-\delta}Se_{\delta}$] cathode with ultrastable high - voltage cycling in pouch full - cells [J]. Advanced Materials, 2020, 2005182.

[86] ARMSTRONG A R, BRUCE P G. Synthesis of layered $LiMnO_2$ as an electrode for rechargeable lithium batteries [J]. Nature, 1996, 381 (6582): 499 - 500.

[87] CHRISTIAN J, ALAIN M, ASHOK V, et al. Lithium batteries: Science and technology [M]. Paris, France: Kluwer Academic Publishers, 2009.

[88] 范广新，曾跃武，陈荣升，等．正交层状 $LiMnO_2$在电化学循环过程中的相变和活化特性 [J]. 无机化学学报，2008，24 (6): 944 - 949.

[89] 李义兵，陈白珍，胡拥军，等．层状 $LiMnO_2$的固相合成及电化学性能 [J]. 无机化学学报，2006，22 (6): 983 - 987.

[90] GUO Z P, KONSTANTINOV K, WANG G X, et al. Preparation of orthorhombic $LiMnO_2$ material via the sol - gel process [J]. Journal of Power Sources, 2003, 119: 221 - 225.

[91] WU M, AI C, XU R, et al. Low temperature hydrothermally synthesized nanocrystalline orthorhombic $LiMnO_2$ cathode material for lithium - ion cells [J]. Microelectronic Engineering, 2003, 66 (1/4): 180 - 185.

[92] 唐定国，李昱霏，杜康，等．水热法合成 *o* - $LiMnO_2$纳米棒及其电化学性能 [J]. 中南民族大学学报（自然科学版），2020，39 (6): 564 - 568.

[93] 许天军，叶世海，王永龙，等．单斜层状 $LiMnO_2$的球磨 - 离子交换法合成及其电化学性能研究 [J]. 无机化学学报，2005，21 (7): 993 - 998.

[94] LANG F. Synthesis and characterization of $LiMn_{1-x}Ni_xO_2$ [C]. 7th International Conference on Energy, Environment and Sustainable Development (ICEESD 2018), 2018.

[95] KIM G T, KIM J U, SIM Y J, et al. Electrochemical properties of $LiCr_xNi_{0.5-x}Mn_{0.5}O_2$ prepared by co - precipitation method for lithium secondary batteries [J]. Journal of Power Sources, 2006, 158 (2): 1414 - 1418.

[96] 陈猛，蔡智，敖文乐，等．高温固相法制备 $LiMnO_2$及其掺杂改性 [J].

电池工业，2009，14（4）：227－230.

[97] 蔡智，陈猛．流变相法制备的 $Li_{1+x}MnO_{1.92}F_{0.08}$ 的性能［J］．电池，2009，39（5）：272－274.

[98] 粟智，翁之望，申重．锂离子电池正极材料 $LiMnO_2$ 的表面修饰及电化学性能［J］．中国有色金属学报，2010，20（6）：1183－1188.

[99] LU Y，ZHANG Y，ZHANG Q，et al. Recent advances in Ni－rich layered oxide particle materials for lithium－ion batteries［J］. Particuology，2020，53：1－11.

[100] ZHENG J，YE Y，LIU T，et al. Ni/Li disordering in layered transition metal oxide：Electrochemical impact，origin，and control［J］. Accounts of Chemical Research，2019，52（8）：2201－2209.

[101] WEI Y，ZHENG J，CUI S，et al. Kinetics tuning of Li－ion diffusion in layered Li（$Ni_x Mn_y Co_z$）O_2［J］. Journal of the American Chemical Society，2015，137（26）：8364－8367.

[102] ZHENG S，HONG C，GUAN X，et al. Correlation between long range and local structural changes in Ni－rich layered materials during charge and discharge process［J］. Journal of Power Sources，2019，412：336－343.

[103] CAO C，ZHANG J，XIE X，et al. Composition，structure，and performance of Ni－based cathodes in lithium－ion batteries［J］. Ionics，2017，23（6）：1337－1356.

[104] JO J H，JO C H，YASHIRO H，et al. Re－heating effect of Ni－rich cathode material on structure and electrochemical properties［J］. Journal of Power Sources，2016，313：1－8.

[105] TAKAHASHI I，KIUCHI H，OHMA A，et al. Cathode electrolyte interphase formation and electrolyte oxidation mechanism for Ni－rich cathode materials［J］. The Journal of Physical Chemistry C，2020，124（17）：9243－9248.

[106] LIU W，OH P，LIU X，et al. Nickel－rich layered lithium transition－metal oxide for high－energy lithium－ion batteries［J］. Angewandte Chemie International Edition，2015，54（15）：4440－4457.

[107] KIM Y，KIM D，KANG S. Experimental and first－principles thermodynamic study of the formation and effects of vacancies in layered lithium nickel cobalt oxides［J］. Chemistry of Materials，2011，23（24）：5388－5397.

[108] HWANG S，CHANG W，KIM S M，et al. Investigation of changes in the

surface structure of $Li_xNi_{0.8}Co_{0.15}Al_{0.05}O_2$ cathode materials induced by the initial charge [J]. Chemistry of Materials, 2014, 26 (2): 1084 - 1092.

[109] LEE W, MUHAMMAD S, KIM T, et al. New insight into Ni - rich layered structure for next - generation Li rechargeable batteries [J]. Advanced Energy Materials, 2018, 8 (4): 1701788.

[110] XU X, HUO H, JIAN J, et al. Radially oriented single - crystal primary nanosheets enable ultrahigh rate and cycling properties of $LiNi_{0.8}Co_{0.1}Mn_{0.1}O_2$ cathode material for lithium - ion batteries [J]. Advanced Energy Materials, 2019, 9 (15): 1803963.

[111] KIM U H, RYU H H, KIM J H, et al. Microstructure - controlled Ni - rich cathode material by microscale compositional partition for next - generation electric vehicles [J]. Advanced Energy Materials, 2019, 9 (15): 1803902.

[112] LIU S, ZHANG C, SU Q, et al. Enhancing electrochemical performance of $LiNi_{0.6}Co_{0.2}Mn_{0.2}O_2$ by lithium - ion conductor surface modification [J]. Electrochimica Acta, 2017, 224: 171 - 177.

[113] OH P, OH S M, LI W, et al. High - performance heterostructured cathodes for lithium - ion batteries with a Ni - rich layered oxide core and a Li - rich layered oxide shell [J]. Advanced Science, 2016, 3 (11): 1600184.

[114] SUN Y K, MYUNG S T, PARK B C, et al. High - energy cathode material for long - life and safe lithium batteries [J]. Nature Materials, 2009, 8 (4): 320 - 324.

[115] MIN K, SEO S W, SONG Y Y, et al. A first - principles study of the preventive effects of Al and Mg doping on the degradation in $LiNi_{0.8}Co_{0.1}Mn_{0.1}O_2$ cathode materials [J]. Physical Chemistry Chemical Physics, 2017, 19 (3): 1762 - 1769.

[116] CHOI J, LEE S Y, YOON S, et al. The role of Zr doping in stabilizing $Li[Ni_{0.6}Co_{0.2}Mn_{0.2}]O_2$ as a cathode material for lithium - ion batteries [J]. ChemSusChem, 2019, 12 (11): 2439 - 2446.

[117] KIM U H, PARK G T, CONLIN P, et al. Cation ordered Ni - rich layered cathode for ultra - long battery life [J]. Energy & Environmental Science, 2021, 14 (3): 1573 - 1583.

[118] KIM H, LEE S, CHO H, et al. Enhancing interfacial bonding between anisotropically oriented grains using a glue - nanofiller for advanced Li - ion battery cathode [J]. Advanced Materials, 2016, 28 (23): 4705 - 4712.

[119] YAN P, ZHENG J, LIU J, et al. Tailoring grain boundary structures and chemistry of Ni - rich layered cathodes for enhanced cycle stability of lithium - ion batteries [J]. Nature Energy, 2018, 3 (7): 600 - 605.

[120] XU G L, LIU Q, LAU K K S, et al. Building ultraconformal protective layers on both secondary and primary particles of layered lithium transition metal oxide cathodes [J]. Nature Energy, 2019, 4 (6): 484 - 494.

[121] MAO Y, WANG X, XIA S, et al. High - voltage charging - induced strain, heterogeneity, and micro - cracks in secondary particles of a nickel - rich layered cathode material [J]. Advanced Functional Materials, 2019, 29 (18): 1900247.

[122] KIM J, CHO H, JEONG H Y, et al. Self - induced concentration gradient in nickel - rich cathodes by sacrificial polymeric bead clusters for high - energy lithium - ion batteries [J]. Advanced Energy Materials, 2017, 7 (12): 1602559.

[123] RYU H H, PARK N Y, NOH T C, et al. Microstrain alleviation in high - energy Ni - rich NCMA cathode for long battery life [J]. ACS Energy Letters, 2020, 6 (1): 216 - 223.

[124] PARK K J, JUNG H G, KUO L Y, et al. Improved cycling stability of $Li[Ni_{0.90}Co_{0.05}Mn_{0.05}]O_2$ through microstructure modification by boron doping for Li - ion batteries [J]. Advanced Energy Materials, 2018, 8 (25): 1801202.

[125] LIM B B, YOON S J, PARK K J, et al. Advanced concentration gradient cathode material with two - slope for high - energy and safe lithium batteries [J]. Advanced Functional Materials, 2015, 25 (29): 4673 - 4680.

[126] LEE E J, CHEN Z, NOH H J, et al. Development of microstrain in aged lithium transition metal oxides [J]. Nano Letters, 2014, 14 (8): 4873 - 4880.

[127] YU J B, TAO J H , WU Y Q , et al. Reversible planar gliding and microcracking in a single - crystalline Ni - rich cathode [J]. Science, 2020, 370 (6522): 1313 - 1317.

[128] LU B F, LECERF A, BROUSSELY M, et al. Chemical lithium extraction from manganese oxides for lithium rechargeable batteries [J]. Journal of Power Sources, 1991, 34 (2): 161 - 173.

[129] THACKERAY M M , DEKOCK A, ROSSOUW M H, et al. Spinel Electrodes from the Li - Mn - O system for rechargeable lithium battery

applications [J]. Journal of the Electrochemical Society, 1992, 139 (2): 363 - 366.

[130] ROSSOUW M H, LILES D C, THACKERAY M M. Synthesis and structural characterization of a novel layered lithium manganese oxide, $Li_{0.36}Mn_{0.91}O_2$, and its lithiated derivative [J]. Journal of Solid State Chemistry, 1993, 104 (2): 464 - 466.

[131] NUMATA K, SAKAKI C, YAMANAKA S. Synthesis and characterization of layer structured solid solutions in the system of $LiCoO_2 - Li_2MnO_3$ [J]. Solid State Ionics, 1999, 177 (3/4): 257 - 263.

[132] NUMATA K, YAMANAKA S. Preparation and electrochemical properties of layered lithium - cobalt - manganese oxides [J]. Solid State Ionics, 1999, 188 (1/2): 177 - 120.

[133] KALYANI P, CHITRA S, MOHAN T, et al. Lithium metal rechargeable cells using Li_2MnO_3 as the positive electrode [J]. Journal of Power Sources, 1999, 80 (1/2): 103 - 106.

[134] LU Z, MACNEIL D D, DAHN J R. Layered cathode materials $Li[Ni_xLi_{1/3-2x/3}Mn_{2/3-x/3}]O_2$ for lithium - ion batteries [J]. Electrochemical and Solid State Letters, 2001, 4 (11): A191 - A194.

[135] WU Y, MANTHIRAM A. Structural stability of chemically delithiated layered $(1-z)Li[Li_{1/3}Mn_{2/3}]O_2 - zLi[Mn_{0.5-y}Ni_{0.5-y}Co_{2y}]O_2$ solid solution cathodes [J]. Journal of Power Sources, 2008, 183: 749 - 754.

[136] GUO X J, LI Y X, ZHENG M, et al. Structural and electrochemical characterization of $xLi[Li_{1/3}Mn_{2/3}]O_2 \cdot (1-x)Li[Ni_{1/3}Mn_{1/3}Co_{1/3}]O_2 (0 \leqslant x \leqslant 0.9)$ as cathode materials for lithium - ion batteries [J]. Journal of Power Sources, 2008, 184: 414 - 419.

[137] CROY J R, BALASUBRAMANIAN M, GALLAGHER K G, et al. Review of the U. S. Department of Energy's "deep dive" effort to understand voltage fade in Li - and Mn - rich cathodes [J]. Accounts of Chemical Research, 2015, 48 (11): 2813 - 2821.

[138] JARVIS K A, DENG Z Q, ALLARD L F, et al. Atomic structure of a lithium - rich layered oxide material for lithium - ion batteries: Evidence of a solid solution [J]. Chemistry of Materials, 2011, 23 (16): 3614 - 3621.

[139] MENG Y S, CEDER G, GREY C P, et al. Cation ordering in layered O_3 $Li[Ni_xLi_{1/3-2x/3}Mn_{2/3-x/3}]O_2 (0 \leqslant x \leqslant 1/2)$ compounds [J]. Chemistry of

Materials, 2005, 17 (9): 2386-2394.

[140] BRÉGER J, JIANG M, DUPRÉ N, et al. High-resolution X-ray diffraction, DIFFaX, NMR and first principles study of disorder in the Li_2MnO_3-Li[$Ni_{1/2}Mn_{1/2}$]O_2 solid solution [J]. Journal of Solid State Chemistry, 2005, 178 (9): 2575-2585.

[141] ARMSTRONG A R, HOLZAPFEL M, BRUCE P G. Demonstrating oxygen loss and associated structural reorganization in the lithium battery cathode Li[$Ni_{0.2}Li_{0.2}Mn_{0.6}$]O_2 [J]. Journal of America Chemistry Society, 2006, 128: 8694-8698.

[142] SHUKLA A K, RAMASSE Q M, OPHUS C, et al. Unravelling structural ambiguities in lithium- and manganese-rich transition metal oxides [J]. Nature Communications, 2015, 6: 8711.

[143] THACKERAY M M, KANG S H, JOHNSON C S, et al. Li_2MnO_3-stabilized $LiMO_2$ (M = Mn, Ni, Co) electrodes for lithium-ion batteries [J]. Journal of Materials Chemistry, 2007, 17 (30): 3112-3125.

[144] WANG D P, BELHAROUAK L, ZHANG X F, et al. Insights into the phase formation mechanism of $0.5Li_2MnO_3$-$0.5LiNi_{0.5}Mn_{0.5}O_2$ battery materials [J]. Journal of the Electrochemical Society, 2014, 161 (1): A1-A5.

[145] KIM J S, JOHNSON C S, VAUGHEY J T, et al. Electrochemical and structural properties of $xLi_2MO_3\cdot(1-x)LiMn_{0.5}Ni_{0.5}O_2$ electrodes for lithium batteries (M = Ti, Mn, Zr; $0\leqslant x\leqslant 0.3$) [J]. Chemistry of Materials, 2004, 16 (10): 1996-2006.

[146] LONG B R, CROY J R, DOGAN F, et al. Effect of cooling rates on phase separation in $0.5Li_2MnO_3\cdot 0.5LiCoO_2$ electrode materials for Li-ion batteries [J]. Chemistry of Materials, 2014, 26 (11): 3565-3572.

[147] PARK M S, LEE J W, CHOI W, et al. On the surface modifications of high-voltage oxide cathodes for lithium-ion batteries: New insight and significant safety improvement [J]. Journal of Materials Chemistry, 2010, 20: 7208-7213.

[148] KOYAMA Y, TANAKA I, NAGAO M, et al. First-principles study on lithium removal from Li_2MnO_3 [J]. Journal of Power Sources, 2009, 189: 798-801.

[149] WEILL F, TRAN N, MARTIN N, et al. Electron diffraction study of the layered $Li_y(Ni_{0.425}Mn_{0.425}Co_{0.15})_{0.88}O_2$ materials reintercalated after two

different states of charge [J]. Electrochemical and Solid State Letters, 2007, 10 (8): A194 – A197.

[150] ASSAT G, TARASCON J M. Fundamental understanding and practical challenges of anionic redox activity in Li – ion batteries [J]. Nature Energy, 2018, 3 (5): 373 –386.

[151] LI X, QIAO Y, GUO S, et al. Direct visualization of the reversible O^{2-}/O^{-} redox process in Li – rich cathode materials [J]. Advanced Materials, 2018, 30 (14): 1705197.

[152] MAXWELL D R, JULIJA V, RAM S, et al. Manganese oxidation as the origin of the anomalous capacity of Mn – containing Li – excess cathode materials [J]. Nature Energy, 2019, 4 (8): 639 –646.

[153] 陈来. 锂离子电池层状富锰基正极材料的结构设计及其储锂特性[D]. 北京: 北京理工大学, 2016: 91.

[154] WU F, LI W K, CHEN L, et al. Renovating the electrode – electrolyte interphase for layered lithium – & manganese – rich oxides [J]. Energy Storage Materials, 2020, 28: 383 –392.

[155] JUNG S K, GWON H, HONG J, at al. Understanding the degradation mechanisms of $LiNi_{0.5}Co_{0.2}Mn_{0.3}O_2$ cathode material in lithium – ion batteries [J]. Advanced Energy Materials, 2014, 4: 1300787.

[156] MOHANTY D, LI J L, ABRAHAM D P, et al. Unraveling the voltage – fade mechanism in high – energy – density lithium – ion batteries: Origin of the tetrahedral cations for spinel conversion [J]. Chemistry of Materials, 2014, 26 (21): 6272 –6280.

[157] ATES M N, JIA Q, SHAH A, et al. Mitigation of layered to spinel conversion of a Li – rich layered metal oxide cathode material for Li – ion batteries [J]. Journal of the Electrochemical Society, 2014, 161 (3): A290 – A301.

[158] LI Q, LI G S, FU C C, et al. K^+ – doped $Li_{1.2}Mn_{0.54}Co_{0.13}Ni_{0.13}O_2$: A novel cathode material with an enhanced cycling stability for lithium – ion batteries [J]. ACS Applied Materials & Interfaces, 2014, 6 (13): 10330 – 10341.

[159] ZHANG X, MENG X, ELAM J W, et al. Electrochemical characterization of voltage fade of $Li_{1.2}Ni_{0.2}Mn_{0.6}O_2$ cathode [J]. Solid State Ionics, 2014, 268: 231 –235.

[160] WU F, LI N, SU Y, et al. Ultrathin spinel membrane – encapsulated layered lithium – rich cathode material for advanced Li – ion batteries [J]. Nano Letters, 2014, 14 (6): 3550 – 3555.

[161] ZHENG J, GU M, GENC A, et al. Mitigating voltage fade in cathode materials by improving the atomic level uniformity of elemental distribution [J]. Nano Letters, 2014, 14 (5): 2628.

[162] YANG X, WANG D, YU R, et al. Suppressed capacity/voltage fading of high – capacity lithium – rich layered materials via the design of heterogeneous distribution in the composition [J]. Journal of Materials Chemistry, 2014, 2 (11): 3899 – 3911.

[163] CROY J R, GALLAGHER K G, BALASUBRAMANIAN M, et al. Quantifying hysteresis and voltage fade in $xLi_2MnO_3 \cdot (1-x)LiMn_{0.5}Ni_{0.5}O_2$ electrodes as a function of Li_2MnO_3 content [J]. Journal of the Electrochemical Society, 2014, 161 (3): A318 – A325.

[164] CROY J R, KIM D, BALASUBRAMANIAN M, et al. Countering the voltage decay in high capacity $xLi_2MnO_3 \cdot (1-x)LiMO_2$ electrodes (M = Mn, Ni, Co) for Li^+ – ion batteries [J]. Journal of the Electrochemical Society, 2012, 159 (6): 781.

[165] ASSAT G, FOIX D, DELACOURT C, et al. Fundamental interplay between anionic/cationic redox governing the kinetics and thermodynamics of lithium – rich cathodes [J]. Nature Communications, 2017, 8 (1): 2219.

[166] YU X, LYU Y, GU L, et al. Understanding the rate capability of high – energy – density Li – rich layered $Li_{1.2}Ni_{0.15}Co_{0.1}Mn_{0.55}O_2$ cathode materials [J]. Advanced Energy Materials, 2014, 4 (5): 1300950.

[167] ZHENG J, SHI W, GU M, et al. Electrochemical kinetics and performance of layered composite cathode material $Li[Li_{0.2}Ni_{0.2}Mn_{0.6}]O_2$ [J]. Journal of the Electrochemical Society, 2013, 160 (11): A2212 – A2219.

[168] HONG J, LIM H D, LEE M, et al. Critical role of oxygen evolved from layered Li – excess metal oxides in lithium rechargeable batteries [J]. Chemistry of Materials, 2012, 24 (14): 2692 – 2697.

[169] YU L, QIU W, LIAN F, et al. Comparative study of layered $0.65Li[Li_{1/3}Mn_{2/3}]O_2 \cdot 0.35LiMO_2$ (M = Co, $Ni_{1/2}Mn_{1/2}$ and $Ni_{1/3}Co_{1/3}Mn_{1/3}$) cathode materials [J]. Materials Letters, 2008, 62 (17/18): 3010 – 3013.

[170] HAO W, ZHAN H, CHEN H, et al. Solid – state synthesis of

$Li[Li_{0.2}Mn_{0.56}Ni_{0.16}Co_{0.08}]O_2$ cathode materials for lithium - ion batteries [J]. Particuology, 2014, 15: 18 - 26.

[171] KIM J H, PARK C W, SUN Y K. Synthesis and electrochemical behavior of $Li[Li_{0.1}Ni_{0.35-x/2}Co_xMn_{0.55-x/2}]O_2$ cathode materials [J]. Solid State Ionics, 2003, 164 (1/2): 43 - 49.

[172] SHI S J, TU J P, ZHANG Y D, et al. Morphology and electrochemical performance of $Li[Li_{0.2}Mn_{0.56}Ni_{0.16}Co_{0.08}]O_2$ cathode materials prepared with different metal sources [J]. Electrochimica Acta, 2013, 109: 828 - 834.

[173] 王昭，吴锋，苏岳锋，等．锂离子电池正极材料 $xLi_2MnO_3 \cdot (1-x)Li[Ni_{1/3}Mn_{1/3}Co_{1/3}]O_2$ 的制备及表征 [J]. 物理化学学报，2012，28 (4): 823 - 830.

[174] 陈来，陈实，胡道中，等．不同组分下富锂正极材料 $xLi_2MnO_3 \cdot (1-x)LiNi_{0.5}Mn_{0.5}O_2$ (x = 0.1 ~ 0.8) 的晶体结构与电化学性能 [J]. 物理化学学报，2014，30 (3): 467 - 475.

[175] THACKERAY M M, KANG S H, JOHNSON C S, et al. Comments on the structural complexity of lithium - rich $Li_{1+x}M_{1-x}O_2$ electrodes (M = Mn, Ni, Co) for lithium batteries [J]. Electrochemistry Communications, 2006, 8: 1531 - 1538.

[176] LEE D K, PARK S H, AMINE K, et al. High capacity $Li[Li_{0.2}Ni_{0.2}Mn_{0.6}]O_2$ cathode materials via a carbonate co - precipitation method [J]. Journal of Power Sources, 2006, 162: 1346 - 1350.

[177] WU F, LU H, SU Y, et al. Preparation and electrochemical performance of Li - rich layered cathode material, $Li[Ni_{0.2}Li_{0.2}Mn_{0.6}]O_2$, for lithium - ion batteries [J]. Journal of Applied Electrochemistry, 2010, 40: 783 - 789.

[178] 寇建文，王昭，包丽颖，等．采用基于乙醇体系的一步草酸共沉淀法制备层状富锂锰基正极材料 [J]. 物理化学学报，2016，32 (3): 717 - 722.

[179] HANAI K, LIU Y, IMANISHI N, et al. Electrochemical studies of the Si - based composites with large capacity and good cycling stability as anode materials for rechargeable lithium - ion batteries [J]. Journal of Power Sources, 2005, 146 (1/2): 156 - 160.

[180] LI N, AN R, SU Y, et al. The role of yttrium content in improving electrochemical performance of layered lithium - rich cathode materials for Li - ion batteries [J]. Journal of Materials Chemistry A, 2013, 1 (34):

9760 - 9767.

[181] WU F, LI N, SU Y, et al. Spinel/layered heterostructured cathode material for high - capacity and high - rate Li - ion batteries [J]. Advanced Materials, 2013, 25 (27): 3722 - 3726.

[182] LEE Y J, KIM M G, CHO J. Layered $Li_{0.88}[Li_{0.18}Co_{0.33}Mn_{0.49}]O_2$ nanowires for fast and high capacity Li - ion storage material [J]. Nano Letters, 2008, 8 (3): 957 - 961.

[183] WU F, WANG Z, SU Y, et al. Synthesis and characterization of hollow spherical cathode $Li_{1.2}Mn_{0.54}Ni_{0.13}Co_{0.13}O_2$ assembled with nanostructured particles via homogeneous precipitation - hydrothermal synthesis [J]. Journal of Power Sources, 2014, 267: 337 - 346.

[184] ZHANG J, GUO X, YAO S, et al. Tailored synthesis of $Ni_{0.25}Mn_{0.75}CO_3$ spherical precursors for high capacity Li - rich cathode materials via a urea - based precipitation method [J]. Journal of Power Sources, 2013, 238: 245 - 250.

[185] Wei G, Lu X, Ke F, et al. Crystal habit - tuned nanoplate material of $Li[Li_{1/3-2x/3}Ni_xMn_{2/3-x/3}]O_2$ for high - rate performance lithium - ion batteries [J]. Advanced Materials, 2010, 22 (39): 4364 - 4367.

[186] ZHANG L, MUTA T, NOGUCHI H, et al. Peculiar electrochemical behaviors of $(1-x)LiNiO_2 \cdot xLi_2TiO_3$ cathode materials prepared by spray drying [J]. Journal of Power Sources, 2003, 117 (1/2): 137 - 142.

[187] SUN Y, SHIOSAKI Y, XIA Y, et al. The preparation and electrochemical performance of solid solutions $LiCoO_2 - Li_2MnO_3$ as cathode materials for lithium - ion batteries [J]. Journal of Power Sources, 2006, 159 (2): 1353 - 1359.

[188] KIM J M, TSURUTA S, KUMAGAI N. Electrochemical properties of $Li(Li_{(1-x)/3}Co_xMn_{(2-2x)/3})O_2$ $(0 \leqslant x \leqslant 1)$ solid solutions prepared by poly - vinyl alcohol (PVA) method [J]. Electrochemistry Communications, 2007, 9: 103 - 108.

[189] YU L H, CAO Y L, YANG H X, et al. Preparation and electrochemical characterization of nanocrystalline $Li[Li_{0.12}Ni_{0.32}Mn_{0.56}]O_2$ pyrolyzed from polyacrylate salts [J]. Materials Chemistry and Physics, 2004, 88: 353 - 356.

[190] QING R P, SHI J L, XIAO D D, et al. Enhancing the kinetics of Li – rich cathode materials through the pinning effects of gradient surface Na^+ doping [J]. Advanced Energy Materials, 2016, 6 (6): 1501914.

[191] LI B A, YAN H J, MA J, et al. Manipulating the electronic structure of Li – rich manganese – based oxide using polyanions: Towards better electrochemical performance [J]. Advanced Functional Materials, 2014, 24 (32): 5112 – 5118.

[192] WANG Y, YANG Z, QIAN Y, et al. New insights into improving rate performance of lithium – rich cathode material [J]. Advanced Materials, 2015, 27 (26): 3915 – 3920.

[193] NAYAK P K, GRINBLAT J, LEVI M, et al. Al doping for mitigating the capacity fading and voltage decay of layered Li and Mn – rich cathodes for Li – ion batteries [J]. Advanced Energy Materials, 2016, 6: 1502398.

[194] JIN X, XU Q, LIU H, et al. Excellent rate capability of Mg doped $Li[Li_{0.2}Ni_{0.13}Co_{0.13}Mn_{0.54}]O_2$ cathode material for lithium – ion battery [J]. Electrochimica Acta, 2014, 136: 19 – 26.

[195] BAO L, YANG Z, CHEN L, et al. The effects of trace Yb doping on the electrochemical performance of Li – rich layered oxides [J]. ChemSusChem, 2019 (12): 2294 – 2301.

[196] ZHENG J, WU X, YANG Y. Improved electrochemical performance of $Li[Li_{0.2}Mn_{0.54}Ni_{0.13}Co_{0.13}]O_2$ cathode material by fluorine incorporation [J]. Electrochimica Acta, 2013, 105: 200 – 208.

[197] SONG J H, KAPYLOU A, CHOI H S, et al. Suppression of irreversible capacity loss in Li – rich layered oxide by fluorine doping [J]. Journal of Power Sources, 2016, 313: 65 – 72.

[198] KANG S H, AMINE K. Layered $Li(Li_{0.2}Ni_{0.15+0.5z}Co_{0.10}Mn_{0.55-0.5z})O_{2-z}F_z$ cathode materials for Li – ion secondary batteries [J]. Journal of Power Sources, 2005, 146 (1/2): 654 – 657.

[199] LI L, SONG B H, CHANG Y L, et al. Retarded phase transition by fluorine doping in Li – rich layered $Li_{1.2}Mn_{0.54}Ni_{0.13}Co_{0.13}O_2$ cathode material [J]. Journal of Power Sources, 2015, 283: 162 – 170.

[200] PANG W K, LIN H F, PETERSON V K, et al. Effects of fluorine and chromium doping on the performance of lithium – rich $Li_{1+x}MO_2$ (M = Ni,

Mn, Co) positive electrodes [J]. Chemistry of Materials, 2017, 29 (24): 10299 - 10311.

[201] LIU D, FAN X, LI Z, et al. A cation/anion co - doped $Li_{1.12}Na_{0.08}Ni_{0.2}Mn_{0.6}O_{1.95}F_{0.05}$ cathode for lithium - ion batteries [J]. Nano Energy, 2019, 58: 786 - 796.

[202] LIM S N, SEO J Y, JUNG D S, et al. The crystal structure and electrochemical performance of $Li_{1.167}Mn_{0.548-x}Mg_xNi_{0.18}Co_{0.105}O_{2-y}F_y$ composite cathodes doped and co - doped with Mg and F [J]. Journal of Electroanalytical Chemistry, 2015, 740: 88 - 94.

[203] WU F, LI N, SU Y, et al. Spinel/layered heterostructured cathode material for high - capacity and high - rate Li - ion batteries [J]. Advanced Materials, 2013, 25 (27): 3722 - 3726.

[204] ZHANG X D, SHI J L, LIANG J Y, et al. Suppressing surface lattice oxygen release of Li - rich cathode materials via heterostructured spinel $Li_4Mn_5O_{12}$ coating [J]. Advanced Materials, 2018, 30 (29): 1801751.

[205] LIU Y, YANG Z, LI J, et al. A novel surface - heterostructured $Li_{1.2}Mn_{0.54}Ni_{0.13}Co_{0.13}O_2$ @ $Ce_{0.8}Sn_{0.2}O_{2-\sigma}$ cathode material for Li - ion batteries with improved initial irreversible capacity loss [J]. Journal of Materials Chemistry A, 2018, 6 (28): 13883 - 13893.

[206] AHN J, KIM J H, CHO B W, et al. Nanoscale zirconium - abundant surface layers on lithium - and manganese - rich layered oxides for high - rate lithium - ion batteries [J]. Nano Letters, 2017, 17 (12): 7869 - 7877.

[207] ZHAO Y, LIU J T, WANG S B, et al. Surface structural transition induced by gradient polyanion - doping in Li - rich layered oxides: Implications for enhanced electrochemical performance [J]. Advanced Functional Materials, 2016, 26 (26): 4760 - 4767.

[208] LEE H, LIM S B, KIM J Y, et al. Characterization and control of irreversible reaction in Li - Rich cathode during the initial charge process [J]. ACS Applied Materials & Interfaces, 2018, 10 (13): 10804 - 10818.

[209] MA Y, LIU P, XIE Q, et al. Double - shell Li - rich layered oxide hollow microspheres with sandwich - like carbon@ spinel@ layered@ spinel@ carbon shells as high - rate lithium - ion battery cathode [J]. Nano Energy, 2019, 59: 184 - 196.

[210] ZHANG J, LU Q, FANG J, et al. Polyimide encapsulated lithium - rich cathode material for high voltage lithium - ion battery [J]. ACS Applied Materials & Interfaces, 2014, 6 (20): 17965 - 17973.

[211] WURIGUMULA B, JING W, SHI C, et al. A three - dimensional hierarchical structure of cyclized - PAN/Si/Ni for mechanically stable silicon anodes [J]. Journal of Materials Chemistry A, 2017, 5 (47): 24667 - 24676.

[212] GAO J, MANTHIRAM A. Eliminating the irreversible capacity loss of high capacity layered Li [$Li_{0.2}Mn_{0.54}Ni_{0.13}Co_{0.13}$] O_2 cathode by blending with other lithium insertion hosts [J]. Journal of Power Sources, 2009, 191 (2): 644 - 647.

[213] WU Y, MANTHIRAM A. Effect of surface modifications on the layered solid solution cathodes $(1-z)Li[Li_{1/3}Mn_{2/3}]O_2 - zLi[Mn_{0.5-y}Ni_{0.5-y}Co_{2y}]O_2$ [J]. Solid State Ionics, 2009, 180: 50 - 56.

[214] WU Y, VADIVEL MURUGAN A, MANTHIRAM A. Surface modification of high capacity layered $Li_{1.2}Ni_{0.176}Co_{0.1}Mn_{0.524}O_2$ cathodes by $AlPO_4$ [J]. Joumal of the Electrochemical Society, 2008, 155 (9): A635 - A641.

[215] KANG S H, THACKERAY M M. Enhancing the rate capability of high capacity $xLi_2MnO_3 \cdot (1-x)LiMO_2$ (M = Mn, Ni, Co) electrodes by $LiNiPO_4$ treatment [J]. Electrochemistry Communications, 2009, 11: 748 - 751.

[216] SU Y F, YUAN F Y , CHEN L, et al. Enhanced high - temperature performance of Li - rich layered oxide via surface heterophase coating [J]. Journal of Energy Chemistry, 2020, 51: 39 - 47.

[217] WU F, WANG Z, SU Y F, et al. Li [$Li_{0.2}Mn_{0.54}Ni_{0.13}Co_{0.13}$] O_2 - MoO_3 composite cathodes with low irreversible capacity loss for lithium - ion batteries [J]. Journal of Power Sources, 2014, 247: 20 - 25.

[218] ZHANG L, WU B, LI N, et al. Rod - like hierarchical nano/micro $Li_{1.2}Ni_{0.2}Mn_{0.6}O_2$ as high performance cathode materials for lithium - ion batteries [J]. Journal of Power Sources, 2013, 240: 644 - 652.

[219] WU F, WANG Z, SU Y F, et al. Synthesis and characterization of hollow spherical cathode Li [$Li_{0.2}Mn_{0.54}Ni_{0.13}Co_{0.13}$] O_2 assembled with nanostructured particles via homogeneous precipitation - hydrothermal synthesis [J]. Journal of Power Sources, 2014, 267: 337 - 346.

[220] SONG B, LAI M O, LIU Z, et al. Graphene - based surface modification on layered Li - rich cathode for high - performance Li - ion batteries [J]. Journal of Materials Chemistry, 2013, 1 (34): 9954 - 9965.

[221] LIU J, REEJA - JAYAN B, MANTHIRAM A. Conductive surface modification with aluminum of high capacity layered $Li[Li_{0.2}Mn_{0.54}Ni_{0.13}Co_{0.13}]O_2$ cathodes [J]. Journal of Physical Chemistry C, 2010, 114: 9528 - 9533.

[222] SHI C, YU Z, YUN L, et al. Enhanced electrochemical performance of layered lithium - rich cathode materials by constructing spinel - structure skin and ferric oxide islands [J]. ACS Applied Materials & Interfaces, 2017, 9: 8669 - 8678.

[223] LI X, ZHANG K, MITLIN D, et al. Fundamental Insight into Zr Modification of Li - and Mn - rich cathodes: Combined transmission electron microscopy and electrochemical impedance spectroscopy study [J]. Chemistry of Materials, 2018, 30 (8): 2566 - 2573.

[224] DING X, LI Y X, WANG S, et al. Towards improved structural stability and electrochemical properties of a Li - rich material by a strategy of double gradient surface modifcation [J]. Nano Energy, 2019, 61: 411 - 419.

[225] 王昭. 锂离子电池富锂锰基正极材料 $Li_{1.2}Mn_{0.54}Ni_{0.13}Co_{0.13}O_2$ 的合成制备及改性研究 [D]. 北京: 北京理工大学, 2014.

[226] BAK S, NAM K, CHANG W, et al. Correlating structural changes and gas evolution during the thermal decomposition of charged $Li_xNi_{0.8}Co_{0.15}Al_{0.05}O_2$ cathode materials [J]. Chemistry of Materials, 2013, 25 (3): 337 - 351.

[227] WEI G Z, LU X, KE F S, et al. Crystal habit - tuned nanoplate material of $Li[Li_{1/3-2x/3}Ni_xMn_{2/3-x/3}]O_2$ for high - rate performance lithium - ion batteries [J]. Advanced Materials, 2010, 22 (39): 4364 - 4367.

[228] CHEN L, SU Y F, CHEN S, et al. Hierarchical $Li_{1.2}Ni_{0.2}Mn_{0.6}O_2$ nanoplates with exposed {010} planes as high - performance cathode material for lithium - ion batteries [J]. Advanced Materials, 2014, 26: 6756 - 6760.

[229] JOHNSON C, LI N, VAUGHEY J, et al. Lithium - manganese oxide electrodes with layered - spinel composite structures $xLi_2MnO_3 \cdot (1-x)Li_{1+y}Mn_{2-y}O_4$ $(0 < x < 1, 0 \leqslant y \leqslant 0.33)$ for lithium batteries [J]. Electrochemistry Communications, 2005, 7: 528 - 536.

[230] JØRGENSEN P L. Mechanism of the Na^+, K^+ pump protein structure and

conformations of the pure (Na^+ + K^+) - ATPase [J]. Biochimica et Biophysica Acta, 1982, 694: 27 - 68.

[231] WU F, LI N, SU Y, et al. Ultrathin spinel membrane - encapsulated layered lithium - rich cathode material for advanced Li - ion batteries [J]. Nano Letters, 2014, 14 (6): 3550 - 3555.

[232] ZHENG Y, CHEN L, SU Y F, et al. An interfacial framework for breaking through Li - ion transport barrier of Li - rich layered cathode materials [J]. Journal of Materials Chemistry A, 2017, 5 (46): 24292 - 24298.

[233] KANG S H, THACKERAY M M. Stabilization of $x Li_2MnO_3 \cdot (1-x) LiMO_2$ electrode surfaces (M = Mn, Ni, Co) with mildly acidic, fluorinated solutions [J]. Journal of the Electrochemical Society, 2008, 155 (4): A269 - A275.

[234] KANG S H, JOHNSON C S, VAUGHEY J T, et al. The effects of acid treatment on the electrochemical properties of $0.5Li_2MnO_3 \cdot 0.5LiNi_{0.44}Co_{0.25}Mn_{0.31}O_2$ electrodes in lithium cells [J]. Journal of the Electrochemical Society, 2006, 153 (6): A1186 - A1192.

[235] DENIS Y W Y, KATSUNORI Y, HIROSHI N. Surface modification of Li - excess Mn - based cathode materials [J]. Journal of the Electrochemical Society, 2010, 157 (11): A1177 - A1182.

[236] HAN Z H, ZHANG Y N, SONG D D, et al. Pre - conditioned Li - rich layered cathode material for Li - ion battery [J]. Ionics, 2018, 24: 3357 - 3365.

[237] GUO H C, WEI Z, JIA K, et al. Abundant nanoscale defects to eliminate voltage decay in Li - rich cathode materials [J]. Energy Storage Materials, 2019, 16: 220 - 227.

[238] KIM J - S, JOHNSON C, VAUGHEY J, et al. Pre - conditioned layered electrodes for lithium batteries [J]. Journal of Power Sources, 2006, 153: 258 - 264.

[239] ERICKSON E M, SCLAR H, SCHIPPER F, et al. High - temperature treatment of Li - rich cathode materials with ammonia: Improved capacity and mean voltage stability during cycling [J]. Advanced Energy Materials, 2017, 7 (18): 1700708.

[240] QIU B, ZHANG M, WU L, et al. Gas - solid interfacial modification of

oxygen activity in layered oxide cathodes for lithium - ion batteries [J]. Nature Communications, 2016, 7: 12108.

[241] WANG S, WU Y, LI Y, et al. Li [$Li_{0.2}Mn_{0.54}Ni_{0.13}Co_{0.13}$] O_2 - $LiMn_{1.5}Ti_{0.5}O_4$ composite cathodes with improved electrochemical performance for lithium - ion batteries [J]. Electrochimica Acta, 2014, 133: 100 - 106.

[242] WU F, LI WE K, CHEN L, et al. Renovating the electrode - electrolyte interphase for layered lithium - & manganese - rich oxides [J]. Energy Storage Material, 2020, 28: 383 - 392.

第3章

具有三维框架结构的正极材料

具有三维（3D）结构的锂离子电池正极材料多年来一直是储能领域密切关注的对象。3D材料主要包括二元的过渡金属氧化物（transition - metal oxides，TMOs）以及锂化的TMOs。1975年，SANYO公司将锰氧化物用于为电子手表供电的锂一次电池（锂-二氧化锰电池）并将其推入市场，之后的研发集中到对于二氧化锰在锂二次电池中的循环稳定性问题。在20世纪80年代初期，开始有学者

对 Li^+ 插入锰氧化物、钒氧化物及其衍生物的过程进行研究，之后对于锂化的锰氧尖晶石作为正极材料在二次电池中的性能的研究逐渐开展。本章主要介绍具有由立方密堆积阵列形成的 3D 锂离子传输通道的材料在锂离子电池中的应用现状，包括二氧化锰、锂化的锰二氧化物以及钒氧化物。

3.1　二氧化锰

1. 结构及电化学性能

锰（Mn）由于在地壳中含量丰富且分布广泛而成为一种非常具有吸引力的过渡金属元素。由于锰具有 +4、+3 和 +2 的价态，因此其氧化物种类较多，其中包括二氧化锰（MnO_2）、三氧化二锰（Mn_2O_3）、氧化锰（MnO）和四氧化三锰（Mn_3O_4）等。其中，二氧化锰具有电化学性能优良、储量丰富、价格低廉及安全环保等优势，成为当前最受关注的一类正极材料，近年来得到快速发展。

MnO_2 具有多种晶体结构，其主要晶型包括 $\alpha-MnO_2$、$\beta-MnO_2$、$\gamma-MnO_2$、$\delta-MnO_2$、$\lambda-MnO_2$ 和 $\varepsilon-MnO_2$。MnO_2 的基本结构单元为 [MnO_6] 八面体（图 3－1），由 6 个氧原子和 1 个锰原子相互配位组成。[MnO_6] 八面体通过与相近的八面体共棱或者共顶的方式形成三维框架和供阳离子插入的结构空隙。根据不同的 [MnO_6] 八面体连接方式，可将 MnO_2 分为 3 种类型的结构，即一维隧道（tunnel）结构（$\alpha-MnO_2$、$\beta-MnO_2$、$\gamma-MnO_2$）、二维层状结构（$\delta-MnO_2$）以及三维框架结构（$\lambda-MnO_2$）（图 3－2）。$\beta-MnO_2$ 由 [MnO_6] 八面体单元的单链共享角组成，具有 [1×1] 通道（0.23 nm×0.23 nm）结构。$\alpha-MnO_2$的晶体结构具有一维 [2×2] 通道（0.46 nm×0.46 nm）结构。Todorokite 型 MnO_2由 4 个 [MnO_6] 八面体共享边缘组成，具有 [3×3] 通道（0.70 nm×0.70 nm）结构。$\gamma-MnO_2$ 属于斜方晶系，每个晶胞有 4 个 MnO_2 分子，由软锰矿 [1×1] 通道（0.23 nm×0.23 nm）和斜方锰矿 [1×2] 通道（0.23 nm×0.46 nm）交替构成。$\varepsilon-MnO_2$ 与 $\gamma-MnO_2$ 结构相似但不相同，其是由面共享的 [MnO_6] 和 [YO_6] 八面体组成的亚稳态相（Y 表示空位）。其中，Mn^{4+} 随机占据六方密堆积八面体位置的 50%，通道形状不规则。$\delta-MnO_2$ 由共角 [MnO_6] 八面体构成，通道结构是二维无限层状结构。$\lambda-MnO_2$ 是典型的尖晶石结

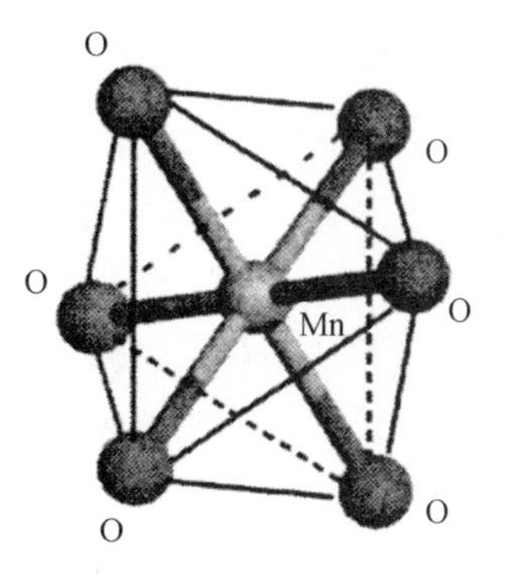

图 3－1　[MnO_6] 八面体结构单元

构，氧配位原子成立方密堆积结构，基本单元还是［MnO_6］八面体，结构为相互连通的三维通道结构。MnO_2 晶相中的隧道结构有助于包括 Li^+ 在内的插入离子传输。例如，$\alpha-MnO_2$ 含有［2×2］的隧道结构，这种通道结构可以容纳半径小于 0.15 nm 的阳离子，包括 Li^+、Na^+、K^+ 等，较大的隧道空穴有利于减小离子的迁移阻力。MnO_2 的结构提供了足够的空间来容纳各种阳离子，因此其作为锂离子电池、钠离子电池、钾离子电池、镁离子电池和锌离子电池等多种二次电池电极材料得到了广泛的研究。本章节主要介绍 MnO_2 作为锂离子电池正极材料的研究情况。

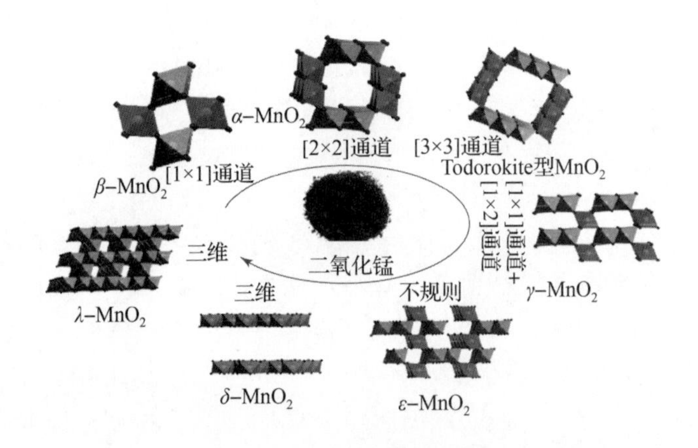

图 3-2　MnO_2 的常见晶体结构

在锂-二氧化锰电池中一般使用电解 MnO_2（Electrolytic Manganese Dioxide, EMD）作为正极材料，但是 EMD 用作锂二次电池的正极时可充性很差，嵌入的锂不易脱出。在研究锂二次电池时，尝试用过的有 $\alpha-MnO_2$、$\beta-MnO_2$、$\delta-MnO_2$、斜方锰矿 $R-MnO_2$ 和稳定的两相 $\alpha/\beta-MnO_2$（图 3-3）。有研究表明，锂离子在 $\alpha-MnO_2$ 的嵌入是均相过程，在充放电过程中 $\alpha-MnO_2$ 的结构是稳定的，但其放电容量较低（约 150 mA·h/g）；稳定的两相 $\alpha/\beta-MnO_2$ 首次放电容量高于单相的 $\alpha-MnO_2$（约 230 mA·h/g），循环 20 次后放电容量衰减至约 150 mA·h/g；$R-MnO_2$ 和 $\beta-MnO_2$ 能提供高的放电容量（大于 250 mA·h/g），但由于其结构对锂的嵌入不易而可充循环性能很差。

自从 Hunter 制备 $\lambda-MnO_2$ 作为二次电池的正极材料，研究逐渐集中在提高锂嵌入脱出的可逆性方面。$\lambda-MnO_2$ 属于尖晶石型二氧化锰，这种结构一般可表示为 AB_2O_4。当氧离子呈立方密堆积时，具有 Fd3m 空间对群，阳离子 A 占据四面体 8a 位置，阴离子占据八面体 16d 位置，而氧离子占据 32c 位置，四面体 8a、48f 与八面体 16c 共面组成相互连通三维离子迁移通道，这种结构

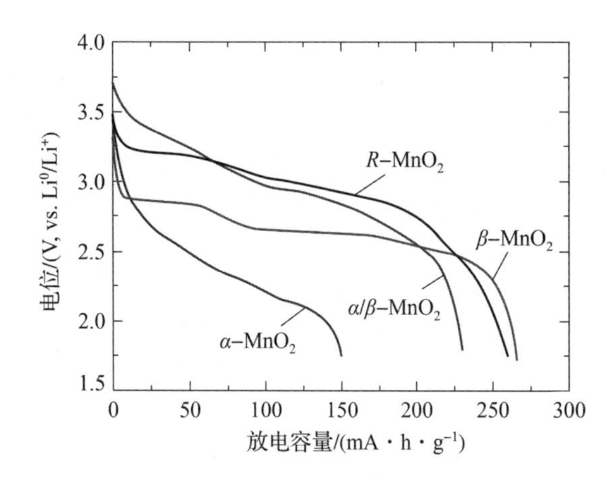

图3-3　α-MnO_2、β-MnO_2、R-MnO_2 和稳定相 α/β-MnO_2 的放电曲线

比仅有一维通道的 β-MnO_2 或 γ-MnO_2 和二维通道层状 δ-MnO_2 来说，更有利于锂离子在晶体中的扩散。λ-MnO_2 的制备可通过酸处理 $LiMn_2O_4$ 的方法制备，具体的反应为 $2LiMn_2O_4$（固体）$\rightarrow 3\lambda$-MnO_2（固体）+ MnO（溶液）+ Li_2O（溶液）。由于尖晶石结构中锰离子的氧化态发生了变化，一部分锰以 MnO 的形式溶解，同时锂以 Li_2O 的形式从 $LiMn_2O_4$ 结构中脱出来。λ-MnO_2 的尖晶石结构源自 $LiMn_2O_4$，但由于 Mn^{4+} 在结构上有一定程度的重排，因此形貌、晶粒大小及分布等与反应物 $LiMn_2O_4$ 相比会有较大的变化。除了酸处理的方法外，还可以通过电化学和熔盐法制备 λ-MnO_2。

可见，MnO_2 的电化学性能与晶体结构密切相关。不仅如此，MnO_2 的颗粒尺寸和形貌也对其电化学性能有显著影响，而 MnO_2 的晶型和形貌尺寸受控于制备过程，因此下文中将对常见的 MnO_2 制备方法进行简要介绍。

2. 制备和改性

1）制备

目前，MnO_2 的制备主要有氧化还原沉淀法、溶胶-凝胶法、电化学沉积法、固相合成法和水热法等，不同的制备方法会影响 MnO_2 的晶型、尺寸、形貌等参数。

（1）氧化还原沉淀法

氧化还原沉淀法是通过在水溶液中氧化或还原锰盐生成不同晶型的二氧化锰的方法。控制产物生成速度可调节得到的产物的颗粒大小。A. M. Hashem 等人分别使用硫酸锰（$MnSO_4 \cdot 4H_2O$）以及硝酸锰（$Mn(NO_3)_2 \cdot 4H_2O$）为原料，过硫酸铵（$(NH_4)_2S_2O_8$）作为氧化剂，在 80℃ 下合成了纳米棒结构的

$\alpha-MnO_2$ 和 $\beta-MnO_2$ 样品（图3－4），使用 $LiPF_6$ 含量为1 mol/L的EC：DMC（1：1）溶液作为有机电解液与锂金属为负极组装了半电池，测试了两种不同晶相 MnO_2 的电化学性能。$\beta-MnO_2$ 样品的初始放电比容量为180 mA·h/g，45次循环后容量保持在130 mA·h/g，而 $\alpha-MnO_2$ 样品的初始放电比容量为210 mA·h/g，45次循环后容量为115 mA·h/g（图3－5）。

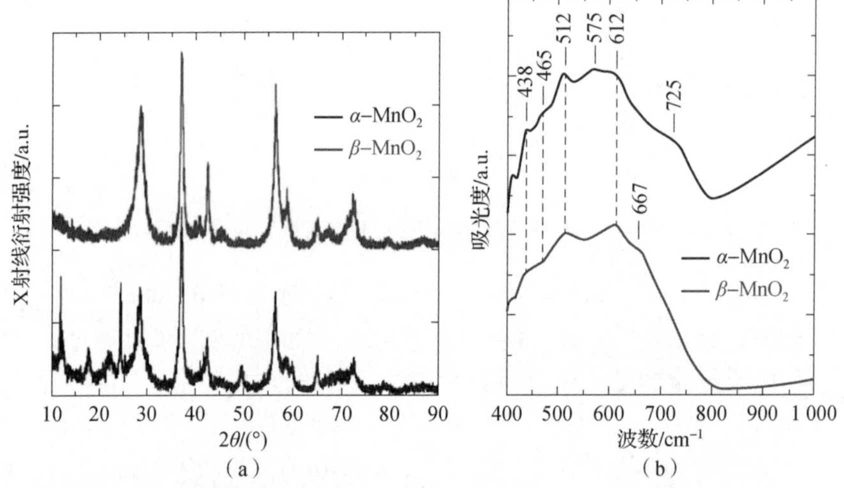

图3－4　通过氧化还原沉淀法制备的 $\alpha-MnO_2$ 和 $\beta-MnO_2$ 样品的光谱图

（a）通过氧化还原沉淀法制备的 $\alpha-MnO_2$ 和 $\beta-MnO_2$ 样品的XRD图谱；

（b）通过氧化还原沉淀法制备的 $\alpha-MnO_2$ 和 $\beta-MnO_2$ 样品的红外光谱

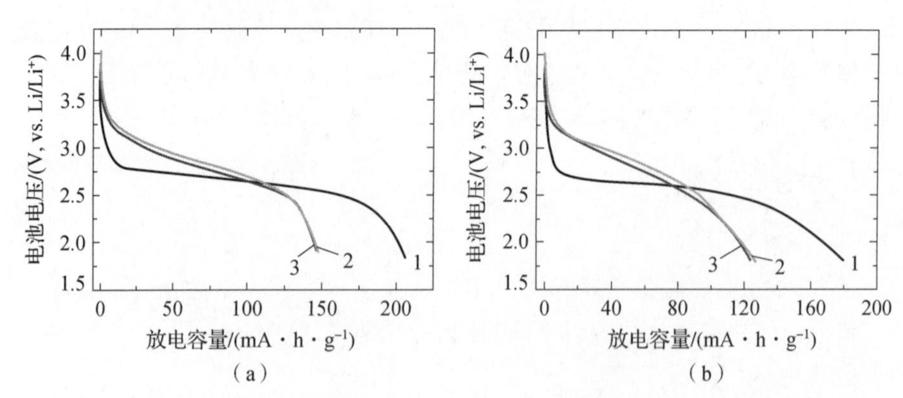

图3－5　通过氧化还原沉淀法制备的 $\alpha-MnO_2$ 和 $\beta-MnO_2$ 样品的恒电流放电曲线

（a）$\alpha-MnO_2$；（b）$\beta-MnO_2$

1—1次放电；2—2次放电；3—3次放电

（2）溶胶－凝胶法

溶胶－凝胶法制备的 MnO_2 具有化学均匀性好、纯度高、颗粒细等优点，通过添加模板剂（有机或无机材料）还能制备出一维或二维规整的纳米材料。例如，Jun John Xu 等人使用摩尔比为 1∶3 的固体富马酸与高锰酸钠溶液为原料，结合冷冻技术制备了多孔 MnO_2 电极（图3－6）。使用 1 mol/L $LiClO_4$ 的 EC∶PC(1∶1) 溶液作为有机电解液，与锂金属负极组装的半电池在 0.01 C、0.2 C 和 2 C 的倍率下比容量分别为 289 mA·h/g、217 mA·h/g 和 174 mA·h/g（图3－7）。溶胶－凝胶法的缺点在于合成工艺复杂，对条件的要求较高。

图3－6 多孔 MnO_2 材料的 SEM 图像

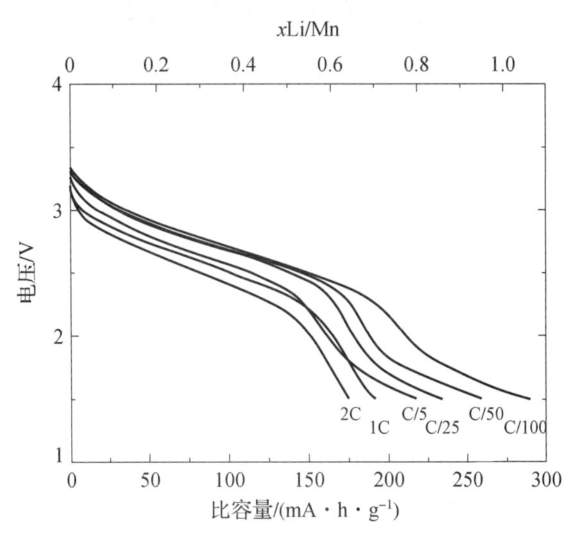

图3－7 在不同倍率下多孔 MnO_2 材料的首次放电曲线

（3）电化学沉积法

电化学沉积法是指通过外部设备控制电化学反应体系沉积电位和沉积速度，将溶液中的被沉积离子沉积到电极板上从而获得相应产物的方法。Liu 等人采用恒电位法，以醋酸锰和硫酸钠的混合水溶液为原料，在阴极表面沉积形成了 MnO_2 纳米壁阵列（图 3－8）。通过这种方式获得的 MnO_2 具有层次性的大孔和介孔结构，比表面积高，有利于锂离子的嵌入和脱出。这种 MnO_2 纳米壁阵列具有较高的比容量和优异的循环稳定性，在厚度为 0.5 μm 时，其比容量达到 256 mA · h/g（图 3－9），远高于理论比容量 150 mA · h/g。电化学方法合成材料往往具有选择性高、效率高、副产物少和材料纯度高的优点，可直接通过电流电压调控合成过程，便于操作，缺点在于合成的材料数量较少，不利于大规模工业化生产。人们采用电化学沉积方法获得的通常是 $\gamma-MnO_2$。

（a）　　（b）

图 3－8　电化学沉积法制备的 MnO_2 纳米壁阵列的形貌

（a）通过电化学沉积法制备 MnO_2 纳米壁阵列的 SEM 俯视图；

（b）相同 MnO_2 纳米壁阵列的 SEM 侧视图

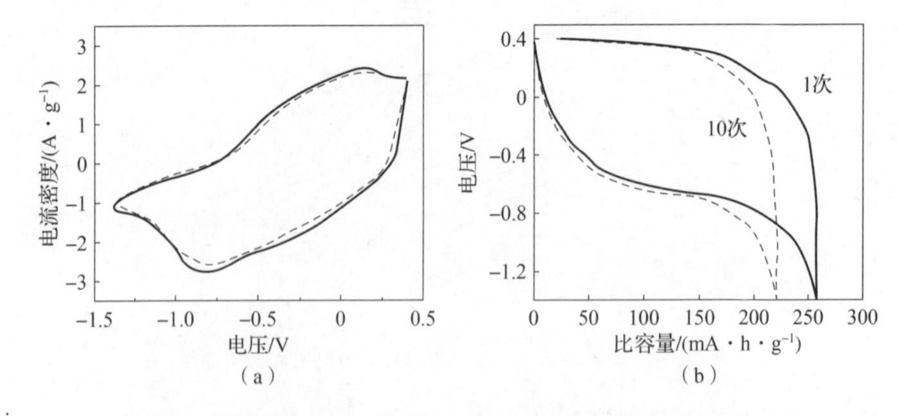

（a）　　（b）

图 3－9　电化学沉积法制备的 MnO_2 纳米壁阵列的电化学性能

（a）MnO_2 纳米壁阵列首次循环（实线）与第 10 次循环（虚线）的循环伏安曲线；

（b）MnO_2 纳米壁阵列首次循环（实线）与第 10 次循环（虚线）的充放电曲线

（4）固相合成法

固相合成法是将固态的反应原料混合，通过高速球磨等方式制备 MnO_2 的方法。根据制备时的温度不同可以分为低温固相法和高温固相法。固相法是制备粉体材料最为传统的合成方法之一。该方法制备简单，晶型可控，适合于大规模工业生产，但是得到的产物尺寸较大，产物不均匀。杨帆等人采用低温固相法，使用硫酸锰、氯化锰、乙酸锰和高锰酸钾为原料，在室温下按一定比例研磨、酸洗、洗涤和干燥，制备了不同形貌的 $\gamma-MnO_2$ 并发现还原剂阴离子的种类对 MnO_2 颗粒的形貌、大小以及比表面积有影响。高温固相反应一般是600℃ 以上的反应，其反应较难控制，而纳米二氧化锰在高温下易被还原，变为 Mn_2O_3 或 Mn_3O_4 等低价锰离子，因此在制备纳米二氧化锰时，高温固相法应用较少。

（5）水热法

水热法是指水溶液体系在水热釜中高温高压下反应，最后制备出二氧化锰的方法。Wang 等人使用硫酸锰和硫酸铵为原料，在聚四氟乙烯内衬不锈钢高压釜中 120 ℃下水热 12 h 合成了 $\alpha-MnO_2$ 和 $\beta-MnO_2$ 纳米棒材料（图3－10），并探究了氧化剂、温度等因素对产物晶型形成的影响机制。水热法制备 MnO_2 的优点是产物纯度高，分散性良好，形貌可控。在水热法制备过程中，还可以通过掺杂金属元素来获得复合型的氧化物。通过元素的掺杂改性，可以减小晶胞膨胀的各向异性和对孔道尺寸进行微调，从而改变材料的稳定性和导离子性能。

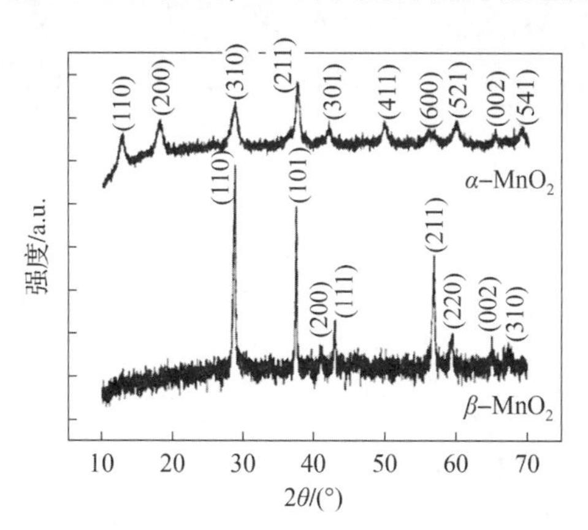

图 3－10　水热法合成的 $\alpha-MnO_2$ 和 $\beta-MnO_2$ 材料的 XRD 图像

2）改性

电导率低、结构不稳定和热循环性能较差是限制 MnO_2 作为锂离子电池正极材料的缺点。针对这些问题，研究人员对二氧化锰进行了改性以改善其电化学性能，方法包括表面包覆、形貌粒径控制、掺杂改性等。

(1) 表面包覆

表面包覆是一种常见的改性手段，采用表面包覆的方式一般可以起到提高材料的电导率，增大比表面积，减少电化学反应中的损耗等效果，从而改善 MnO_2 材料的物理化学性能以及电化学性能。表面包覆可以选择的材料多种多样，常见的包覆物质有碳、金属氧化物、有机物等。Meng 等人使用聚苯胺(PANI) 对 MnO_2 进行包覆，通过添加 $HClO_4$ 控制溶液的 pH 来改变产物的形貌与组成，最终合成了 MnO_2/PANI 复合材料和 PANI 纳米纤维等一系列材料(图 3－11)，所得到的 MnO_2/PANI 复合材料表现出较好的循环性能与较高的放电比容量。

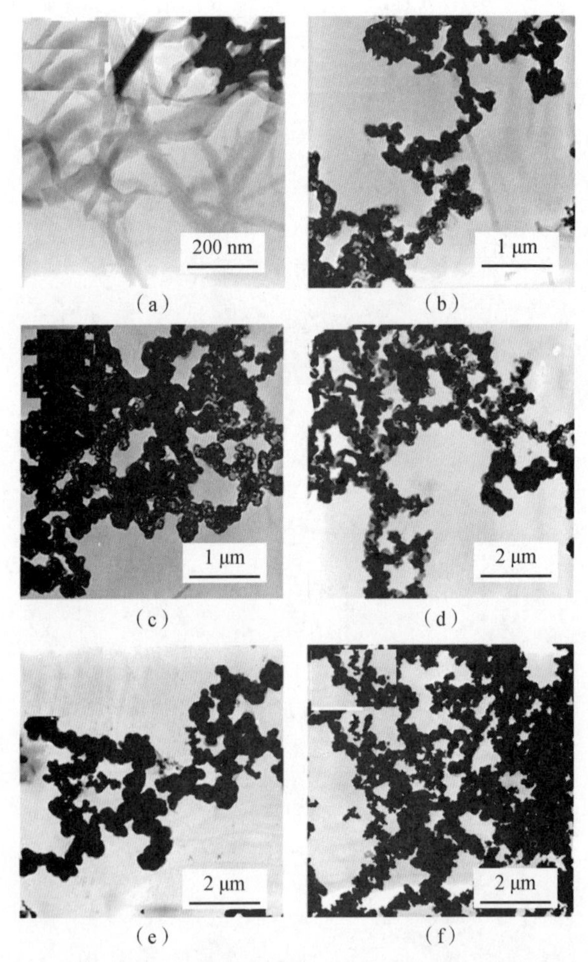

图 3－11　不同 $HClO_4$ 浓度下合成的 MnO_2/PANI 复合材料的 TEM 图像

(a) 1 mol/L; (b) 0.5 mol/L; (c) 0.2 mol/L; (d) 0.1 mol/L; (e) 0.05 mol/L; (f) 0 mol/L

(2) 形貌粒径控制

MnO_2 材料的表面形貌及其粒径大小也会影响其电化学性能，纳米 MnO_2 材料制备已成为目前研究的热点之一。通常，控制反应物及反应条件的方法可以得到各种具有优秀性能的纳米级 MnO_2 材料。Li 等人采用低温（60℃）还原工艺，在无模板或表面活性剂的情况下，大规模制备了新型空心海胆结构（hollow urchins）的 $\alpha-MnO_2$（图 3－12），通过改变反应条件，确定了空心海胆结构形成的最佳条件。空心海胆结构 $\alpha-MnO_2$ 的首次放电容量高达746 mA·h/g，在 270 mA/g 的高电流密度下也表现出良好的循环性能。

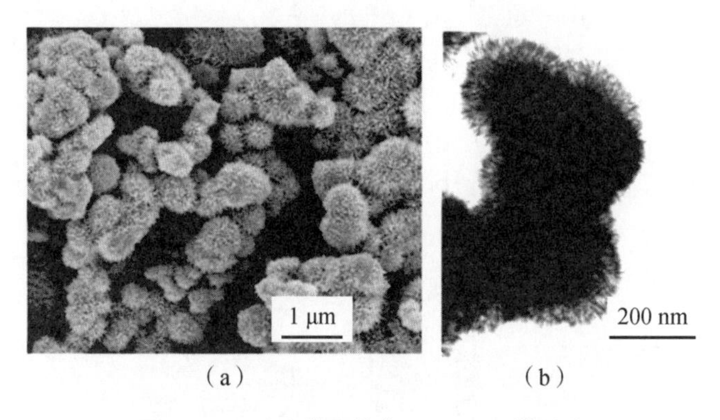

(a)　　　　　　　　(b)

图 3－12　空心海胆结构 $\alpha-MnO_2$ 的形貌

(a) 空心海胆结构 $\alpha-MnO_2$ 的 SEM 图；

(b) 空心海胆结构 $\alpha-MnO_2$ 的 TEM 图像

(3) 掺杂

掺杂是改善 MnO_2 性能的重要手段。掺杂可以引起 MnO_2 材料晶胞参数的改变，优化其通道尺寸大小，提高 Li^+ 在 MnO_2 晶体间的迁移能力，增强 MnO_2 晶体的电导率。杂质离子的掺杂还能起到提高 MnO_2 结构稳定性的作用。常见的掺杂元素有 Cu、Al、Ni 和 Co 等。Teruhito Sasaki 等人对 $\alpha-MnO_2$ 进行 Co、Fe 元素的掺杂，生成了 $\alpha-K_{0.12}(Mn_{0.88}Co_{0.12})O_2$ 以及 $\alpha-K_{0.08}(Mn_{0.96}Fe_{0.04})O_2$，其中 $\alpha-K_{0.12}(Mn_{0.88}Co_{0.12})O_2$ 首次放电容量达到 290 mA·h/g，20 次放电后容量仍维持在 193 mA·h/g，而 $\alpha-K_{0.08}(Mn_{1-x}Fe_x)O_2$ 在 1～20 次循环中的放电容量为 35～100 mA·h/g（图 3－13）。研究表明钴掺杂可以提高 $\alpha-MnO_2$ 初始放电容量和循环性能，而铁掺杂对提升 $\alpha-MnO_2$ 性能没有正面影响。

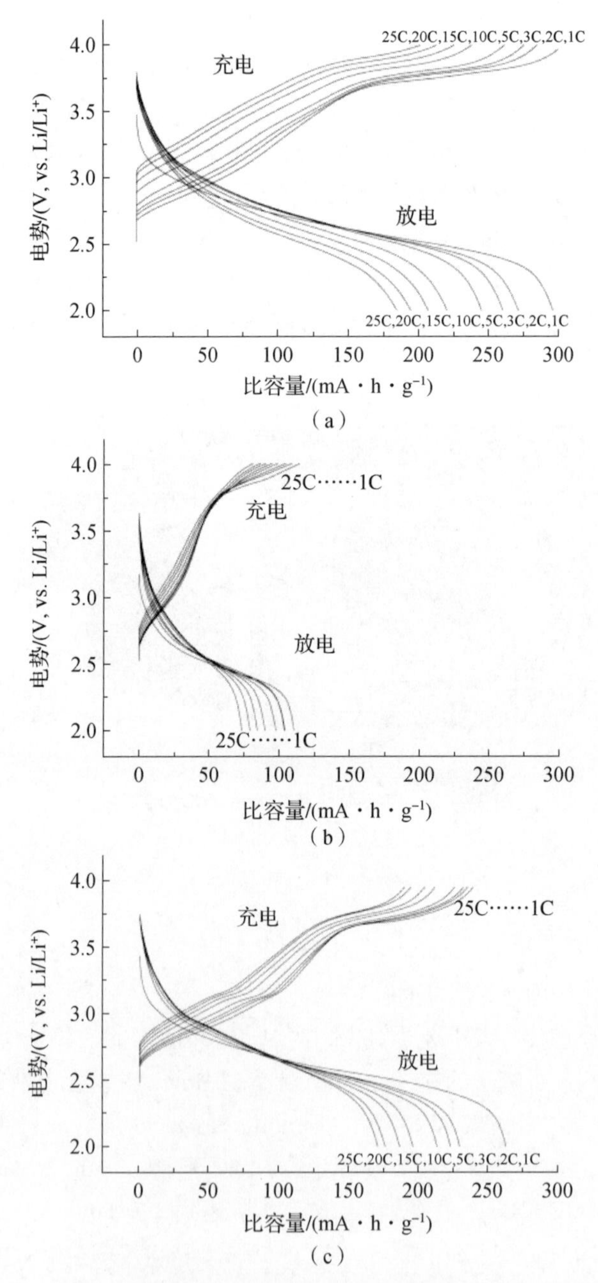

图 3-13　钴和铁掺杂的 MnO_2 在不同倍率下的充放电曲线

(a) $\alpha-K_{0.12}(Mn_{0.88}Co_{0.12})O_2$ 的充放电曲线；

(b) $\alpha-K_{0.08}(Mn_{0.96}Fe_{0.04})O_2$ 的充放电曲线；

(c) $\alpha-K_{0.09}MnO_2$ 的充放电曲线

3.2 锂化的锰二氧化物

锂化的锰二氧化物具有相对高的容量（200 mA·h/g），且有循环寿命长、毒性小、安全性好和环境友好的优点，是很有发展前景的正极材料。图3－14是Li－Mn－O体系在空气中的三元相图。锂掺杂单相尖晶石$Li_{1+z}Mn_{2z}O_4$（$0 \leq z \leq 0.33$）在400～880 ℃稳定存在，其中锰的平均价态在3.5～4。当温度高于临界温度Tc1（约880 ℃）时，尖晶石相与单斜晶系的Li_2MnO_2共存；当温度低于临界温度Tc2（约400 ℃）时，尖晶石相与Mn_2O_3或者MnO_2共存。大多数锰的氧化物面临两个主要的问题：①在充放电过程中会产生晶格畸变，这与Mn^{3+}离子e_g轨道中的单电子有关；②锰从正极材料中溶出到电解液中，尤其是在较高温度和高压充电状态下，这一般是由于含氟阴离子与水杂质反应产生的酸以及溶剂氧化导致Mn^{3+}歧化为Mn^{2+}和Mn^{4+}所致。

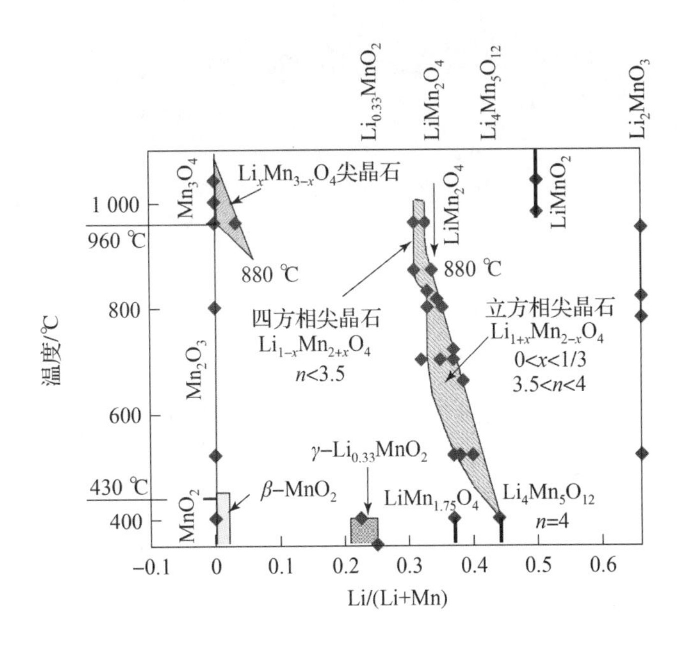

图3－14 Li－Mn－O体系在空气中的三元相图（350～1 060 ℃）

3.2.1 $Li_{0.33}MnO_2$

1. 结构及电化学性能

$Li_{0.33}MnO_2$ 属于单斜晶系，其空间群为2/m，这表明 $Li_{0.33}MnO_2$ 晶体中有一个二重旋转轴和一个镜面对称轴。锂离子位于 MnO_2 晶格之间的八面体位点的 [1×2] 通道中，这些通道对晶格中的锂离子产生弱键合作用。锰原子则有两个位置，表示为 $Mn_{(1)}$ 和 $Mn_{(2)}$，分别存在于交替有序的 [1×2] 和 [1×1] 通道。它们以共角或共边的方式形成 [$Mn_{(1)}O_6$] 八面体和 [$Mn_{(2)}O_6$] 八面体。图3-15是 $Li_{0.33}MnO_2$ 的晶格结构示意图，其中红球代表氧原子，绿色和橙色的区域分别代表 [$Mn_{(1)}O_6$] 八面体和 [$Mn_{(2)}O_6$] 八面体。值得注意的是，[$Mn_{(2)}O_6$] 的 $Mn_{(2)}$ 离子亚点阵为等腰三角形，其两腰长为2.912 Å，底边长为2.839 Å。图3-16是 $Li_{0.33}MnO_2$ 的高分辨透射电子显微镜（HRTEM）照片、选区电子衍射花样和晶格成像。

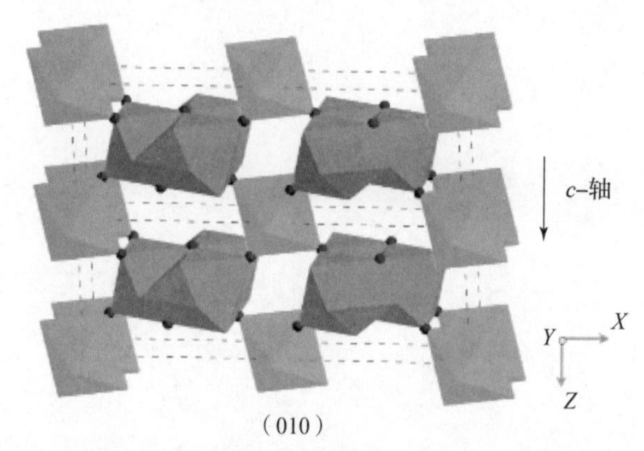

图3-15 $Li_{0.33}MnO_2$ 的晶格结构示意图（书后附彩插）

$Li_{0.33}MnO_2$ 的优势在于其高充放电效率和高比容量。许多研究人员都将它作为使用液体电解质的锂离子电池的优良3 V正极材料进行研究。在循环过程中是否发生实质相变仍有争论，Ohzuku 和 Julien 等人认为 $Li_{0.33}MnO_2$ 的晶体结构在插入过程中并未发生实际变化。与此相对，Levi 等人则认为材料在锂离子插入之后会转变成一个新的单相，这种结构在2.9 V的放电平台下循环50次后仍能保持180 mA·h/g的比容量。$Li_{0.33}MnO_2$ 的理论放电容量为207 mA·h/g，相当于0.67 mol Li^+ 嵌入到 $Li_{0.33}MnO_2$ 框架，放电过程中发生的反应可以表示为下式：

$$Li_{0.33}MnO_2 + 0.67Li^+ + 0.67e^- = LiMnO_2$$

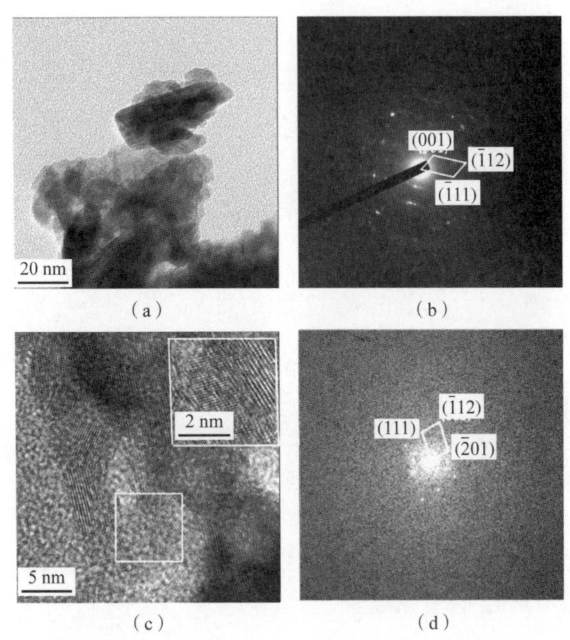

图 3－16　$Li_{0.33}MnO_2$ 的高分辨透射电子显微镜（HRTEM）照片、选区电子衍射花样和晶格成像

（a）HRTEM 照片；（b）约 200 nm 微区的选区电子衍射花样；（c）高分辨晶格成像；

（d）晶格成像中方框的快速傅里叶变换（FFT）

图 3－17 为通过二氧化锰和锂盐的固态反应合成的正极组装的 $Li//Li_{0.33}MnO_2$ 电池分别在 25℃和 55℃测定的首次充放电曲线，电压区间为 4.0～1.5 V，电流密度为 0.14 mA/cm^2。在放电过程中，其最高比容量达到了194 mA·h/g，首次充电曲线呈 S 形，这表明形成了单相 $Li_{0.33+x}MnO_2$。被锂化之后，$Li_{0.33+x}MnO_2$ 的电子电导率会轻微提升：$x=0$ 时，电子电导率为 0.1 mS/cm；$x=0.55$ 时，电子电导率为 5 mS/cm。

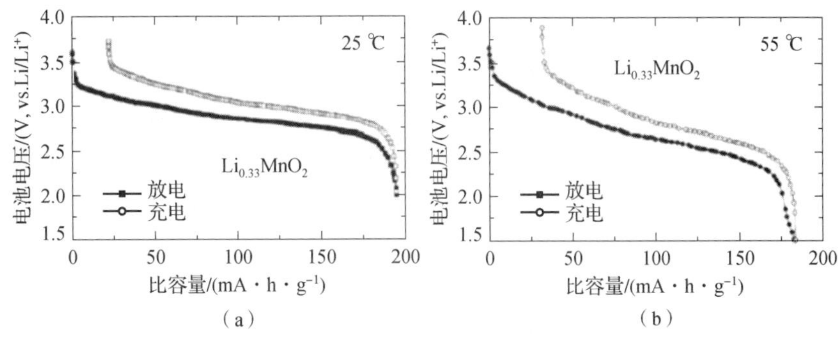

图 3－17　温度为 25 ℃和 55 ℃时，在电压 4.0～1.5 V、电流密度 0.14 mA/cm^2 的条件下 $Li//Li_{0.33}MnO_2$ 电池的首次充放电曲线

（a）25 ℃；（b）55 ℃

2. 制备及改性

目前 $Li_{0.33}MnO_2$ 的合成主要是固相烧结法。芳尾真幸和中村博吉报道了一种低温烧结的 $Li_{0.33}MnO_2$ 的合成方法，他们将 MnO_2 和 $LiNO_3$ 的混合物进行烧结从而制备 $Li_{0.33}MnO_2$。使用这种方法合成的反应方程式如下：

$$LiNO_3 + 3MnO_2 = 3Li_{0.33}MnO_2 + NO_2 + 0.5O_2$$

然而电化学循环以及合成的过程中的高温都会导致 $Li_{0.33}MnO_2$ 变成 $Li_{0.5}MnO_2$，因此常常在 370℃ 左右进行低温烧结制备 $Li_{0.33}MnO_2$。

典型的 $Li_{0.33+x}MnO_2$ 是微米级的颗粒状材料。近年来有研究人员指出，纳米棒结构的 $Li_{0.33}MnO_2$ 具有更好的电化学性能。$Li_{0.33}MnO_2$ 纳米棒的制备主要是由 $\gamma-MnO_2$ 纳米棒与 $LiNO_3$ 通过低温固相反应制备。由 $\gamma-MnO_2$ 所制备的 $Li_{0.33}MnO_2$ 纳米棒倾向于沿 b 轴取向，而 b 轴的取向平行于 [1×2] 和 [1×1] 通道，更有利于锂离子脱嵌，从而使材料呈现更好的循环和倍率性能。另外，锂离子扩散时间可以用下式来表示：

$$\tau = \frac{L^2}{D_{Li}}$$

式中，τ 为扩散时间；L 为扩散距离；D_{Li} 为扩散系数。

由公式可知，扩散距离 L 对于锂离子扩散能力的影响比扩散系数 D_{Li}（与材料的热力学性质有关）更大。纳米棒结构的 $Li_{0.33}MnO_2$ 显然能够提供比微米级的 $Li_{0.33}MnO_2$ 更短的扩散距离，更能满足 Li^+ 快速嵌入脱出的需求。

常规 $Li_{0.33}MnO_2$ 和 $Li_{0.33}MnO_2$ 纳米棒在不同倍率（0.1 C、0.5 C、1 C、2 C、5 C 和 10 C）下的充放电曲线如图 3-18 所示。可以看出，常规 $Li_{0.33}MnO_2$ 在 0.1 C（20 mA/g）下的放电容量为 182 mA·h/g，$Li_{0.33}MnO_2$ 纳米棒在 0.1 C 时放电比容量为 199 mA·h/g，并且在 0.5 C、1 C、2 C、5 C 和 10 C 下，$Li_{0.33}MnO_2$ 纳米棒都呈现出比传统 $Li_{0.33}MnO_2$ 颗粒高的放电比容量。

图 3-19 比较了常规 $Li_{0.33}MnO_2$ 和 $Li_{0.33}MnO_2$ 纳米棒半电池的循环稳定性。在 2C 的放电倍率下，$Li_{0.33}MnO_2$ 纳米棒正极的初始容量为 129 mA·h/g，100 次循环后的容量为 118 mA·h/g（每次循环的保持率为 99.91%）；相比之下，传统 $Li_{0.33}MnO_2$ 颗粒的初始容量为 114 mA·h/g，在 100 次循环后，其比容量保持在 97 mA·h/g（每个循环的保持率为 99.85%）。众所周知，嵌锂引起的晶格膨胀会在颗粒中产生应力，破坏晶体结构，从而在多次充放电循环后导致性能不佳。对于通道结构，晶格将沿径向方向膨胀，这使得颗粒中产生应力，从而破坏晶体结构并导致较差的循环性能。$Li_{0.33}MnO_2$ 纳米棒的径向长度仅为

42 nm 左右，这可以减少锂离子插入过程中的体积膨胀。换句话说，具有 b 轴取向的纳米棒将充当缓冲层缓解锂离子插入期间的体积膨胀，从而改善循环性能。

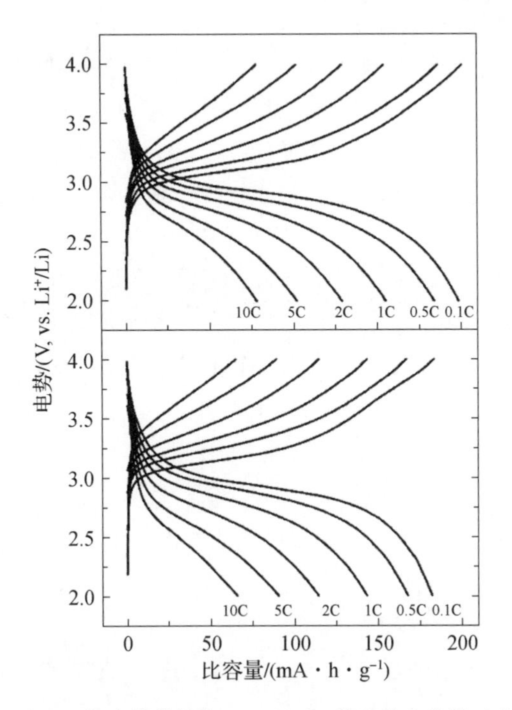

图 3-18　纳米棒状结构 $Li_{0.33}MnO_2$ 的充放电曲线（上）和传统结构 $Li_{0.33}MnO_2$ 的充放电曲线（下）

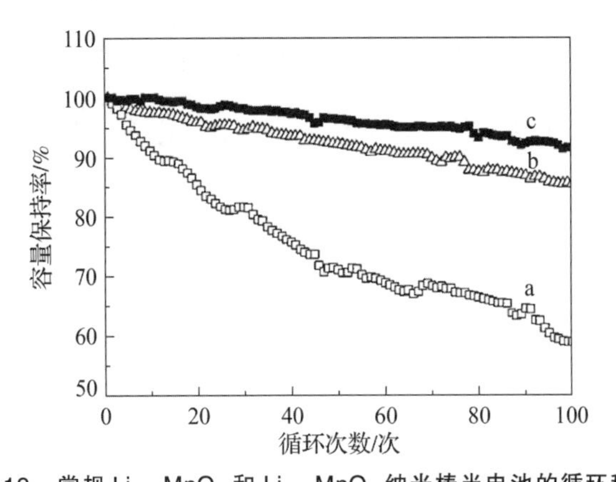

图 3-19　常规 $Li_{0.33}MnO_2$ 和 $Li_{0.33}MnO_2$ 纳米棒半电池的循环稳定性

a—α-MnO_2 的循环性能；b—常规 $Li_{0.33}MnO_2$ 的循环性能；c—$Li_{0.33}MnO_2$ 纳米棒的循环性能

3.2.2 $Li_{0.44}MnO_2$

1. 结构及电化学性能

1994 年，Marca M. Doeff 首次报道了斜方结构 $Na_{0.44}MnO_2$ 材料在碱金属聚合物电解质电池正极材料中的应用。1998 年，A. Robert Armstrong 将其中的钠完全置换为锂得到了一种新型化合物 $Li_{0.44}MnO_2$，将其作为正极材料呈现良好的循环性能。这种化合物可将钠锰氧化物作为前驱体，使用软化学法在温和的条件下制备。如今，$Li_{0.44}MnO_2$ 作为锂离子电池正极材料已经被广泛研究。

常见的锂锰氧化物如尖晶石型 $LiMn_2O_4$ 和层状 $LiMnO_2$ 属于岩盐相晶格，而 $Li_{0.44}MnO_2$ 则有所不同。$Li_{0.44}MnO_2$ 的晶体结构属正交晶系，具有 Pbam 空间群，并且保持了前驱体 $Na_{0.44}MnO_2$ 的通道结构。晶体由共棱的板条状八面体 [MnO_6] 和共棱的柱状正交结构 [MnO_5] 组成，并且板条状结构和柱状结构都平行于斜方晶胞的 c 轴。其中，沿着 c 轴有两种不同的通道，通道中包含了 3 个锂离子位点。较小的通道提供一个锂离子位点，而较大的通道则提供了 2 个锂离子位点。与此同时，在 $LiMn_2O_4$ 晶体中至少有 5 个锰位点。图 3-20 是 c 轴三维视角下的 $Li_{0.44}MnO_2$ 晶格结构示意图。

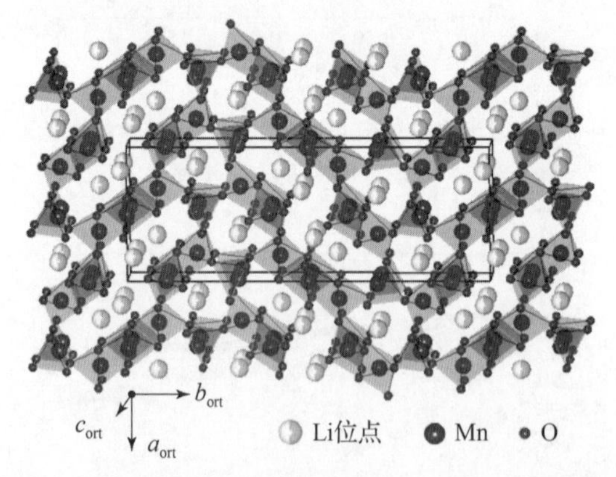

图 3-20 $Li_{0.44}MnO_2$ 晶格结构沿 c 轴三维示意图（书后附彩插）

由于结构的不同，$Li_{0.44}MnO_2$ 的电化学性能也与单斜结构的 $Li_{0.33}MnO_2$ 有所差异。图 3-21 是 Li//$Li_{0.44}MnO_2$ 电池在 30℃、2.5~4.8V 电压和 5 mA/g 的电流密度下的充放电曲线。Li//$Li_{0.44}MnO_2$ 电池在 4.3V 左右的充放电电压下显示出一个新的高电位平台区，平均放电电压为 3.57V，它在 2.5~4.8 V 的初始放电容量为 166 mA·h/g。通道结构在中等电流密度下能够实现高达 0.55~0.6 Li/Mn 的锂离子可逆脱嵌，对应于 160~180 mA·h/g 的容量，循环 10 次后剩余比容量为 152 mA·h/g。

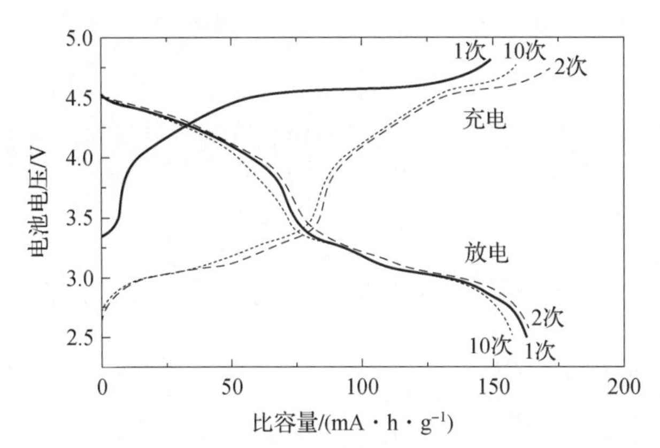

图 3-21　Li//$Li_{0.44}MnO_2$ 电池在 30 ℃、5 mA/g 电流密度的充放电曲线

2. 制备和改性

目前 $Li_{0.44}MnO_2$ 主要通过熔盐法制备。1998 年，A. Robert Armstrong 以 $Na_{0.44}MnO_2$ 为母体，成功制备了 $Li_{0.44}MnO_2$。他们首先通过传统的固相烧结路线，将前驱体 Na_2CO_3 和 MnO_2 以 1∶2 的摩尔比在 800℃下反应 15～24 h 以制备 $Na_{0.44}MnO_2$ 母体，在此过程中使用稍微过量的钠。将制备好的 $Na_{0.44}MnO_2$ 在离子交换介质中加热到 260～275 ℃。然后将产物在乙醇中洗涤并过滤。离子交换介质通常是锂的熔盐，目前绝大多数研究所使用的熔盐为 $LiNO_3$（88 mol%）和 LiCl（12 mol%）的共晶化合物。

其中离子交换过程中发生的反应可以用以下方程式表示：

$$2LiNO_3 = Li_2O + 2NO_2 + 0.5O_2$$

$$0.44Li^+ + Na_{0.44}MnO_2 = Li_{0.44}MnO_2 + 0.44Na^+$$

如前文所提到的 $Li_{0.33}MnO_2$ 一样，$Li_{0.44}MnO_2$ 也可以通过形貌调控来改善电化学性能。常规 $Li_{0.44}MnO_2$ 的尺寸为微米级，其比表面积远远小于一维纳米结构的 $Li_{0.44}MnO_2$。要合成一维纳米结构 $Li_{0.44}MnO_2$ 需要先合成一维纳米结构 $Na_{0.44}MnO_2$ 作为前驱体，然后进行离子交换以锂代替钠。一维纳米结构 $Na_{0.44}MnO_2$ 可以通过熔盐法或水热法合成。熔盐法需要将 $MnCO_3$ 和 Na_2CO_3 与 NaCl 以一定摩尔比混合，然后 850 ℃下加热 5 h。水热法则需要将 Mn_3O_4 粉末按一定摩尔比分散到 NaOH 水溶液（5 mol/dm^3）中并置于聚四氟乙烯内衬的高压釜中 205℃加热 4 d。钠/锂离子交换过程由一维纳米结构 $Na_{0.44}MnO_2$ 与 $LiNO_3$（88 mol%）和 LiCl（12 mol%）的混合物组成的熔盐在 400 ℃空气中烧结 1 h 来实现。在烧结过程中应该注意温度和时间的控制，因为该过程中较为容易产生粘附在纳米线上的副产物 Li_2MnO_3 颗粒。图 3－22 是 $Na_{0.44}MnO_2$ 纳米线和 $Li_{0.44}MnO_2$ 纳米线的 SEM 图。$Li_{0.44}MnO_2$ 纳米线的形貌与 $Na_{0.44}MnO_2$ 纳米线的形貌相似，在反应时只发生了离子交换而不发生形貌上的改变。

图 3－22　$Na_{0.44}MnO_2$ 纳米线和 $Li_{0.44}MnO_2$ 纳米线的 SEM 图

(a) $Na_{0.44}MnO_2$；(b) $Li_{0.44}MnO_2$

纳米结构能够带来比容量的提升。图 3－23 是 $Li_{0.44}MnO_2$ 纳米线在不同充放电倍率下的首次和第 2 次循环曲线。电流密度为 0.1 A/g 时充电容量约为 55 mA·h/g，这意味着从 $Li_{0.44}MnO_2$ 中脱出了约 0.19 个的锂并形成 $Li_{0.25}MnO_2$；随后的放电容量约为 247 mA·h/g，这意味着大约 0.82 个的锂插入到 $Li_{0.25}MnO_2$ 中形成 $Li_{1.07}MnO_2$。$Li/Li_{0.44}MnO_2$ 电池的理论比容量为 131 mA·h/g。纳米结构能够嵌入过量的锂离子是因为碳表面的电容效应和其他效应的综合作用，如此大量的锂离子脱出嵌入能够带来约 250 mA·h/g 的比容量。电流密度为 0.1 A/g 时，单晶 $Li_{0.44}MnO_2$ 纳米线的放电比容量在第 2 次循环大约为 230 mA·h/g。在高倍率下，$Li_{0.44}MnO_2$ 纳米线仍保持大的放电容量，如 5 A/g 时能够达到 140 mA·h/g，这与 $LiCoO_2$ 的理论容量相当。

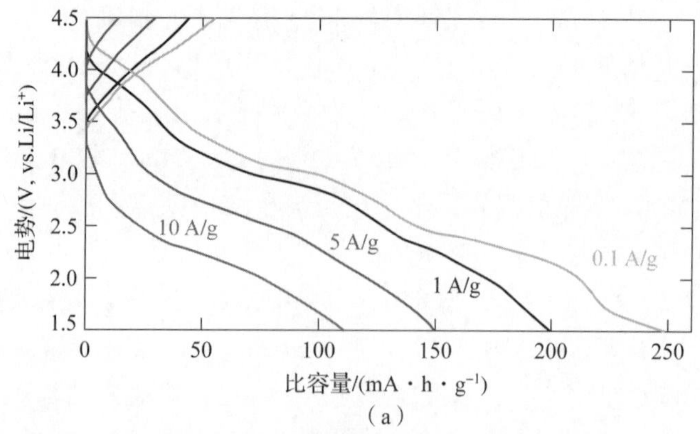

图 3－23　$Li_{0.44}MnO_2$ 纳米线的首次和第 2 次充放电曲线

(a) 首次

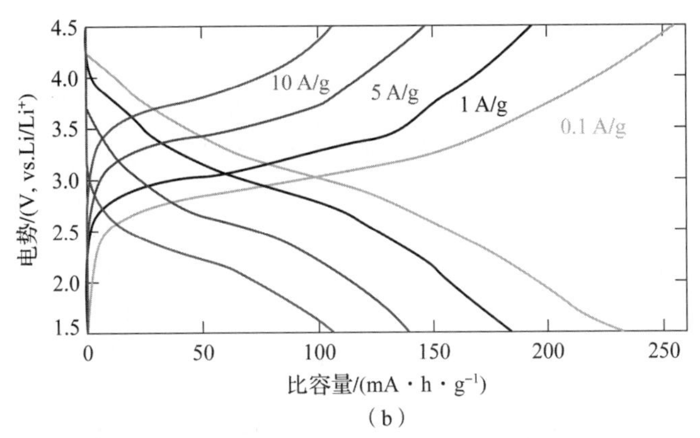

图 3-23 $Li_{0.44}MnO_2$ 纳米线的首次和第2次充放电曲线（续）

（b）第2次

除了形貌调控以外，研究人员还用钛、钙等元素取代锰元素来改善电化学性能，取得了一定的效果。钛元素的加入能够带来在4V左右的放电平台，而钙离子的加入能够显著提升循环稳定性。

3.3 4 V 尖晶石锰酸锂

1. 结构及电化学性能

尖晶石结构锰酸锂 $LiMn_2O_4$ 属于立方晶系，F3m 空间群，是一种三维（3D）结构，如图3-24所示。尖晶石结构 $LiMn_2O_4$ 锂离子电池正极材料具有较高的电极电位（4V vs. Li），其中锂离子占据四面体的8a位点，O^{2-} 以立方密堆积排列，而锰离子（Mn^{3+} 和 Mn^{4+}）占据尖晶石结构中 O^{2-} 晶格的八面体中心位点即16d位点。锂离子可以通过空的四面体8a位点和八面体16c位点迁移，形成了有利于锂离子传输的三维扩散通道，其结构稳定，价格低廉且环境友好。锂离子从 $LiMn_2O_4$ 的迁入和迁出涉及两个电压平台，在较高的电压（约4.0 V）下，Li^+ 嵌入/进入四面体8a位点并保持其立方结构；在较低的电压（约3.0 V）下，Li^+ 从空的八面体16c位点迁移到空的八面体16c位点。3V附近的电压平台是由 $LiMn_2O_4$ 中高自旋的 Mn^{3+} 的 Jahn - Teller 效应引起的不对称晶格畸变，相转变的过程会引起巨大的体积变化而导致表面的尖晶石粒子破裂，材料的容量会迅速衰减。

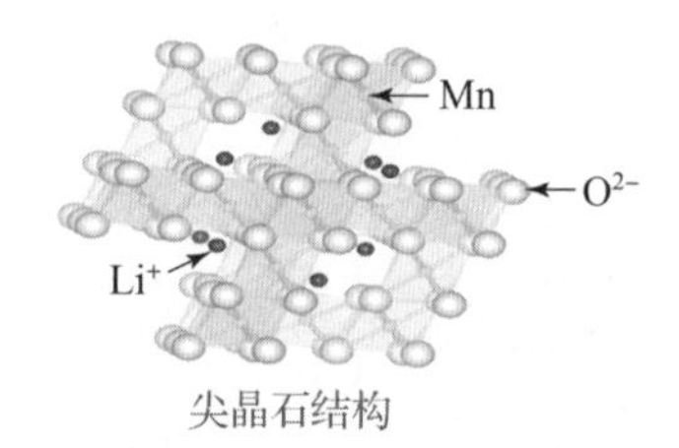

图 3-24　尖晶石型 $LiMn_2O_4$ 的结构模型（书后附彩插）

$LiMn_2O_4$ 具有成本低、热稳定性好、对环境友好和安全性好等优点，广泛应用于商业化动力电池的正极材料。但是这种材料同样存在着比较大的缺点：①材料的比容量低，约为 110～120 mA·h/g；②锂离子电池电解液对 Mn^{3+}、Mn^{4+} 的溶解能力较大，电池的自放电大，同时这也是引起容量衰减的重要原因之一；③在电池的充放电循环及储存过程中，发生强烈的 Jahn-Teller 效应，使材料的晶胞发生非对称性收缩或者膨胀，产生由立方晶系向四方晶系的相变，尤其是在高温条件下（大于 55℃时）容量衰减更加严重；④电解液在高压充电时会发生分解，使材料中的锰元素被氧化为 Mn^{4+}，这会导致材料的循环性能差，电池经过多次循环后发生容量衰减。以上的几个缺点，严重阻碍了该材料的商品化应用。

2. 制备和改性

1）制备

根据尖晶石锰酸锂的制备过程，可以将锰酸锂的制备方法大体分为固相法和软化学法，具体的制备方法介绍如下。

（1）高温固相法

高温固相法是将锂化合物（氢氧化锂、碳酸锂或硝酸锂）与锰化合物（二氧化锰、硝酸锰、醋酸锰等）按一定比例混合均匀，在高温下煅烧进行固相反应合成。高温固相法是锂离子电池正极材料制备的常用方法，优点是合成过程简单，易于工业化生产；缺点是反应温度较高（一般在 750～800 ℃），反应时间较长（煅烧时间为 20 h 左右），产物颗粒较大和不均匀等。为了保证混合均匀一般进行多次研磨和烧结工艺，还可借助机械力的作用使颗粒破碎，使反应物质晶格产生各种缺陷（位错、空位和晶格畸变等），增加反应界面和反应活性点，促进固相反应的顺利进行。合成中锂源和锰源的性质、形貌以及合成温度等条件对材料的电化学性能影响较大。熊学等人按化学计量比称取电池级 Li_2CO_3 和电解 MnO_2 充分混合后在 850 ℃下保温 12 h，一次煅烧合成纯相大颗粒的 $LiMn_2O_4$ 正极材料。Guo 等人对固相法进行了改进，通过加入淀粉作燃烧促进剂，利用燃烧时放出大量的热使体系从较低的温度迅速升温，达到降低焙烧温度，缩短保温时间，节省合成成本的目的（以 Li_2CO_3 和 $MnCO_3$ 作原料在 600 ℃下保温 1 h 即可得到纯相的 $LiMn_2O_4$）。Zhou 等人以葡萄糖作燃烧促进剂，500℃保温 1 h 快速合成了 $LiMn_2O_4$。研究发现，葡萄糖的用量对 $LiMn_2O_4$ 的纯度及性能均有影响。葡萄糖用量在一定范围内升高有助于纯相的合成，但高达 30 wt. % 时将出现杂相 Mn_3O_4。葡萄糖用量为 10 wt. % 时电化学性能最好，容量高达 126 mA · h/g，循环 40 次后容量保持率为 83. 6%。

（2）熔盐浸渍法

将低熔点锂盐与反应混合物共热，使锂盐熔融并渗入到锰盐材料的孔隙中达到增大反应物接触面积的目的，从而使反应速率大大提高，在较低的温度和较短的时间即可得到均匀性较好的产物。M. Helan 等人用熔盐浸渍法在900 ℃下将熔融的 LiCl 和 MnO_2 混合保温 5 h，然后经酸洗和水洗后真空干燥得 $LiMn_2O_4$。该方法证明了熔盐浸渍法合成 $LiMn_2O_4$ 的可行性。Wang 等人通过熔盐浸渍法使 LiOH 和多孔球形的 Mn_2O_3 固相反应，得到比表面积大、多孔且大倍率和长循环性能都很好的产物。实验证明，该法制备的材料电化学性能十分优异，但是由于操作繁杂、条件较为苛刻，因而不利于产业化。

为了克服传统高温固相反应烧结温度高、时间长及掺杂相在产品中分布不均匀的缺点，“软化学法”引起了研究者的关注。“软化学法”可以使原料达到分子级混合，降低反应温度和反应时间，主要包括溶胶 - 凝胶、共沉淀、喷雾热解和水热法等。

（3）溶胶 - 凝胶法

A. Subramania 等人通过用溶胶 - 凝胶法将 PVA 分别与六亚甲基四氨、尿素和柠檬酸作用制备了 3 种 $LiMn_2O_4$ 纳米颗粒。结果表明，使用尿素所制备的 $LiMn_2O_4$ 粒径约 42 nm，使用柠檬酸制备的 $LiMn_2O_4$ 粒径约 71 nm。3 种 $LiMn_2O_4$ 纳米颗粒在 0. 1C 初始容量都在 131 mA · h/g 左右，但是 50 次后使用尿素所制备的 $LiMn_2O_4$ 容量保持率最大（91%）、用柠檬酸制备的 $LiMn_2O_4$ 容量保持利率最小（85%）。Yang 等人用 $LiNO_3$、$Mn(NO_3)_2$ 和柠檬酸作为原料，用 P123 辅助溶胶 - 凝胶法合成多孔纳米 $LiMn_2O_4$。该多孔纳米 $LiMn_2O_4$ 常温下 0. 5 C 的放电比容量为 131 mA · h/g，20 ℃下放电比容仍达 105 mA · h/g，2C 下循环 1 000 次后容量保持率为 73. 3%。溶胶 - 凝胶法比高温固相法合成温度低，反应时间短，产物颗粒均匀，但原料价格较贵，合成工艺相对复杂，不宜工业化生产。

（4）共沉淀法

共沉淀法是通过加入沉淀剂使各金属离子组分按比例从溶液中沉淀出来，

然后通过焙烧干燥共沉淀物来制备材料的方法。利用共沉淀法还可以方便地制备掺杂的 $LiMn_2O_4$。Lee 等人将可溶的锂盐、锰盐及掺杂金属化合物配成溶液，然后以 NaOH 为沉淀剂，加入氨水调节 pH 值产生共沉淀化合物，干燥焙烧得到金属离子掺杂的尖晶石 $LiM_xMn_{2-x}O_4$（M = Al、Ni、Mg）。所制备的产物呈现良好高温电化学性能，其中，铝掺杂的产物在 55℃ 的温度以 5 C 的倍率循环 100 次容量保持率为 91.5%，热稳定性得到显著改善。Thirunakaran 等人以对苯二甲酸为螯合剂加入含有锌、钨、锰、锂的溶液中将这几种离子沉淀下来，经过一系列的处理之后得到双掺杂的尖晶石锰酸锂。掺杂后的锰酸锂初始放电容量达到 120 mA·h/g；循环 25 次，每次容量只衰减 0.8 mA·h/g。与固相法相比，共沉淀法在较低温度即可实现原料原子（分子）水平的均匀混合，能够更加准确地控制锰酸锂的锂、锰、氧的化学计量比。该方法制备的电池材料颗粒较小、比表面较大、电化学容量更高并且循环寿命更长。但由于各组分的沉淀速度和溶度积存在差异，不可避免出现组分的偏离，而且沉淀物中混入的杂质需反复洗涤除去。

（5）喷雾热解法

将原料溶于去离子水中并通过喷射器进行雾化形成前驱体，将前驱体再进行干燥和煅烧制得材料。谭习有等人以 Li_2CO_3 为锂源、MnO_2 为锰源，将化学计量比的锂源、锰源和 Al_2O_3 均匀混合后加入适量乙醇进行球磨。然后将球磨后的混合物以 5 ℃/min 的速率升温至 300℃ 保温 2 h，再升温至 600 ℃ 保温 3 h，最后升温至 830 ℃ 保温 3 h，最后随炉冷却至室温，制得铝掺杂尖晶石 $LiAl_{0.07}Mn_{1.93}O_4$（LAMO）正极材料。

（6）水热法

水热法是利用水热釜的高温高压条件使反应物在水溶液中发生化学反应获得目标产物的方法。通过水热法可制备纳米尺寸且结晶完好的产物，在电池正极材料制备方面的应用已经有较多报道。但由于水热法对设备和反应条件要求高，不适合放大生产，目前主要在实验室用于少量样品的制备。Lee 等人以 LiOH 和 MnO_2 作原料，在水溶液体系中加入不同量的乙醇，然后放入高压反应釜中 200 ℃ 反应数天制得亚微米级的锰酸锂。研究发现，在水溶液体系中，延长反应时间能够使锰酸锂的结晶度增大，纯度升高，但在醇-水体系中则相反。因此，在醇-水体系中，可以大大缩短反应时间，通过调节醇-水比例可以得到颗粒均一、形貌可控和电化学稳定性较好的产物。

2）改性

尖晶石 $LiMn_2O_4$ 正极材料在实际应用中存在高温循环性能差的问题，目前的研究普遍认为原因主要有以下几点：

①锰的溶解。尖晶石 $LiMn_2O_4$ 中 Mn^{3+} 很不稳定，容易发生歧化反应，反应式如下：

$$2Mn^{3+}(\text{固体}) = Mn^{4+}(\text{固体}) + Mn^{2+}(\text{溶液})$$

Mn^{2+} 向电解液的溶出使得材料的骨架结构遭到破坏，最终导致 $LiMn_2O_4$ 循环性能下降。另外，电解液中的少量水分与 $LiPF_6$ 反应生成的 HF 也会导致锰溶解而且生成 H_2O，从而进一步促进 HF 的形成，这种恶性循环在高温环境条件下更加明显。反应过程如下：

$$LiPF_6 + H_2O = POF_3 + 2HF + LiF$$

$$4H^+ + 2LiMn_2O_4 = 3\lambda - MnO_2 + Mn^{2+} + 2Li^+ + 2H_2O$$

②Jahn - Teller 效应。Mn^{3+} 具有 $3d^4$ 电子构型，当 Mn^{3+} 在 $LiMn_2O_4$ 中形成正八面体配位时，d 轨道就要分裂成 t_{2g} 和 e_g，由于 e_g 轨道（包含 d_{z^2} 和 $d_{x^2-y^2}$ 轨道）上仅有一个电子，导致其电子分布的不对称性。为了稳定 Mn^{3+} 离子，2 根纵向的 Mn—O 键将伸长，4 根水平的 Mn—O 键将缩短（图 3 - 25），导致尖晶石结构由立方对称向四方对称转变，材料的循环性能也因此恶化。

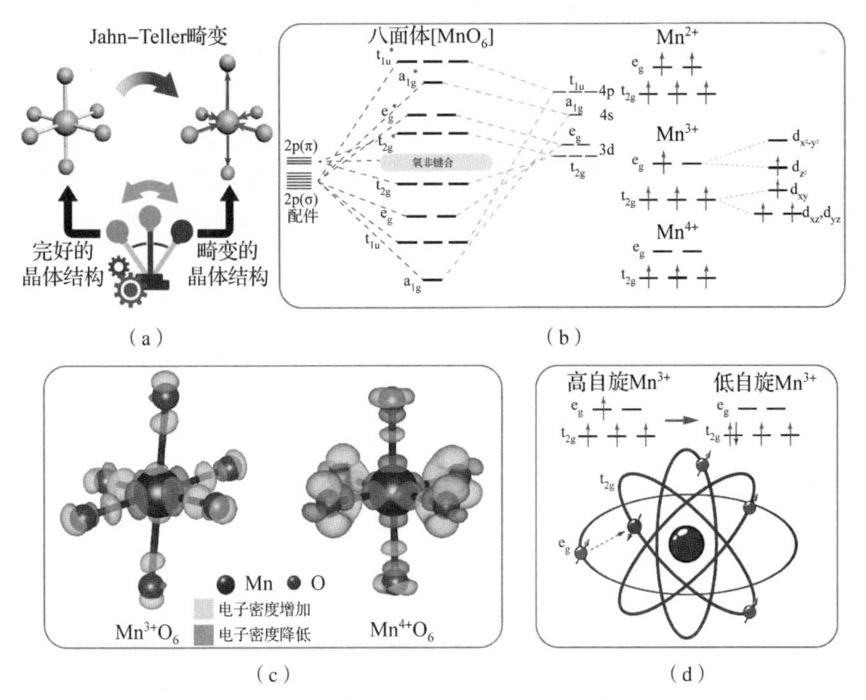

图 3 - 25 Jahn - Teller 效应在 $[MnO_6]$ 八面体中的体现（书后附彩插）

(a) Jahn - Teller 畸变前后的 $[MnO_6]$ 八面体示意图；(b) $[MnO_6]$ 八面体的分子轨道能级图和 Mn^{2+}、Mn^{3+}、Mn^{4+} 离子的电子轨道；(c) 计算得出的 $[Mn^{3+}O_6]$ 和 $[Mn^{4+}O_6]$ 八面体的电荷密度差别（蓝色和黄色区域分别代表电子密度降低和上升）；(d) 具有高/低自旋 Mn^{3+} 离子的锰 3d 轨道示意图

③电解液的分解。在 $LiMn_2O_4$ 充电过程中产生的 Mn^{4+} 具有强氧化性，会导致电解液发生分解反应，分解产物与 Li^+ 发生反应生成 SEI 膜附在活性物质表面。这一方面导致体系中具有电化学活性的锂元素量减少，另一方面导致电池内部阻抗增加，最终造成 $LiMn_2O_4$ 正极材料循环容量衰减。

④氧缺陷。有研究认为尖晶石型 $LiMn_2O_4$ 循环性能差，高温容量衰减快等问题与材料的氧缺陷有很大关系。氧缺陷主要来自两个方面：一方面是材料制备过程条件控制不佳（如温度过高或供氧不足）导致材料氧含量低于标准化学计量比；另一方面是循环过程中电解液在 $LiMn_2O_4$ 表面被氧化，而 $LiMn_2O_4$ 本身被还原而失去氧。

⑤两相共存。有研究者提出在 50℃ 以下循环时容量衰减主要发生在 4.12 ~ 4.5 V 的高电压范围内。导致容量衰减的主要原因是 $LiMn_2O_4$ 中存在两个立方相，二者在循环过程中由于晶格参数不同而产生不同的晶格形变，由此产生的微应力累积会对材料的电化学性能造成影响。研究者通过 XRD 等测试分析手段证实了这种两相共存的现象，并认为某些元素的掺杂或者制备富氧 $LiMn_2O_{4+\delta}$ 材料能够有效抑制这种现象，从而改善 $LiMn_2O_4$ 的性能。

现阶段，主要采用以下两种改性方法来改善尖晶石 $LiMn_2O_4$ 材料的循环稳定性。

（1）掺杂

采用金属元素（Co、Ni、Al、Cr、La、Fe、Zn、Mg 和 Cu 等）掺杂替代部分 Mn，提高材料结构稳定性，从而提高材料的循环稳定性能。在这些阳离子中，三价铝离子（Al^{3+}）被认为是最有前途的掺杂离子，因为它便宜且储量丰富、无毒，而且 Al—O 键的键能比 Mn—O 键的键能高很多，铝掺杂可以抑制锰酸锂材料在充放电过程中的晶胞体积变化，55℃的高温循环性能有较大的提高。另外，阴离子掺杂取代部分氧原子也可以改善 $LiMn_2O_4$ 的性能，常用的有 F^-、Cl^-、S^{2-} 等。近几年，研究阴阳离子共同掺杂来改善材料性能的报道越来越多，组合包括 F^-/Ti^{4+}、F^-/Mg^{2+}、F^-/Al^{3+}、Cl^-/Mg^{2+} 等。在这些组合中 F^-/Al^{3+} 复合掺杂研究较多，它们对提高材料的高温循环性能效果最为显著。

单离子掺杂

Kim 等人用液相喷雾化学沉积技术合成了铝掺杂的锰酸锂材料（$LiMn_{1.8}Al_{0.2}O_4$），其循环稳定性大幅度提高，而初始放电容量却下降很多。这是因为铝大量取代了活性材料锰后，造成容量下降；Al^{3+} 的半径比 Mn^{3+} 小，A1—O 的键能比 Mn—O 大，Al^{3+} 取代了 Mn^{3+} 后，提高了 Mn—O 的平均键能，同时避免了充放电过程中发生相变的可能，使尖晶石结构更加稳定。Singhal 等人用溶胶 - 凝胶法制备了钕掺杂的 $LiMn_{1.99}Nd_{0.01}O_4$，其初始容量高达 149 mA · h/g。

Xiang 等人用液相燃烧法制备了氟掺杂的 $LiMn_2O_4-yF_y$（$y=0.04$、0.1）。电化学测试结果表明，$LiMn_2O_{1.96}F_{0.04}$材料首次放电比容量为 117.1 mA·h/g，与 $LiMn_2O_4$ 相当；但掺杂后材料的循环稳定性提升，这是因为氟与锰的结合力要比氧与锰的强，这样可以稳定材料的尖晶石结构。但是过多氟的掺杂反而会使稳定性下降，这是因为氟掺杂会导致晶体结构中 Mn^{3+} 量的增加，而 Mn^{3+} 含量越高，Jahn－Teller 畸变越严重，会降低材料的循环稳定性，所以氟元素的掺杂要适量。

多离子掺杂

多离子掺杂可以是多阳离子掺杂、多阴离子掺杂或是阴阳离子复合掺杂，其目的是为了在稳定晶体结构的同时提高放电比容量和循环性能或是高温充放电性能等。

M. Prabul 等人将 PVP 聚合物加入乙酸锂、乙酸锰和乙酸锂的混合溶液中，经过回流、蒸发、干燥和焙烧制备了锂和铝共掺杂的多孔微米级 $Li(Li_{0.1}Al_{0.1}Mn_{1.8})O_4$材料。电化学测试结果表明，材料在 24℃、0.1 C 的初始容量为 105 mA·h/g，100 次后容量保持率为 99%。在 55℃、0.5 C 下其初始容量为 114 mA·h/g，50 次后容量保持率为 92%，比未掺杂的初始容量循环稳定性要好。这是因为该法制备的材料颗粒小、分布均匀，铝部分取代锰，减少了因锰的溶解引起结构的塌陷，提高了材料的充放电稳定性。少量的锂占据锰位可以减少充放电过程中锂嵌入和脱嵌的阻力，提高其容量。因此，铝和锂的协同效应可以使其容量和稳定性都有所提高，特别是高温倍率性能显著提高。

（2）表面包覆

常用的包覆材料包括氧化物、磷酸盐、金属、电极材料、碳和聚合物，目的是在 $LiMn_2O_4$ 与电解液之间形成物理屏障，避免锰的溶解，从而改善材料的循环稳定性。

氧化物包覆

金属氧化物包覆在 $LiMn_2O_4$ 表面上可形成类尖晶石结构的固溶体，减少了电解液与电极表面的直接接触；另外，氧化物可以与电解液中的 HF 反应，从而减少锰的溶解。

Tu 等人用硝酸盐熔盐浸渍法分别制备了 Al_2O_3、ZnO 和 CoO 包覆的 $LiMn_2O_4$ 正极材料使高温循环稳定性大大提高。在 55℃、0.5C 循环 100 次后材料的容量损失依次是 ZnO(6.4%) < Al_2O_3(16%) < CoO(25%) < $LiMn_2O_4$(30%)。其认为包覆 ZnO 的材料稳定性优于其他两者的原因是 ZnO 更容易与 HF 反应，从而起到更好保护锰的作用，使结构更加稳定。但是金属氧化物包覆后形成的隔离层会降低离子扩散速度，导致首次放电比容量有所降低。

金属包覆

大部分金属具有良好的电子导电性，将金属涂覆在 $LiMn_2O_4$ 材料表面一方面可以减少材料与电解液的接触，抑制界面副反应和锰溶出，另一方面可以提高材料的电子导电性，从而使材料的循环稳定性和倍率性能得到改善。例如，Son 等人报道了金属银包覆的纳米锰酸锂在 2C 的倍率下表现出优越的循环性能。

碳包覆

碳材料具有优秀的化学稳定性和电子导电性，因此碳包覆不但能防止电极材料和电解液之间副反应的发生，还可以提高材料的电导率。用于形成碳包覆的碳源常见的为各种有机物或高分子聚合物。例如，Lee 等人以蔗糖为碳源在纳米尺寸的单晶 $LiMn_2O_4$ 上形成超薄碳层包覆（图 3－26），使材料呈现优异的快充性能和循环稳定性。该材料组装的电池可在 20C 的大倍率下充电 100 s 可达到 97% 的充电程度，并且在 20C 循环 2 000 次后容量保持率可达 63%。其认为超薄碳层的包覆对于纳米级 $LiMn_2O_4$ 性能改善具有重要意义。纳米级的 $LiMn_2O_4$ 容易团聚，团簇内部的颗粒难以和导电剂接触不利于容量的发挥；另外，纳米材料与电解液的接触面积大大增加，副反应的程度也随之增加。碳包覆很好地解决了以上这两个问题。碳材料的来源广泛，形式多样，近年来如石墨烯和碳纳米管等有特殊性能的碳材料也被广泛用于 $LiMn_2O_4$ 的表面包覆。

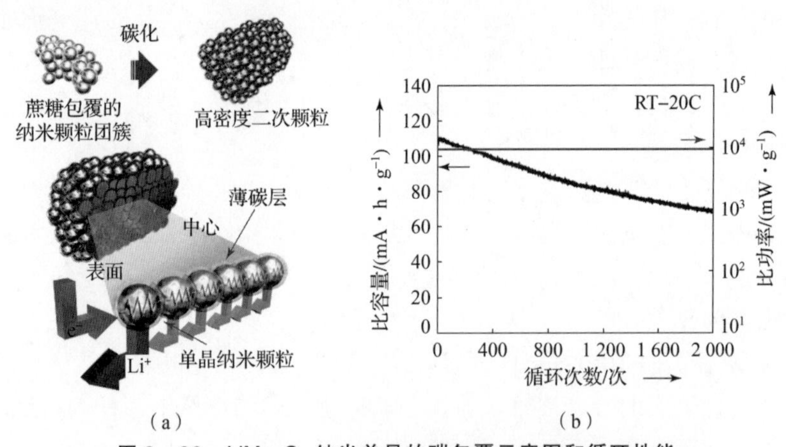

图 3－26　$LiMn_2O_4$ 纳米单晶的碳包覆示意图和循环性能

(a) 蔗糖为碳源包覆 $LiMn_2O_4$ 纳米单晶的示意图；(b) 包覆后的 $LiMn_2O_4$ 纳米单晶在 20 ℃的循环性能

聚合物包覆

聚合物种类丰富，可加工方式成熟多样且操作简单，并且对于电解液具有很好的化学稳定性，也是很好的包覆材料。一些特殊聚合物，如导电高分子聚合物的包覆，不仅可以将电极材料和电解液隔离，还可以提高材料的电子导电性和抑制二次颗粒的开裂。

3.4　$LiNi_{0.5}Mn_{1.5}O_4$

1. 结构及电化学性能

尖晶石结构的镍锰酸锂（$LiNi_{0.5}Mn_{1.5}O_4$）是由尖晶石结构的 $LiMn_2O_4$ 改性而来，低价态镍离子的掺入有助于将锰元素维持在高价态，从而减弱 Jahn - Teller 效应的影响，获得更好的循环性能。相比尖晶石 $LiMn_2O_4$，改性后的镍锰酸锂（$LiNi_{0.5}Mn_{1.5}O_4$）更具有发展前景，它除了拥有 $LiMn_2O_4$ 的优点外，还具有以下优点：①高达 4.7V 的电压平台，理论放电比容量可达 147 mA · h/g（约 700 W · h/kg）。②3D 尖晶石结构有利于锂离子的快速移动，从而使 $LiNi_{0.5}Mn_{1.5}O_4$ 具有优秀的快充性能。最近有报道称通过表面改性的 $LiNi_{0.5}Mn_{1.5}O_4$ 可在高达 40C 的倍率下呈现良好的循环性能。③$LiNi_{0.5}Mn_{1.5}O_4$ 材料中不含钴元素，成本更低，锂利用率高。根据镍和锰的分布，$LiNi_{0.5}Mn_{1.5}O_4$ 具有两种晶体结构，即有序的 $P4_332$ 空间群和无序的 $Fd\bar{3}m$ 空间群。如图 3 - 27 所示，在有序的 $P4_332$ 空间群中，$LiNi_{0.5}Mn_{1.5}O_4$ 呈现出简单的立方结构，其中锂原子位于 4c 位，镍原子（氧化态为 +2）位于 4a 位，锰原子（氧化态为 +4）位于 12d 位，氧原子位于 24e 和 8c 位；当锂从这种有序结构中脱出时，镍的氧化态由 +2 转化为 +4，而锰的价态保持不变。在无序的 $Fd\bar{3}m$ 空间群中，$LiNi_{0.5}Mn_{1.5}O_4$ 呈面心立方结构，锂原子位于 8a 位，镍原子和锰原子随机占据八面体的 16d 位，氧原子则位于 32e 位。

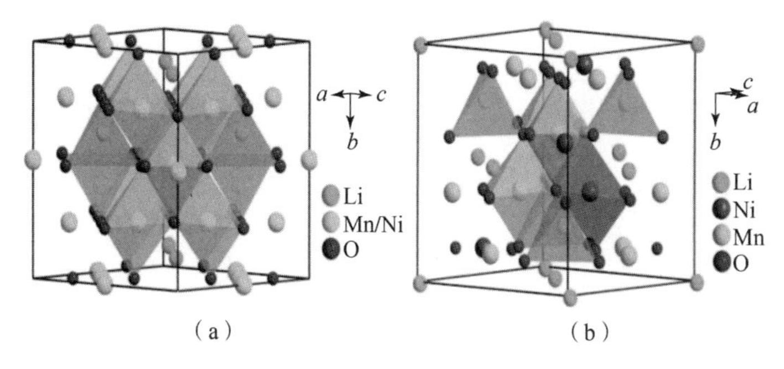

图 3 - 27　$LiNi_{0.5}Mn_{1.5}O_4$ 的两种晶体结构示意图（书后附彩插）

（a）$Fd\bar{3}m$；（b）$P4_332$

两种不同的镍锰酸锂晶体结构有着不同的 Li^+ 扩散路径，如下图 3－28 所示。在有序的 $P4_332$ 空间群结构中，存在着最易于 Li^+ 扩散的路径 8c－4a 和最不利于 Li^+ 扩散的路径 8c－12d，但是最利于扩散的通道只占了所有通道的 25%。在无序的 $Fd\bar{3}m$ 空间群结构中，Li^+ 可以形成 8a－16c 的扩散通道。3 种通道锂离子扩散的难易程度依次为：8c－4a＞8a－16c＞8c－12d。因此总体来说，无序的 $Fd\bar{3}m$ 结构更有利于 Li^+ 扩散。有研究表明，这是因为无序结构的 $LiNi_{0.5}Mn_{1.5}O_4$ 中存在 Mn^{3+} 和氧空位，Mn^{3+} 的存在使得无序 $LiNi_{0.5}Mn_{1.5}O_4$ 的电导率比有序的高出了 2～3 个数量级，并且使得锂在无序结构中的反应机理类似于固－液反应。

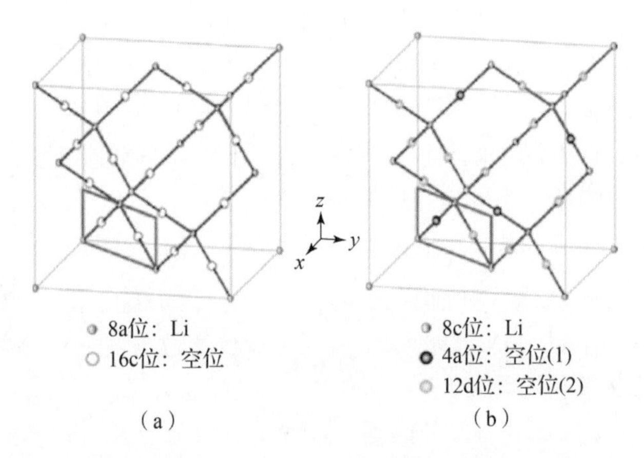

图 3－28　两种 $LiNi_{0.5}Mn_{1.5}O_4$ 晶体结构中锂离子的扩散路径

(a) $Fd\bar{3}m$；(b) $P4_332$

图 3－29 是 $LiNi_{0.5}Mn_{1.5}O_4$ 两种结构的典型充放电曲线图。$P4_332$ 型的电压平台在 4.7 V 左右，且该电压平台连续又稳定。$Fd\bar{3}m$ 型的 $LiNi_{0.5}Mn_{1.5}O_4$ 在 4.7 V 左右有两个电压平台，研究人员通过 UPS（紫外光电子能谱）研究认为，这两个平台分别对应于 Ni^{2+}/Ni^{3+} 和 Ni^{3+}/Ni^{4+} 氧化还原电对；在 4.0 V 附近有一个短暂的电压平台，被认为是电子从 Mn^{3+} 的 e_g 轨道脱出直到 Mn^{3+} 完全转化成 Mn^{4+}。应该注意的是，一方面当材料中的 Mn^{3+} 足够多时，4.0 V 的平台将占主导地位，这有利于倍率性能的提高（电子电导率和离子电导率提高）；另一方面 Mn^{3+} 容易发生歧化反应生成 Mn^{2+} 和 Mn^{4+}，Mn^{2+} 容易溶解在电解液中，迁移到负极表面并破坏负极，使电池性能恶化。

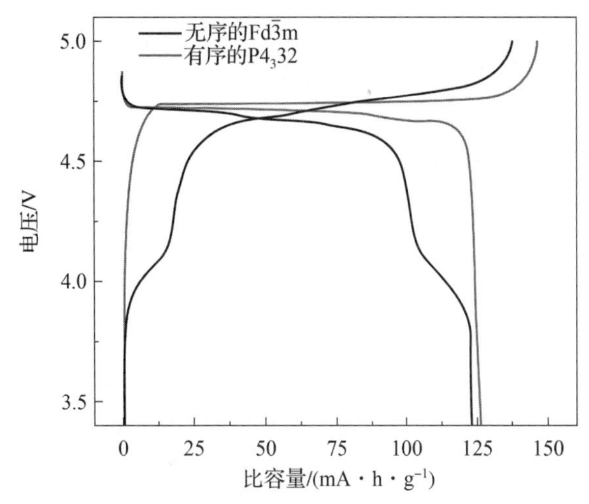

图 3－29　有序和无序的两种 $LiNi_{0.5}Mn_{1.5}O_4$ 的典型充放电曲线

目前的研究一般认为无序结构相较于有序结构能够提供更好的电化学性能。特别有报道称在薄膜电池中，无序结构的 $LiNi_{0.5}Mn_{1.5}O_4$ 在 5C 循环 2 000 次后容量保持率为 95%，而有序结构的 $LiNi_{0.5}Mn_{1.5}O_4$ 容量保持率仅为 48%；也有其他的研究人员认为具有清晰的两相反应行为的有序结构 $LiNi_{0.5}Mn_{1.5}O_4$ 也可以呈现优秀的高倍率容量和循环寿命；Kim 等人报道称适当地提高 $LiNi_{0.5}Mn_{1.5}O_4$ 中的有序相反而能稳定材料的体相结构和加快锂离子传输动力学，从而使材料呈现更好的电化学性能。

在多数的 $LiNi_{0.5}Mn_{1.5}O_4$ 材料中，无序结构和有序结构是共存的。通常，无序/有序相的比例与 Mn^{3+} 和氧空位有关，而这取决于合成条件特别是热处理过程。例如，Kim 等人报道无序结构 $LiNi_{0.5}Mn_{1.5}O_4$ 在空气中 700℃热处理后可转变为有序结构；如果在氧气中进行热处理，则获得的 $LiNi_{0.5}Mn_{1.5}O_4$ 为有序结构而非无序结构。到目前为止，制备条件、结构和性能之间的关系，特别是相组成对 $LiNi_{0.5}Mn_{1.5}O_4$ 在电化学循环中的降解机理的影响仍是具有挑战性的研究课题。

2. 制备和改性

1）制备

尖晶石 $LiNi_{0.5}Mn_{1.5}O_4$ 的制备方法众多，通常分为固相法和软化学的方法。

（1）固相法

固相法是将化学计量比的锂源、镍源、锰源直接混合球磨，然后在 600 ~ 1 000 ℃高温下煅烧得到 $LiNi_{0.5}Mn_{1.5}O_4$。固相法工艺简单、成本低，适合大规模生产，是目前工业上制备 $LiNi_{0.5}Mn_{1.5}O_4$ 最常用的方法。然而，固相法制备的 $LiNi_{0.5}Mn_{1.5}O_4$ 材料存在颗粒粒径大、均匀性差、杂相多、能耗大等缺点。有研究人员报道了通过强化的固相反应法制备超微 $LiNi_{0.5}Mn_{1.5}O_4$ 粉末的工艺。他们将 NiO、MnO_2、Li_2CO_3 粉末组成的前驱体高能球磨活化处理 10 h 进行两段煅烧处理（在 700℃ 煅烧 5 h 后再在 900℃ 保温 1 h），可制得粒径约为 600 nm 的立方尖晶石结构 $LiNi_{0.5}Mn_{1.5}O_4$（$Fd\bar{3}m$ 空间群）。该材料以 0.1C 的倍率充放电，最高放电比容量达到 127.8 mA·h/g，在 0.5 c 倍率下循环 50 次的容量保持率为 98.8%。

（2）软化学的方法

软化学的方法包括溶胶－凝胶法、共沉淀法、熔盐法以及水热法等。

溶胶－凝胶法一般是将化学剂量比的可溶性盐溶解到去离子水中，加入螯合剂，经缩合水解反应形成高黏性的凝胶，干燥后进行高温煅烧，得到最终产物。溶胶－凝胶法可以制备粒径小、尺寸均一和结晶良好的 $LiNi_{0.5}Mn_{1.5}O_4$ 材料。例如，常龙娇等人将 $CH_3COOLi \cdot 2H_2O$、$(CH_3COO)_2Ni \cdot 4H_2O$ 和 $(CH_3COO)_2Mn \cdot 4H_2O$ 和乙醇酸按化学计量比加入去离子水中在 120℃ 下生成黏稠凝胶，将凝胶经过充分干燥和热处理后可获得晶体发育良好且电化学性能优良的 $LiNi_{0.5}Mn_{1.5}O_4$。溶胶－凝胶法工艺复杂，成本较高，难以实现工业化生产，是实验室中常用的制备方法。

共沉淀法是将化学剂量比的可溶性盐混合搅拌，加入沉淀剂使金属盐全部沉淀下来形成复合沉淀物，然后将干燥后的沉淀物进行高温煅烧得到 $LiNi_{0.5}Mn_{1.5}O_4$ 材料。例如，李刚炎等人将沉淀剂 Na_2CO_3 和 $NaHCO_3$ 加入 $NiSO_4 \cdot 6H_2O$ 和 $MnSO_4 \cdot 4H_2O$ 的水溶液中获得镍锰复合碳酸盐粉末，该粉末经过预烧结、重新溶解并与 Li_2CO_3 混合，最后干燥并高温烧结制备了结构稳定和高倍率性能优良的 $LiNi_{0.5}Mn_{1.5}O_4$。共沉淀法具有工艺简单、均匀性好的特点，是工业界制备高性能 $LiNi_{0.5}Mn_{1.5}O_4$ 材料的常用制备方法。

熔盐法使用低熔点的盐（如氢氧化物、硫酸盐和碳酸盐）作为反应介质，由于熔盐使得离子之间能够快速扩散并改善溶解以促进结晶过程，因此可以控制产物的颗粒结构和形态。Mokhtar 等人将 $MnCO_3$、$C_2H_6Ni_5O_{12} \cdot 4H_2O$、$LiNO_3$、$LiOH \cdot H_2O$ 和 H_2O_2 混合并研磨形成均匀的混合物，通过将混合物在 120℃ 真空热处理后再在空气中高温热处理制备了均匀的小颗粒无序尖晶石结构 $LiNi_{0.5}Mn_{1.5}O_4$。

水热法是指在特制的密闭反应器（高压釜）中，采用水溶液作为反应体系，通过对反应体系加热、加压（或自生蒸汽气压），创造一个相对高温、高压的反应环境，使得通常难溶或不溶的物质溶解并且重结晶而进行无机合成与材料处理的一种有效方法。Guo 等人将 $Mn(CH_3COO)_2 \cdot 4H_2O$、$Ni(CH_3COO)_2 \cdot 4H_2O$、$CO(NH_2)_2$ 和聚乙烯吡咯烷酮溶解在去离子水中并在水热釜中 120℃ 反应 6 h，获得的沉淀经过洗涤、干燥，与 $LiOH \cdot H_2O$ 混合并进行高温热处理获得了比容量接近理论容量的 $LiNi_{0.5}Mn_{1.5}O_4$。

其他制备 $LiNi_{0.5}Mn_{1.5}O_4$ 的方法还有如喷雾干燥法和燃烧法。

2）改性

在制备 $LiNi_{0.5}Mn_{1.5}O_4$ 过程中，当煅烧温度大于 700 ℃ 时，$P4_332$ 结构的 $LiNi_{0.5}Mn_{1.5}O_4$ 容易发生失氧反应，形成氧缺陷，使得 Mn^{4+} 还原至 Mn^{3+}，同时生成 $Li_xNi_{1-x}O$ 岩盐杂质相；在接近 5V 充放电时电极表面的电解液易受充电状态下强氧化性 Ni^{4+} 的影响而分解，分解产物沉积在电极表面形成 SEI 膜，阻碍锂离子和电子的传输；当电解液中有痕量水存在时，产生的 HF 能够与活性物质中的过渡金属离子反应造成其溶解，尤其在高温情况下反应会加速；最后即前文提到的无序结构中 Mn^{3+} 歧化所导致的 Mn^{2+} 溶出会导致材料结构稳定性变差。以上都是导致 $LiNi_{0.5}Mn_{1.5}O_4$ 电化学性能变差的原因。

针对以上问题，常用的解决方法是对 $LiNi_{0.5}Mn_{1.5}O_4$ 进行包覆和掺杂。

（1）包覆

包覆的作用主要是将 $LiNi_{0.5}Mn_{1.5}O_4$ 与电解液形成物理隔离，从而抑制电解液的分解、防止过渡金属的溶出和 HF 侵蚀 $LiNi_{0.5}Mn_{1.5}O_4$。常用的包覆材料主要包括金属氧化物，如 ZnO、$ZnAl_2O_4$、Al_2O_3、TiO_2、MgO、Fe_2O_3、CuO、RuO_2、SiO_2 和 SnO_2 等；各种具有离子传导能力的聚阴离子型化合物，如 $Li_4P_2O_7$、Li_3PO_4、$LiPO_3$、$Li_{0.1}B_{0.967}PO_4$、$LiCoPO_4$、$LiFePO_4$、$FePO_4$、Li_2SiO_3 和 $LiAlSiO_4$ 等；各种聚合物，如聚酰亚胺、聚丙烯酸酯和导电聚合物；各种碳材料，如氧化石墨烯、碳纳米管以及由各种有机物前体碳化形成的碳包覆层；不同种材料，如聚阴离子材料和导电聚合物共同形成的双包覆层。形成表面包覆层的方法包括固相法、湿化学的方法（如溶胶－凝胶法、水热法和表面聚合）以及原子层沉积等。

（2）掺杂

对 $LiNi_{0.5}Mn_{1.5}O_4$ 的掺杂主要分为表面掺杂和体相掺杂。不论表面掺杂还是体相掺杂，作用的机理主要有以下几类：①氧化物类电池材料的高压稳定性主要与氧晶格的稳定性，即材料结构中阳离子和氧之间的相互作用强弱有关。在氧化物电极中，除了载荷子 Li^+ 之外，3d 过渡金属如 Ni、Mn 和 Co 是最常见的阳离子，它们和氧形成 3d－2p 轨道相互作用。由于 3d 过渡金属—氧键的键能不足以保证氧框架的稳固，故将各种能与氧形成更强结合的杂原子引入到氧化物结构中（及掺杂），从而使氧化物电极的性能得到一定程度的提高。②改变氧化物中的电子结构，如减弱 Li—O 键的强度，使得锂空位更容易产生，Li^+ 更容易扩散。③形成更好的 Li^+ 扩散通道。④在材料表面形成能够抵御副反应的包覆层。不同掺杂元素作用的机理可能不一样。可以用单一元素进行掺杂，包括金属（如 Cr、Fe、Al、Ru、Na、Ti、Si 和 Mg 等）和非金属（如 F 和 P），也可以用几种元素共同掺杂。

3. 研究热点和发展前景

$LiNi_{0.5}Mn_{1.5}O_4$ 材料虽然通过多种改性方式取得了较好的电化学性能，然而其商业化和研发进程中仍有一些问题值得探讨：①如何有效调控 $LiNi_{0.5}Mn_{1.5}O_4$ 中两相比例，甚至通过较简单的工艺获得纯相的 $LiNi_{0.5}Mn_{1.5}O_4$，对于深入研究其结构与电化学性能之间的关系以及推进其商业化应用都有重要意义；②实现掺杂位点的精确控制并利用先进的表征和计算手段深入揭示和模拟材料结构和原子能级的变化，有利于设计和制备具有更优性能的 $LiNi_{0.5}Mn_{1.5}O_4$ 材料；③为了充分发挥 $LiNi_{0.5}Mn_{1.5}O_4$ 材料的高压特性，开发能与之相匹配的耐高压电解液或能够显著缓解界面副反应的电解液添加剂，是实现材料广泛商业化的一个重要方向。

3.5 V_6O_{13}

由于锂在钒氧化物如 V_2O_5、$VO_2(B)$、V_6O_{13} 和 LiV_3O_8 中可嵌入脱出，因而可作为锂离子电池的电极材料。作为嵌入型电极材料，钒氧化物比合金型和转换型材料具有更高的结构稳定性和可逆性。钒具有丰富的价态，可以通过调节价态来调控电极材料的电位，使其既可以用作正极也可以用作负极。不仅如此，钒元素在地壳中的丰富储量使钒基材料具有较低的成本。因此，钒氧化物引起了人们的广泛关注和探索。

1. 结构及电化学性能

自从 Murphy 首次报道 V_6O_{13} 可作为锂离子电池正极材料以来，研究者对以 V_6O_{13} 为正极的锂离子电池作了大量的研究。V_6O_{13} 一直被认为是用于高性能锂离子电池的一种有前途的正极候选材料。V_6O_{13} 属于单斜晶系（C2/m 空间群），晶胞参数是 $a=11.922$（2）Å，$b=3.680$（1）Å，$c=10.138$（2）Å，

$\beta = 100.88\ (1)^\circ$。$V_6O_{13}$ 的晶体结构如图 3－30 所示，共棱或共角的扭曲 [VO_6] 八面体组成的单 VO_x 层和双 VO_x 层交替排列，层与层之间通过共角的 [VO_6] 八面体连接，形成三维的所谓双腔链结构（double cavity chain structure）。

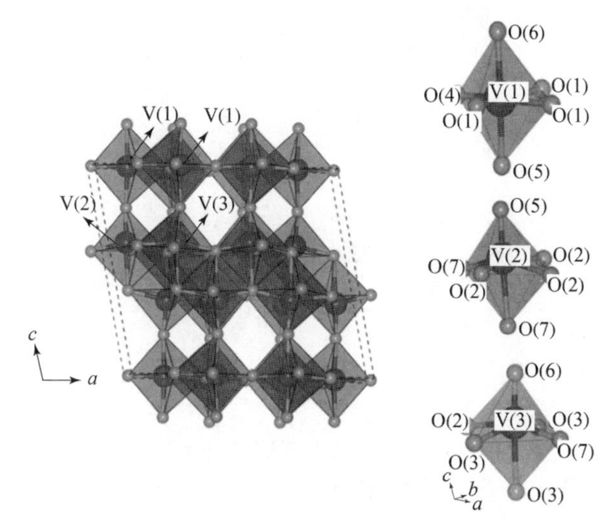

图 3－30　单斜 V_6O_{13}（C2/m）的晶体结构（书后附彩插）

图中分别示出了晶体学上非等效的 3 种钒位点和扭曲的八面体环境。绿色和橙色球分别代表钒原子和氧原子。虚线内是一个晶胞单元。V_6O_{13} 的结构由共棱或共角的扭曲 [VO_6] 八面体层沿着 c 轴堆叠而成。沿着 b 轴的一维通道无限延伸，有利于容纳锂离子并方便锂离子进行脱嵌

V_6O_{13} 包含 3 种晶体学不等价的钒原子，即如图 3－30 中所示的 V(1)、V(2) 和 V(3)。据估算，3 种钒原子的键价分别是 4.20、4.67 和 4.37，意味着 V^{5+} 主要位于 [$V(2)O_6$] 八面体的中心，而钒原子的平均形式电荷为 +4.33。如图 3－31 所示，V_6O_{13} 晶格间存有足够的空间容纳 Li^+，当 Li^+ 嵌入 V_6O_{13} 层间时形成 $Li_xV_6O_{13}$，反应方程式如下：

$$V_6O_{13} + xLi^+ + xe^- = Li_xV_6O_{13}$$

从理论上讲，在电池放电截止电压不低于 1.9 V 时，V_6O_{13} 可以通过电化学插入的方法使每个配位单元插入 8 个锂离子，钒的平均形式电荷从 +4.33 降低到 +3，对应的理论比容量为 417 mA · h/g，理论能量密度为 890 W · h/kg。当 V_6O_{13} 作为正极对金属锂负极放电时，放电曲线呈现对应不同 $Li_xV_6O_{13}$ 相的多个电压平台。随着放电的进行，锂离子逐步占据不同的锂位。有很多研究团队对充放电过程的结构变化以及充放电机理进行了研究，但是对于 $Li_{3.25}V_6O_{13}$ 以外的锂化相的结构信息仍然无从得知，V_6O_{13} 的充放电机理也依然不清楚。

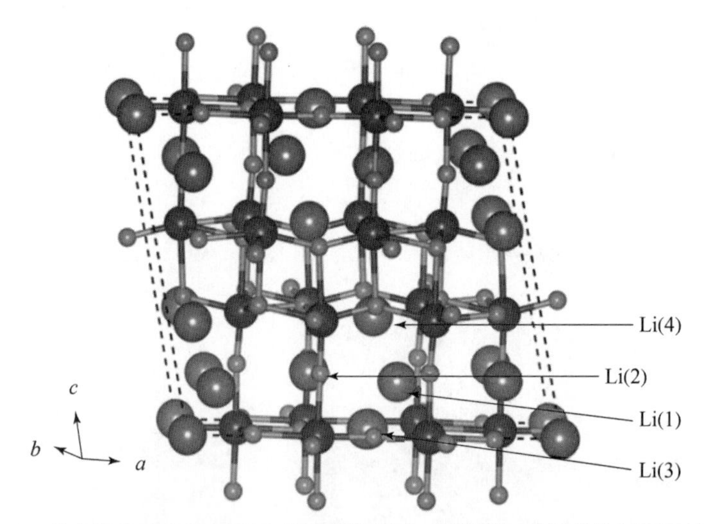

图 3-31 结合经典对势和 DFT 方法计算的 V_6O_{13} 晶胞单元中可能的锂离子插入位点
钒、氧和锂原子分别用绿色、橙色和灰色球表示。预测在 V-O 空腔中存在 4 个可能的低缺陷能量锂位；Li(1) 是能量最低的位点，并且也是目前对于 $Li_xV_6O_{13}$ ($x<2$) 单晶的研究中唯一观察到的位点（书后附彩插）

2. 制备和改性

1）制备

V_6O_{13} 的制备方法主要有水热法和固相法等。

由于水热法/溶剂热法利于形成中间价态的金属离子，被广泛应用于实验室研究所需的 V_6O_{13} 的制备。毕爱红等人通过草酸和 V_2O_5 为原料，在 180℃ 溶剂热反应 4h 制备出了 V_6O_{13}。采用 XRD 等技术对不同水热条件下所得产物进行了表征，根据不同反应条件下产物的结构和形貌推断出在水热反应过程中 V_2O 和草酸反应生成 V_6O_{13}。

固相法也是合成 V_6O_{13} 常用的方法。Murphy 等人将 V_2O_5 与金属钒混合，在真空中 600℃ 下加热 24 h，然后升温至 680℃，保持 1～3 d 制备了 V_6O_{13}。但采用此方法制备的 V_6O_{13} 实际比容量低，循环寿命短。

2）改性

（1）掺杂

Pereira-Ramos 课题组将 Cr^{3+} 用于 V_6O_{18} 的掺杂制备了 $Cr_{0.36}V_6O_{13.5}$ 化合物，$Cr_{0.36}V_6O_{13.5}$ 组装的锂离子电池首次放电比容量达到 370 mA·h/g，35 次循环衰减小于 15%。

为有效提高 V_6O_{13} 正极材料在高锂化状态下的放电比容量和改善循环性能，

袁琦等人以草酸（$C_2H_2O_4 \cdot 2H_2O$）、五氧化二钒（V_2O_5）和九水硝酸铁（$Fe(NO_3)_3 \cdot 9H_2O$）为原料先制备草酸氧钒前驱体，再进行水热反应制备了铁掺杂的 V_6O_{13}。研究发现，改变铁的掺杂量可以得到不同形貌且电化学性能各异的材料。其中，电化学性能最好的样品首次放电比容量可达 433 mA·h/g，其认为这得益于材料有序堆垛所形成的多孔结构（图3-32）有利于存储更多的锂离子和锂离子的嵌入/脱出，并且适量铁的掺入有利于保持 V_6O_{13} 的晶体结构。

图3-32　不同放大倍率铁掺杂的 V_6O_{13} 的扫描电镜照片

（2）纳米化

纳米化可增大材料与电解质的接触面积并缩短锂离子在材料中的传输距离，因此制备具有精细纳米结构的 V_6O_{13} 是提高其电化学性能的一种有效解决方案。然而，纳米结构的 V_6O_{13} 在锂离子嵌入和脱嵌过程中的体积膨胀/收缩率大，会导致正极材料的自聚集或粉化，从而中断电极中的电子和离子接触路径，导致容量快速衰减。通过用纳米尺寸的 V_6O_{13} 构建微米或亚微米级的具有3D结构的电极，则能很好地解决材料自聚集和粉化的问题。Ding 等人通过以 $\delta-MnO_2$ 片为氧化剂和模板，使 $VOSO_4$ 在 $\delta-MnO_2$ 片上被原位氧化并自组装成3D网状结构（图3-33）。该3D网状结构由直径为20～50 nm的1D V_6O_{13}

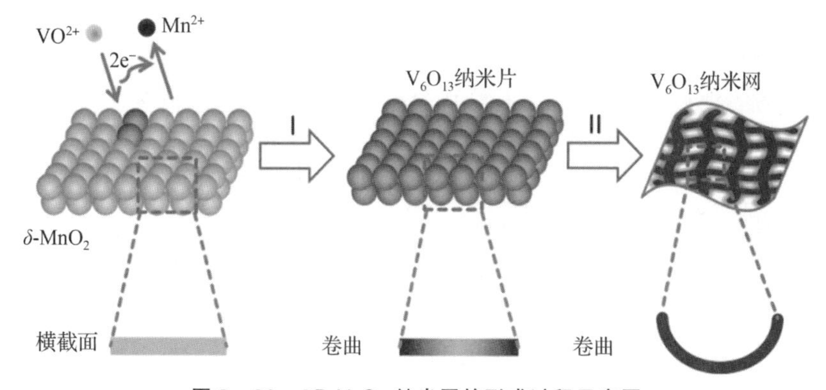

图3-33　3D V_6O_{13} 纳米网的形成过程示意图

纳米线交织而成（图 3－34），通过调节 $VOSO_4$ 前驱体溶液的浓度可以控制纳米线的交织密度。这种 3D 网状结构不仅能提供纳米线径向方向上的直接和快速电子/离子传输路径，还可以提供纳米线径向方向的长程电子传导通道。更重要的是，3D 网络结构可以抵御 1D 纳米线的自聚集和充放电过程中体积变化带来的应力，从而确保整个电极的稳定性。

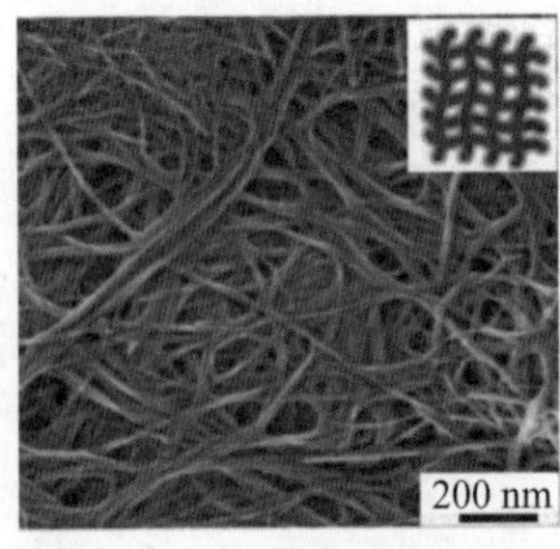

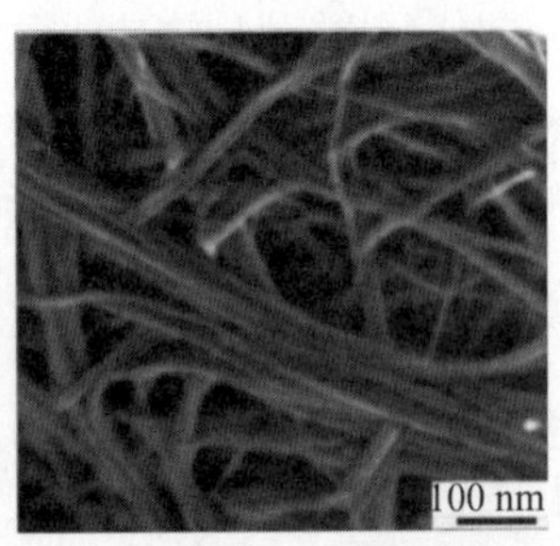

图 3－34　使用浓度为 0.05 mol/L 的 $VOSO_4$ 前驱体制备的 3D V_6O_{13} 纳米网的 SEM 照片

图 3－35（a）显示了扫描速率为 0.1 mV/s 时，用 3D V_6O_{13} 纳米网涂片制备的正极在 1.0～4.0 V 的典型循环伏安（CV）曲线。在第一次循环中，可以清楚地识别出 3.01 V、2.79 V 和 2.79 V、2.46 V 的两对主要氧化还原峰。此外，还观察到 1.73 V 和 2.5 V 的宽阴极和阳极峰，这表明存在多重相变过程。在随后的两个循环中，CV 曲线几乎重叠，显示电极具有很好的可逆性。因为 V_6O_{13} 电极的嵌入/脱嵌过程涉及多步相变过程，所以相应的放电和充电曲线显示出相对倾斜的平台。图 3－35（b）所示，在充放电曲线中确定了大约 2.5 V 和 2.8 V 的两个倾斜电压平台。3D V_6O_{13} 纳米网电极的首次放电和充电容量分别为 359.1 mA·h/g 和 326.8 mA·h/g，对应的初始库仑效率（CE）高达 91%。在随后的两个循环中，CE 分别为 99.5% 和 102%，这进一步证实了 3D V_6O_{13} 纳米网优异的 Li^+ 存储可逆性。重要的是，在这项工作中 V_6O_{13} 材料的能量密度高达 780 W·h/kg（图 3－35（c）），高于传统的 $LiMn_2O_4$（500 W·h/kg）、$LiCoO_2$（540 W·h/kg）或 LiFePO4（500 W·h/kg）材料的能量密度。即使与高压 $LiNi_{0.5}Mn_{1.5}O_4$（650 W·h/kg）相比，3D V_6O_{13} 纳米网仍能提供高出 20% 的比能。除了获得的高比能外，3D V_6O_{13} 纳米网正极也表现出令人满意的倍率能力。如图 3－35（d）所示，在 50 mA/g、100 mA/g、200 mA/g、500 mA/g 和 1 000 mA/g 电流密度下，3D V_6O_{13} 纳米网正极的可逆比容量分别为 295 mA/g、255 mA/g、215 mA/g、134 mA/g 和 88 mA/g。需要注意的是，在电流密度增加的情况下连续循环后再回复到 50 mA/g 的电流密度时，3D V_6O_{13} 纳米网正极可以很好地恢复到高达 280 mA·h/g 的比容量。3D V_6O_{13} 纳米网正

极还具有的循环稳定性，VO－T－05M在200 mA/g下循环100次后可以保持178 mA·h/g的可逆容量（图3－35（d））。

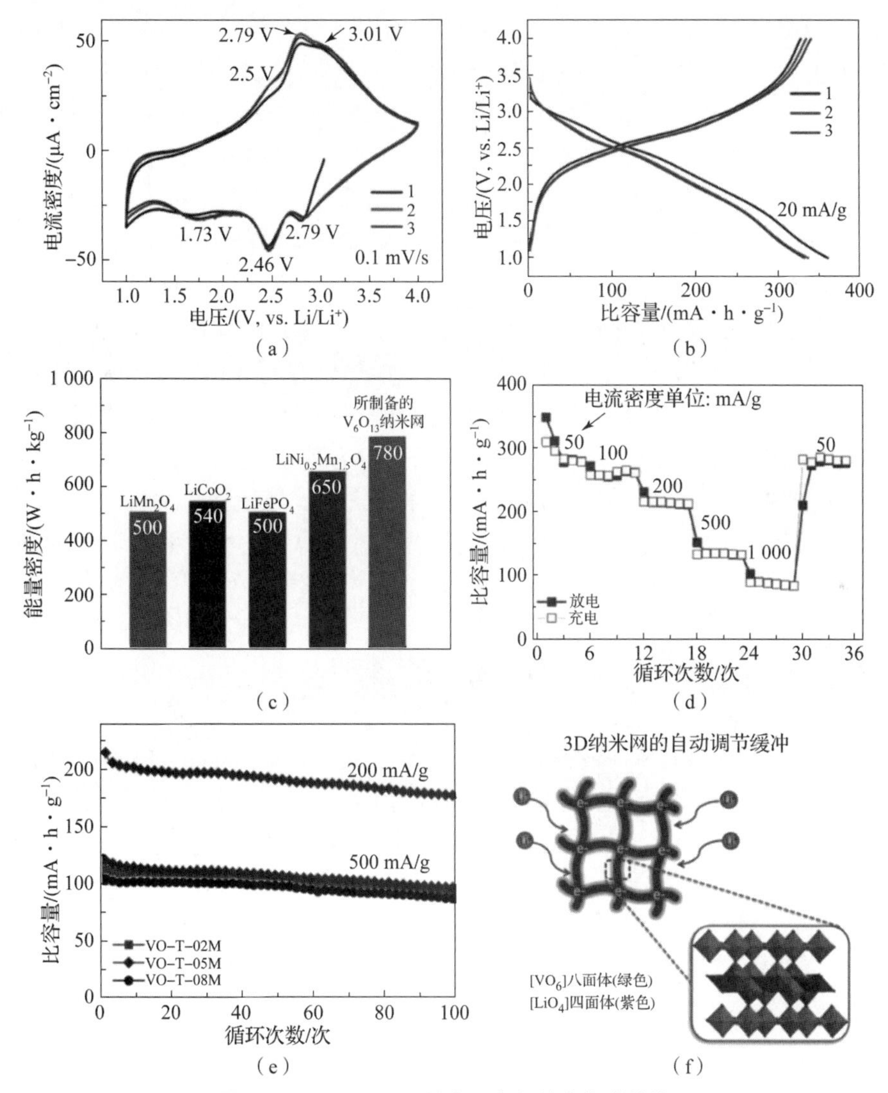

图3－35　3D V_6O_{13}纳米网电极的电化学性能

（a）3D V_6O_{13}纳米网电极（VO－T－05M）在1.0～4.0 V、0.1 mV/s的扫描速率下的循环伏安曲线；（b）VO－T－05 M在20 mA/g电流密度下的前3次充放电曲线；（c）3D V_6O_{13}纳米网电极与常规$LiMn_2O_4$、$LiCoO_2$、$LiFePO_4$和$LiNi_{0.5}Mn_{1.5}O_4$电极的能量密度比较；（d）VO－T－05 M电极的倍率性能；（e）VO－T－08M、VO－T－05M和VO－T－02 M分别在200 mA/g和500 mA/g电流密度下的循环性能（图中VO－T－08M、VO－T－05M和VO－T－02M分别是$VOSO_4$前驱体溶液的浓度为0.08 mol/L、0.05 mol/L、0.02 mol/L时制备的3D V_6O_{13}纳米网的名称）；（f）3D V_6O_{13}纳米网电极的Li^+嵌入过程示意图

3. 应用情况和发展前景

与商业化的锂离子正极材料相比，V_6O_{13}由于具有成本低、易获取和放电容量高等优点而受到关注，特别是近30年来被作为二次锂聚合物电池的正极材料而被广泛研究。West等人以V_6O_{13}为正极制备的聚合物电池在155℃下循环了130次，证实了V_6O_{13}作为高温二次电池正极材料的适用性。

V_6O_{13}虽然理论容量较高，但实际的充电容量相对较低，只有6 mol的Li^+嵌入；另外，V_6O_{13}随着锂离子的嵌入和脱出，体积变化大，晶体结构不稳定导致循环性能迅速下降；再者，V_6O_{13}在室温下是导体（这有利于材料容量的发挥），但是随着锂离子的嵌入，其电导率迅速下降，使其在高锂状态下正极材料的活性利用率降低。虽然近年来有不少报道通过对V_6O_{13}进行纳米化或掺杂以改善以上问题，但要从根本上提升材料的电化学性能还需要先明确V_6O_{13}的充放电机理。不利的是，V_6O_{13}是一种混合价态的钒氧化物，其热力学不稳定，且在合成制备过程中存在各种竞争的氧化钒相，导致其在材料的合成、晶体制备方面面临巨大的挑战，这也严重制约人们对V_6O_{13}特性的认识及其进一步应用的研究。

参考文献

[1] SCHÖLLHORN R. Solvated intercalation compounds of layered chalcogenide and oxide bronzes [J]. Chemischer Informationsdienst, 1982, 14 (5): 315 - 360.

[2] DICKENS P, PYE M. Oxide insertion compounds (83 literaturhinweise) [J]. Chemischer Informationsdienst, 1982, 14 (5): 539 - 561.

[3] 夏熙. 二氧化锰及相关锰氧化物的晶体结构、制备及放电性能（1）[J]. 电池, 2004, 7 (6): 411 - 414.

[4] 张华旭，亨瑞，刘昊，等. 水系锌离子电池二氧化锰正极的储能特性及机理研究进展 [J]. 精细化工, 2021, 38 (3): 464 - 473.

[5] TANG Y, ZHENG S, XU Y, et al. Advanced batteries based on manganese dioxide and its composites [J]. Energy Storage Materials, 2018, 12: 284 - 309.

[6] 夏熙. 二氧化锰及相关锰氧化物的晶体结构、制备及放电性能（4）[J]. 电池, 2005, 35 (3): 199 - 203.

[7] CHRISTIAN J, ALAIN M, ASHOK V, et al. Lithium batteries: Science and technology [M]. Switzerland: Springer International Publishing, 2016.

[8] HUNTER J C. Preparation of a new crystal form of manganese dioxide: λ - MnO_2 [J]. Journal of Solid State Chemistry, 1981, 39 (2): 142 - 147.

[9] HIROFUMI K, QI F, YOSHITAKA M, et al. Kinetic properties of a Pt/lambda - MnO_2 electrode for the electroinsertion of lithium - ions in an aqueous phase [J]. Journal of the Electrochemical Society, 1995, 142: 702 - 707.

[10] 张春霞，陈野，舒畅，等．熔盐法制备 λ - MnO_2 及其超级电容性能 [J]．精细化工，2007，24 (2)：121 - 124.

[11] HASHEM A M, ABUZEID H M, ABDEL - LATIF A M, et al. MnO_2 nano - rods prepared by redox reaction as cathodes in lithium batteries [J]. ECS Transactions, 2013, 50 (24): 125 - 130.

[12] XU J J, YANG J. Nanostructured amorphous manganese oxide cryogel as a high - rate lithium intercalation host [J]. Electrochemistry Communications, 2003, 5 (3): 230 - 235.

[13] LIU D, GARCIA B B, ZHANG Q, et al. Mesoporous hydrous manganese dioxide nanowall arrays with large lithium - ion energy storage capacities [J]. Advanced Functional Materials, 2009, 19 (7): 1015 - 1023.

[14] 杨帆，卫华，柴卉，等．低温固相法制备纳米二氧化锰及电化学性能 [J]．电源技术，2014，38 (11)：2019 - 2022.

[15] WANG X, LI Y. Selected - control hydrothermal synthesis of α - and β - MnO_2 single crystal nanowires [J]. Journal of the American Chemical Society, 2002, 124 (12): 2880 - 2881.

[16] MENG F, YAN X, ZHU Y, et al. Controllable synthesis of MnO_2/polyaniline nanocomposite and its electrochemical capacitive property [J]. Nanoscale Research Letters, 2013, 8 (1): 1 - 8.

[17] LI B, RONG G, XIE Y, et al. Low - temperature synthesis of α - MnO_2 hollow urchins and their application in rechargeable Li^+ batteries [J]. Inorganic chemistry, 2006, 45 (16): 6404 - 6410.

[18] SASAKI T, KOMABA S, KUMAGAI N, et al. Synthesis of hollandite - type $K_y(Mn_{1-x}M_x)O_2$ (M = Co, Fe) by oxidation of Mn (Ⅱ) precursor and preliminary results on electrode characteristics in rechargeable lithium batteries [J]. Electrochemical and Solid - State Letters, 2005, 8 (9): A471 - A475.

[19] 程燕红．可充锂锰电池的研究 [D]．天津：河北工业大学，2010.

[20] PAULSEN J M, DAHN J R. Phase diagram of Li - Mn - O spinel in air [J]. Chemistry of Materials, 1999, 11: 3065 - 3079.

[21] WEI Y J, EHRENBERG H, KIM K B, et al. Characterizations on the structural and electronic properties of thermal lithiated $Li_{0.33}MnO_2$ [J]. Journal of Alloys and Compounds, 2009, 470 (1/2): 273 - 277.

[22] ATTIAS R, HANA O, SHARON D, et al. Solid state synthesis of $Li_{0.33}MnO_2$ as positive electrode material for highly stable 2V aqueous hybrid supercapacitors [J]. Electrochimica Acta, 2017, 254: 155 - 164.

[23] OHZUKU T, KITAGAWA M, HIRAI T. Electrochemistry of manganese dioxide in lithium nonaqueous cell: Ⅲ. X - ray diffractional study on the reduction of spinel - related manganese dioxide [J]. Journal of the Electrochemical Society, 1990, 137 (7): 69 - 75.

[24] JULIEN C M, BANOV B, MOMCHILOV A, et al. Lithiated manganese oxide $Li_{0.33}MnO_2$ as an electrode material for lithium batteries [J]. Journal of Power Sources, 2006, 159 (2): 1365 - 1369.

[25] LEVI E, ZINIGRAD E, TELLER H, et al. Structural and electrochemical studies of 3V Li_xMnO_2 cathodes for rechargeable Li batteries [J]. Journal of the Electrochemical Society, 1997, 144: 4133 - 4141.

[26] YOSHIO M, NAKAMURA H, XIA Y. Lithiated manganese dioxide $L_{i0.33}MnO_2$ as a 3V cathode for lithium batteries [J]. Electrochimica Acta, 1999, 45 (1/2): 273 - 283.

[27] BANOV B, MOMCHILOV A, MASSOT M, et al. Lattice vibrations of materials for lithium rechargeable batteries V. local structure of $Li_{0.3}MnO_2$ [J]. Materials Science and Engineering B, 2003, 100 (1): 87 - 92.

[28] YOSHIO M, NOGUCHI H, NAKAMURA H, et al. Preparation of cathode materials for lithium batteries by melt impregnation method IV. preparation of lithium - manganese composite oxide, $Li_{0.33}MnO_2$, as a 3V cathode material [J]. Denki Kagaku, 1995, 64: 123 - 131.

[29] YOSHIO M, NAKAMURA H, XIA Y. Lithiated manganese dioxide, $Li_{0.33}MnO_2$, as a 3V cathode for lithium batteries [J]. Electrochimica Acta, 1999, 45: 273 - 283.

[30] KIM M H, KIM K B, PARK S M, et al. Synthesis and electrochemical properties of $Li_{0.33}MnO_2$ nanorods as positive electrode material for 3V lithium batteries [J]. Journal of Nanoscience and Nanotechnology, 2013, 13 (9): 6199 - 6202.

[31] HE P, LUO J Y, YANG X H, et al. Preparation and electrochemical profile of

$Li_{0.33}MnO_2$ nanorods as cathode material for secondary lithium batteries [J]. Electrochimica Acta, 2009, 54 (28): 7345 - 7349.

[32] WU M S, CHIANG P C J, LEE J T, et al. Synthesis of manganese oxide electrodes with interconnected nanowire structure as an anode material for rechargeable lithium - ion batteries [J]. Journal of Physical Chemistry B, 2005, 109: 23279 - 23284.

[33] DOEFF M M, PENG M Y, MA Y, et al. Orthorhombic Na_xMnO_2 as a cathode material for secondary sodium and lithium polymer batteries [J]. Journal of the Electrochemical Society, 1994, 141: L145 - L147.

[34] AKIMOTO J, AWAKA J, TAKAHASHI Y, et al. Synthesis and electrochemical properties of $Li_{0.44}MnO_2$ as a novel 4V cathode material [J]. Electrochemical and Solid State Letters, 2005, 8 (10): A554 - A557.

[35] ARMSTRONG A R, HUANG H, JENNINGS R A, et al. $Li_{0.44}MnO_2$: An intercalation electrode with a tunnel structure and excellent cyclability [J]. Journal of Material Chemistry, 1998, 8: 255 - 259.

[36] KIKKAWA J, AKITA T, HOSONO E, et al. Atomic and electronic structures of $Li_{0.44}MnO_2$ nanowires and Li_2MnO_3 byproducts in the formation process of $LiMn_2O_4$ nanowires [J]. Journal of Physical Chemistry C, 2010, 114: 18358 - 18365.

[37] HOSONO E, KUDO T, HONMA I, et al. Synthesis of single crystalline spinel $LiMn_2O_4$ nanowires for a lithium - ion battery with high power densitydensity [J]. Nano Letters, 2009, 9 (3): 1045 - 1051.

[38] HOSONO E, MATSUDA H, SAITO T, et al. Synthesis of single crystalline $Li_{0.44}MnO_2$ nanowires with large specific capacity and good high current density property for a positive electrode of Li - ion battery [J]. Journal of Power Sources, 2010, 195 (20): 7098 - 7101.

[39] AWAKA J, AKIMOTO J, HAYAKAWA H, et al. Structural and electrochemical properties of $Li_{0.44+x}Mn_{1-y}Ti_yO_2$ as a novel 4V positive electrode material [J]. Journal of Power Sources, 2007, 174 (2): 1218 - 1223.

[40] FUKABORI A, HAYAKAWA H, KIJIMA N, et al. Synthesis and electrochemical properties of ca - substituted $Li_{0.44}MnO_2$ [J]. Electrochemical and Solid State Letters, 2011, 14 (6): A100 - A103.

[41] KIM T, SONG W T, SON D Y, et al. Lithium - ion batteries: Outlook on present, future, and hybridized technologies [J]. Journal of Materials

Chemistry A, 2019, 7: 2942 - 2964.

[42] PARK S B, LEE S M, SHIN H C, et al. An altemative method to improve the electrochemical performance of a lithium secondary battery with $LiMn_2O_4$ [J]. Journal of Power Sources, 2007, 166 (1): 219 - 225.

[43] SUN Y K, JEON Y S, LEE H K. Overcoming jahn - teller distortion for spinel Mn phase [J]. Electrochemical and Solid - state Letters, 2000, 3 (1): 7 - 9.

[44] THACKERAY M M, JOHNSON P J, PICCIOTTO L A, et al. Electrochemical extraction of lithium from $LiMn_2O_4$ [J]. Materials Research Bulletin, 1984, 19 (2): 179 - 187.

[45] 熊学，李碧平，朱贤徐，等. 固相法合成大颗粒尖晶石锰酸锂正极材料 [J]. 电池，2012，42 (6): 327 - 329.

[46] GUO J M, LIU G Y, CUI Q, et al. Effect of fuel content and temperature on spinel $LiMn_2O_4$ prepared by solid - state combustion synthesis [J]. Rare Metal Materials & Engineering, 2009, 38: 26 - 29.

[47] ZHOU X, CHEN M, XIANG M, et al. Solid - state combustion synthesis of spinel $LiMn_2O_4$ using glucose as a fuel [J]. Ceramics International, 2013, 39 (5): 4783 - 4789.

[48] HELAN M L, BERCHMANS L J, HUSSAIN A Z. Synthesis of $LiMn_2O_4$ by molten salt technique [J]. Ionics, 2010, 16 (3): 227 - 231.

[49] CHU Q X, XING Z C, TIAN J Q, et al. Facile preparation of porous FeF_3 nanospheres as cathode materials for rechargeable lithium - ion batteries [J]. Journal of Power Sources, 2013, 236: 188 - 191.

[50] SUBRAMANIA A, ANGAYARKANNI N, VASUDEVAN T, et al. Effect of PVA with various combustion fuels in sol - gel thermolysis process for the synthesis of $LiMn_2O_4$ nanoparticles for Li - ion batteries [J]. Materials Chemistry and Physics, 2007, 102 (1): 19 - 23.

[51] YANG Z, JIANG Y, XU H H, et al. High - performance porous nanoscaled $LiMn_2O_4$ prepared by polymer - assisted sol - gel method [J]. Electrochimica Acta, 2013, 106: 63 - 68.

[52] LEE K S, MYUNG S T, BANG H J, et al. Co - precipitation synthesis of spherical $Li_{1.05}M_{0.05}Mn_{1.9}O_4$ (M = Ni, Mg, Al) spinel and its application for lithium secondary battery cathode [J]. Electrochimica Acta, 2007, 52 (16): 5201 - 5206.

[53] THIRUNAKARAN R, RAVIKUMAR R, GOPUKUMAR S, et al. Electrochemical

evaluation of dual – doped $LiMn_2O_4$ spinels synthesized via co – precipitation method as cathode material for lithium rechargeable batteries [J]. Journal of Alloys and Compounds, 2013, 556: 266 – 273.

[54] CHAN H W, DUH J G, SHEEN S R. $LiMn_2O_4$ cathode doped with excess lithium and synthesized by co – precipitation for Li – ion batteries [J]. Journal of Power Sources, 2003, 115 (1): 110 – 118.

[55] 谭习有. 高温固相法合成尖晶石锰酸锂及其改性研究 [D]. 广州: 华南理工大学, 2014.

[56] LEE J W, KIM J I, MIN S H. Highly crystalline lithium – manganese spinel prepared by a hydrothermal process with co – solvent [J]. Journal of Power Sources, 2011, 196 (3): 1488 – 1493.

[57] LIU S Q, WANG B Y, ZHANG X, et al. Reviving the lithium – manganese – based layered oxide cathodes for lithium – ion batteries [J]. Matter, 2021, 4: 1511 – 1527.

[58] KIM K W, LEE S W, HAN K S, et al. Characterization of Al – doped spinel $LiMn_2O_4$ thin film cathode electrodes prepared by liquid source misted chemical deposition (LSMCD) technique [J]. Electrochimica Acta, 2003, 48 (28): 4223 – 4231.

[59] SINGHAL R, DAS S R, TOMAR M S, et al. Synthesis and characterization of Nd doped $LiMn_2O_4$ cathode for Li – ion rechargeable batteries [J]. Journal of Power Sources, 2007, 164 (2): 857 – 861.

[60] XIANG M W, ZHOU X Y, ZHANG Z F, et al. $LiMn_2O_4$ prepared by liquid phase flameless combustion with F – doped for lithium – ion battery cathode materials [J]. Advanced Materials Research, 2013, 652 – 654: 825 – 830.

[61] PRABU M, REDDY M, SELVASEKARAPANDIAN S, et al. (Li, Al) – co – doped spinel, Li ($Li_{0.1}Al_{0.1}Mn_{1.8}$) O_4 as high performance cathode for lithium – ion batteries [J]. Electrochimica Acta, 2013, 88: 745 – 755.

[62] TU J, ZHAO X, CAO G, et al. Electrochemical performance of surface – modified $LiMn_2O_4$ prepared by a melting impregnation method [J]. Journal of Materials Science & Technology, 2006, 22 (4): 433 – 436.

[63] SON J, PARK K, KIM H G, et al. Surface – modification of $LiMn_2O_4$ with a silver – metal coating [J]. Journal of Power Sources, 2004, 126 (1/2): 182 – 185.

[64] LEE S H, CHO Y, SONG H K, et al. Carbon – coated single – crystal

$LiMn_2O_4$ nanoparticle clusters as cathode material for high - energy and high - power lithium - ion batteries [J]. Angewandte Chemie International Edition, 2012, 51: 1 -6.

[65] KANAMURA K, HOSHIKAWA W, UMEGAKI T. Electrochemical characteristics of $LiNi_{0.5}Mn_{1.5}O_4$ cathodes with Ti or Al current collectors [J]. Journal of the Electrochemical Society, 2002, 149 (3): A339 - A345.

[66] NISAR U, AMIN R, ESSEHLI R, et al. Extreme fast charging characteristics of zirconia modified $LiNi_{0.5}Mn_{1.5}O_4$ cathode for lithium - ion batteries [J]. Journal of Power Sources, 2018, 396: 774 -781.

[67] CABANA J, CASAS - CABANAS M, OMENYA F O, et al. Composition - structure relationships in the Li - ion battery electrode material $LiNi_{0.5}Mn_{1.5}O_4$ [J]. Chemistry of Materials, 2012, 24 (15): 2952 -2964.

[68] DENG Y F, ZHAO S X, XU Y H, et al. Impact of P - doped in spinel $LiNi_{0.5}Mn_{1.5}O_4$ on degree of disorder, grain morphology, and electrochemical performance [J]. Chemistry of Materials, 2015, 27 (22): 7734 -7742.

[69] LIU J, HUQ A, MOORHEAD - ROSENBERG Z, et al. Nanoscale Ni/Mn ordering in the high voltage spinel cathode $LiNi_{0.5}Mn_{1.5}O_4$ [J]. Chemistry of Materials, 2016, 28 (19): 6817 -6821.

[70] GAO Y, MYRTLE K, ZHANG M, et al. Valence band of $LiNi_xMn_{2-x}O_4$ and its effects on the voltage profiles of $LiNi_xMn_{2-x}O_4$/Li electrochemical cells [J]. Physical Review B Condensed Matter, 1996, 54 (23): 16670 -16675.

[71] ZHAO H, LAM W Y A, SHENG L, et al. Cobalt - free cathode materials: Families and their prospects [J]. Advanced Energy Materials, 2022: 2103894.

[72] SUN H, HU A, SPENCE S, et al. Tailoring disordered/ordered phases to revisit the degradation mechanism of high - voltage $LiNi_{0.5}Mn_{1.5}O_4$ spinel cathode materials [J]. Advanced Functional Materials, 2022: 2112279.

[73] MA X, KANG B, CEDER G. High rate micron - sized ordered $LiNi_{0.5}Mn_{1.5}O_4$ [J]. Journal of the Electrochemical Society, 2010, 157 (8): A925 - A931.

[74] SHIN D W, BRIDGES C A, HUQ A, et al. Role of cation ordering and surface segregation in high - voltage spinel $LiMn_{1.5}Ni_{0.5-x}M_xO_4$ (M = Cr, Fe, and Ga) cathodes for lithium - ion batteries [J]. Chemistry of Materials, 2012, 24 (19): 3720 -3731.

[75] MOORHEAD - ROSENBERG Z, HUQ A, GOODENOUGH J B, et al.

Electronic and electrochemical properties of $Li_{1-x}Mn_{1.5}Ni_{0.5}O_4$ spinel cathodes as a function of lithium content and cation ordering [J]. Chemistry of Materials, 2015, 27 (20): 6934 - 6945.

[76] KIM J H, MYUNG S T, YOON C S, et al. Comparative study of $LiNi_{0.5}Mn_{1.5}O_{4-\delta}$ and $LiNi_{0.5}Mn_{1.5}O_4$ cathodes having two crystallographic structures: $Fd\bar{3}m$ and P_4332 [J]. Chemistry of materials, 2004, 16 (5): 906 - 914.

[77] 高金伙，阮佳锋，庞越鹏，等. 高电压锂离子正极材料 $LiNi_{0.5}Mn_{1.5}O_4$ 高温特性 [J]. 化学进展，2021，33 (8)：1390 - 1403.

[78] 贺茂，陈吉华，严红，等. 强化固相反应法制备超微 $LiNi_{0.5}Mn_{1.5}O_4$ 粉末的工艺研究 [J]. 人工晶体学报，2016，45 (4)：956 - 961.

[79] 常龙娇，刘佳囡，刘连利. 热处理温度对溶胶凝胶法制备 $LiNi_{0.5}Mn_{1.5}O_4$ 电化学性能的影响 [J]. 人工晶体学报，2017，46 (11)：2290 - 2294.

[80] 李刚炎，李宇杰，郑春满，等. 共沉淀法制备微纳结构 $LiNi_{0.5}Mn_{1.5}O_4$ 材料性能研究 [J]. 电源技术，2019，43 (1)：20 - 22.

[81] MOKHTAR N, IDRIS N H, DIN M F M. Molten salt synthesis of disordered spinel $LiNi_{0.5}Mn_{1.5}O_4$ with improved electrochemical performance for Li - ion batteries [J]. International Journal of Electrochemical Science, 2018, 13: 10113 - 10126.

[82] GUO X Y, YANG C L, CHEN J X, et al. Facile synthesis of spinel $LiNi_{0.5}Mn_{1.5}O_4$ as 5.0 V - class high - voltage cathode materials for Li - ion batteries [J]. Chinese Journal of Chemical Engineering, 2021, 39: 247 - 254.

[83] SEIDEL M, KUGARAJ M, NIKOLOWSKI K, et al. Comparison of electrochemical degradation for spray dried and pulse gas dried $LiNi_{0.5}Mn_{1.5}O_4$ [J]. Journal of the Electrochemical Society, 2019, 166 (13): A2860 - A2869.

[84] 范未峰，瞿美臻，彭工厂，等. 5V 正极材料 $LiNi_{0.5}Mn_{1.5}O_4$ 的自蔓延燃烧合成及性能 [J]. 无机化学学报，2009，25 (1)：124 - 128.

[85] OUDENHOVEN J F M, BAGGETTO L, NOTTEN P H L. All - solid - state lithium - ion microbatteries: A review of various three - dimensional concepts [J]. Advanced Energy Materials, 2011, 1 (1): 10 - 33.

[86] CHENG F, LIANG J, TAO Z, et al. Functional materials for rechargeable batteries [J]. Advanced Materials, 2011, 23 (15): 1695 - 1715.

[87] SENTHILKUMAR B, MURUGESAN C, SHARMA L, et al. An overview of mixed polyanionic cathode materials for sodium - ion batteries [J]. Small Methods, 2019, 3 (4): 1970012.

[88] MO J, ZHANG X, LIU J, et al. Progress on Li_3VO_4 as a promising anode material for Li - ion batteries [J]. Chinese Journal of Chemistry, 2017, 35 (12): 1789 - 1796.

[89] LIANG S, PAN A, LIU J, et al. Research developments of V - based nanomaterials as cathodes for lithium batteries [J]. The Chinese Journal of Nonferrous Metals, 2011, 21 (10): 2448 - 2464.

[90] MURPHY D W, CHRISTIAN P A, DISALVO F J, et al. Lithium incorporation by V_6O_{13} and related vanadium (+ 4, + 5) oxide cathode materials [J]. Journal of the Electrochemical Society, 1981, 128 (10): 2053 - 2060.

[91] YIN R Z, KIM Y S, CHOI W, et al. Structural analysis and first - principles calculation of lithium vanadium oxide for advanced Li - ion batteries [J]. Advances in Quantum Chemistry, 2008, 54: 23 - 33.

[92] WEI M, PIGLIAPOCHI R, BAYLEY P M, et al. Unraveling the complex delithiation and lithiation mechanisms of the high capacity cathode material V_6O_{13} [J]. Chemistry of Materials, 2017, 29: 5513 - 5524.

[93] WILHELMI K A, WALTERSSON K, KIHLBORG L. A Refinement of crystal structure of V_6O_{13} [J]. Acta Chemica Scandinavica, 1971, 25: 2675 - 2687.

[94] PHAM - TRUONG T N, WANG Q, GHILANE J, et al. Recent advances in the development of organic and organometallic redox shuttles for lithium - ion redox flow batteries [J]. ChemSusChem, 2020, 13 (9): 2142 - 2159.

[95] GONG Z, YANG Y. Recent advances in the research of polyanion - type cathode materials for Li - ion batteries [J]. Energy & Environmental Science, 2011, 4 (9): 3223 - 3242.

[96] ZHANG F, LI N, LI D, et al. Recent developments on Li - ion batteries positive materials [J]. Battery, 2003, 33 (6): 392 - 394.

[97] WEST K, ZACHAU - CHRISTIANSEN B, JACOBSEN T. Electrochemical properties of non - stoichiometric V_6O_{13} [J]. Electrochimica Acta, 1983, 28 (12): 1829 - 1833.

[98] THACKERAY M M, THOMAS J O, WHITTINGHAM M S. Science and applications of mixed conductors for lithium batteries [J]. MRS Bulletin,

2000, 25 (3): 39 - 46.

[99] BERGSTRÖ Ö, GUSTAFSSON T, THOMAS J O. Electrochemically lithiated vanadium oxide, $Li_3V_6O_{13}$ [J]. Acta Crystallographica Section C: Structural Science Communications, 1998, 54 (9): 1204 - 1206.

[100] AEBI F. Phasenuntersuchungen im system vanadin - sauerstoffund die krystallstruktur von $V_{12}O_{26}$ [J]. Helvetica Chimica Acta, 1948, 31 (1): 8 - 21.

[101] CHAKLANABISH N C, MAITI H S. Phase stability and electrical conductivity of lithium intercalated nonstoichiometric V_6O_{13} [J]. Solid State Ionics, 1986, 21: 207 - 212.

[102] LEE H Y, GOODENOUGH J B. Supercapacitor behavior with KCl electrolyte [J]. Journal of Solid State Chemistry, 1999, 144 (1): 220 - 223.

[103] 毕爱红，朱金华，文庆珍，等. 水热合成 VO_2 (B) 带状结构的生长机理研究 [J]. 湖南大学学报：自然科学版，2010，37 (12)：72 - 76.

[104] SOUDAN P, PEREIRA - RAMOS J, FARCY J, et al. Sol - gel chromium - vanadium mixed oxides as lithium insertion compounds [J]. Solid State Ionics, 2000, 135 (1/4): 291 - 295.

[105] 袁琦，邹正光，万振东，等. 锂离子电池正极材料铁掺杂 V_6O_{13} 的制备及电化学性能 [J]. 材料工程，2018，46 (1)：106 - 113.

[106] MURPHY D W, CHRISTIAN P A, DISALVO F J, et al. Vanadium oxide cathode materials for secondary lithium cells [J]. Journal of the Electrochemical Society, 1979, 126 (3): 497 - 499.

[107] WEST K, ZACHAU - CHRISTIANSEN B, JACOBSEN T, et al. V_6O_{13} as cathode material for lithium cells [J]. Power Sources, 1985, 14: 235 - 245.

[108] BRUCE P, KROK F. Studies of the interface V_6O_{13} and poly (ethlyene oxide) based electrolytes [J]. Electrochimica Acta, 1988, 33 (11): 1669 - 1674.

[109] GUSTAFSSON T, THOMAS J O, KOKSBANG R, et al. The polymer battery as an environment for in situ X - ray diffraction studies of solid - state electrochemical processes [J]. Electrochimica Acta, 1992, 37 (9): 1639 - 1643.

[110] CHERNOVA N A, ROPPOLO M, DILLON A C, et al. Layered vanadium and molybdenum oxides: Batteries and electrochromics [J]. Journal of Materials Chemistry, 2009, 19: 2526 - 2552.

[111] WEST K, ZACHAU - CHRISTIANSEN B, OSTERGARD M J L, et al. Vanadium oxides as electrode rechargeable lithium cells [J]. Journal of

Power Sources, 1987, 20 (1/2): 165 - 172.

[112] TIAN X, XU X, HE L, et al. Ultrathin pre - lithiated V_6O_{13} nanosheet cathodes with enhanced electrical transport and cyclability [J]. Journal of Power Sources, 2014, 255: 235 - 241.

[113] DING Y L, WEN Y, WU C, et al. 3D V_6O_{13} nanotextiles assembled from interconnected nanogroovesas cathode materials for high - energy lithium - ion batteries [J]. Nano Letters, 2015, 15 (2): 1388 - 1394.

第4章

聚阴离子型正极材料

聚阴离子正极材料（$Li_xM_yXO_z$，其中M为过渡金属，X为P、Si和S等）由于具有稳定的聚阴离子框架结构而表现出优良的安全性能，好的耐过充性能和循环稳定性，是一类非常有吸引力的锂离子电池正极材料。但这类材料共同缺点是电导率偏低，不利于大电流充放电。因此，提高聚阴离子正极材料的电导率是这类材料研究应用所面临的共同问题。

常见的聚阴离子体系有磷酸盐体系、硅酸盐体系、硅酸盐体系、含氟聚阴离子体系等。

4.1 磷酸盐体系化合物

磷酸盐体系化合物（$LiMPO_4$）是橄榄石结构，其中 M 一般为 Fe、Mn 和 Co。由于铁和锰等元素储量丰富且价格低廉，因此 $LiFePO_4$和 $LiMnPO_4$被广泛研究并视为适合大规模生产的锂电正极材料。

4.1.1 $LiFePO_4$

1. 结构及电化学性能

磷酸铁锂（$LiFePO_4$）(LFP）是最常见的磷酸盐体系聚阴离子型正极材料，已成功实现商业化。1996 年日本 NTT 首次报道 A_yMPO_4（A 为碱金属，M 为 Co 和 Fe 二者组合）可作为锂电池电池正极后，Goodenough 等人在 1997 年提出将 $LiFePO_4$（LFP）用作锂离子电池的正极材料，并报道了 LFP 脱嵌锂的电化学特性。然而，由于该材料电子电导率差，当时并未受到太大关注。直到 2002 年通过掺杂改性使 LFP 的导电性和大电流充放特性有大幅度改善后，LFP 才开始受到重视。如今，LFP 由于价格低廉、污染小、循环稳定性和安全性突出等优点成为被广泛使用的正极材料之一。

LFP 的晶体结构是规整的橄榄石结构，属于正交晶系（Pnma 空间群），晶格常数 $a=1.032\ 9$ nm，$b=0.601\ 1$ nm，$c=0.469\ 9$ nm，晶体结构如图 4－1。其中，4 个 LFP 单元共 28 个原子构成一个晶胞，晶胞结构中氧原子呈稍扭曲

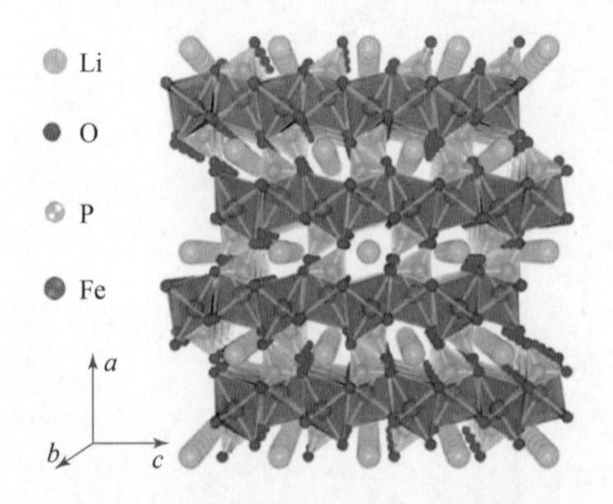

图 4－1　以 Li^+一维扩散通道为视角的 $LiFePO_4$的晶体结构（书后附彩插）

的紧密六方堆积结构，铁原子和锂原子分别位于以氧原子为顶点的八面体的4c和4a位，磷原子占据四面体孔隙中心位置，形成［FeO_6］八面体，［LiO_6］八面体和［PO_4］四面体共边连接，构成空间骨架。锂离子在4a位置形成共边的直连与b轴平行，可实现自由脱嵌。PO_4晶体中的P—O形成的强共价键对整体框架起到了稳定的作用，使得该材料在充放电时锂离子脱出/嵌入的时候，晶体结构仍可保持稳定不会坍塌。

$LiFePO_4$的理论密度为3.6 g/cm^3，理论比容量为170 mA·h/g，理论能量密度为550 W·h/kg，适中的充放电平台（约3.4 V vs. Li^+/Li）令其在提供一定能量密度的同时保证电解液不会分解。

LFP充电时，锂离子从橄榄型晶体的四面体空隙中脱嵌出来，通过电解液和隔膜到达负极。在这一过程中，Fe^{2+}被氧化为Fe^{3+}，$LiFePO_4$相向贫锂$Li_{1-x}FePO_4$相转变，最终完全脱去锂成为$FePO_4$相。放电过程则相反，化学反应机理如下式：

充电过程：$LiFePO_4 - xLi^+ - xe^- = xFePO_4 + (1-x)LiFePO_4$

放电过程：$FePO_4 + xLi^+ + xe^- = xLiFePO_4 + (1-x)FePO_4$

$$Li_xC_6 + Li_{1-x}FePO_4 \underset{\text{充电}}{\overset{\text{放电}}{\rightleftharpoons}} 6C + LiFePO_4$$

图4-2为LFP材料的充放电曲线，其在约3.4 V（4 V vs. Li^+/Li）具有一个很平的电压平台。这是因为$LiFePO_4$和$Li_{1-x}FePO_4$两相在反应的吉布斯自由能曲线上，锂的化学势保持不变，因此对应的电势不变，说明锂离子的迁移由扩散控制或相变界控制。循环前后的LFP的XRD谱图（图4-3）显示$Li_{1-x}FePO_4$相和$FePO_4$相具有相似的结构和晶胞参数，$Li_{1-x}FePO_4$相脱锂后，晶胞体积仅减少6.81%，这样体积变化刚好抵消了充放电过程中碳负极的体积变化。此外，上述两种晶体结构在200 ℃时仍可保持稳定。因此，LFP正极材料具有良好的循环稳定性和热稳定性，循环寿命长达2 000次以上。

虽然LFP材料具有优良的充放电可逆性，但是当电流密度增大时，其比容量会迅速衰减。这主要是LFP的结构导致的。PO_4^{3-}聚阴离子框架虽然有利于结构的稳定性，但却分隔了［FeO_6］八面体令其无法形成连续网络，使电子传导性降低（电子电导率仅为10^{-9} S/cm）。同时，晶体中的氧原子接近六方紧密堆积的方式限制了锂离子只能在体相内一维通道进行迁移，导致低的Li^+传导率（$10^{-16} \sim 10^{-10}$ cm^2/s），从而使得LFP正极材料倍率性能较差，尤其是在大倍率充放电时，容量衰减尤为严重。

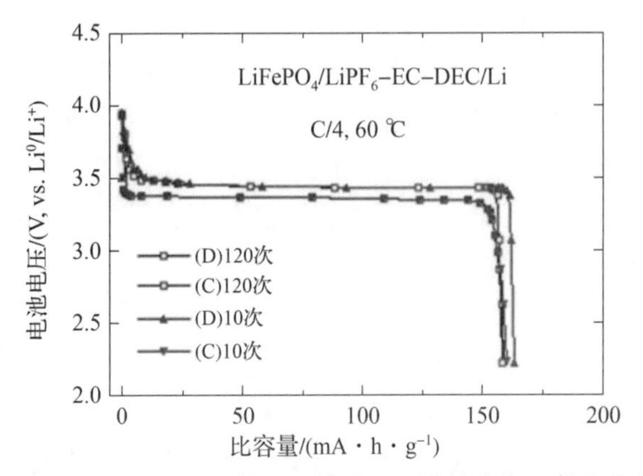

图 4-2 Li//LFP18650 型电池的电压-比容量曲线（书后附彩插）

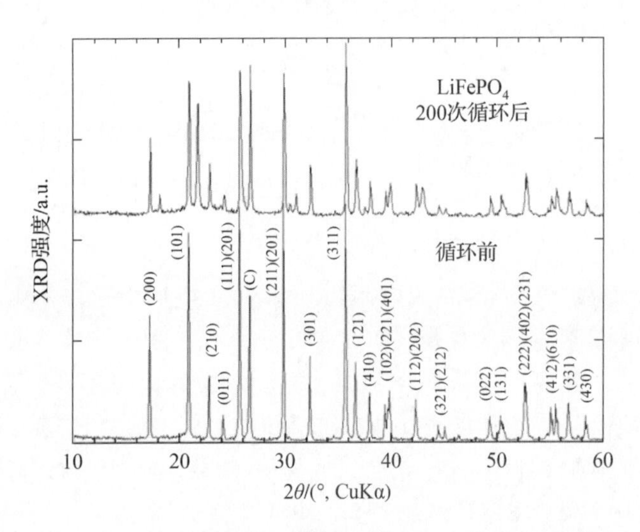

图 4-3 循环前和 200 次循环后的 LFP 正极的 XRD 图

2. 制备和改性

1）制备

目前，LFP 正极材料可由固相法和液相法制备。其中，固相法包括传统高温固相法、碳热还原法、微波合成法等；液相法包括溶胶-凝胶法（Sol-gel）、共沉淀法、水热法、高温喷雾干燥法等。

（1）传统高温固相法

传统高温固相法是指按照一定化学计量比将锂源（$LiOH \cdot H_2O$、$LiCO_3$、$LiNO_3$）、铁源（$FeC_2O_4 \cdot 2H_2O$、$Fe(C_2O_4)_2 \cdot 2H_2O$、$Fe(C_2H_3O_2)_2$）和磷酸盐（$NH_4H_2PO_4$）混合再通过高温热处理获得 LFP 的方法。一般是先通过

300～400 ℃预烧结2～5h使原料预分解，之后再次研磨混合，然后在惰性气氛护下（氮气或氩气）再以600～800 ℃烧结温度煅烧8～24 h得到LFP粉末。该方法原材料、设备及工艺相对简单，参数可调，是早期常见的工业化制备LFP粉体方法之一。但是该方法制备的粉体往往存在团聚严重，电化学性能不佳等问题。针对上述问题，可采用机械化学激活的方法对该工艺进行改进。Kim等人通过将原料放入行星球磨机进行湿混后再进行热处理可得到颗粒尺寸为40～50 nm的$LiFePO_4$，在0.05 C下放电容量为162 mA·h/g。Kozawa等人采用一步机械过程合成$LiFePO_4$，合成过程无加热且不需要惰性气氛（图4－4），所得产品在0.1 C下放电比容量为103 mA·h/g。

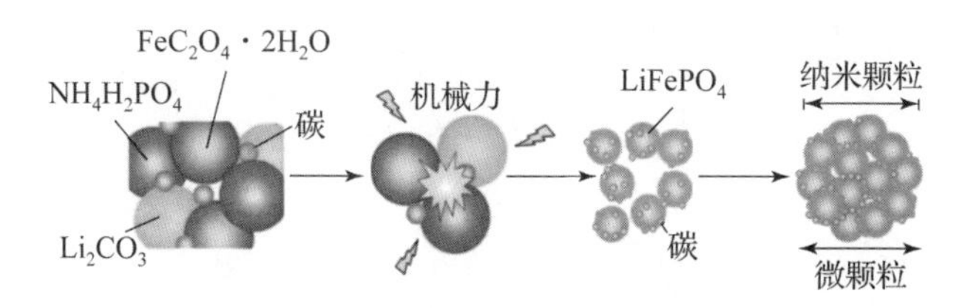

图4－4 $LiFePO_4$/C复合颗粒一步机械合成示意图

（2）碳热还原法

在高温固相法中，为防止Fe^{2+}被氧化，常采用惰性保护气体，且二价铁源价格较高，导致成本上升。Barker和Gao等人对常规的高温固相法进行改进，即引入碳源（有机碳源和无机碳源）并利用其还原性在高温下将Fe^{3+}还原为Fe^{2+}。该方法不仅可采用廉价的氧化铁和磷酸铁等作为铁源，还可避免还原性气体的使用，降低了成本。另外，引入的碳源通常过量，过量的碳源可包覆在LFP表面以提升导电性。但是该方法合成时间长，加入碳源量苛刻且产物一致性不高。

（3）微波合成法

微波合成法是指利用微波来加热原料，通过引发原料内部的极化产生摩擦，使原料内部迅速升温并发生反应。研究发现，微波合成法采用的铁源对LFP的性能有影响。Higuchi等人以醋酸铁为铁源制得的LFP比用乳酸铁制得的LFP正极材料具有更高的首次充放电容量，但循环性能却不如后者。该方法虽然是一种快速有效制备LFP材料的方法，但是微波吸收剂的种类却十分有限，限制了微波合成法的大规模应用。

（4）溶胶－凝胶法（Sol－gel）

溶胶－凝胶法是一种基于胶体化学的粉体制备方法。一般首先将金属醇盐或无机盐经水解形成均匀溶胶，然后通过加热浓缩或调节溶液pH值形成将溶胶或湿凝胶，之后对溶胶或凝胶进行真空干燥、研磨、预烧结和高温烧结得到产物。溶胶－凝胶法是制备纳米粉体常见的软化学方法，可降低烧结温度，合成的产品往往具有粒径小、比表面积大，纯度高等优点。另外，溶胶－凝胶法的工艺特点非常适合对 LFP 进行原位包覆改性。Croce 等人通过在前驱形成均匀溶液阶段加入抗坏血酸可将 Fe^{3+} 还原为 Fe^{2+}，多余的抗坏血酸则在后续烧结中原位分解，作为导电碳包覆在微粒表面。得到分散均匀的纳米级 $LiFePO_4$ 粉末材料表现出优良的电化学性能，0.2 C 和 1 C 倍率下的放电比容量分别为 140 mA·h/g 和 100 mA·h/g。但是该方法产率低、合成工艺复杂，同样不适合 LFP 大规模生产。

（5）共沉淀法

共沉淀法是以可溶性盐为原料，通过调节 pH 值或加入沉淀剂析出沉淀，再经过过滤、洗涤、干燥和煅烧得到产物的材料制备方法。Gibot 等人选用 LiOH 作为锂源和沉淀剂，在惰性气体保护下回流 24 h，无须烧结即可得到 LFP 纳米微粒，电化学性能较好，0.1 C 下放电比容量为 120 mA·h/g。该方法虽然操作方便，但不足在于沉淀往往瞬间产生，元素比例难以控制，沉淀不彻底等问题，影响产物均一性与化学计量比，并且该法不适合用来制备掺杂或包覆改性的 LFP。

（6）水热法

水热法是将原料放入反应釜中，在密闭条件下利用水做溶剂，高温、高压令反应釜中的水和水蒸汽形成对流，溶剂中的产物达到过饱和后以晶体的形式析出得到最终产物。该方法也是早期合成 LFP 的方法之一。Yang 等人选用可溶性的二价铁盐、LiOH 和 H_3PO_4 为原料，在 120 ℃下采用水热法短时间内合成了 LFP。XRD 分析和氧化－还原滴定结果表明，所合成的材料为单一的 LFP 相，平均粒径约为 3 μm。在该报道中，作为沉淀剂的 LiOH 需要多加 200%，导致成本升高。后来发展为选用氨水、碳铵和尿素等其他廉价沉淀剂对该工艺进行改进。水热法制备的 LFP 材料具有物相均一、粒径小等优点，但是水热法对设备要求较高，设备投资大，仅限于少量粉体的制备，不利于大规模生产。

LFP 的性能与合成方法密切相关，表 4－1 为 LFP 制备方法的优缺点。其中，高温固相法、碳热还原法由于原料廉价易得、成本低、配料可控、能耗低、合成效率高，成为目前广泛应用的工艺方法。

2）改性

针对 LFP 材料电子电导率及锂离子扩散系数低导致倍率性能差（尤其是大电流密度下）的问题，研究人员采用了多种方法对 LFP 材料进行改性，其中主要包括表面包覆、掺杂、形貌粒径控制和正极补锂。

表4－1 LEP制备方法的优缺点

制备方法		优点	缺点
固相法	传统高温固相法	1）成本较低，步骤简单，流程可靠；2）铁、磷、锂含量易于通过配料控制；3）循环和低温性能良好	1）耗时长、能耗高，需惰性和还原性气体保护；2）所得产物易出现氧化态的Fe^{3+}；3）颗粒团聚严重，产物颗料较大，纯度较低，尺寸分布不均匀，批次一致性差，电化学性能相对较差；4）出气量大，氧分压难以保证
	碳热还原法	1）原料廉价易得、化学稳定性好；2）能耗低，制备工艺简单	1）操作复杂生产周期长、能耗大，产生废气；2）对原料要求高，混料的均匀性影响非常大；3）原料磷酸铁的成分难于控制一致
	微波合成法	1）能量高效利用；2）循环性能较好、形貌规则；3）合成温度较低、时间较短；4）避免惰性气体的使用	反应迅速，产物易发生团聚，不利于电化学性能的改善
液相法	水热法	1）能耗低，合成效率高；2）产品粒度均一，一次稳定性好；3）可直接合成单晶型磷酸铁锂，便于直接分析本征性质；4）技术成熟	1）产品结构不一，堆积密度和压实密度较小；2）高温、高压下，设备要求高；3）水热法产品易发生替代错位影响性能；4）仍需经高温烧结磷包覆；5）成本高，需投资建设锂回收装置
	溶胶－凝胶法	可实现纳米级别的均匀混合，可同时实现碳包覆	1）耗时长；2）工艺条件难控制；3）工业化存在较大难度
	共沉淀法	1）工艺过程易控制，合成周期短，能耗低；2）颗粒粒度小且分布均匀	1）共沉淀过程中的pH不易控制且容易出现偏析；2）合成的材料性能不稳定为工业化难点
	喷雾干燥法	颗粒均匀、粒径小、循环稳定性好	设备占地大、价格高，能耗高

（1）表面包覆

通常是在LFP材料颗粒表层均匀包覆一层具有电子导电性的材料，如碳、金属/金属氧化物和导电聚合物。其中，碳包覆是最常见的LFP改性手段，最早于2004年由Armand报道。碳包覆层一般通过两种方式引入：一种是碳材料(如炭黑和乙炔黑等无定形碳）直接包覆；另一种是通过有机物（如糖类和有机酸类）高温无氧热解后原位形成。在LFP原料中加入蔗糖通过喷雾热解技术生成碳包覆层，可以使LFP的电子电导率提高7个数量级。其中，碳的添加方式、添加量、包覆层厚度、热分解条件及热分解后碳的微观结构均对LFP的电化学性能有重要的影响。Dominko等人系统研究了碳添加量、碳层厚度与电化学性能之间的关系。发现碳层的厚度并不是越大越好，较厚的碳层会阻碍锂离子的传输，同时过多的碳容易产生非活性的Fe_2P杂质从而影响材料的比容量。碳层的厚度在2~5 nm为宜，在中等电流密度下可实现较大的放电比容量。最近，Zaghib等人证明，在LFP电极中添加6%的碳添加剂，有利于在高电流倍率下（3C）获得更好的性能，适用于混合动力汽车的动力电池。

近年来，新型碳材料如石墨烯和碳纳米管也逐渐被应用于LFP的改性。Li等人采用溶剂热方法，在石墨烯层间生长纳米尺寸的LFP颗粒（图4－5)，改性后的纳米LFP在0.2 C下放电比容量为160 mA·h/g，甚至在60 C高倍率下放电比容量仍达107 mA·h/g，循环2 000次容量保持率为95%。

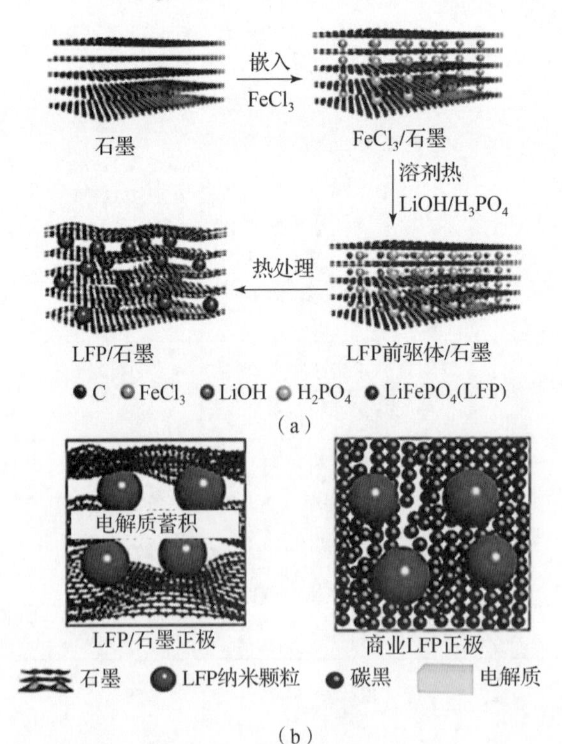

图4－5 LFP/石墨复合材料的合成和结构示意图（书后附彩插）

(a) 合成；(b) 结构

Wang 等人通过葡萄糖热解和高能球磨辅助制备了石墨烯修饰的碳包覆 LFP 纳米球（LFP@ C/G）。在制备过程中他们利用葡萄糖热解得到的碳作为还原剂抑制 Fe^{2+}、Fe^{3+}的转化，残留的碳则与石墨烯结合形成三维导电网络。图 4－6 是只有无定型碳包覆的 LFP（LFP@ C）和 LFP@ C/G 的 TEM 和 HRTEM 照片。照片显示 LFP 纳米粒子表面覆盖着非晶碳层，其认为这不仅可以显著促进 Fe^{3+}与 Fe^{2+}反应的电子迁移，还可有效地阻碍 LFP 粒子的进一步生长。图 4－6（c）、（d）和（f）显示 LFP@ C/G 表面存在约 3 nm 的无定型碳层和石墨烯层，颗粒之间形成独特的三维“sheets－in－pellets”和“sheets－on－pellets”导电网络结构，从而使 LFP@ C/G 具有更低的极化和更高电导率。LFP@ C/G 在 0.1 C 和 1 C 初始放电容量分别为 163.8 mA·h/g 和 147.1 mA·h/g，在 20 C 时仍具有81.2 mA·h/g的放电比容量，在 10 C 下循环 500 次循环后只有 8% 容量损失。

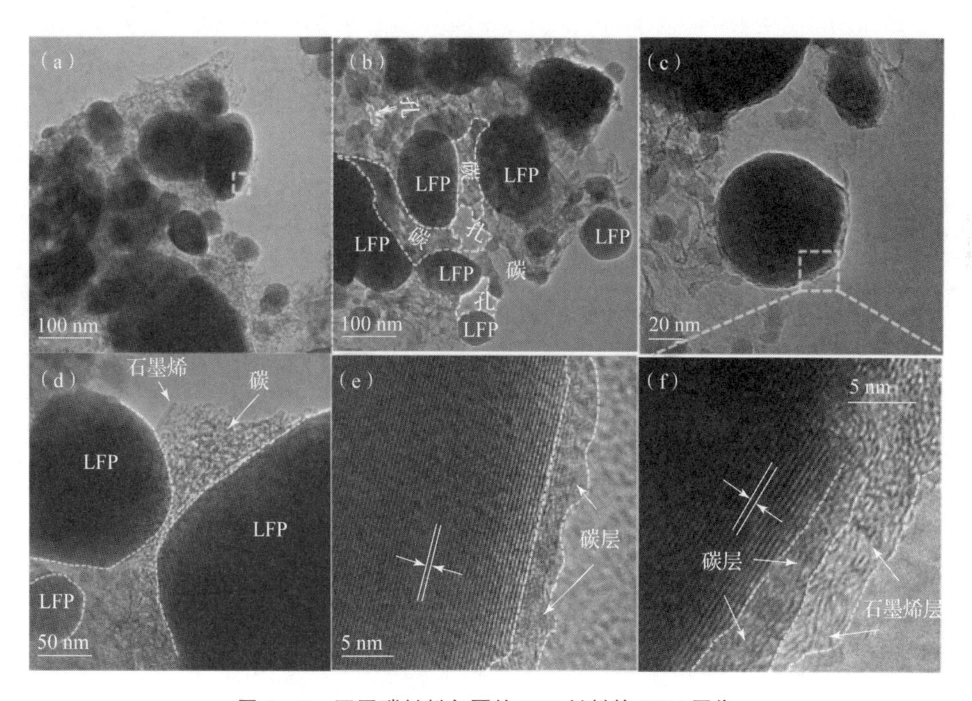

图 4－6　不同碳材料包覆的 LFP 材料的 TEM 图像

（a），（b）LFP@ C 的 TEM 图像；（c），（d）LFP@ C/G 的 TEM 图像；（e）LFP@ C 的 HRTEM 图像，对应于（a）中的黄框区域；（f）LFP@ C/G 的 HRTEM 图像，对应于（c）中的黄框区域

除了碳材料，目前常用于 LFP 包覆改性的金属和金属氧化物主要包括 Ag、Cu、Sn 和 ZnO。Park 等人采用共沉淀的方法将 1 wt. % 的银均匀包覆到 LFP 超细粉体表面以减小 LFP 材料的阻抗。实验结果表明，银包覆后的 LFP 材料比容

量提升13%。另外，许多研究者采用具有优良导电性的导电聚合物（如聚吡咯）包覆LFP材料。

（2）掺杂

表面包覆虽然可以显著改善LFP材料颗粒间的导电性，却无法改善LFP体相中锂离子的扩散速率。为提高LFP颗粒内部的锂离子扩散能力，往往采用掺杂改性的方式。掺杂是指将杂原子引入LFP材料晶格取代其中一种或几种元素，作用机理如下：①扩大锂离子沿*b*轴的一维扩散通道；②引起晶格畸变，减小Li—O键能，提高锂离子传输速率；③增加锂空位浓度，利于锂离子脱嵌；④减小$LiFPO_4$和$FePO_4$两相的带隙宽度，提高电子电导率。S. Y. Chung等人通过用少量金属离子（Mg^{2+}、Al^{3+}、Ti^{4+}、Zr^{4+}、Nb^{5+}、W^{6+}）占据LFP晶格中锂的位置，使掺杂后的LFP电子电导率提高了7~8个数量级，室温下电子电导率可达到4.1×10^{-2} S/cm，甚至超过了传统的$LiCoO_2$和$LiMn_2O_4$材料。表4-2总结了元素掺杂对LFP电化学性能改善的效果，表明掺杂元素、掺杂位点及掺杂量均对电化学性能有很大影响。铁位和氧位掺杂往往可以有效提升初始放电比容量及实现高的容量保持率，而锂位掺杂要求相对来说较为苛刻，目前达到的效果也并不理想。一般来说，两种离子半径越接近，越容易相互取代。掺杂离子的价态越高，越利于后续在晶格中形成更多缺陷。

表4-2　LEP元素掺杂改善电化学性能概述

掺杂元素	掺杂位点	最佳掺杂量	电化学性能（初始容量：循环性能）
Na	Li位	$Li_{0.99}Na_{0.01}FePO_4$	80.9 mA·h/g(10 C)；86.7%(10 C，500次)
Nb	Li位	$Li_{0.95}Nb_{0.01}FePO_4$	96.7 mA·h/g(10 C)；96%(10 C，200次)
Al	Li位	$Li_{0.97}Al_{0.01}FePO_4$	95 mA·h/g(0.2 C)
Mn	Fe位	$LiFe_{0.77}Mn_{0.23}PO_4$	80.9 mA·h/g(1 C)；84%(1 C，100次)
Mo	Fe位	$LiFe_{0.98}Mo_{0.02}PO_4$	141.5 mA·h/g(0.1 C)；98%(0.1 C，100次)
V	Fe位	$LiFe_{0.95}V_{0.05}PO_4$	119 mA·h/g(1 500 mA/g)； 98%(1 500 mA/g，100次)
Ti	Fe位	$LiFe_{0.98}Ti_{0.02}PO_4$	160 mA·h/g(0.2 C)；98%(0.2 C，50次)
S	O位	$LiFePO_{3.78}S_{0.22}$	112.7 mA·h/g(10 C)；98%(0.2 C，50次)
Cl	O位	$LiFePO_{3.98}Cl_{0.02}$	164.1 mA·h/g(0.1 C)；105.3 mA·h/g(10 C)； 91.5%(10 C，500次)

续表

掺杂元素	掺杂位点	最佳掺杂量	电化学性能（初始容量；循环性能）
F	O 位	$LiFePO_{3.85}F_{0.15}$	165.7 mA·h/g(0.1 C)；115.7 mA·h/g(30 C)；92.8%(30 C，50 次)
Mg&Ti	Mg(Fe 位) Ti(Fe 位)	$LiFe_{0.985}Mg_{0.005}Ti_{0.01}PO_4$	161.5 mA·h/g(0.2 C)；139.8 mA·h/g(5 C)；92.9%(5 C，100 次)
Zr&Co	Zr(Li 位) Co(Fe 位)	$Li_{0.99}Zr_{0.0025}Fe_{0.98}Co_{0.02}PO_4$	139.9 mA·h/g(0.1 C)；85%(0.1 C，50 次)
Ni&Mn	Ni(Fe 位) Mn(Fe 位)	$LiFe_{0.95}Ni_{0.02}Mn_{0.03}PO_4/C$	164.3 mA·h/g(0.1 C)；146 mA·h/g(1 C)；98.7%(1 C，100 次)
V&F	V(Fe 位) F(O 位)	$LiFe_{0.96}V_{0.02}PO_{3.97}F_{0.06}$	165.7 mA·h/g(0.1 C)；154.9 mA·h/g(1 C)；95.7%(1 C，500 次)
V&Y	Y(Fe 位) F(O 位)	$LiFe_{0.95}V_{0.033}PO_{3.95}F_{0.2}$	148.6 mA·h/g(5 C)；96.88%(5 C，700 次)
Ni&Mn&Co	Mn(Fe 位) Co(Fe 位)	$LiFe_{0.84}Ni_{0.06}Co_{0.06}Mn_{0.04}PO_4$	160.1 mA·h/g(0.1 C)；110.8 mA·h/g(10 C)；98.3%(10 C，50 次)

（3）形貌粒径控制

包覆和掺杂都是提高 LFP 材料电子电导率的有效方法，但是往往会牺牲材料的体积能量密度。研究发现，颗粒尺寸的减小能够缩短锂离子的传输距离，增加电极材料与电解液的接触面积，从而保证正极材料良好的倍率性能和高的体积能量密度。因此，可通过调节正极材料的粒径和形貌促进 LFP 容量的发挥。可调节正极材料形貌的制备方式主要有溶胶－凝胶法、共沉淀法和水热法等。

3. 应用情况和发展前景

经过近 30 年的研发，LFP 已经成为成功产业化的正极材料，应用领域可分为动力电池和非动力电池两大类。根据中国汽车动力电池产业创新联盟 2021 年 8 月动力电池报告，受益于全球电动化趋势，仅 2021 年 8 月磷酸铁锂电池产量就达到 11.1 GW·h，占动力电池总产量的 56.9%，是三元电池（8.4 GW·h，占总产量 42.9%）的 1.32 倍；在装车量上，磷酸铁锂装车 7.2 GW·h，环比上升 24.4%，是三元锂电池（5.3 GW·h，环比下降

2.1%）的1.36倍。8月份，无论是总体产量、装车量上，还是同比和环比增长速度，磷酸铁锂都明显高于三元锂电池。

磷酸铁锂电池在其生产、运行直到最终报废的整个生命周期中，不涉及和产生任何有毒有害物质，因其突出环保特性得到越来越多的国家政策支持。然而，在LFP未来的发展中仍存在一些问题亟须改良：①工业制备磷酸铁锂的问题。目前LFP制备仍以固相烧结法为主，能耗大、生产出的材料倍率性能差，商业化生产方式和生产配方还有很大的提升空间。②磷酸铁锂动力电池一致性的问题。应综合考量原材料品质、电池生产环境、制造设备及配料过程的控制给电池一致性带来的影响。③磷酸铁锂的低温性能难以满足动力电池的要求。

4.1.2 $LiMnPO_4$

1. 结构及电化学性能

$LiMnPO_4$和$LiFePO_4$一样是正交晶系（空间群为Pmnb）橄榄石结构，晶胞参数为$a=0.104\ 5$ nm，$b=0.061\ 1$ nm，$c=0.047\ 5$ nm。$LiMnPO_4$的晶体结构示意图如图4-7所示，其中氧原子为六方密堆积，锰和锂分别在6个氧组成的八面体中心，[MnO_6]八面体在ac平面内沿c轴方向“Z字形”链排列且共角，在a轴方向形成层状结构，这些链与PO_4^{3-}聚阴离子共角或者共边形成稳定的3D结构。[LiO_6]八面体在b轴方向上线性排列且共边，bc平面被锂和锰交替占据，在a轴方向上形成有序的Li-Mn-Li-Mn排列，Li^+沿着b轴[010]方向的一维通道扩散。在$LiMnPO_4$中，磷原子与晶格中的氧原子能形成高强度的P—O共价键，使得[PO_4]四面体非常稳定，在高温放电时也不会释放出氧气，保证了Li^+能在一个相对稳定的晶体结构中嵌入/脱出，从而使$LiMnPO_4$具有良好的循环性能和安全性能。另外，由于Mn-O-P的诱导效应能够稳定Mn^{2+}/Mn^{3+}反键态，从而使$LiMnPO_4$具有较高的工作电压（4.1 V vs. Li^+/Li），其理论比容量虽然与$LiFePO_4$（LFP）相同（约170 mA·h/g），理论能量密度却要比$LiFePO_4$（3.4 V vs. Li^+/Li）高21%。然而不幸的是由于[PO_4]四面体的稳定性，使Li^+几乎不可能穿过[PO_4]四面体，从而使Li^+在$LiMnPO_4$中的扩散速率受限；同时，由于[PO_4]四面体稳定存在于两个[MnO_6]八面体中间，这会导致电子难以传输，所以$LiMnPO_4$材料的电子电导率远低于$LiFePO_4$。目前，虽然对于$LiMnPO_4$电化学脱锂过程还存在一些争议，但普遍认为锂离子脱出速率缓慢及本身电子电导率低是限制$LiMnPO_4$电化学反应速度和程度的主要因素，特别是在大倍率充放电的情况下。

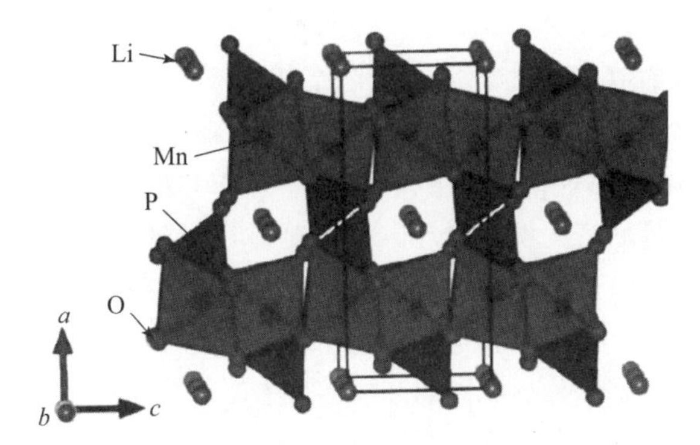

图4-7 $LiMnPO_4$的晶体结构示意图（实线区表示一个晶胞）

2. 制备和改性

与 $LiFePO_4$类似，$LiMnPO_4$ 的制备方法主要有高温固相合成法、共沉淀法、溶胶-凝胶法和水热/溶剂热法等，由于篇幅所限，在此不做详细介绍。

针对前文所述 $LiMnPO_4$ 存在的主要问题，目前的研究主要通过以下4个方面对 $LiMnPO_4$材料进行改性。

1）纳米化

通过纳米化缩短锂离子的固态扩散路径，增大电极反应面积，从而提高材料的宏观锂离子电导率。锂离子在极片中的扩散主要由材料本身的晶体结构和材料的颗粒尺寸、形貌及分布情况共同决定。对于特定的材料，锂离子扩散系数（D_s）为定值，由材料本身性质决定。根据扩散系数方程 $t=\tau R_s^2/D_s$（t 是扩散时间，τ 为无量纲常数，R_s是颗粒尺寸）可知锂离子在固相中的扩散时间与颗粒半径 R_s的平方成正比，即锂离子的扩散能力随材料粒径的增大而减小，且粒径大小比扩散系数更能影响锂离子的扩散能力。因此，将颗粒尺寸降低到纳米级能够有效地缩短锂离子的扩散路径，同时由于使材料和电解液接触更加充分使得固/液两相间的离子传输界面有效增大。

在制备过程中，$LiMnPO_4$晶粒的细化主要通过控制烧结温度、原位引入成核促进剂及采用均相前驱体合成方法来实现。但是，材料纳米化也会带来一些负面效果。例如，纳米颗粒堆积密度小，不利于体积能量密度的提高；由于纳米材料具有高的比表面，常需要加入表面活性剂降低表面张力以防止颗粒团聚，不利于极片加工，并且可能导致与电解液发生不利的副反应；在电池充放电过程中，纳米颗粒溶液团聚造成电化学性能的衰减；由于与电解液接触面增大，$LiMnPO_4$与电解液之间的副反应可能加剧，这通常需要结合表面包覆来解决。

2）表面包覆

表面包覆是通过在材料表面复合导电碳和金属氧化物层等，提高材料的离子/电子电导率，阻止 $LiMnPO_4$ 与电解液直接接触。碳包覆和构建复合导电网络是改进磷酸系材料性能的研究热点之一。$LiMnPO_4$ 的包覆技术主要来源于 LFP 的研究成果。有研究表明，通过碳包覆提高 $LiMnPO_4$ 材料的导电性能也需要颗粒尺寸减小到约 50 nm 时才具有电化学活性。可采用熔融烃或喷雾热解加球磨等方式合成实现上述尺寸的颗粒。然而，相比于 LFP，在 LMP 颗粒表面形成碳包覆层困难得多。这是因为铁和碳的亲和性是很好的，这种亲和性有助于导电碳沉积在 LFP 表面，而锰对碳的亲和性却小得多。因此，包覆碳涂层的 LMP 的电化学性能仍是不尽人意，能实现的最好的放电比容量仅有 130 ~ 140 mA · h/g，远低于碳包覆的 LFP 材料。Zaghib 等人在 200 nm 的 LMP 颗粒外包覆约 10 nm 的 LFP 层，然后再在 LFP 层上包覆碳层（称为 C – LFP [LMP]），所制备的材料的电化学性能与具有相同 Fe/Mn 比的 $LMn_{0.96}Fe_{0.33}PO_4$ 正极材料相比呈现更高的比容量和更好的循环性能（图 4 – 8）。

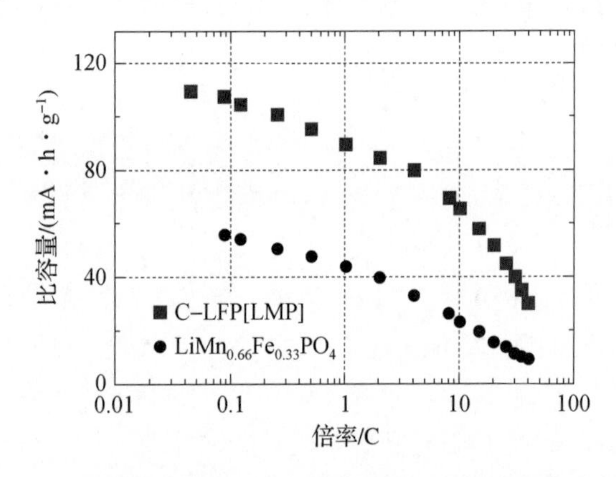

图 4 – 8 碳表面包覆 $LiFePO_4$ 的 $LiMnPO_4$ 和具有相同 Fe/Mn 比的 $LiMn_{0.66}Fe_{0.33}PO_4$ 的电化学性能比较

3）晶面选控

通过晶面选控增大锂离子快速迁移的晶面面积，从而提高材料的微观锂离子电导率。$LiMnPO_4$ 中由于锂离子是沿一维通道传输，其在各晶面的跃迁势能有很大区别：沿 [010] 方向的跃迁势能为 0.62 eV，沿 [001] 和 [010] 方向的跃迁势能分别为 2.83 eV 和 2.26 eV。显然，通过调节合成参数使 $LiMnPO_4$ 在 [010] 方向上的厚度减少，缩短锂离子的扩散路径，提高锂离子的扩散速率，可以提高材料的电化学性能。

4）体相掺杂

体相掺杂是通过掺杂原子的原位取代或形成固溶体来稳定晶体结构，提高离子/电子电导率，从而提高材料的循环和倍率性能。该方法会对材料本身的电子结构产生大的影响。体相掺杂包括锂位掺杂、锰位掺杂和磷位掺杂等，目前的研究主要集中于锰位掺杂。锰位掺杂能够有效减弱 Mn^{3+} 的 Jahn－Teller 效应影响。常用的阳离子有 Fe^{2+}、Mg^{2+}、Zn^{2+}、Co^{2+}、Cu^{2+}、Cr^{3+}、V^{3+}、Zr^{4+}、Ti^{4+} 等。由于不同离子的原子半径、性质存在差异，所以掺杂不同的离子和以不同掺杂浓度对材料性能的影响不一，因此也可以通过多元素掺杂协同作用来提高材料的性能。

3. 应用情况和发展前景

$LiMnPO_4$ 具有良好的安全性能，理论比容量与 LFP 相同，工作电压（约 4.1 V）高于 LFP 且符合现有电解液体系工作窗口，因此被视为可替代 LFP 的潜在材料，具备在动力和储能等领域应用的可行性。但是，$LiMnPO_4$ 的导电性远远低于 LFP，使得其容量发挥受到了很大限制。$LiMnPO_4$ 材料目前仍处于产业化研究前期，市场上还未出现大量的商业化产品。提高 $LiMnPO_4$ 循环稳定性、倍率性能、材料库仑效率是未来研究的重要方向，也是实现 $LiMnPO_4$ 商业化不可回避的问题。

4.1.3 $LiCoPO_4$

$LiCoPO_4$（LCP）具有 1.3 倍于 $LiFePO_4$ 的理论比容量（167 mA·h/g），放电平台高达 4.8 V，是一种极具研究前景的锂电池正极材料。Amine 等人首先报道了 LCP 可以作为优良的锂离子电池高压正极材料，但是由于现有电解液体系的电压窗口所限，目前 LCP 的研究进展相对较为缓慢。

1. 结构及电化学性能

LCP 是具有包含 3 种空间群（Pnma、$Pn2_1a$ 和 Cmcm）的橄榄石型晶体结构，其中以 Pnma 相的电化学性能最佳。如图 4－9 中所示，具有 Pnma 空间群的 LCP 晶胞由［CoO_6］八面体和［PO_4］四面体组成。［CoO_6］八面体在 *bc* 平面形成层状结构，层状结构通过［PO_4］四面体交联形成三维网络框架。每个［CoO_6］八面体与其他 4 个［CoO_6］八面体共角，导致电子难以离域而使 LCP 同样具有电子导电性差的问题。与 LFP 和 LMP 相同，强的 P—O 键和三维结构保证了 LCP 的动力学和热稳定性，同时也令锂离子在 LCP 材料中的扩散能力受限。在 LCP 中共边的［LiO_6］八面体沿［010］方向形成锂离子扩散通道，由于锂离子在该方向的扩散势垒最低因而在该方向具有最为快速的扩散速率。

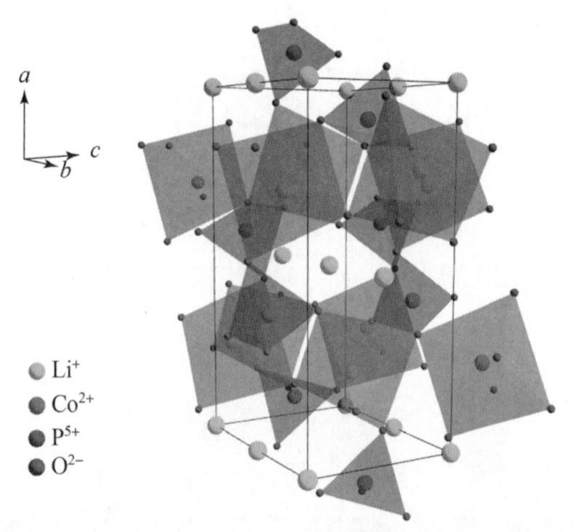

图 4－9　$LiCoPO_4$（Pmna）的晶胞结构（书后附彩插）

目前的研究认为 $LiCoPO_4$ 在脱锂过程中经历两次相转变：$LiCoPO_4 \rightarrow Li_{2/3}CoPO_4 \rightarrow CoPO_4$。由于八面体配位的 Co^{3+} 处于高自旋态，脱锂相 $CoPO_4$ 是不稳定的。X 射线吸收谱（XAS）对 LCP 的电子结构研究表明，$CoPO_4$ 的不稳定导致在脱锂的 LCP 中 Co 存在 Co^{2+} 和 Co^{3+} 两种氧化态。研究人员还发现在脱锂的 LCP 表面存在由于与 3D 过渡金属产生 O－2p 杂化而形成的 Co—O 键，并认为 Co—O 杂化是造成 LCP 在循环过程中表面失氧的潜在原因。

有研究者通过电子能量损失谱（EELS）研究了 $LiCoPO_4$ 脱锂过程中钴价态的变化（图 4－10），提出随着脱锂的进行首先在 $LiCoPO_4$ 颗粒表面形成 Co^{3+} 富集区和贫锂区，最后在 $LiCoPO_4$ 颗粒表面形成不稳定的 $CoPO_4$ 相。不稳定的 $CoPO_4$ 与电解液反应并分解，导致在更高的电势下锂重新掺入材料表面形成富 Co^{2+} 相。循环 10 次之后，由于锂保留在 $LiCoPO_4$ 晶格中而使 $CoPO_4$ 相不再形成，导致材料容量下降。其认为该研究表明改善 $CoPO_4$ 相的稳定性或者防止 $CoPO_4$ 相与电解液发生副反应是提高 $LiCoPO_4$ 循环稳定性的关键。

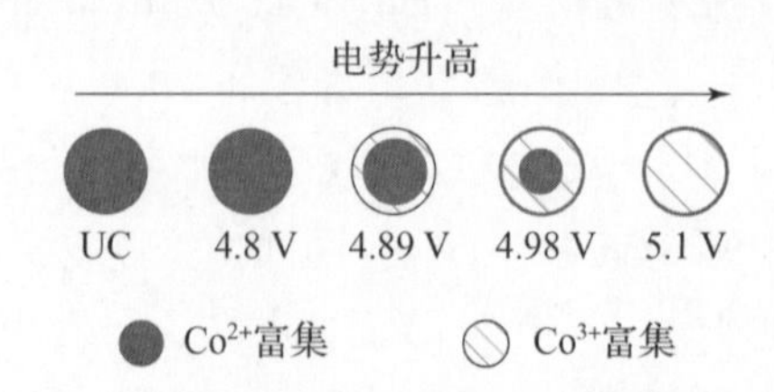

图 4－10　随着电压增大 $LiCoPO_4$ 脱锂机理的示意图

2. 制备和改性

LCP与其他几种橄榄石结构的电极材料的制备方法类似，主要有固相法、溶胶－凝胶法、水热法等。

固相法是合成正极材料最常用的也是最容易产业化的一种方法，主要是将锂源、钴源、磷源等按照一定比例进行物理混合均匀后，在惰性气氛下进行烧结。廖森等人用 $NH_4CoPO_4 \cdot H_2O$ 和 $LiOH \cdot H_2O$ 按物质的量比 Li/Co = 1.00 混合研磨，105 ℃烘干4 h得到前驱体，然后在马福炉中于300 ℃下焙烧3 h，得到较纯净且结晶度良好的LCP。低温固相法相对传统固相法具有操作简单、成本低、所需原料价廉易得、焙烧温度低、焙烧时间短等优点。因此，该方法是一种有前途的合成LCP晶体材料的新方法，有良好的产业化应用前景。

王绍亮等人以柠檬酸为螯合剂，考察了烧结温度和烧结时间对溶胶－凝胶法合成的LCP正极材料的晶体结构、微观形貌以及电化学性能的影响，发现650 ℃处理12 h的样品具有最优异的性能，其结晶完整，颗粒细小均匀，在0.1 C、0.2 C、0.5 C和1 C倍率下首次放电比容量分别可以达到132.4 mA·h/g、130.1 mA·h/g、128.7 mA·h/g和122.7 mA·h/g。

针对常规的固相合成法和溶胶－凝胶法中机械混料不均匀或反应时间过长会导致颗粒尺寸长大的问题，余勇等人采用微反应器通过共沉淀法合成钴源和锂源前驱体并高温煅烧制备了颗粒分布相对较均匀的纳米LCP。

针对LCP存在与LFP和LMP相类似的问题，对LCP的改性思路也基本与LFP和LMP的类似，主要通过碳包覆、金属离子掺杂、机械活化等几种方法来实现。

3. 应用情况和发展前景

LCP作为高电压的锂离子电池正极材料，具有良好的热稳定性和较高的理论能量密度，这一特性符合新一代锂离子电池对正极材料的要求。目前，国内外有关LCP材料的研究仅处于实验室阶段，要实现产业化还有很长的路要走。除了通过前文所述的方法对LCP进行改性以改善其电化学性能以外，开发与LCP材料相匹配的高电压（5 V以上）电解液也是LCP能否实际应用的关键因素。

4.2 硅酸盐体系化合物

正交结构的硅酸盐型聚阴离子锂离子电极材料 Li_2MSiO_4（M = Fe、Mn、Co 等）在2005年由 Nyten 等人报道，近年来引起了一定程度的关注。硅酸盐聚阴离子材料具有成本低、元素丰度高等优点，作为锂离子电池正极材料的突出优点有：

①稳定性高。与磷酸盐 $LiMPO_4$ 结构相似，Li_2MSiO_4 存在强的 Si—O 共价键，其作用与 $LiMPO_4$ 中的 P—O 共价键产生的稳定晶格作用相似，但 Si—O 键更强，因此该种材料的结构十分稳定。由于硅比磷元素的离子半径更小，键长更短，极化更加明显，从理论上说，应具有比 $LiMPO_4$ 高的离子传导率。

②有望实现优异的高比容量。Li_2MSiO_4 聚阴离子化合物理论上含有两个氧化还原电对，在形式上可以实现两个锂离子的脱嵌。因此，相对于只能发生一个锂离子脱嵌的 $LiMPO_4$ 化合物而言，Li_2MSiO_4 可以提供更高的比容量，如 Li_2MnSiO_4 的理论比容量可达到333 mA · h/g，Li_2CoSiO_4 为325 mA · h/g。

③资源丰富，价格低廉，有良好的开发价值。Li_2MSiO_4 由于具有优异的安全性能和更高的理论比容量，被认为在大型锂离子动力电池领域具有较大的潜在应用。

1. 结构及电化学性能

铁和硅元素来源广泛、成本低廉，使 Li_2FeSiO_4 成为硅酸盐体系化合物的典型代表，是目前研究相对广泛的一种硅酸盐聚阴离子正极材料。Li_2FeSiO_4 的空间群为 $Pmn2_1$，属于正交晶系，晶胞参数 $a = 0.626\ 61\ (5)$，$b = 0.532\ 95\ (5)$，$c = 0.501\ 48\ (4)$ nm（图4-11）。氧原子以正四面体密堆积方式排列，铁原子和硅原子分别处于［FeO_4］四面体和［SiO_4］四面体的中心位置。由于阳离子在四面体位置上存在多种不同的排列方式，导致可能产生不同的结构形式。例如，所有四面体都指向与密堆积面相互垂直的方向，并仅通过共角方式连接；或者，四面体采用交替反平行方式排列，不同四面体之间除了共用顶点之外，反平行四面体也共边连接。根据文献报道，合成温度对材料的结构有重要影响，在不同温度下退火的 Li_2FeSiO_4 材料表现出不一样的空间结构，存在3种不同的空间群。

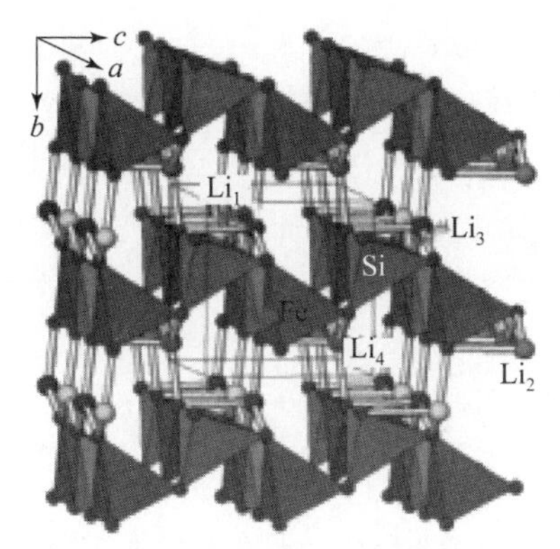

图 4-11　Li_2FeSiO_4 晶胞结构示意图（书后附彩插）

如果 Li_2FeSiO_4 中的两个锂离子可以全部脱出，则理论容量可达到 333 mA·h/g（电压平台在 4.1~4.5 V），但通过实验得到的实际容量小于理论容量。当电压窗口限制在 2.0~3.7 V 时，该材料的容量约为 130 mA·h/g，2.7 V（vs. Li^+/Li）的电压平台对应 Fe^{3+}/Fe^{2+} 氧化还原反应；当电压窗口扩大至 1.3~4.5 V 时，该材料能够脱出全部锂离子，提供约 320 mA·h/g 的容量和斜坡式的放电曲线。因为释放出第 2 个锂离子的电压过高，Li_2FeSiO_4 能提供的容量通常在 160 mA·h/g 左右。除此之外，研究人员还发现 Li_2FeSiO_4 材料的首次充电平台在 3.1 V 左右，第 2 次及随后会稳定在 2.8 V 左右（图 4-12），这可能是由于该材料在首次充放电过程中发生相变，由短程有序的固溶体转变成为长程有序的结构。

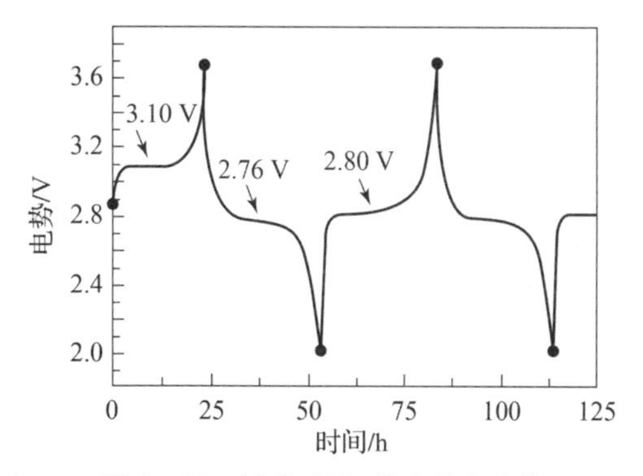

图 4-12　Li_2FeSiO_4 的充放电曲线

2. 制备和改性

Li_2FeSiO_4 可通过高温固相法、溶胶-凝胶法、微波合成法、水热法等方法合成。

A. Nyten 等人通过高温固相反应，将硅酸锂（Li_2SiO_3）、草酸亚铁（$FeC_2O_4 \cdot 2H_2O$）和正硅酸乙酯（TEOS）按化学计量比均匀分散在丙酮中，并加入 10 wt. % 碳凝胶充分研磨混合。加热使丙酮挥发后在 CO/CO_2混合氛围（v/v：1/1）中加热至 750 ℃并煅烧 24 h，得到粒径在 150 nm 左右的 Li_2FeSiO_4产物。组装成的电池在 60 ℃、C/16 倍率和 2. 0 ~ 3. 7 V 电压范围内，循环 10 次后容量保持在 84% 左右，呈现出了较好的充放电可逆性。

R. Dominko 等人用水热法和溶胶 - 凝胶法分别制备了 Li_2FeSiO_4 和 Li_2MnSiO_4。水热法制备 Li_2FeSiO_4的过程如下：将氢氧化锂和二氧化硅均匀分散于四水合氯化亚铁溶液中并转移到不锈钢制的密闭高压釜中，在 150 ℃时恒温反应 14 d 后将得到的绿色粉末在氢气气氛下用蒸馏水反复洗涤，再于 50 ℃干燥 1 d 得到 Li_2FeSiO_4粉体。制备溶胶 - 凝胶法制备 Li_2MnSiO_4的步骤如下：使用乙二醇和柠檬酸作为络合剂，硝酸铁、CH_3COOLi 和 SiO_2 粉末为原料，Li : Fe : SiO_2的摩尔比为 2 : 1 : 1，将三者混合搅拌 1 h，静置一个晚上使其形成溶胶，将得到的溶胶在 80 ℃干燥 24 h 以上，将研磨后得到的干凝胶粉末于 700 ℃的惰性气氛下至少反应 1 h 后冷却至室温，即得到目标产物 Li_2FeSiO_4。

与其他聚阴离子化合物类似，硅酸盐类正极材料也存在电子导电率差（Li_2FeSiO_4：6×10^{-14}S/cm，Li_2MnSiO_4：5×10^{-14}S/cm，$LiFePO_4$：1.0×10^{-9} S/cm，远低于过渡金属氧化物正极材料 $LiCoO_2$：10^{-3} S/cm），离子迁移受限的问题，因此也需要对该材料进行改性。常见的方法有掺杂导电剂、体相掺杂、细化晶粒等。碳材料是最常见的导电剂，成本低廉、性质稳定，以碳材料作为导电剂既可以避免硅酸盐颗粒间的团聚，拓宽锂离子传输路径，又可以提高材料整体的导电能力。Muraliganth 等人研究了 Li_2MnSiO_4/C 和 Li_2FeSiO/C 材料的电化学性能，Li_2FeSiO_4/C 材料展示了好的倍率性能和循环稳定性，在室温和 55 ℃放电容量可以分别达到 148 mA · h/g 和 204 mA · h/g。虽然 Li_2MnSiO_4/C 在室温和 55 ℃放初始电容量可以分别达到 210 mA · h/g 和 250 mA · h/g，但其倍率性能和循环性能较差，如图 4 - 13 所示。两种材料电化学性能的差异可归因于脱锂时结构稳定性的差异。除此，DSC 测试结果显示，Li_2MnSiO_4的热稳定性也较差。

常见的硅酸盐性聚阴离子化合物除了 Li_2FeSiO_4，还有 Li_2MnSiO_4、Li_2NiSiO_4 和 Li_2CoSiO_4等。

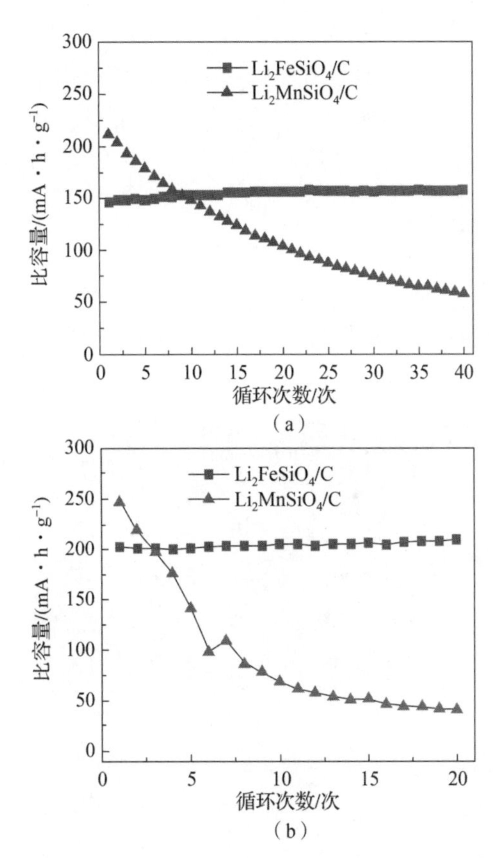

图 4－13　Li_2MnSiO_4/C 和 Li_2FeSiO_4/C 在 25 ℃和 55 ℃的循环性能

(a) 25 ℃；(b) 55 ℃

3. 应用情况和发展前景

目前，硅酸盐类正极材料存在的问题有：①本征电导率低；②难以实现高可逆容量；③制备方法有待完善。因此，如何准确建立材料微观晶相结构及其电化学性能间的构效关系，以及在实际合成中精确控制，是目前硅酸盐类正极材料亟待解决的问题之一。

4.3　含氟聚阴离子化合物

聚阴离子型正极材料普遍具有电导率低等一系列问题，因此研究者们寄希望将具有强电负性的氟离子引入到聚阴离子体系中形成氟代磷酸盐材料，结合

PO_4^{3-}的诱导效应和氟离子的强电负性以提高材料的氧化还原电位；此外，由于氟代引入了一个负电荷，因电荷平衡效应，在氟代磷酸盐中有望通过 M^{2+}/M^{4+}氧化还原对的利用实现超过一个锂的可逆交换，从而提升材料的可逆比容。

1. 结构及电化学性能

Tavorite 结构的 $LiMPO_4F$ 的晶体结构如图 4 - 14 所示。Tavorite 结构是橄榄石结构的一个衍生类别，与橄榄石结构系列有很多相似处，其中锂离子被过渡金属八面体［MO_4F_2］和磷酸［PO_4］四面体包围。

图 4 - 14　Tavorite 结构的 $LiMPO_4F$ 的晶体结构

2003 年，Barker 等人首次报道了氟磷酸盐（$LiVPO_4F$）作为锂离子电池正极材料，也是第一个被应用在锂离子电池的含氟磷酸盐化合物，具有优良的循环性能。$LiVPO_4F$ 属于三斜晶系（晶胞参数为：$a=0.5173$ nm，$b=0.5309$ nm，$c=0.7250$ nm），空间群为 P1，结构图由橄榄石结构演变而来，如图 4 - 15 所示是一个由［PO_4］四面体和［VO_4F_2］八面体构建的三维框架网络，三维结构中［PO_4］四面体和［VO_4F_2］八面体共用一个氧顶点，而［VO_4F_2］八面体之间氟顶点相连接。在这个三维结构中，锂离子分别占据两种不同的位置。

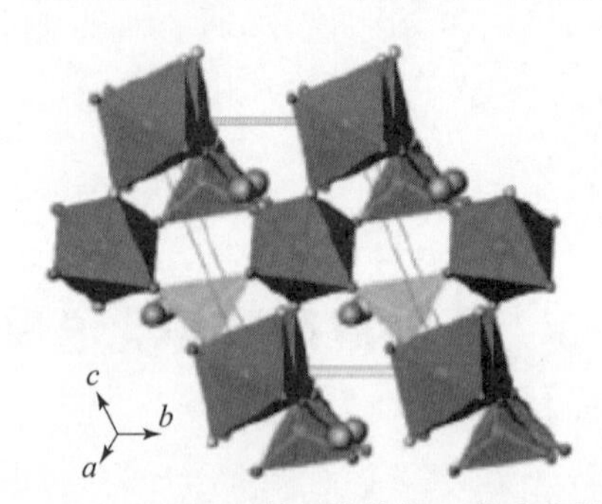

图 4 - 15　$LiVPO_4F$ 的晶体结构（书后附彩插）

在 $LiVPO_4F$ 结构中，钒以 +3 价离子状态存在，伴随着锂离子的脱出 V^{3+} 变成 V^{4+}，材料的结构也由 $LiVPO_4F$ 转变 VPO_4F，平均脱锂电位为 4.3 V。Barker 等人认为 $LiVPO_4F$ 包含两对氧化还原电对：V^{3+}/V^{4+}(4.2 V) 和 V^{3+}/V^{2+}(1.8 V)，且其氧化还原反应均为两相反应，其晶体结构转化图以及对应的充放电曲线图如图 4-16 所示。

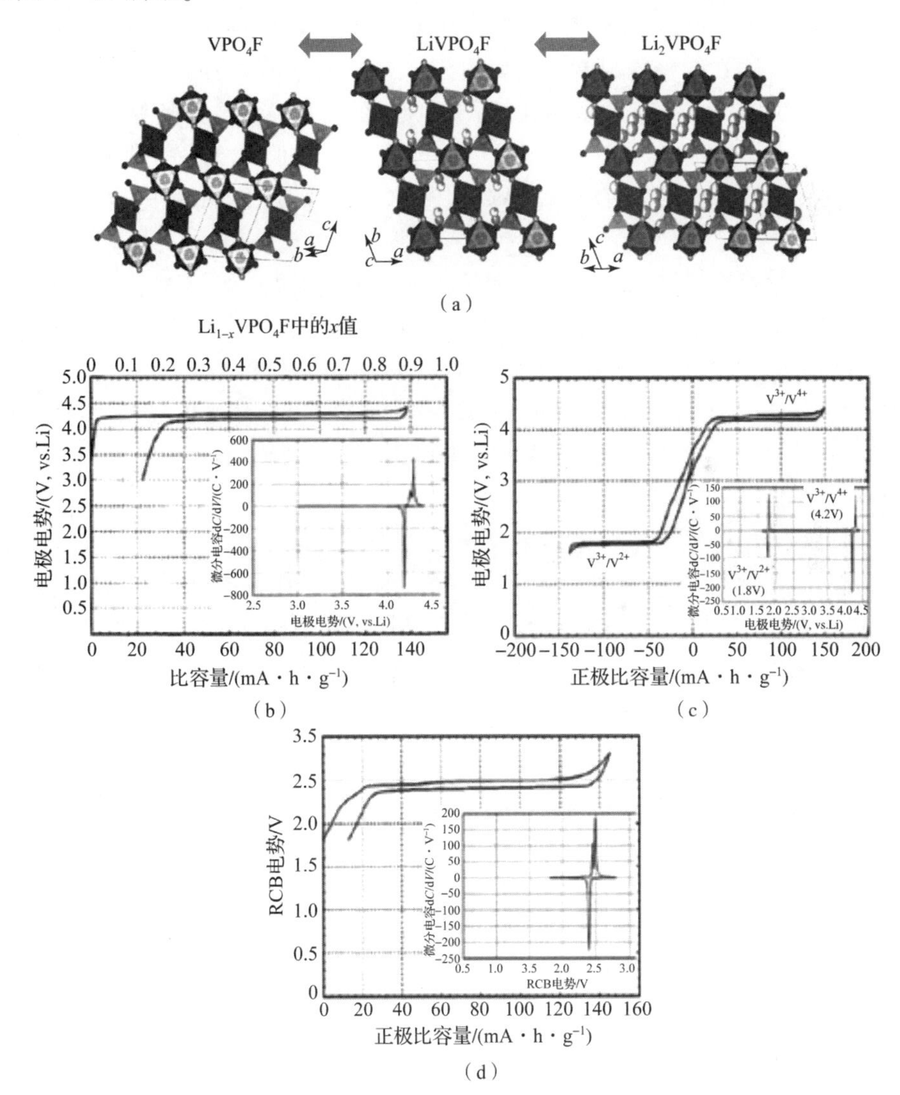

图 4-16 $Li_{1\pm x}VPO_4F$ 的晶体结构和电化学特性（书后附彩插）

(a) $Li_{1\pm x}VPO_4F$ 的晶体结构：VPO_4F（左），$LiVPO_4F$（中），Li_2VPO_4F（右）；(b) $LiVPO_4F$/Li 在约 4.2 V 的恒流充放电曲线；(c) $LiVPO_4F$/Li 在 1.8 V 和 4.2 V 的两个独立平台；(d) $LiVPO_4F/LiVPO_4F$ 电池在 2.4 V 电位平台的恒流充放电曲线

2. 制备和改性

目前制备 $LiVPO_4F$ 的方法以碳热还原法为主，除此之外还有熔融凝胶法、离子交换法和水热技术等。

Barker J. R 等人首次利用 VPO_4 作为中间体来合成 $LiVPO_4F$，他们以 $NHHPO_4$、V_2O_5和过量的碳为原料在 750 ℃下得到 VPO_4中间体，接着将 VPO_4 和 LiF 的混合物在同样的温度下煅烧得到 $LiVPO_4F$。在随后的研究中他们改进了这种材料的制备工艺，通过降低碳热还原法的煅烧温度或延长材料的煅烧处理时间，使得材料的循环性能得到了一定的提高，他们得到的材料在室温下以 C/S 循环 100 次其可逆比容量能保持在 120 mA · h/g，每次的充放电效率接近 100%。

溶胶 - 凝胶法合成 $LiVPO_4F$ 过程为：先合成五氧化二钒溶胶，然后加入化学计量比的磷酸盐、氟化锂和一定量的碳源，然后经过焙烧合成 $LiVPO_4F$ 材料。2006 年，李宇展、周震等人通过双氧水加入五氧化二钒中搅拌形成五氧化二钒溶胶，然后加入磷酸二氢铵、氟化锂和高比表面积碳，80 ℃搅拌 6 h，干燥、压片，300 ℃焙烧 4 h，冷却后粉碎然后再压片，550 ℃焙烧 2 h 合成 $LiVPO_4F$ 产品。

纯 $LiVPO_4F$ 的本征电子电导率很低，这导致材料在充放电时具有一定的极化，使得电极材料的平均工作电位被降低，并且会因此而损失一部分可逆容量。为了改善 $LiVPO_4F$ 的电化学性能和提高材料的结构稳定性，研究工作者对 $LiVPO_4F$ 进行了掺杂改性，运用阳离子（Al^{3+}、C^{r3+}、Y^{3+}和 Ti^{4+}）和阴离子（Cl^-）分别替代结构中的钒和氟，以期获得性能优良的锂离子电池正极材料。

Barker 等人对 $LiVPO_4F$ 材料进行了 Al^{3+}掺杂研究。结果表明，掺杂后的材料随着铝掺杂量的增加放电平台逐渐升高，循环性能得到改善。钟胜奎等人还对 Y^{3+}的掺杂进行了研究，研究发现 Y^{3+}掺杂量为 4% 的材料具有比未掺杂的 $LiVPO_4F$ 更好的循环稳定性

虽然 $LiVPO_4F$ 的工作电位（4. 2V V^{3+}/V^{4+}），但是固有的钒化物的毒性和昂贵的价格以及钒的多价态易引起多杂质等缺点，使其受到很大限制。

参 考 文 献

[1] PADHI A K, NANJUNDASWAMY K S, GOODENOUGH J B. Phospho - olivines as positive - electrode materials for rechargeable lithium batteries [J]. Journal of the Electrochemical Society, 1997, 144: 1188 - 1194.

[2] WANG J J, SUN X L. Understanding and recent development of carbon coating on $LiFePO_4$ cathode materials for lithium - ion batteries [J]. Energy Environment Science, 2012, 5: 5163 - 5185.
[3] TIAN L W, YU H, ZHANG W F, et al. The star material of lithium - ion batteries, $LiFePO_4$ optimized modification and future prospects [J]. Materials Reports, 2019, 33 (11): 3561 - 3579.
[4] PADHI A K, NANJUNDASWAMY K S, MASQUELIER C, et al. Effect of structure on the Fe^{3+}/Fe^{2+} redox couple in iron phosphates [J]. Journal of the Electrochemical Society, 1997, 144 (5): 1609 - 1613.
[5] PADHI A K, NANJUNDASWAMY K S, MASQUELIER C, et al. Mapping of transition metal redox energies in phosphates with NASICON structure by lithium intercalation [J]. Journal of the Electrochemical Society, 1997, 144 (8): 2581 - 2586.
[6] 闫琦，兰元其，姚文娇，等．聚阴离子型二次离子电池正极材料研究进展 [J]．储能科学与技术，2021，10 (3)：872 - 886.
[7] 高媛．高性能锂离子电池正极材料磷酸铁锂的合成及改性研究 [D]．重庆：重庆大学，2017.
[8] HAGEN R, LEPCHA A S X F, TYTRA W L, et al. Influence of electrode design on the electrochemical performance of $Li_3V_2(PO_4)_3/C$ narsocomposite cathode in lithiumlon baticries. [J]. Nano Energy, 2013, 2: 304 - 313.
[9] NAZRI G A, PISTOIA G. Lithium batteries: Science and technology [M]. Berlin: Springer Science & Business Media, 2008.
[10] 邓龙征．磷酸铁锂正极材料制备及其应用的研究 [D]．北京：北京理工大学，2014.
[11] TARASCON J M, GOZDZ A, SCHMUTZ C, et al. Performance of Bellcore's plastic rechargeable Li - ion batteries [J]. Solid State Ionics, 1996, 86: 49 - 54.
[12] ZHU X, HU J, WU W, et al. $LiFePO_4$/reduced graphene oxide hybrid cathode for lithium - ion battery with outstanding rate performance [J]. Journal of Materials Chemistry A, 2014, 2 (21): 7812 - 7818.
[13] FRANGER S, LE CRAS F, BOURBON C, et al. $LiFePO_4$ synthesis routes for enhanced electrochemical performance [J]. Electrochemical and Solid State Letters, 2002, 5 (10): A231 - A233.
[14] KIM C W, PARK J S, LEE K S. Effect of Fe_2P on the electron conductivity

and electrochemical performance of $LiFePO_4$ synthesized by mechanical alloying using Fe^{3+} raw material [J]. Journal of Power Sources 2006, 163 (1): 144 - 150.

[15] KOZAWA T, KATAOKA N, KONDO A, et al. One - step mechanical synthesis of $LiFePO_4/C$ composite granule under ambient atmosphere [J]. Ceramics International, 2014, 40 (10): 16127 - 16131.

[16] BARKER J, SAIDI M, SWOYER J J, et al. Lithium - iron (II) phospho - olivines prepared by a novel carbothermal reduction method [J]. Electrochemical and Solid State Letters, 2003, 6 (3): A53 - A55.

[17] GAO J, LI J, HE X, et al. Synthesis and electrochemical characteristics of $LiFePO_4/C$ cathode materials from different precursors [J]. International Journal of Electrochemical Science, 2011, 6 (7): 2818 - 2825.

[18] HIGUCHI M, KATAYAMA K, AZUMA Y, et al. Synthesis of $LiFePO_4$ cathode material by microwave processing [J]. Journal of Power Sources, 2003, 119: 258 - 261.

[19] CROCE A F, EPIFANIO A D, HASSOUN J, et al. A novel concept for the synthesis of an improved $LiFePO_4$ lithium battery cathode [J]. Electrochemical and Solid State Letters, 2002, 5 (3): A47 - A50.

[20] GIBOT P, CASAS - CABANAS M, LAFFONT L, et al. Room - temperature single - phase Li insertion/extraction in nanoscale Li_xFePO_4 [J]. Nature Materials, 2008, 7 (9): 741 - 747.

[21] LEE S B, CHO S H, CHO S J, et al. Synthesis of $LiFePO_4$ material with improved cycling performance under harsh conditions [J]. Electrochemistry Communications, 2008, 10 (9): 1219 - 1221.

[22] HU Y, YAO J, ZHAO Z, et al. ZnO - doped $LiFePO_4$ cathode material for lithium - ion battery fabricated by hydrothermal method [J]. Materials Chemistry and Physics, 2013, 141 (2/3): 835 - 841.

[23] LU Z G, CHENG H, LO M F, et al. Pulsed laser deposition and electrochemical characterization of $LiFePO_4$ - Ag composite thin films [J]. Advanced Functional Materials, 2007, 17 (18): 3885 - 3896.

[24] NOVOSELOV K S, GEIM A K, MOROZOV S V, et al. Electric field effect in atomically thin carbon films [J]. Science, 2004, 306 (5696): 666 - 669.

[25] ARMAND M, GAUTHIER M, MAGNAN J F, et al. Method for synthesis of carbon - coated redox materials with controlled size: EP01973906.9 [P].

2017-12-27.

[26] CHEN Z, DU B, XU M, et al. Polyacene coated carbon/$LiFePO_4$ cathode for Li-ion batteries: Understanding the stabilized double coating structure and enhanced lithium-ion diffusion kinetics [J]. Electrochimica Acta, 2013, 109: 262-268.

[27] HSU K F, TSAY S Y, HWANG B J. Synthesis and characterization of nano-sized $LiFePO_4$ cathode materials prepared by a citric acid-based sol-gel route [J]. Journal of Materials Chemistry, 2004, 14 (17): 2690-2695.

[28] BEWLAY S, KONSTANTINOV K, WANG G, et al. Conductivity improvements to spray-produced $LiFePO_4$ by addition of a carbon source [J]. Materials Letters, 2004, 58 (11): 1788-1791.

[29] DOMINKO R, BELE M, GABERSCEK M, et al. Impact of the carbon coating thickness on the electrochemical performance of $LiFePO_4$/C composites [J]. Journal of the Electrochemical Society, 2005, 152 (3): A607.

[30] ZAGHIB K, MAUGER A, GOODENOUGH J B, et al. Electronic, optical, and magnetic properties of $LiFePO_4$: Small magnetic polaron effects [J]. Chemistry of Materials, 2007, 19 (15): 3740-3747.

[31] LI F, TAO R, TAN X Y, et al. Graphite-embedded lithium iron phosphate for high-power-energy cathodes [J]. Nano Letters, 2021, 21 (6): 2572-2579.

[32] WANG X, FENG Z, HUANG J, et al. Graphene-decorated carbon-coated $LiFePO_4$ nanospheres as a high-performance cathode material for lithium-ion batteries [J]. Carbon, 2018, 127: 149-157.

[33] PARK K S, SON J T, CHUNG H T, et al. Surface modification by silver coating for improving electrochemical properties of $LiFePO_4$ [J]. Solid State Communications, 2004, 129 (5): 311-314.

[34] CHUNG S Y, BLOKING J T, CHIANG Y M. Electronically conductive phospho-olivines as lithium storage electrodes [J]. Nature Materials, 2002, 1 (2): 123-128.

[35] 冯晓晗，孙杰，何健豪，等．磷酸铁锂正极材料改性研究进展 [J]．储能科学与技术，2022，11 (2)：467-486.

[36] YAMADA A, CHUNG S C, HINOKUMA K J. Optimized $LiFePO_4$ for lithium battery cathodes [J]. Journal of the Electrochemical Society, 2001, 148 (3): A224-A229.

[37] CHEN J, WANG S, WHITTINGHAM M S. Hydrothermal synthesis of cathode materials [J]. Journal of Power Sources, 2007, 174 (2): 442 - 448.

[38] ZHAO H, HAN C, CHENG X L, et al. Research on the capacity fading mechanism of high rate aged lithium - ion batteries with anode prelithiation treatment [J]. Energy Storage Science and Technology, 2021, 10 (2): 454 - 461.

[39] DIAZ - LOPEZ M, CHATER P A, BORDET P, et al. Li_2O: Li - Mn - O disordered rock - salt nanocomposites as cathode prelithiation additives for high - energy density Li - ion batteries [J]. Advanced Energy Materials, 2020, 10 (7): 1902788.

[40] 万洋，郑荞佶，贯敦敏．锂离子电池正极材料磷酸锰锂研究进展 [J]. 化学学报，2014，72 (5)：537 - 551.

[41] LIU L, SONG T, HAN H, et al. Electrospun porous lithium manganese phosphate - carbon nanofibers as a cathode material for lithium - ion batteries [J]. Journal of Materials Chemistry A, 2015, 3 (34): 17713 - 17720.

[42] SHI F Z, LIU J, CUI B, et al. Fabrication of $LiMnPO_4$ - MWCNT cathode material via vapor phase hydrolysis and its electrochemical properties [J]. Ionics, 2015, 21 (3): 651 - 656.

[43] 李俊豪，冯斯桐，张圣洁，等．高性能磷酸锰锂正极材料的研究进展 [J]. 材料导报，2019，33 (9)：2854 - 2861.

[44] CHOI D, WANG D, BAE I T, et al. $LiMnPO_4$ nanoplate grown via solid - state reaction in molten hydrocarbon for Li - ion battery cathode [J]. Nano letters, 2010, 10 (8): 2799 - 2805.

[45] OH S M, OH S W, YOON C S, et al. High - performance carbon - $LiMnPO_4$ nanocomposite cathode for lithium batteries [J]. Advanced Functional Materials, 2010, 20 (19): 3260 - 3265.

[46] BAKENOV Z, TANIGUCHI I. $LiMg_xMn_{1-x}PO_4$/C composite cathodes for lithium batteries prepared by a combination of spray pyrolysis with wet ballmilling [J]. Journal of the Electrochemical Society, 2010, 157: A430 - A436.

[47] ZAGHIB K, TRUDEAU M, GUERFI A, et al. New advanced cathode material: $LiMnPO_4$ encapsulated with $LiFePO_4$ [J]. Journal of Power Sources, 2012, 204: 177 - 181.

[48] AMINE K, YASUDA H, YAMACHI M J E, et al. Olivine $LiCoPO_4$ as 4. 8 V electrode material for lithium batteries [J]. Electrochemical and Solid State

Letters, 2000, 3 (4): 178 - 179.

[49] WU X C, MELEDINA M, TEMPEL H, et al. Morphology - controllable synthesis of $LiCoPO_4$ and its influence onelectrochemical performance for high - voltage lithium - ion batteries [J]. Journal of Power Sources, 2020, 450: 227726.

[50] STROBRIDGE F C, CLEMENT R J, LESKES M, et al. Identifying the structure of the intermediate, $Li_{2/3}CoPO_4$, formed during electrochemical cycling of $LiCoPO_4$ [J]. Chemistry of Materials, 2014, 26: 6193 - 6205.

[51] STROBRIDGE F C, LIU H, LESKES M, et al. Unraveling the complex delithiation mechanisms of olivine - typecathode materials, $LiFe_xCo_{1-x}PO_4$ [J]. Chemistry of Materials, 2016, 28: 3676 - 3690.

[52] KAUS M, ISSAC I, HEINZMANN R, et al. Electrochemical delithiation/relithiation of $LiCoPO_4$: A two - step reaction mechanism investigated by in situ X - ray diffraction, in situ X - ray absorption spectroscopy, and ex situ7Li/31P NMR spectroscopy [J]. Journal of Physical Chemistry C, 2014, 118: 17279 - 17290.

[53] LAPPING J G, DELP S A, ALLEN J L, et al. Changes in electronic structure upon Li deintercalation from $LiCoPO_4$ derivatives [J]. Chemistry of Materials, 2018, 30: 1898 - 1906.

[54] WHEATCROFT L, TRAN T D, ÖZKAYA D, et al. Visualization of the delithiation mechanisms in high - voltage battery material $LiCoPO_4$ [J]. ACS Applied Energy Materials, 2022, 5: 196 - 206.

[55] 廖森，柴倩，陈智鹏，等．正极材料 $LiCoPO_4$ 的低热固相法合成及表征 [J]．广西大学学报（自然科学版），2012，37（3）：455 - 459.

[56] 王绍亮，唐致远，沙鸥，等．溶胶 - 凝胶法制备 $LiCoPO_4$ 及其电化学性能 [J]．2012，28（2）：343 - 348.

[57] ZHONG G, LI Y, YAN P, et al. Structural, electronic, and electrochemical properties of cathode materials Li_2MSiO_4 (M = Mn, Fe, and Co): Density functional calculations [J]. Journal of Physical Chemistry C, 2010, 114 (8): 3693 - 3700.

[58] 王伟东，仇卫华，丁倩倩．锂离子电池三元材料——工艺技术及生产应用 [M]．北京：化学工业出版社，2015.

[59] NYTÉN A, ABOUIMRANE A, ARMAND M, et al. Electrochemical performance of Li_2FeSiO_4 as a new Li - battery cathode material [J]. Electrochemistry

Communications, 2005, 7 (2): 156 - 160.

[60] SIRISOPANAPORN C, MASQUELIER C, BRUCE P G, et al. Dependence of Li_2FeSiO_4 electrochemistry on structure [J]. Journal of the American Chemical Society, 2011, 133 (5): 1263 - 5.

[61] ARROYO - DE DOMPABLO M, ARMAND M, TARASCON J, et al. On - demand design of polyoxianionic cathode materials based on electronegativity correlations: An exploration of the Li_2MSiO_4 system (M = Fe, Mn, Co, Ni) [J]. Actual Problems of Economics, 2006, 8 (8): 1292 - 1298.

[62] ARMSTRONG A R, KUGANATHAN N, ISLAM M S, et al. Structure and lithium transport pathways in Li_2FeSiO_4 cathodes for lithium batteries [J]. Journal of the American Chemical Society, 2011, 133 (33): 13031 - 13035.

[63] NYTÉN A, KAMALI S, HÄGGSTRÖM L, et al. The lithium extraction/insertion mechanism in Li_2FeSiO_4 [J]. Journal of Materials Chemistry, 2006, 16 (23): 2266 - 2272.

[64] DOMINKO R, BELE M, KOKALJ A, et al. Li_2MnSiO_4 as a potential Li - battery cathode material [J]. Journal of Power Sources, 2007, 174 (2): 457 - 461.

[65] MURALIGANTH T, STROUKOFF K R, MANTHIRAM A. Microwave - solvothermal synthesis of nanostructured Li_2MSiO_4/C (M = Mn and Fe) cathodes for lithium - ion batteries [J]. Chemistry of Materials, 2010, 22 (20): 5754 - 5761.

[66] XU B, QIAN D, WANG Z, et al. Recent progress in cathode materials research for advanced lithium - ion batteries [J]. Materials Science and Engineering R, 2012, 73 (5/6): 51 - 65.

[67] BARKER J, SAIDI M, GOVER R, et al. The effect of Al substitution on the lithium insertion properties of lithium vanadium fluorophosphate, $LiVPO_4F$ [J]. Journal of Power Sources, 2007, 174 (2): 927 - 931.

[68] ANTIPOV E V, KHASANOVA N R, FEDOTOV S S. Perspectives on Li and transition metal fluoride phosphates as cathode materials for a new generation of Li - ion batteries [J]. IUCrJ, 2015, 2 (1): 85 - 94.

[69] BARKER J, SAIDI M Y, SWOYER J L. Electrochemical insertion properties of the novel lithium vanadium fluorophosphate, $LiVPO_4F$ [J]. Journal of the Electrochemical Society, 2003, 150 (10): A1394 - A1398.

[70] LI Y, ZHOU Z, GAO X, et al. A novel sol - gel method to synthesize nanocrystalline $LiVPO_4F$ and its electrochemical Li intercalation performances [J]. Journal of Power Sources, 2006, 160 (1): 633 - 637.

[71] BARKER J, SAIDI M, GOVER R, et al. The effect of Al substitution on the lithium insertion properties of lithium vanadium fluorophosphate, $LiVPO_4F$ [J]. Journal of Power Sources, 2007, 174 (2): 927 - 931.

[72] ZHONG S, LI F, LIU J, et al. Preparation and electrochemical studies of Y - doped $LiVPO_4F$ cathode materials for lithium - ion batteries [J]. Journal of Wuhan University of Technology (Materials Science Edition), 2009, 24 (4): 552 - 556.

第5章
无序材料

“无序”是指组成物质的原子、分子偏离周期性排列。在晶体结构中，无序结构是指当两种（或两种以上）原子或离子在晶体结构中占据某种位置时，它们分布是任意的，即它们所占据任何一个该种位置的概率都相同。

早在多年前，就有研究者对无序材料进行了研究，如无序 MoS_2、$MoO_3 \cdot nH_2O$ 、无序 $LiMn_2O_4$、无序 $LiNiVO_4$ 等，并尝试将无序结构材料应用到锂离子电池正极材料中，但由于此类材料在实际应用中存在诸多问题，如循环稳定性差、极化大，电压下降等，使得此类材料逐渐淡出大众视野。传统观点认为，良好的有序结构有利于锂离子正极材料获得良好的性能。然而，近些年一些实验和理论研究证明了无序盐岩（DRX）正极材料的可行性。

无序岩盐材料的结构，从简单的角度来说，可以描述为“层状结构，其中阳离子随机排列”，如图 5 – 1 所示。当 $LiMO_2$ 中 Li 离子的比例超过 M 离子的比例（$Li_{1+x}M_{1-x}O_2$）时，多余的 Li 离子必然占据 M 层，Li 和 M 离子在晶体结构中随机分布且两层没有明显的区别，此类材料称为阳离子无序富锂材料（M 可以是多种过渡金属，如 V、Fe、Cr、Mo、Ti、Ni、Co、Mn）。

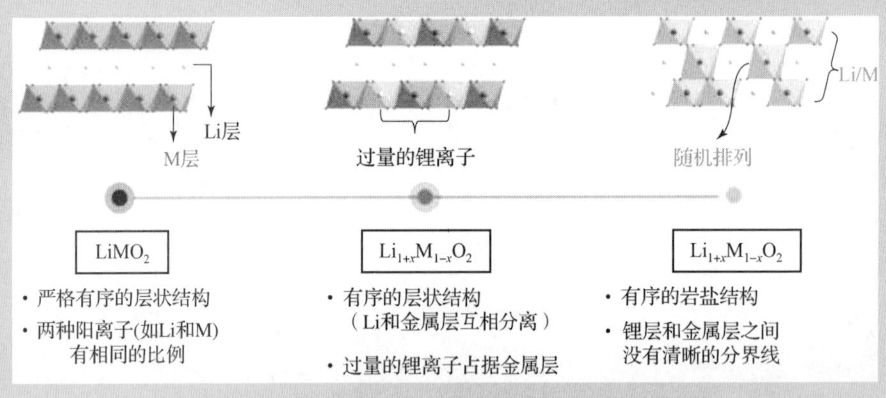

图 5 – 1　有序层状和无序层状结构示意图（书后附彩插）

无序岩盐材料结构从来都不是基态，而是其他结构类型在高温下的高能态。阳离子无序结构的稳定性是由八面体形变所消耗的能量决定的，当阳离子随机分布 O_h 位上时，离子大小及价态差异将造成八面体位的形变，这些形变必须由邻近的八面体所容纳。

阳离子无序对性能的影响：在岩盐结构中，两个八面体（o）位点之间的 Li^+ 扩散是通过中间的四面体（图 5 – 2（b）

中红线示出）的 T_d 位点进行的，称为 o－t－o 扩散。T_d 位点的大小以及活化 T_d 位点的 Li^+ 与共面八面体中的 4 个阳离子之间的静电相互作用形成所谓的“四面体簇”有关，如图 5－2（c）所示。

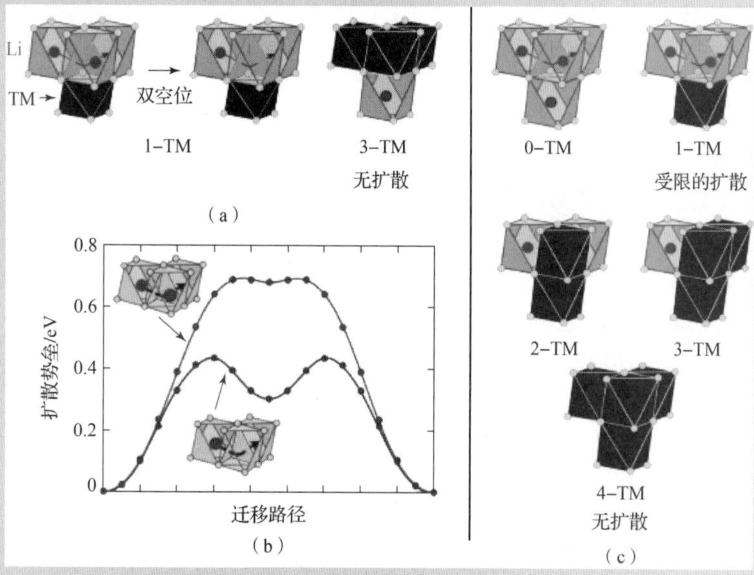

图 5－2　锂离子在层状结构和无序结构中的迁移（书后附彩插）

（a）层状 Li_xMO_2 化合物表现出的 1－TM 和 3－TM T_d 位点，分别对应于 Li_3M 和 LiM_3 簇；（b）扩散势垒；（c）阳离子无序导致的所有类型四面体簇

在层状 Li_xMO_2 中所有的 Li^+ 都有可以通过 1－TM 通道连接形成二维扩散通道；无序岩盐结构中 0－TM 和部分 1－TM 通道有足够低的跃迁能量使 Li^+ 能够通过，0－TM 团簇结构的多少以及这些 0－TM 团簇结构在整体结构中的连通情况决定了 Li^+ 在整个材料中的扩散情况。

无序岩盐正极材料其特点是具有独特的 0－TM 渗透通道，方便 Li^+ 在其中迁移。在近期研究中，阳离子无序岩盐结构的氧化物被证实具有 250 mA · h/g 左右的高容量，具有合成简单、来源广泛的优势，本章对早期人们对无序锂离子正极材料的研究进行了简述，重点介绍了近期新型阳离子富锂氧化物正极材料的相关工作。

5.1 无序 MoS_2

1. 结构及电化学性能

MoS_2 是 VIA 族过渡金属二硫化物的成员，是一种抗磁性半导体，具有 S－Mo－S 层组成层状结构，具有很强的面内键合和非常弱的范德华键合。通过将碱金属离子插入这种层状化合物的范德华间隙，可以显著改变 MoS_2 的电子和磁性。对于无序的 MoS_2(d－MoS_2)，其结构具有层状 MoS_2 高度折叠但无序的堆叠模式，具有面内生长趋势但层堆叠的趋势较弱。

如图 5－3 所示，d－MoS_2 与结晶型 MoS_2 的 X 射线衍射光谱对比，观察到明显且相当宽的（002）晶面峰，充分证明了 d－MoS_2 独特的堆叠模式。

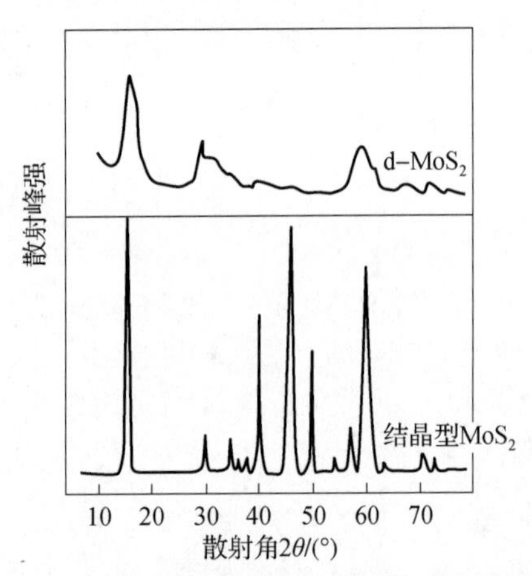

图 5－3　d－MoS_2 与结晶型 MoS_2 的 X 射线衍射光谱图

Julien 等人在 MoS_2－硼酸锂玻璃固体电解质－Li 的体系中对 d－MoS_2 的电化学性质进行了研究。电池以恒流方式放电，监测电池的开路电压。图 5－4 所示，线 *a* 所代表的 d－MoS_2 初始电压为 2.2 V，在生成 Li_3MoS_2 过程中，电压连续下降到 1.2 V。与线 *b* 所代表的结晶型的 MoS_2 相比，d－MoS_2 显示出更好的电荷存储能力。

经研究表明，无序－MoS_2(d－MoS_2) 中的电荷传输如图 5－5 所示：在低载流子密度或无序性增强时，由于外部带电杂质或结构不均匀性可能会导致导带（E_c）边缘空间波动，进而分解出电荷坑（电子－空穴）。d－MoS_2 的电荷传输主要是通过电荷坑进行，在高度无序的情况下，会产生通过跳跃方式的运输。

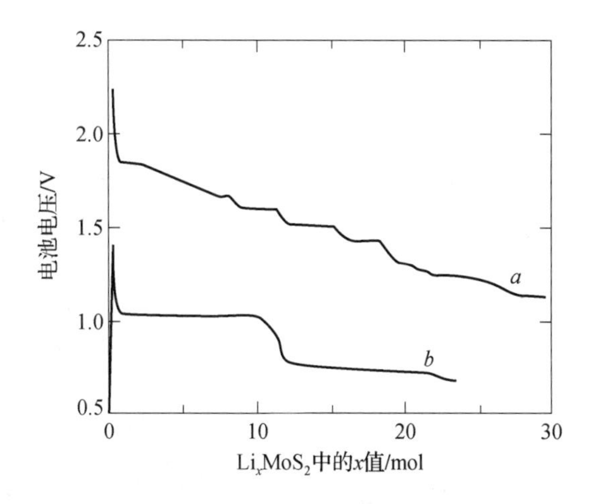

图5-4 Li-d-MoS_2 电池在第1次充放电循环期间的动力效应图

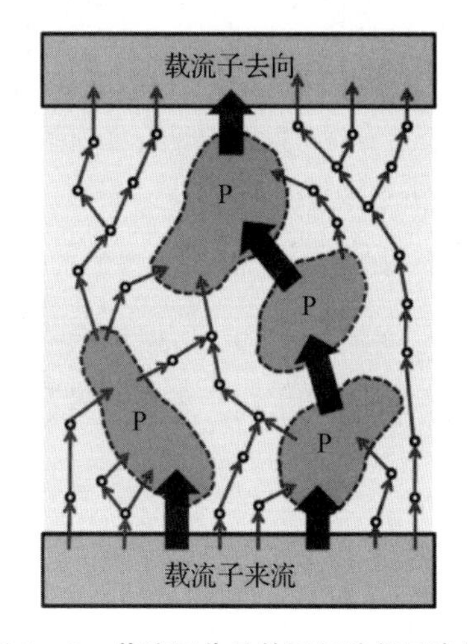

图5-5 载流子传导的不同路径示意图

阴影区域代表电荷坑，黑色和红色箭头分别对应运输轨迹和跳跃过程轨迹。

图5-6显示了Li-d-MoS_2 电池在第1次充放电循环期间的循环伏安曲线，扫描速率为40 μV/S，所得到的曲线高度对称，表明Li-d-MoS_2 体系具有良好的可逆性。

2. 制备和改性

磁控溅射是电子在电场的作用下加速飞向极片的过程中与氩原子发生碰撞，电离出大量的氩离子和电子，电子飞向基片而氩离子在电场的作用下加速轰击

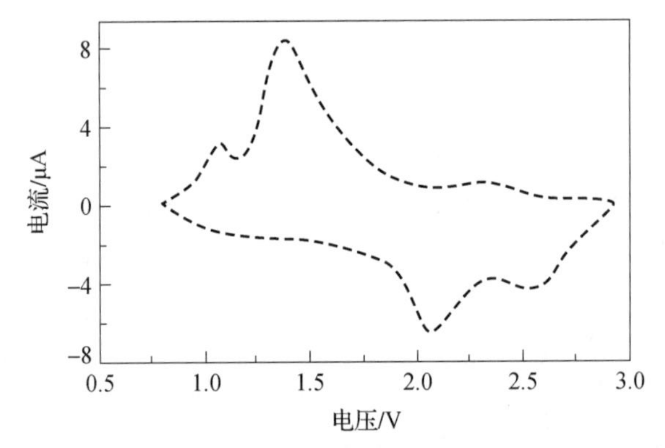

图 5－6 Li－d－MoS_2 电池在第 1 次充放电循环期间的循环伏安曲线

靶材，溅射出大量的靶材原子（或分子）沉积在基片上成膜的材料方法。J. Phys 等人利用 RF 二极管磁控溅射系统制备了 MoS_2 薄膜，磁控溅射工艺条件如表 5－1 所示。获得的 MoS_2 薄膜的电阻率（在 10～300 K 温度范围内测量）随温度变化的情况如图 5－7 所示。此研究表明，所有的样品都体现出了半导体行为，其传导特性对基板温度有明显的依赖性，基板温度影响了薄膜的形态和结晶情况，从而影响了 MoS_2 薄膜电特性。

表 5－1 磁控溅射 MoS_2 薄膜的工艺条件

物种类型	氩气压力/Pa	能量密度 /($kW \cdot m^{-2}$)[a]	基片 温度/℃	基片 片压/V	沉积速率 /($nm \cdot min^{-1}$)[b]
A	2.0	20	25	None	3.5
B	4.0	20	25	None	1.5
C	4.0	20	－70	None	2.5
D	4.0	20	150	None	4.5

a 计算侵蚀面积；

b 7 种不同样品的平均值（±5% 以内）。

磁控溅射 MoS_2 薄膜的工艺条件，靶材到基板的距离为 70 mm，选择 4 组具有代表性的工艺条件来进行研究，A、B、C、D 4 个样品是通过采用不同压力的氩气氛围、基本温度、沉积速率得到的，如表 5－1 所示。在溅射的 MoS_2 薄膜上进行电阻率测量，得到图 5－7。

A、B、C、D 4 个样品表现出半导体行为。从图 5－7 中看出室温下电阻率从 $3.8\times10^{-2}\ \Omega\cdot cm$（Ts＝－70 ℃）增加到了 10.1 Ω · cm；表明 A、B、C、D 4 个样品电子传输特性对基板温度有明显的依赖性。

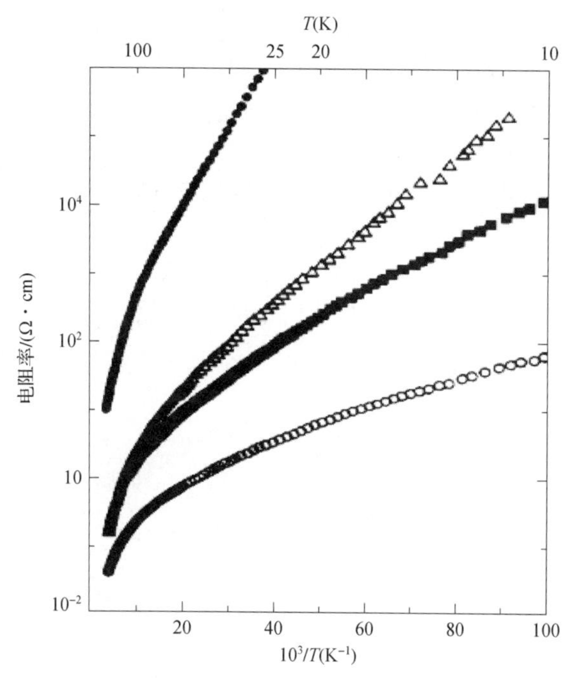

图5-7 磁控溅射 MoS_2 薄膜上进行的电阻率测量结果

Jyah Strachan 等人提出通过机械研磨引入缺陷和增加活性位点的数量来提高锂离子电池中 MoS_2 正极的容量，并探究了 MoS_2 作为正极时，其无序程度对二次镁锂混合电池的影响。他们将90 nm 的 MoS_2 分别球磨4 h、24 h和60 h获得 BM4 - MoS_2、BM24 - MoS_2 和 BM60 - MoS_2，研究了其结构、库仑效率、容量保持率随球磨时间的变化情况，并与未球磨的 2 μm - MoS_2 进行比较，如图5-8、图5-9、图5-10所示。

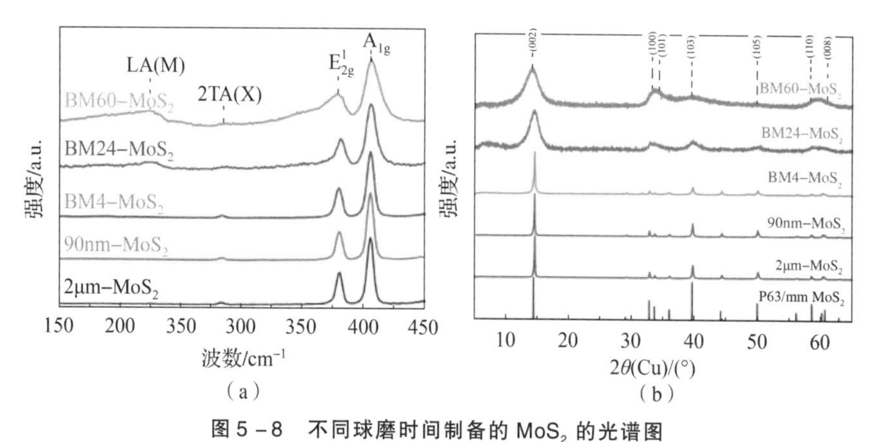

图5-8 不同球磨时间制备的 MoS_2 的光谱图

(a) 拉曼光谱图；(b) X射线衍射谱图

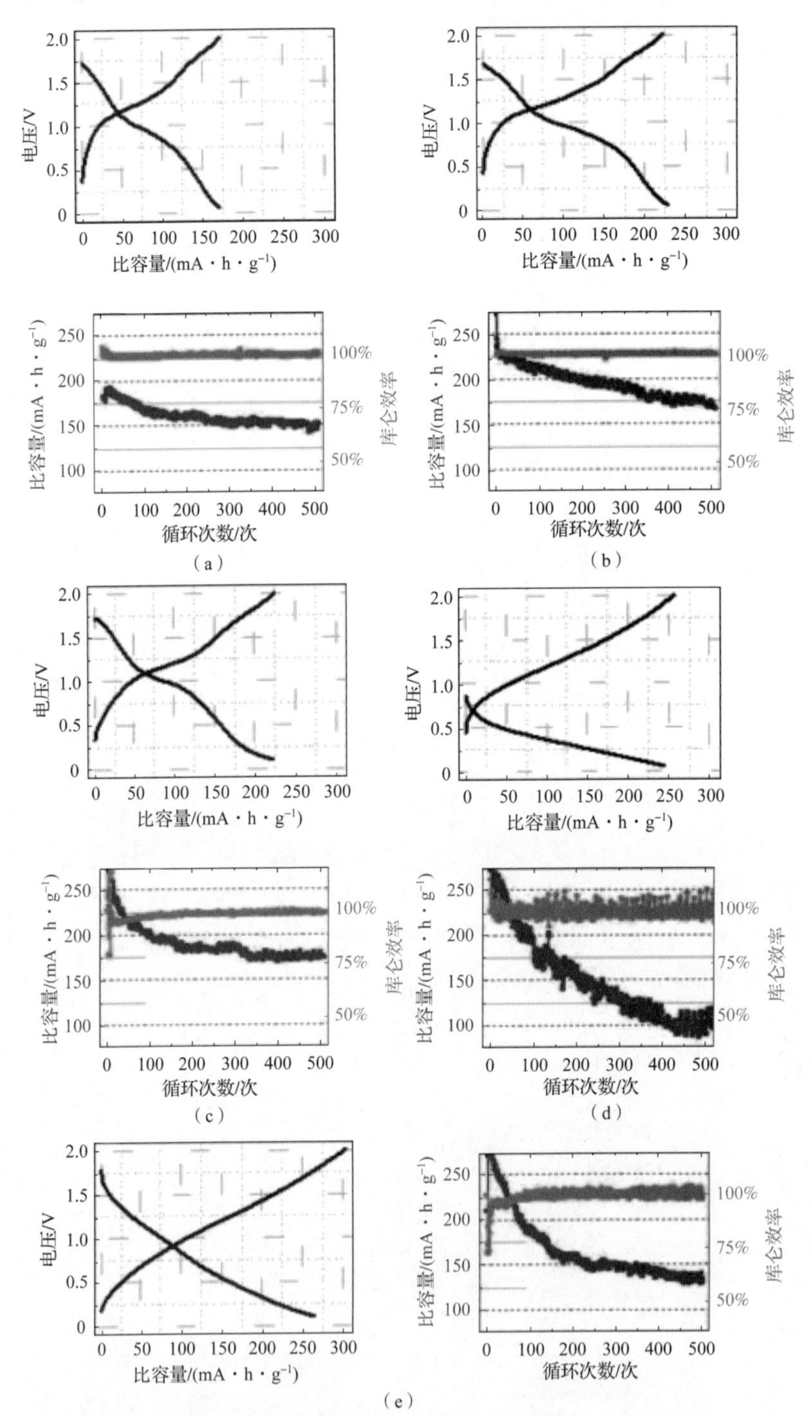

图 5-9 在电流密度为 0.2 A/g 下球磨前后不同时间的 MoS_2 样品的电压、充放电、循环性能曲线

(a) 2 μm; (b) 90 nm; (c) 90 nm BMD 4 h; (d) 90 nm BMD 24 h; (e) 90 nm BMD 60 h

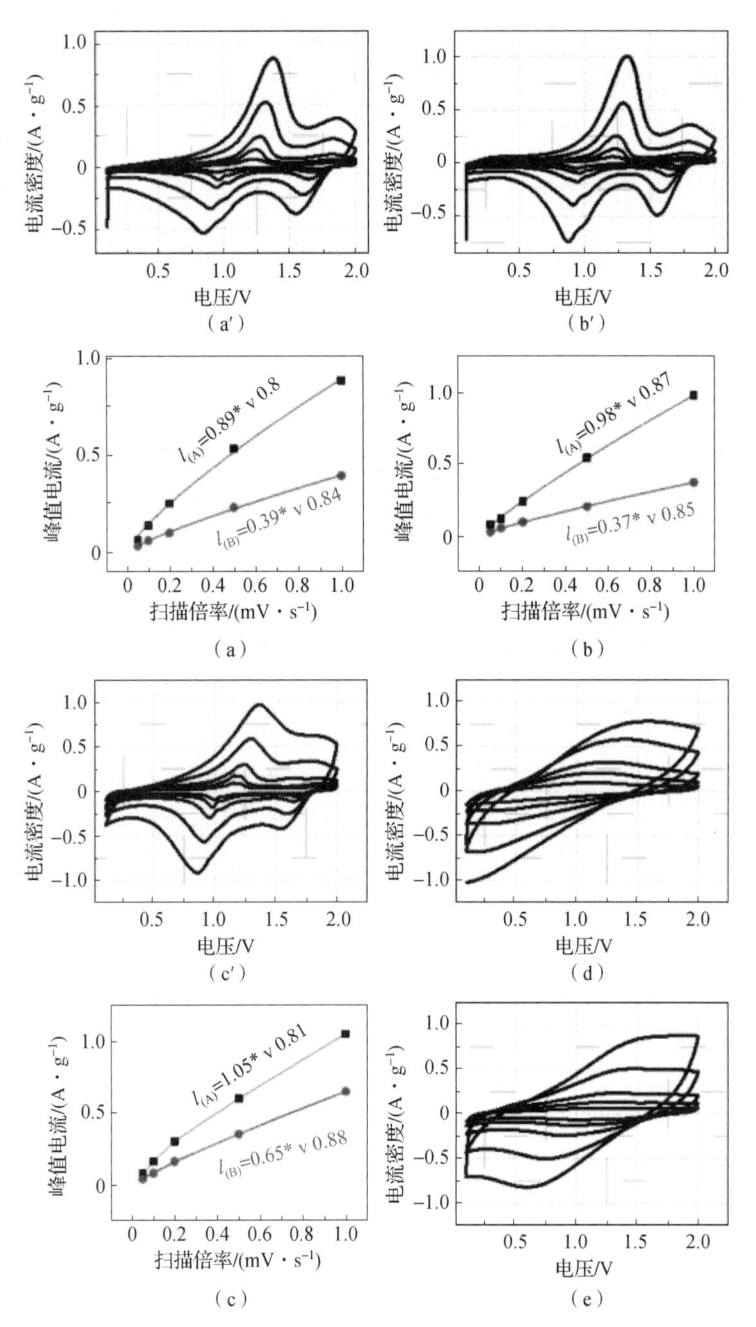

图5-10 球磨前后 MoS_2 样品在不同持续时间内的循环伏安图、峰值电流图（扫描速率0.05、0.1、0.2、0.5和1.0 mV/s）

(a′)，(a) 2 μm；(b′)，(b) 90 nm；(c′)，(c) 90 nm BM4；(d) 90 nm BM24；(e) 90 nm BM6

从图 5－8 可知，随着球磨持续时间增加，样品的形态变得越来越无序；由于在球磨时产生缺陷和新的 Li^+ 接受位点，使其比容量增加。从图 5－9，图 5－10 中看出，分别以 2 μm－MoS_2、90 nm－MoS_2 和 BM4－MoS_2 为正极的电池，三者在循环时表现出相对良好的容量保持能力；在 0.25 A/g 电流密度下，2 μm－MoS_2 制备的电池比容量为 140 mAh/g，三者中最低，而 BM4－MoS_2 制备的电池比容量为 170 mAh/g，三者中最高；在 5A/g 电流密度下，排序相反，BM4－MoS_2 容量衰减达到 80%，2 μm－MoS_2 容量受影响最小。

无序 MoS_2 的性能体现与其形态息息相关，控制好其粒径和结晶度，将有助于无序 MoS_2 在锂离子正极材料中更好地应用。

5.2 水合 MoO_3 和 MoO_3 薄膜

现如今，具有不同成分和形态结构的过渡金属化合物，具有二维和三维结构的各种化合物作为锂离子正极材料已被研究者广泛研究，其中 MoO_3 作为一种重要的 N 型半导体材料，是最受瞩目的过渡金属氧化物之一。其中 $MoO_3 \cdot nH_2O$ 因可作为可充电锂电池插入电极而受到关注。在薄膜方面，MoO_3 薄膜由于其显色、催化特性和承载外来离子的能力，已被用于电致变色设备和锂微型电池等领域。

1. 结构及电化学性能

MoO_3 在早期应用中已经被证明是有吸引力的材料。1778 年，Carl Wilhem Scheele 通过从铅中分离出钼并分离出氧化物 MoO_3 和 MoS_2 来鉴定钼；1931 年，Haakon Brakken 和 Nora Wooster 报道了 MoO_3 的晶体结构。1956 年以来，MoO_3 一直是众多研究的主题，MoO_3 作为一种过渡金属氧化物材料，因其独特的特性使其能够作为负载催化剂、显示器、成像和气体传感设备、智能窗中的活性成分发挥作用和可充电离子电池的电极。在 20 世纪 70 年代，曾多次尝试使用 MoO_3 作为电池电极。Campanella 和 Pistoia 首次研究了 MoO_3 作为非水系锂电池正极材料的电化学行为。他们认识到了 MoO_3 在非质子溶剂中的溶解度差，并报道了 Li(s)|Li^+(非水溶剂)|MoO_3(s)体系的开路电压为 2.8 V。其中拥有无序结构的 $MoO_3 \cdot nH_2O$、MoO_3 薄膜由于它们具有较宽的工作温度、长保质期和低成本而受到广泛关注。一些研究已经评估了 $MoO_3 \cdot nH_2O$(MOH)作为非水系锂电池电极材料的实用性。在 Kumagai 等人的电化学锂嵌入的早期研

究中，发现 $MoO_3 \cdot nH_2O$ 的放电曲线和动力学取决于进入主晶格的“结构水”的量。据报道，组成范围超过 2.5Li/Mo 可逆地插入到结晶 $MoO_3 \cdot 2H_2O$ 中，高于无水 $\alpha-MoO_3$ 获得的 1.5Li/Mo。

$MoO_3 \cdot nH_2O$（$1 \leqslant n \leqslant 2$）包括单斜二水合物 $MoO_3 \cdot 2H_2O$、白色三斜晶系 $MoO_3 \cdot H_2O$、白色半水合物 $MoO_3 \cdot \frac{1}{2}H_2O$ 和白色斜方晶系 $MoO_3 \cdot \frac{1}{3}H_2O$ 等。如表 5－2 所示。

表 5－2　各种 $MoO_3 \cdot nH_2O$ 晶体参数

化合物	空间群	晶胞常数/Å		
		a/α	b/β	c/γ
$MoO_3 \cdot H_2O$	P21/c	7.55	10.69/91.0°	7.28
$\alpha-MoO_3 \cdot H_2O$	P1	7.388	3.70/113.6°	6.673/91.6°
$MoO_3 \cdot 2H_2O$	P21/n	10.476	13.822/91.6°	10.606
$MoO_3 \cdot \frac{1}{3}H_2O$	Pbnm	7.697	12.647	7.338
$MoO_3 \cdot \frac{1}{2}H_2O$	P2/m	9.658	3.71/102.4°	7.087
$h-MoO_3 \cdot \frac{1}{2}H_2O$	P63/m	10.584		3.728

$MoO_3 \cdot nH_2O$ 中 $\beta-MoO_3 \cdot H_2O$ 显示出共享氧、轴向为 $Mo-OH_2$ 和 $Mo-O$ 结构；$\alpha-MoO_3 \cdot H_2O$ 具有与 $\alpha-MoO_3$ 密切相关的三斜晶系结构，由平行于 b 方向的共享边八面体形成；$MoO_3 \cdot 1/2H_2O$ 结构由平行于 b 方向的层构成，这些层由共享边的［MoO_6］八面体和［$MoO_5(OH)_2$］八面体形成。例如，$MoO_3 \cdot 2H_2O$ 的结构是由多层［$MoO_5(OH)_2$］八面体在赤道面交换氧并沿 b 方向堆叠而成，如图 5－11 所示。

田立鹏等人研究 $MoO_3 \cdot H_2O$ 在 $LiClO_4$/PC 中充放电过程中的可逆性和结构变化。实验表明，$MoO_3 \cdot H_2O$ 有良好的放电行为，在大约 2.5 V（Li/Li^+）的电位下，其放电容量可以达到 400 A·h/kg。

图 5－12 显示了在 75 ℃与 270 ℃下热处理的样品 $Li/MoO_3 \cdot H_2O$ 的循环伏安曲线，扫描速率为 10 mV/h。从图 5－12（b）可以观察到 2.75 V 和 2.28 V 两个峰值，这个特征与从放电曲线获得的结果一致，可知 $Li/MoO_3 \cdot H_2O$ 体系具有良好的可逆性。

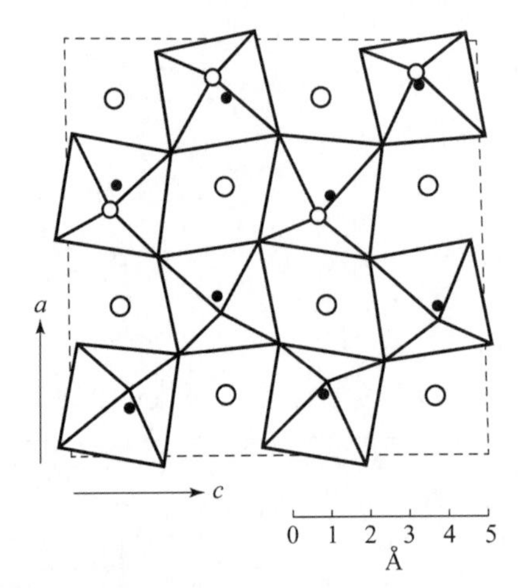

图 5-11　$MoO_3 \cdot 2H_2O$ 的晶体结构：沿 b 方向投影（以 $y=0.25$ 为中心的层）

黑色圆圈：Mo；大空心圆圈：水合物 H、O（$y=0$ 和 $y=0\sim50$）；小圆环：H_2O，与 Mo 络合

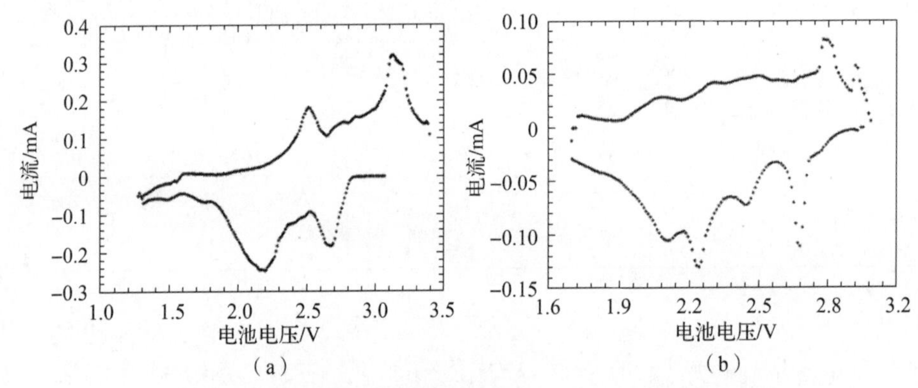

图 5-12　不同热处理温度获得的 $MoO_2 \cdot H_2O$ 的循环伏安曲线

(a) 75 ℃；(b) 270 ℃

虽然 $MoO_3 \cdot nH_2O$ 具有良好的可逆性、充放电倍率等性能，但它存在在电池后续循环中无法保持特定容量的问题。

2. 制备和改性

对于水合 MoO_3 的制备，常用的方法是在钼酸的脱水过程中，使之形成水合相。黄色单斜一水合物 $MoO_3 \cdot H_2O$ 是由层内水分子在脱水过程中的拓扑损失形成的。白色单斜半水合物（$n=1/2$）是通过从硝酸溶液中沉淀，并通过离子交换法从钼酸钠中制备。白色斜方晶系 $MoO_3 \cdot \frac{1}{3}H_2O$ 通过钼酸水溶液在 110 ℃进行水热处理而获得。

Kumagai 等人使用 Freedman 方法，将 Na_2MoO_4 溶液进行水热酸化，制备多种水合形式的 $MoO_3 \cdot nH_2O$（$n = 0.3 - 0.6$），将所制得的 $MoO_3 \cdot 0.58H_2O$ 作为电极，在 1 mol/L $LiClO_4$ 与碳酸亚丙酯复合的电解液中进行循环性能测试，测试电流密度为 0.2 mA/cm^2，如图 5 - 13 所示。在 200 ℃ 的温度下，放电容量最大为 335 mA · h/g。但这种材料在几个循环以后比容量迅速发生下降。

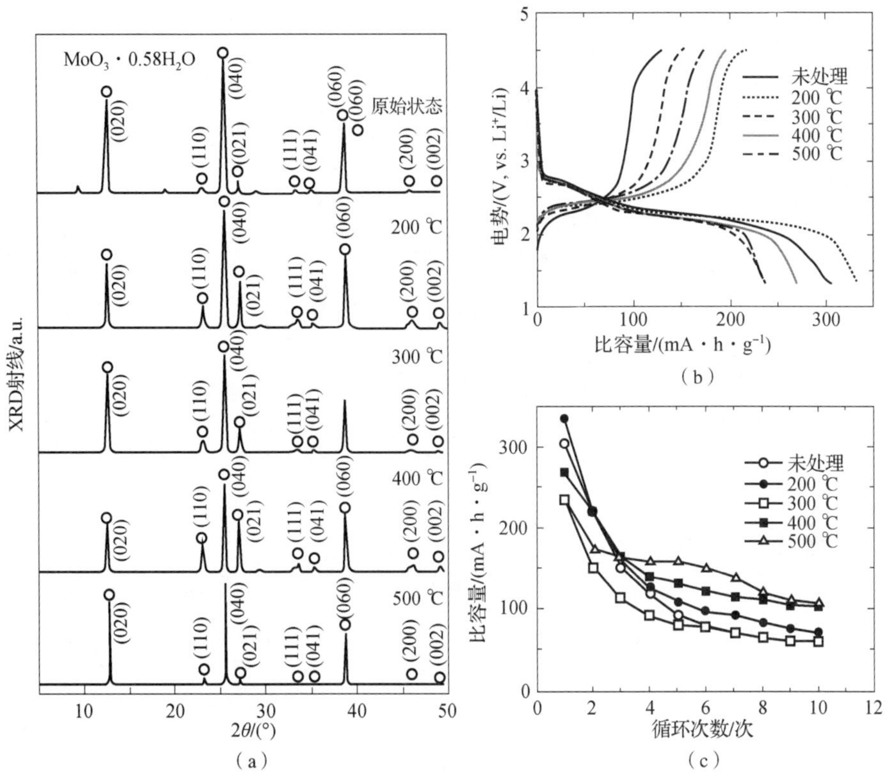

图 5 - 13　在 150 ℃下制备的斜方晶 $MoO_3 \cdot 0.58\ H_2O$ 的结构和电化学性能表征

(a) XRD 谱图；(b) 0.2 mA/cm^2 电流密度下，首次充放电曲线；

(c) 不同温度下循环性能曲线

通过改变温度，利用上述类似的合成工艺在 100 ℃ 下的 3 mol/L HCl 和 1 mol/L Na_2MoO_4 水溶液中制备的 $MoO_3 \cdot 2H_2O$ 粉末，在 3.8 ~ 2.0 V 的电压范围 10 C 的倍率下，首次比容量为 340 mA · h/g，第 10 次循环后，比容量为 300 mA · h/g，高于传统 MoO_3 的 240 mA · h/g。

MoO_3 薄膜的制备方法包括脉冲激光沉积法、水热法等。

脉冲激光沉积法是将高功率脉冲激光聚焦于靶材表面，使其产生高温及烧灼，从而产生高温、等离子体，等离子体定向局域膨胀发射并在衬底上沉积形成薄膜。C. V. Ramana 等人将纯的 MoO_3 粉末放入机械振动器中混合，在

15 000 lb 的压力下压制成直径为 1 in 的颗粒，压制后的 MoO_3 靶材以 10 ℃/min 的速率加热，并在温度680 ℃、气体为空气的条件下烧结10 h，使用 X 射线光电子能谱（XPS）和 X 射线衍射（XRD）测量检查并确认目标的组成和结构，然后将其引入腔室进行激光烧蚀，最终得到 MoO_3 薄膜。此研究利用在硅片上生长的薄膜作为正极来研究其电化学性能，以锂箔作为负极，MoO_3 作为正极，电解质溶液为 1 mol/L $LiClO_4$ 与碳酸亚丙酯复合溶液。

在电流密度为 10 μA/cm^2 测试条件下得到电池的充放电曲线如图 5-14 所示。从图中可以看出，在不同温度下，基板的温度对 MoO_3 薄膜电化学特性的影响，在温度范围在 300～400 ℃出现电压平台，在锂离子电池中表现出更好的性能。

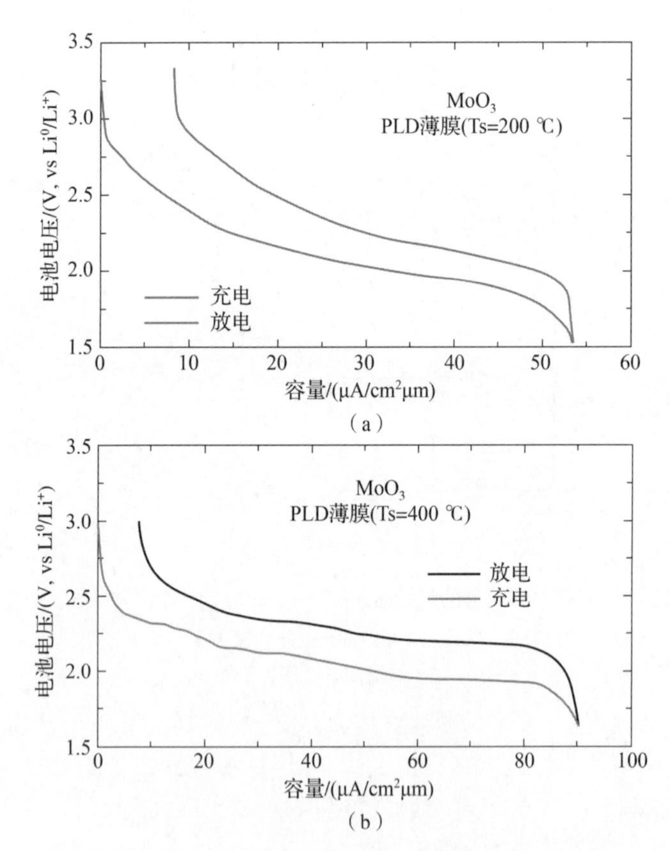

图 5-14　MoO_3 薄膜为正极的 Li/MoO_3 电池充放电曲线

（a）Ts = 200 ℃时，Li/MoO_3 电池充放电曲线；（b）Ts = 400 ℃时，Li/MoO_3 电池充放电曲线

典型的 MoO_3 水热法是将 0.726 g 钼酸钠溶解在 40 mL 蒸馏水中，然后将 120 mL 二氯甲烷加入溶液中。搅拌 10 min 后，将溶液转移并密封在 50 mL

Teflonlined 不锈钢高压釜中。将高压釜加热至160 ℃，持续时长13 h，然后冷却到室温，沉淀物用蒸馏水洗涤，最后在60 ℃的条件下干燥12 h。Sun等人采用水热法制备出均一的 MoO_3 薄膜柔性电极，用作锂离子电池材料。在50 mA/g的电流密度下，容量为1 000 mA·h/g，在200 mA·h/g时，容量保持在387~443 mA·h/g，显示出优异的储锂性能。

5.3 无序 $LiMn_2O_4$

锰酸锂（$LiMn_2O_4$）是一种很有吸引力的锂离子二次电池正极材料。与其他正极材料相比，$LiMn_2O_4$ 的优势在于生产成本低、环境友好、合成方法简单和高倍率性能，从而可以有效替代目前大部分锂离子电池中使用的价格很高的钴酸锂材料。通常采用传统高温固相法、溶胶-凝胶法、共沉淀法、pechini法、燃烧法、乳液干燥法等合成方法制备 $LiMn_2O_4$，采用上述方法制得的 $LiMn_2O_4$ 通常具有有序的尖晶石结构。近年来，人们采用机械化学法合成了高度无序的纳米晶体 $LiMn_2O_4$ 粉末，并发现无序 $LiMn_2O_4$ 的循环性能明显优于有序 $LiMn_2O_4$，因此无序 $LiMn_2O_4$ 受到了广泛的关注。

1. 结构及电化学性能

通过X射线衍射法和透射电子显微镜对样品进行结构和形貌表征，得到了混合MS-HT粉末（图5-15（a））、MS粉末（图5-15（b））、初始粉末（图5-15（c））的X射线衍射图谱和透射电子显微镜图像（图5-15（d）、（e））。在XRD图谱中（图5-15左），混合初始粉末中 Li_2O 和 MnO_2 对应的尖峰消失，MS粉末中出现尖晶石 $LiMn_2O_4$ 对应的宽峰，这就说明在机械化学过程中 Li_2O 和 MnO_2 之间发生固相反应形成了 $LiMn_2O_4$。宽峰表明，MS粉末是一种具有非常小的晶粒尺寸的非晶态物质。在MS-HT粉末中出现了尖晶石 $LiMn_2O_4$ 的尖峰，这说明经过高温热处理后的机械筛磨粉末属于典型的尖晶石结构，且晶粒尺寸比较大。结合XRD数据，根据Williamson-Hall方程计算了各粉末的晶粒尺寸和应变方差。其中，MS粉末的粒径和方差分别为9.7 nm和0.96%，MS-HT粉末的粒径和方差分别为841.1 nm和0.005%。表明MS粉末的应变方差远高于MS-HT粉末（应变方差的很高表明晶体结构处于高度无序状态），与MS-HT粉末相比，MS粉末具有高度无序的尖晶石结构，并且晶粒尺寸比较小。

比较无序 $LiMn_2O_4$（MS）和有序 $LiMn_2O_4$（MS - HT）的透射电子显微镜图（图 5 - 15（d）、（e）），可以看到 MS 粉末呈现出由小于 25nm 的纳米晶团聚组成的微米级的颗粒，而 MS - HT 粉末由较大的微米级晶粒组成。

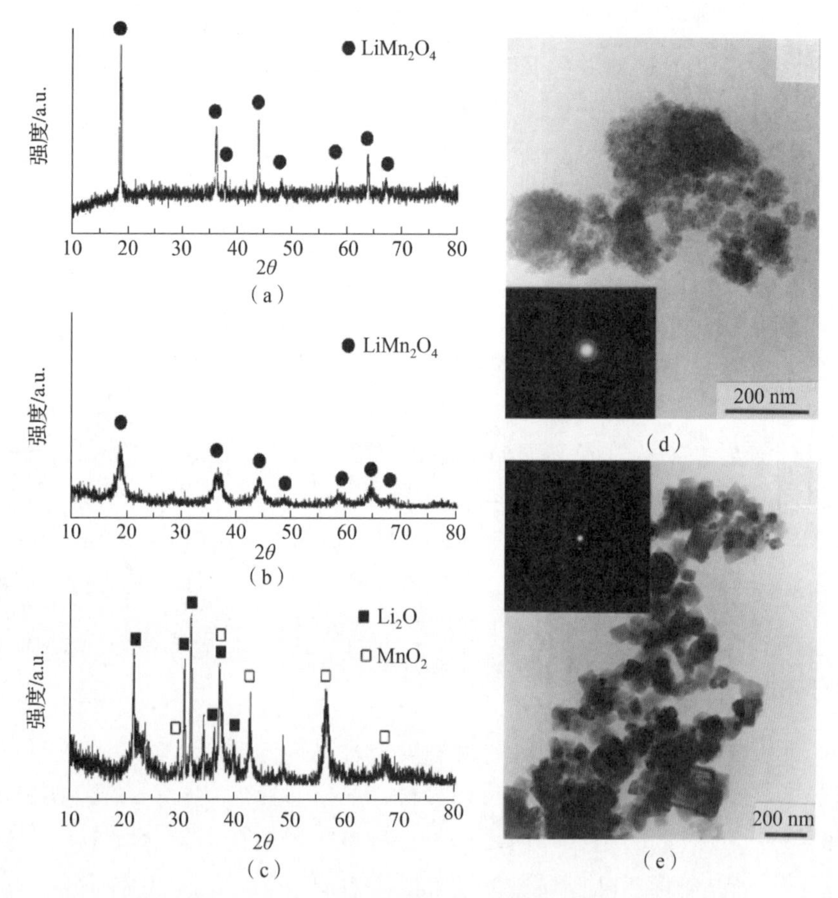

图 5 - 15　无序 $LiMn_2O_4$（MS）和有序 $LiMn_2O_4$（MS - HT）的 X 射线衍射图谱和透射电子显微镜照片对比

（a）混合起始粉末 X 射线衍射图谱；（b）MS 粉末 X 射线衍射图谱；（c）MS - HT 粉末 X 射线衍射图谱；（d）MS 粉末透射电子显微镜照片；（e）MS - HT 粉末透射电子显微镜照片

图 5 - 16 是无序 $LiMn_2O_4$（MS）和有序 $LiMn_2O_4$（MS - HT）在 1/3C 的充放电曲线。MS - HT 粉体在 4 V 和 3 V 处存在两个平台，对应锂离子在 $LiMn_2O_4$ 尖晶石结构中的四面体和八面体位置嵌入和脱嵌。无序的 MS 粉末的电池曲线上没有出现平台，而是呈现出具有一个稳定斜率的曲线，这是因为 MS 粉末具有高度无序的尖晶石结构，在无序的 $LiMn_2O_4$ 中，结构比较松散，锂

可以在较宽的电压范围内嵌入。除此之外，无序 $LiMn_2O_4$ 的容量保持率明显高于有序 $LiMn_2O_4$：在第 11 次循环后，以 MS－HT 为正极的电池容量从 214 mA·h/g 降为 77 mA·h/g，容量保持率只有 36%，而以 MS 为正极的电池的初始容量为167 mA·h/g，在第 11 个循环时降至 120 mA·h/g，容量保持率为 72%。这主要是因为放电结束时尖晶石结构的 $LiMn_2O_4$ 发生 Jahn－Teller 变形，导致容量急剧衰减，而高度无序的 $LiMn_2O_4$ 可以平滑地适应尖晶石结构的 Jahn－Teller 变形。

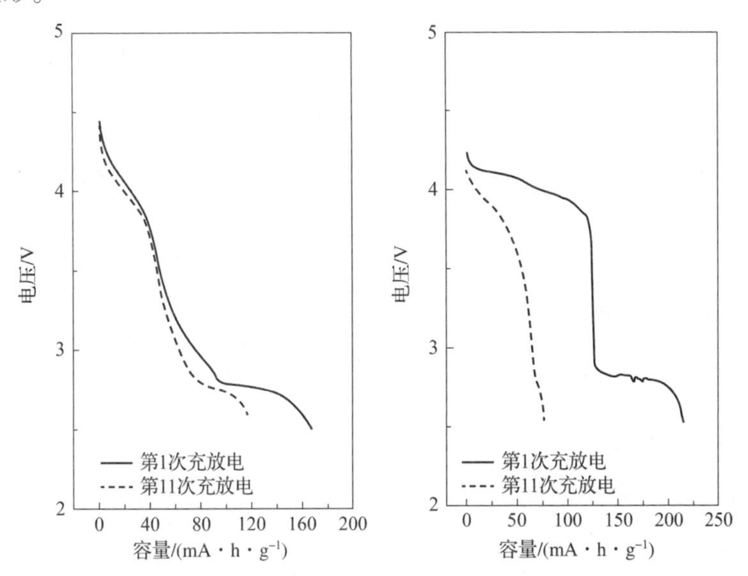

图 5－16　无序 $LiMn_2O_4$（MS）和有序 $LiMn_2O_4$（MS－HT）电池的充放电曲线（1/3C）

（a）无序 $LiMn_2O_4$；（b）有序 $LiMn_2O_4$

2. 制备

目前制备无序 $LiMn_2O_4$ 材料的方法是机械化学法。为什么机械化学法可以得到高度无序的纳米晶体 $LiMn_2O_4$ 呢？从微观反应动力学的角度出发，在机械化学法制备无序 $LiMn_2O_4$ 的过程中，初始材料在极大的压力下受到严重的冲击，从而断裂至纳米级，并且被高度活化，在材料之间的许多活性位点处通过固态反应形成无序 $LiMn_2O_4$ 晶体。与热过程相比，机械化学过程是间歇和局部进行的，因此可能没有足够的时间通过扩散和重排等方式使原子有序，从而导致晶体结构高度无序，得到无序的 $LiMn_2O_4$。

Choi 等人采用机械化学法制备得到了无序的纳米晶体 $LiMn_2O_4$ 粉末。他们将纯度 99.9% 的 Li_2O 和纯度 95% 的 $\gamma-MnO_2$ 粉末作为原材料，倒入装有直径为 12.7 mm 不锈钢球的圆柱形硬化钢瓶中，在空气中进行 24 h 的振动筛磨，从而制备 Li 和 Mn 原子比为 1.2 的高度无序的纳米晶体 $LiMn_2O_4$ 粉末。为了进行结构、形貌和电化学性能方面的比较，取一部分机械筛磨得到的粉末在 800 ℃ 的空气中热处理 12 h（记为 MS－HT）。

3. 发展前景

利用机械化学法制备得到的 $LiMn_2O_4$ 具有高度无序的结构。这种结构特征可以有效抑制循环过程中 Jahn－Teller 畸变导致的容量衰减，提高锂离子电池的循环寿命，因此无序 $LiMn_2O_4$ 是一种具有潜力的锂离子电池正极材料。但是目前关于无序 $LiMn_2O_4$ 制备改性及电化学性能方面的研究很少，文献中报道的无序 $LiMn_2O_4$ 的合成方法相对单一（机械化学法），因此无序 $LiMn_2O_4$ 作为锂离子正极材料仍然无法满足商业化应用的需求，未来还需在合成工艺和改性方法上进行较大努力。

5.4 无序 $LiNiVO_4$

1. 结构及电化学性能

随着应用市场的不断扩大，人们对锂离子电池的能量密度提出了更高的要求。使用高压正极材料是实现高能量密度的一种方法。目前，用于锂离子电池的高压正极材料主要有 3 种结构体系：①层状结构 $LiCoO_2$、$LiCo_yNi_{1-y}O_2$、$LiNiO_2$；②尖晶石 $LiMn_2O_4$；③反尖晶石 $LiNiVO_4$。无序 $LiNiVO_4$ 是一种插层化合物，即是一种具有反向尖晶石型无序结构的插层化合物正极材料。Bernier 等人早在 1961 年就尝试合成了无序 $LiNiVO_4$。之后 Murphy 和 Christian 首次将钒氧化物作为一种很有前途的锂二次电池正极材料引入锂电池。1994 年，Fey 等人首先研究了 $LiNiVO_4$ 反尖晶石的正极性质。无序 $LiNiVO_4$ 在成本和电池电压（高达 4.8V）方面均优于 $LiCoO_2$、$LiNiO_2$ 等层状正极材料，具有电压调节、比容量较高等优势，是一种极具应用潜力的高压可充电锂电池的正极材料，引起了研究者极大的研究兴趣。

在无序 $LiNiVO_4$ 中，锂和镍原子均匀且随机地占据八面体配位间隙，形成无序结构，而钒原子占据四面体配位间隙，如图 5－17 所示。这种三维结构有利于锂离子扩散，因此无序 $LiNiVO_4$ 可以被用作锂离子电池正极材料。

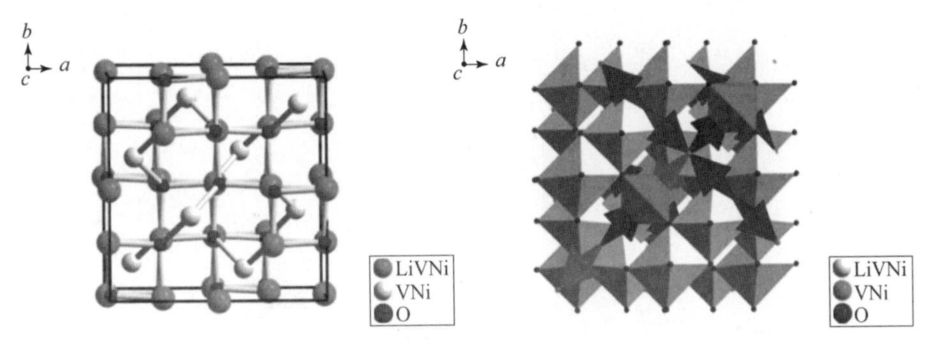

图5－17　无序 $LiNiVO_4$ 的结构示意图

无序 $LiNiVO_4$ 化合物的 X 射线衍射图谱如图5－18所示。在 Fd3m 空间群中，钒原子位于四面体 8a 位置（1/8、1/8、1/8），锂、镍原子分布在八面体 16d 位置（1/2、1/2、1/2），其分布是无序的（锂原子和镍原子相互间的分布是任意的，它们占据任何一个八面体 16d 位的概率相同），氧原子位于一个 32e 位置（z、z、z），$z=0.2452$（3），$a=0.822\ 33$（1）nm。该 XRD 图谱显示出最强的（311）衍射峰和非常弱的（111）衍射峰，这两种衍射峰都是反尖晶石结构的典型特征。

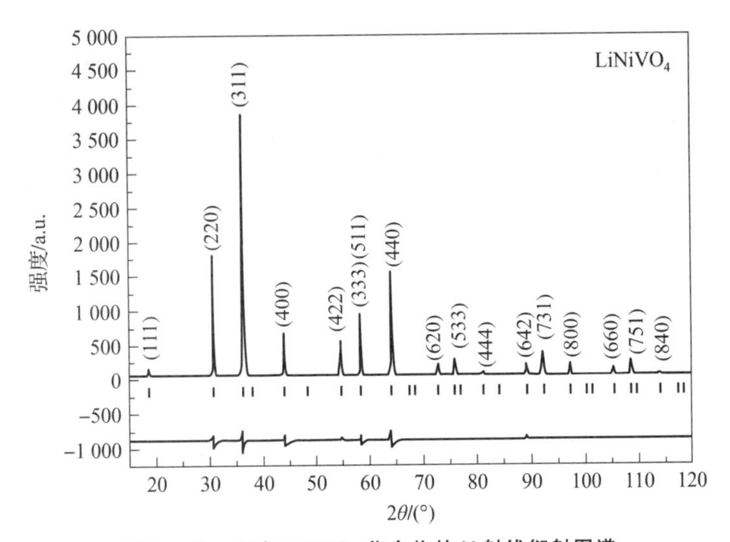

图5－18　无序 $LiNiVO_4$ 化合物的 X 射线衍射图谱

无序 $LiNiVO_4$ 的放电电位高达 4.8V，理论比容量为 148 mA·h/g，但实际容量相当低（约 45 mA·h/g），而且其容量保持率也很低，容量衰减严重，这也阻碍了反尖晶石 $LiNiVO_4$ 在锂离子电池中的实际应用。研究表明，与 $LiMn_2O_4$ 在循环过程中结构坍塌而导致容量衰减的机制不同，$LiNiVO_4$ 作为正极材料在循环过程中会与电解液发生相互作用，从而导致容量快速衰减，因此必须使用能够耐受更高电压的电解液，才能适配高电压的 $LiNiVO_4$ 正极材料。为了提高 $LiNiVO_4$ 的电化学性能，研究人员做了很多工作，其中有效的尝试包括阳离子掺杂、表面涂层以及纳米和亚微米颗粒的制备等。

2. 制备和改性

1）制备

无序 $LiNiVO_4$ 的结构、形貌和电化学性能与前驱体、合成路线和热处理密切相关，因此其制备方法对于材料的性能具有重要影响。目前，常用的无序 $LiNiVO_4$ 制备方法有传统高温固相法、溶胶－凝胶法、燃烧法、水热法等。

（1）传统高温固相法

Ito 通过在 1 000 ℃下使 $LiVO_3$ 和 NiO 反应 4 d 来合成无序 $LiNiVO_4$，由于所需的能量和反应时间较长，该过程不经济。通过传统固相反应制备 $LiNiVO_4$ 具有加工温度高、持续时间长、晶粒尺寸大、杂质多等缺点，因此在文献中少有使用。

（2）溶胶－凝胶法

溶胶－凝胶法是一种很有前途的制备无序 $LiNiVO_4$ 的方法。溶胶－凝胶法具有一些优点，如化学计量控制性好、可以生产粒径分布均匀的亚微米颗粒，加工时间较短等。溶胶－凝胶法需要添加羧酸或聚合物材料作为螯合剂，以促进凝胶形成和防止相分离。柠檬酸是用于合成氧化物材料的广泛使用的螯合剂之一。Prakash 等人以柠檬酸为螯合剂，采用溶胶－凝胶法合成了 $LiNiVO_4$ 粉末。将化学计量的硝酸锂、硝酸镍和偏钒酸铵充分混合并溶解在去离子水中，缓慢加热，持续搅拌溶液以获得均匀溶液。将柠檬酸溶液作为络合剂添加到溶液中，加入乙二醇作为胶凝剂。形成的凝胶在 110 ℃下干燥，将最终产物研磨并在 700 ℃的空气气氛中煅烧 7 h，以获得高度结晶的 $LiNiVO_4$ 粉末的均匀产物。X 射线衍射图（图 5－19）证明通过溶胶－凝胶法合成的无序 $LiNiVO_4$ 材料，结构中的阳离子分布均匀，同时该材料具有良好的结晶性。Li/$LiNiVO_4$ 电池的循环伏安曲线和电压－时间曲线（图 5－20）。显示正极峰出现在 3.6 V 和 4.6 V，负极峰出现在 4.3 V，并且在一定的电压范围内电化学行为具有良好的可逆性。这表明 $LiNiVO_4$ 是适用于二次电池的正极材料。与理论容量相比，该化合物的实际电池容量仍然较低，高电压下的电解液分解是 $LiNiVO_4$ 容量低的主要原因。

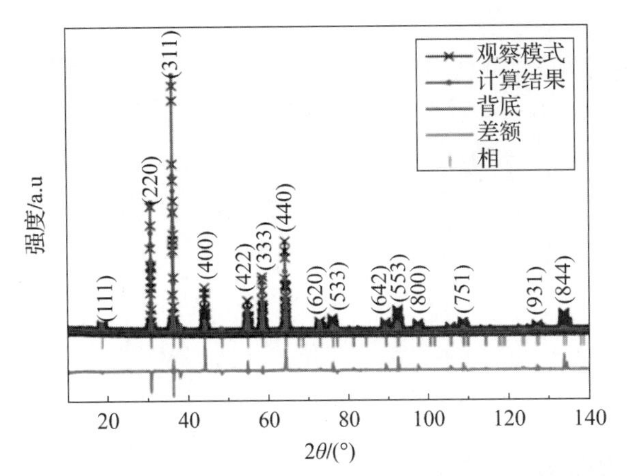

图 5－19　溶胶－凝胶法合成的无序 $LiNiVO_4$ 的 X 射线衍射图

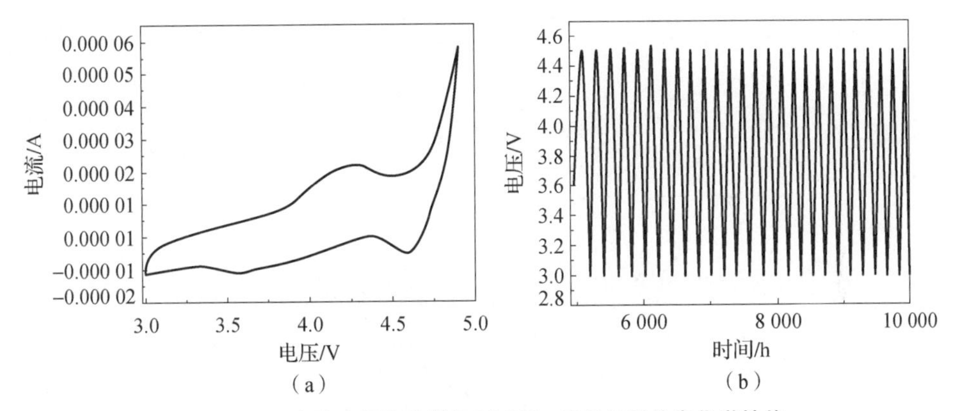

图 5－20　溶胶－凝胶法制备 $LiNiVO_4$ 正极材料的电化学性能

（a）溶胶－凝胶法制备 $LiNiVO_4$ 正极材料的循环伏安曲线；

（b）$Li/LiNiVO_4$ 电池的电压－时间曲线

（3）燃烧法

燃烧法是合成 $LiNiVO_4$ 的有效方法之一。Subramania 等人以明胶为新型燃料，采用燃烧法制备了反尖晶石型 $LiNiVO_4$ 纳米颗粒。他们以 $LiNO_3$、$Ni(NO_3)_2$、NH_4VO_3 作为原材料，并使用蒸馏水将其制成均相溶液，在 100 ℃下将溶液加热至沸腾得到糊状物，在约 200 ℃下糊状物分解产生黑褐色前体，进一步加热至 490 ℃得到 $LiNiVO_4$。明胶是一种优良的燃料和分散剂，可以用来控制颗粒大小，并防止颗粒在燃烧过程中聚集，在合成 $LiNiVO_4$ 过程中起着重要作用。在 0.2 mA/cm^2 的电流密度下，$LiNiVO_4$ 的初始容量为 102 mA·h/g，经过 20 次循环后，容量保持率为 65%。可以看出 $LiNiVO_4$ 的放电容量远低于理论容量，但是高于传统合成方法得到的样品容量。

(4) 水热法

传统固态法合成 $LiNiVO_4$ 时需要在高温下加热几天，所得粉末的粒径约为 20 mm，而在溶液法中，合成时间可缩短至 2 h，粒径可减小到1 mm 以下，但是合成温度必须不低于 500 ℃。如果能将 $LiNiVO_4$ 的粒径减小到纳米级，锂离子电池中 $LiNiVO_4$ 的电化学活性和充放电效率将显著提高。为了制备纳米级无序 $LiNiVO_4$ 粉体并降低其合成温度，Lu 等人开发了一种新的水热法：蒸馏水和异丙醇分别作为水热反应的溶剂，以考察溶剂和原料对产物的影响。将初始材料以 $Li^+ : Ni^{2+} : V^{5+} = 1 : 1 : 1$ 的摩尔比添加到蒸馏水中或异丙醇中，并投入有聚四氟乙烯内衬的高压釜设备中在 150 ~ 230 ℃ 的温度范围内加热 1 ~ 6 h。将添加的总阳离子的浓度调节至 0.3 ~ 0.6 mol/L。在水热反应期间，以 200 r/min的转速使用机械搅拌器。水热反应后，将所得产物过滤、洗涤和干燥后，通过透射扫描电子显微镜观察了粉末的微观结构演变和粒度。通过水热法不仅成功地将 $LiNiVO_4$ 的合成温度从 500 ℃降低到 200 ℃，而且还将其粒径减小到纳米级。结果表明，水热环境显著加快了 $LiNiVO_4$ 形成的反应动力学，通过水热法合成的 $LiNiVO_4$ 粉末的透射电子显微镜图像如图 5 - 21 所示，$LiNiVO_4$ 粉末的粒径约为 10 nm，其粒径远小于通过传统固相反应和溶液法制备得到的粉末粒径。

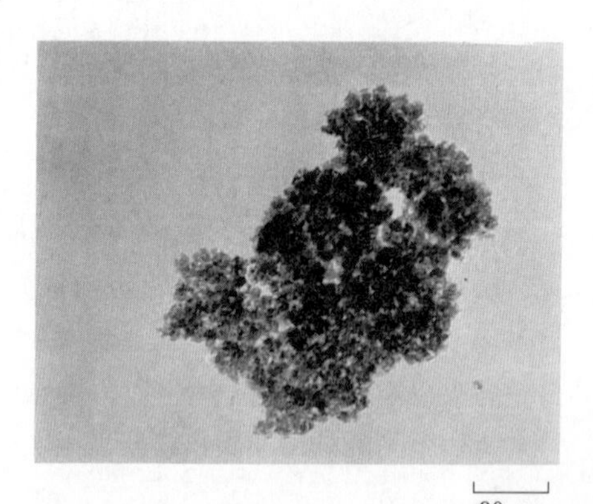

图 5 - 21　水热法合成的 $LiNiVO_4$ 粉末的透射电子显微镜图像

2) 改性

无序 $LiNiVO_4$ 虽然放电电压很高，但是其容量很低，循环性能很差，无法进行实际应用。为了改善上述问题，目前研究者对无序 $LiNiVO_4$ 的改性思路主要是掺杂改性。

Sivashanmugam 等人采用溶胶 - 凝胶法合成了具有良好电化学性能的铝掺杂的无序 $LiNiVO_4$，即 $LiAl_xNi_{1-x}VO_4$。以甘氨酸为螯合剂，加入甘氨酸的量应确保螯合剂与总金属离子的摩尔比保持在1∶1，混合物的pH值保持在5～6。获得的凝胶在110 ℃的真空烘箱中干燥，实验在空气中以20 ℃/min的升温速率进行，样品通常为50 mg。将干燥的前体粉末精细研磨，并在250 ℃、450 ℃、650 ℃和850 ℃下在氧化铝坩埚中煅烧4 h，制得$LiAl_xNi_{1-x}VO_4$。未掺杂的$LiNiVO_4$颗粒的表面形貌呈现出微米大小的立方形颗粒，而掺铝颗粒的表面形貌显示出均匀的球形颗粒。研究表明，在250 ℃的煅烧温度下制得的铝掺杂$LiAl_{0.1}Ni_{0.9}VO_4$具有最优异的电化学性能，在0.1 C倍率下循环10次后的放电比容量为35 mA·h/g。这种改性结果仍然不太理想，但是该结果优于Prabaharan等人的早期研究。

3. 发展前景

无序$LiNiVO_4$的典型特征是具有很高的放电电压，因此曾被认为是一种极具潜力的锂离子电池正极材料。但是无序$LiNiVO_4$的理论比容量较低，且其实际放电容量非常低，循环性能很差，这使得无序$LiNiVO_4$在锂离子动力电池的实际应用中受到极大的限制。无序$LiNiVO_4$的传统高温固相制备法耗费时间和能量，因此研究人员陆续尝试了溶胶－凝胶法等新型制备方法，以期获得性能更好的无序$LiNiVO_4$。此外，以铝掺杂为代表的元素掺杂等改性方法也被用来合成高性能的无序$LiNiVO_4$，但是效果甚微，没有达到锂离子动力电池在实际应用中的需求，因此无序$LiNiVO_4$尚未投入到商业化应用中。未来通过不断研发新的合成路线和改性方法，有望改善无序$LiNiVO_4$实际容量低和循环性能差的问题，使之更加符合实际应用的需求。

5.5　阳离子无序富锂材料

1. 结构及电化学性能

自20世纪80年代以来，3种主要的氧化物正极材料（层状、聚阴离子和尖晶石）被应用在锂离子电池中（图5－22展示了锂离子电池正极材料的发展历史）。以富锂层状氧化物$Li_{1+x}M_{1-x}O_2$（M指Mn、Ni、Co等过渡金属，$0<x\leq 0.33$）为代表的富锂材料因其极高的比容量、高能量密度和相对较低的成本而备受关注。近年来，另一种无序岩盐结构的阳离子无序富锂材料引起了越来越多的关注。

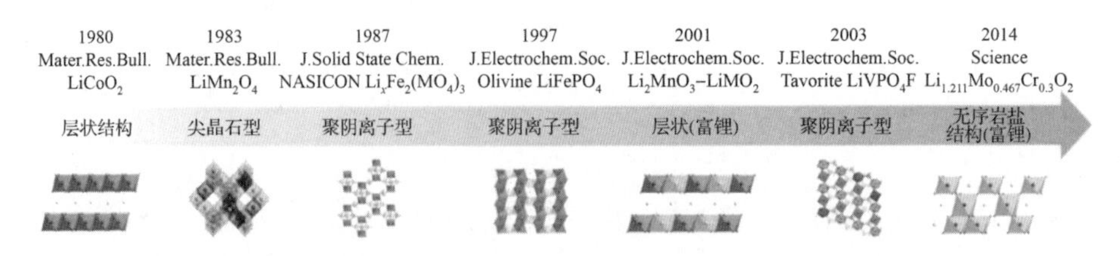

图 5－22　锂离子电池正极材料的发展历史示意图（书后附彩插）

阳离子无序富锂材料可以由多种过渡金属元素（如 V、Fe、Cr、Mo、Ti、Ni、Co、Mn 等）组成，在锂过量和电荷补偿方面与层状富锂氧化物具有相似的特性，并实现了较高的可逆比容量（大于 300 mA · h/g）以及极高的能量密度（约 1 000 W · h/kg），因此成为当下锂离子电池正极材料方面的研究热点。需要注意的是，这种新型阳离子无序富锂材料在微观结构及循环过程中的结构转变方面与层状富锂材料具有明显的不同：层状富锂氧化物依靠镍和钴来保持过渡金属层在锂的脱嵌过程中的稳定性，而阳离子无序富锂材料具有典型的无序岩盐结构，无序的阳离子排列为 Li^+ 扩散提供了独特的三维（3D）渗流网络，并在 Li^+ 嵌入/脱嵌过程中产生各向同性体积变化。

曾经研究者认为阳离子无序结构不适合用作锂离子电池的正极材料，这是因为带有阳离子无序的晶体结构可能会限制锂离子的扩散。大多数投入应用的锂离子正极材料中的锂离子和金属离子位于不同的位置，具有一定的有序性，这些有序结构材料一直是研究者研究的对象。然而，最近的研究表明，阳离子无序富锂材料可以提供高容量和更加良好的稳定性，这与该种材料的无序结构密切相关。

阳离子无序富锂材料具有无序岩盐结构，而无序岩盐结构可以描述为“阳离子随机排列的层状结构”。富锂材料中锂离子的比例超过金属离子的比例，多余的锂离子必然占据 M 层。如果 M 层中存在锂离子，且锂层和 M 层分离良好，则该材料属于层状富锂正极材料。如果两种阳离子（即锂和 M 离子）随机分布在晶体结构中，且两层没有明显区分，则该种材料属于阳离子无序富锂材料，也可称为富锂无序岩盐材料。以无序富锂氧化物 $Li_{1+x}M_{1-x}O_2$ 为代表分析阳离子无序富锂材料的结构（图 5－23）。与层状富锂氧化物类似，无序富锂氧化物由一个常见的紧密堆积的氧骨架组成，其中锂和 TM（过渡金属）阳离子占据氧亚晶格的八面体位置，从而形成 $\alpha-LiFeO_2$ 型无序岩盐结构。这两种结构的主要区别在于八面体位置上锂和 TM 原子的分布。对于层状结构，锂和 TM 物种以有序的方式占据交替平面中的位置。相比之下，理想无序岩盐结构中的锂和 TM 物种随机占据八面体位置。

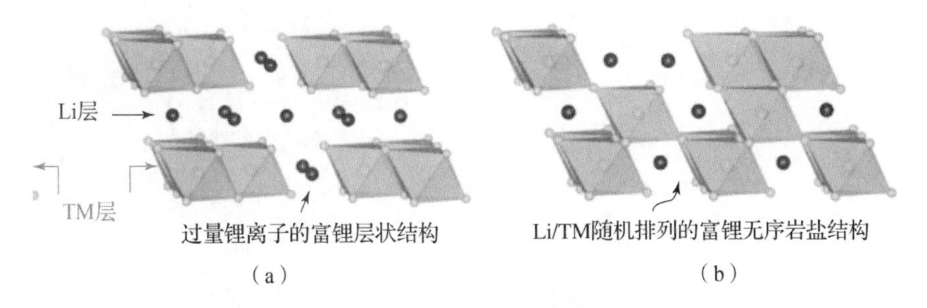

图5-23　富锂层状结构和富锂无序岩盐结构

(a) 富锂层状结构；(b) 富锂无序岩盐结构

尽管无序富锂材料具有能量密度高、成本低等优势，但仍有一些问题，如电压衰减和循环稳定性差，很大程度上阻碍了其实际应用。因此，我们需要通过改性的方式，优化阳离子无序富锂材料的综合性能，使之更加符合实际应用的需求。改善无序富锂材料的性能主要可以通过成分调节、表面涂层和晶体结构调节等方式。

2. 制备和改性

1）制备

溶胶-凝胶法是一种制备阳离子无序富锂材料的常用方法，具有成本较低、合成温度低，可以获得高纯度、化学计量控制良好的纳米材料等优势。Yang等人通过溶胶-凝胶法和热烧结的方法合成了 $Li_{1.18}Fe_{0.34}Ti_{0.45}O_2$ 和 $Li_{1.24}Fe_{0.38}Ti_{0.38}O_2$ 两种阳离子无序富锂氧化物（配锂比分别为 Li/TM = 1.49 和 Li/TM = 1.63）。首先将二水醋酸锂（$CH_3COOLi \cdot 2H_2O$）、二水草酸铁（Ⅱ）和丁醇钛（$C_{16}H_{36}O_4Ti$）分散在100 mL的乙醇中。然后搅拌该混合物并在80 ℃下回流20 h以形成凝胶。最后将得到的凝胶在120 ℃下干燥12 h，并在650 ℃的气密炉中在氩气流下煅烧10 h获得无序富锂材料。图5-24显示了两种无序产物的X射线衍射图谱和扫描电镜图，从图中可以观察到两种样品均属于阳离子无序岩盐结构（$\alpha-LiFeO_2$），所有样品均显示出相似的聚集形态，并由不规则纳米颗粒组成。图5-25显示了两种无序富锂氧化物的充放电曲线，从图中可以看到在第1次充放电循环中，两种无序材料的充电曲线均在约4.3 V下呈现一个较长的电压平台，它们的初始充电容量分别为264.3 mA·h/g和242.5 mA·h/g，初始放电容量分别为223.4 mA·h/g和213.6 mA·h/g。

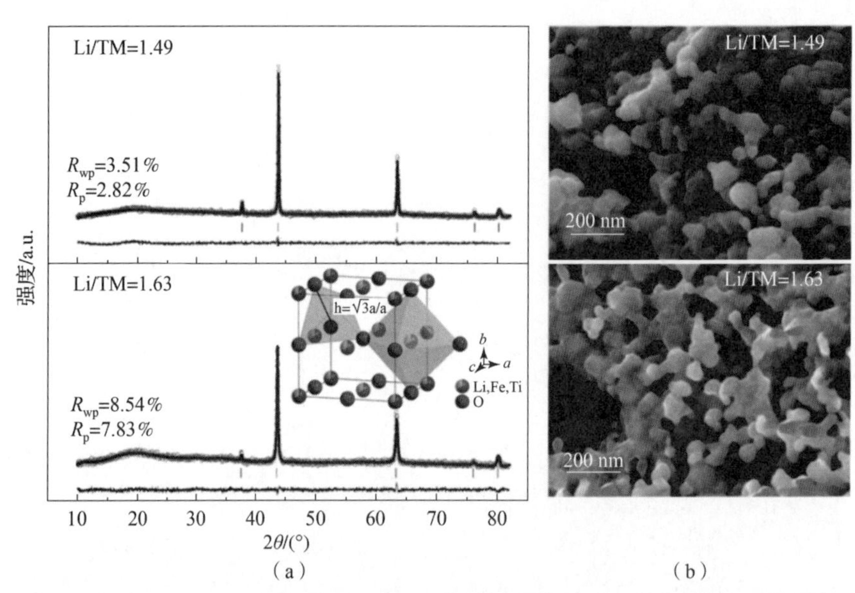

图 5－24　$Li_{1.18}Fe_{0.34}Ti_{0.45}O_2$ 和 $Li_{1.24}Fe_{0.38}Ti_{0.38}O_2$ 的 X 射线衍射图谱和扫描电镜图

(a) X 射线衍射图谱；(b) 扫描电镜图

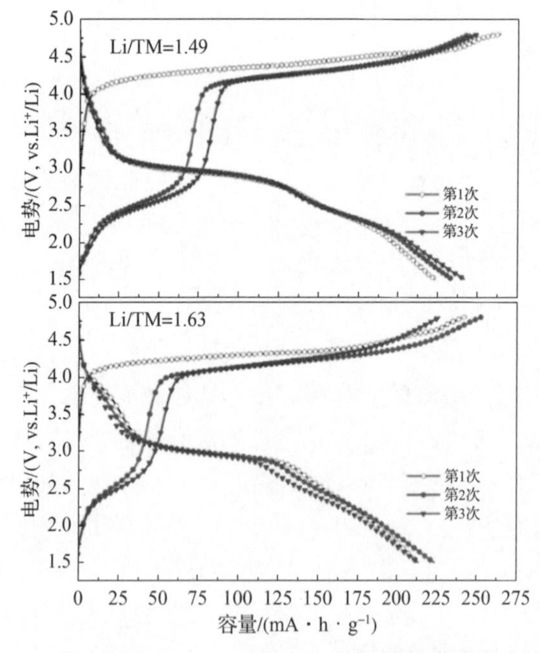

图 5－25　$Li_{1.18}Fe_{0.34}Ti_{0.45}O_2$ 和 $Li_{1.24}Fe_{0.38}Ti_{0.38}O_2$ 的充放电曲线（电流密度 10 mA/g）

2）改性

利用锂过量的方法可以实现阳离子无序岩盐正极材料的高效锂离子存储。

然而，无序富锂材料的应用受到电子导电性差和锂离子扩散不足的限制。因此，可以通过改性的方式提高无序富锂材料的综合性能，如掺杂、包覆、纳米化、制备复合材料等。下面介绍纳米化复合材料改性。

无序富锂 Li – Ti – Fe – O 化合物因其相对较高的元素丰度和低毒性而成为极具吸引力的正极材料。但是由于材料中本征电子导电性差和锂离子扩散有限，无序富锂 Li – Ti – Fe – O 化合物仍然存在循环稳定性差、极化大和倍率性能差的问题。Shen 等人通过引入碳纳米管作为导电载体和制备纳米复合材料的方法有效改善了上述问题。他们通过溶胶 – 凝胶工艺和煅烧来合成无序 $Li_{1.24}Fe_{0.38}Ti_{0.38}O_2$ 和 $Li_{1.24}Fe_{0.38}Ti_{0.38}O_2$/碳纳米管复合材料（记作 LFT 和 LFT/CNT 材料）。为了提高多壁碳纳米管（CNT）的分散性，在使用前通过酸处理对其进行纯化和氧化，然后分散在 50 mL 无水乙醇中，在连续搅拌下添加 4.96 mmol $CH_3COOLi \cdot 2H_2O$、1.52 mmol $FeC_2O_4 \cdot 2H_2O$ 和 1.52 mmol $C_{16}H_{36}O_4Ti$，在 80 ℃下进行 20 h 的回流处理以形成凝胶，该凝胶在真空下干燥后在氩气氛下 650 ℃煅烧 10 h。通过元素分析确定 LFT/CNT 复合材料中 CNT 含量为 6.4 wt.%。与纯 LFT 材料相比，LFT 材料在 CNT 上沉积良好，并且粒子尺寸明显减小，具有的良好的粒子分散性。在 10 mA/g 电流密度下测得无序 LFT 和 LFT/CNT 的充放电曲线（图 5 – 26）。LFT/CNT 的首次放电比容量为 226.1 mA · h/g，库仑效率为 84%，高于纯 LFT 的放电比容量和库仑效率（211.1 mA · h/g 和 71%）。此外，LFT/CNT 在循环 50 次后的放电比容量为 145.6 mA · h/g，高于纯 LFT 材料（142 mA · h/g）。在倍率循环测试中，LFT 和 LFT/CNT 正极在 0.1 C、0.5 C、1 C 和 5 C 下的放电容量分别为 172/184 mA · h/g、101/140 mA · h/g、46/113 mA · h/g 和 18/80 mA · h/g（图 5 – 27），可见改性后的无序 LFT 的倍率性能明显得到改善。LFT/CNT 正极优异的倍率性能可能得益于碳纳米管的加入增强了锂离子迁移过程中的电化学动力学。

在无序岩盐锂离子电池正极中，氟部分取代氧也是提高正极锂含量的一种方法，其是提高二次电池组件的热稳定和电化学稳定性常用策略。此方法通过无序结构中创造具有较少 M 邻近的阴离子位点，锂过量和阳离子无序使氟掺入无须结构中贫金属、富锂的位点，减轻高压下发生的不可逆过程，氟取代氧的改性方法可以显著降低充电过程中阴离子电荷补偿机制的贡献，从而提高长期工作时的容量保持率。厦门大学化工学院杨勇教授课题组制备了 $Li_{1.2}Mn_{0.4}Ti_{0.4}O_2$（LMTO）和一系列取代的 $LMTO_{2-x}F_x$ 材料，其中 $Li_{1.2}Mn_{0.55}Ti_{0.25}O_{1.85}F_{0.15}$（$LMTOF_{0.15}$）的容量和电压衰减明显小于 LMTO。通过多种表征技术氟化作用对材料晶体结构、材料化学性能等的影响，如图 5 – 28 所示。

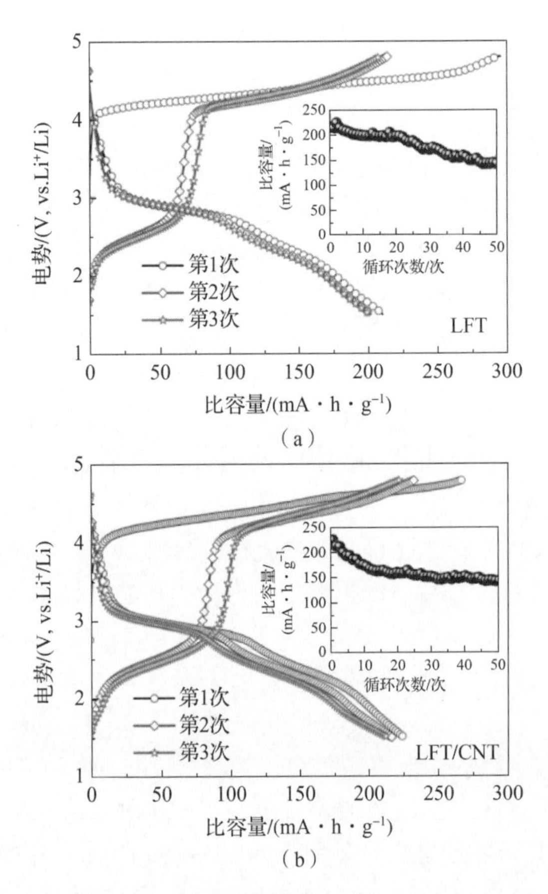

图 5-26　无序 LFT 和 LFT/CNT 正极的充放电曲线（电流密度 10 mA/g）

（a）无序 LFT 正极；（b）LFT/CNT 正极

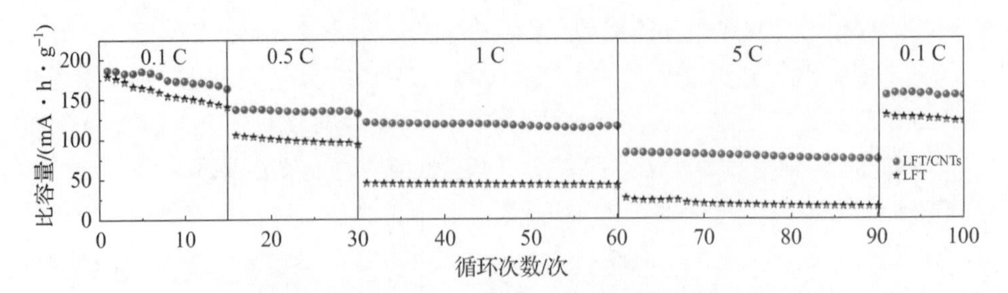

图 5-27　无序 LFT 和 LFT/CNT 正极的倍率曲线图

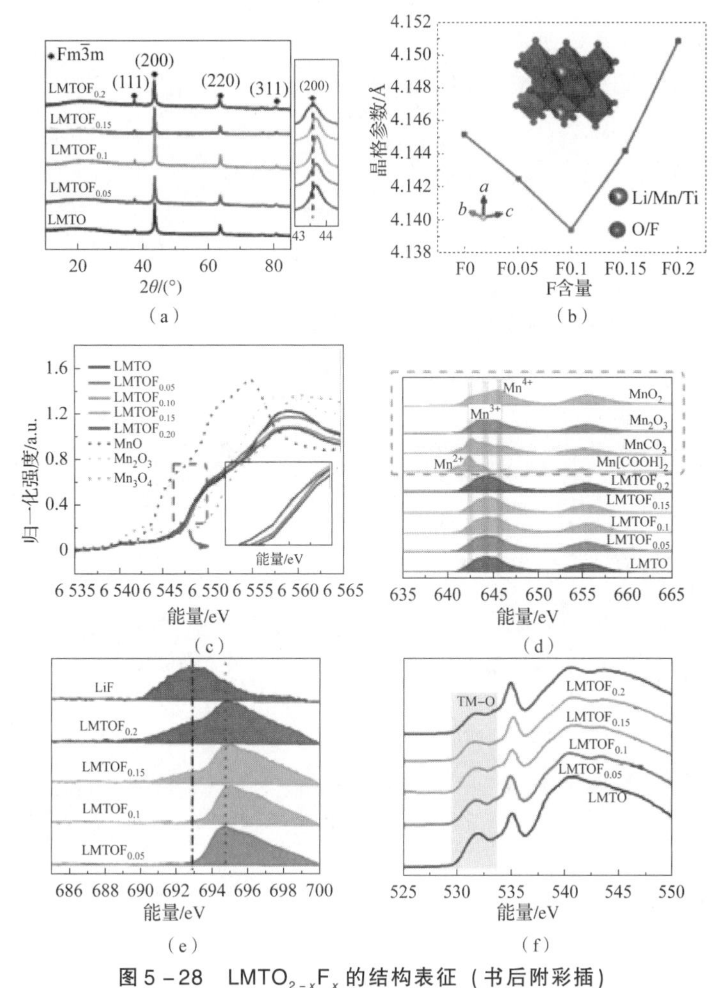

图 5－28　$LMTO_{2-x}F_x$ 的结构表征（书后附彩插）

（a）$LMTO_{2-x}F_x$ 的 XRD 图；（b）晶胞参数图及 XAS 图；（c）Mn K－边；

（d）Mn L－边；（e）F K－边；（f）O K－边

氟化作用对正极材料结构的影响：过渡金属 Mn K－边吸收谱表明 LMTO、$LMTOF_{0.05}$、$LMTOF_{0.1}$和 $LMTOF_{0.15}$中锰为 Mn^{3+}，$LMTOF_{0.15}$和 $LMTOF_{0.2}$的吸收边轻微远离 Mn_2O_3，表明锰的氧化态略有下降；O K－边 边前锋特征代表了 TM－O 杂化状态，从 LMTO 到 $LMTOF_{0.2}$的前边缘峰强度减小，表明随着氟含量的增加，TM－O 杂化程度减弱。

如图 5－29 所示，随着氟含量的增加，$LMTO_{2-x}F_x$（$x=0$、0.05、0.1、0.15）的放电容量从 241 mA·h/g 增加到了 275 mA·h/g。首次的微分容量曲线显示随着 F 含量减少，锰氧化反应略有增加，而氧的氧化反应随着氟含量的减少而降低，容量保持率和压降现象同时得到明显改善。

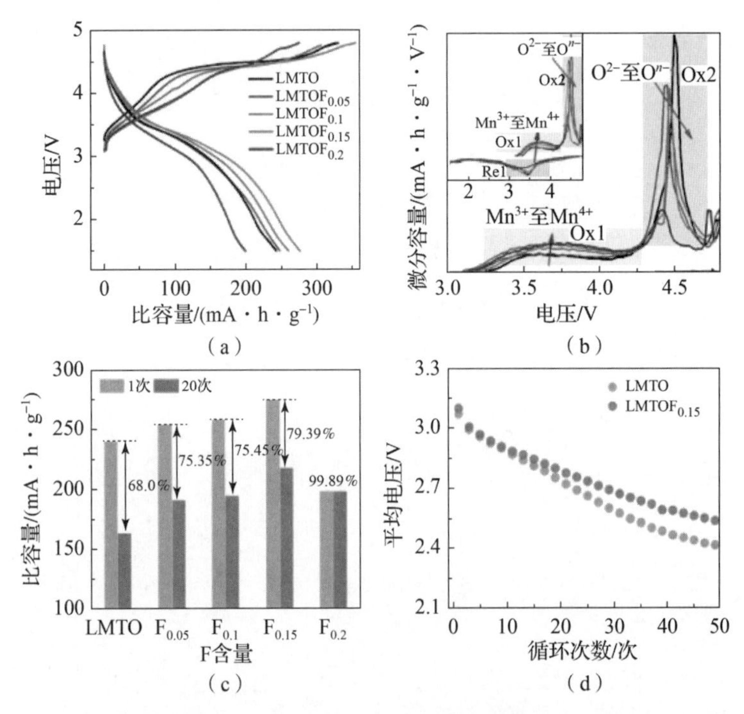

图 5-29 LMTO 和 $LMTO_{2-x}F_x$ 的电化学性能比较

(a) $LMTO_{2-x}F_x$ 在 30 mA/g 电流密度下的首次充放电曲线；(b) 首次微分容量曲线；（c）20 次循环后的容量保持率；（d）LMTO 和 $LMOF_{0.15}$ 的循环平均电压

3. 发展前景

制造具有阳离子无序的功能性正极的一个重要优势就是它拓宽了可以设计正极材料的化学空间，开辟了使用更大范围的过渡金属物质及其组合的可能性，为设计和开发高性能锂离子电池材料开辟了新路径。

参 考 文 献

[1] LEE W, MUHAMMAD S, SERGEY C, et al. Advances in the cathode materials for lithium rechargeable batteries [J]. Angewandte Chemie International Edition, 2020, 59 (7): 2578-2605.

[2] CLÉMENT R J, LUN Z, CEDER G. Cation - disordered rocksalt transition metal oxides and oxyfluorides for high energy lithium - ion cathodes [J]. Energy & Environmental Science, 2020, 13 (2): 345-373.

[3] JULIEN C, SAIKH S I, NAZRI G A. Electrochemical studies of disordered MoS_2 as cathode material in lithium batteries [J]. Materials Science and Engineering B - Advanced Functional Solid - State Materials, 1992, 15 (1): 73 - 77.

[4] XIAO J, WANG X, YANG X Q, et al. Electrochemically induced high capacity displacement reaction of PEO/MoS_2/graphene nanocomposites with lithium [J]. Advanced Functional Materials, 2011, 21 (15): 2840 - 2846.

[5] BICHSEL R, LEVY F. Influence of process conditions on the electrical and optical - properties of RF magnetron sputtered MoS_2 films [J]. Journal of Physics D Applied Physics, 1986, 19 (9): 1809 - .

[6] STRACHAN J, CHEN L, ELLIS T, et al. Influence of crystal disorder in MoS_2 cathodes for secondary hybrid Mg - Li batteries [J]. Australian Journal of Chemistry, 2021, 74 (11): 819 - 825.

[7] JULIEN C, HUSSAIN O M, ELFARH L, et al. Electrochemical studies of lithium insertion in MoO_3 films [J]. Solid State Ionics, 1992, 53: 400 - 404.

[8] DE C I A, DATTA R S, OU J Z, et al. Molybdenum oxides - from fundamentals to functionality [J]. Advanced Materials, 2017, 29 (40): 1701619.

[9] WOOSTER, NORA. The crystal structure of molybdenum trioxide, MoO_3 [J]. Zeitschrift für Kristallographie - Crystalline Materials, 1931, 80 (1): 504 - 512.

[10] CAMPANELLA L, PISTOIA G. MoO_3: A new electrode material for nonaqueous secondary battery applications [J]. Journal of the Electrochemical Society, 1971, 118 (12): 1905 - 1908.

[11] CAMPANELLA L, PISTOIA G. Polarographic behavior of MoO_3 in butyrolactone solutions [J]. Journal of the Electrochemical Society, 1973, 120 (3): 383.

[12] RAMANA C V, MAUGER A, JULIEN C M. Growth, characterization and performance of bulk and nanoengineered molybdenum oxides for electrochemical energy storage and conversion [J]. Progress in Crystal Growth and Characterization of Materials, 2021, 67 (3): 100533.

[13] KREBS, B. The crystal structure of $MoO_3 \cdot 2H_2O$: A metal aquoxide with both co - ordinated and hydrate water [J]. Journal of the Chemical Society D Chemical Communications, 1970 (1): 50 - 51.

[14] 田立朋，李伟善，李红．三氧化钼的电化学性质及其应用 [J]. 现代化工，2000 (10): 19 - 21.

[15] JULIEN C, MAUGER A, VIJH A, et al. Lithium Batteries: Science and

Technology [M]. Berlin: Springer, 2016.

[16] YEBKA B, JULIEN C. Lithium intercalation in $MoO_3 \cdot nH_2O$ [J]. Ionics, 1996, 2 (3): 196 - 200.

[17] GÜNTER J. Topotactic dehydration of molybdenum trioxide - hydrates [J]. Journal of Solid State Chemistry, 1972, 5 (3): 354 - 359.

[18] GUZMAN G, YEBKA B, LIVAGE J, et al. Lithium intercalation studies in hydrated molybdenum oxides [J]. Solid State Ionics, 1996, 86 - 88 (Pt1): 407 - 413.

[19] KUMAGAI N, KUMAGAI N, TANNO K. Electrochemical characteristics and structural changes of molybdenum trioxide hydrates as cathode materials for lithium batteries [J]. Journal of Applied Electrochemistry, 1988, 18 (6): 857 - 862.

[20] KOMABA S, KUMAGAI N, KUMAGAI R, et al. Molybdenum oxides synthesized by hydrothermal treatment of A_2MoO_4 (A = Li, Na, K) and electrochemical lithium intercalation into the oxides [J]. Solid State Ionics, 2002, 152/153 (12): 319 - 326. .

[21] RAMANA C V, JULIEN C M. Chemical and electrochemical properties of molybdenum oxide thin films prepared by reactive pulsed - laser assisted deposition [J]. Chemical Physics Letters, 2006, 428 (1/3): 114 - 118.

[22] SUN Y X, WANG J, ZHAO B T, et al. Binder - free α - MoO_3 nanobelt electrode for lithium - ion batteries utilizing van der Waals forces for film formation and connection with current collector [J]. Journal of Materials Chemistry A, 2013, 15 (1): 4736 - 4746.

[23] MARINCAŞ A H, GOGA F, DORNEANU S A, et al. Review on synthesis methods to obtain $LiMn_2O_4$ - based cathode materials for Li - ion batteries [J]. Journal of Solid State Electrochemistry, 2020, 24 (3): 473 - 497.

[24] KOSOVA N V, DEVYATKINA E T, KOZLOVA S G. Mechanochemical way for preparation of disordered lithium - manganese spinel compounds [J]. Journal of Power Sources, 2001, 97/98: 406 - 411.

[25] SHEN T D, KOCH C C, MCCORMICK T L, et al. The structure and property characteristics of amorphous /nanocrystalline silicon produced by ball milling help comments welcome journal of materials research [J]. Journal of Material Research, 1995, 10 (1): 139 - 148.

[26] CHOI H J, LEE K M, KIM G H, et al. Mechanochemical synthesis and

electrochemical properties of $LiMn_2O_4$ [J]. Journal of the American Ceramic Society, 2001, 84 (1): 242 - 244.

[27] LU C H, LEE W C, LIOU S J, et al. Hydrothermal synthesis of $LiNiVO_4$ cathode material for lithium - ion batteries [J]. Journal of Power Sources, 1999, 81: 696 - 699.

[28] KALYANI P. On the Electrochemical investigations of substituted $LiNiVO_4$ for lithium battery cathodes [J]. International Journal of Electrochemical Science, 2009, 4 (1): 30 - 42.

[29] SIVASHANMUGAM A, THIRUNAKARAN R, ZOU M, et al. Glycine - assisted sol - gel combustion synthesis and characterization of aluminum - doped $LiNiVO_4$ for use in lithium - ion batteries [J]. Journal of the Electrochemical Society, 2006, 153 (3): A497 - A503.

[30] DEPICCIOTTO L A, THACKERAY M M. Transformation of delithiated $LiVO_2$ to the spinel structure [J]. Materials Research Bulletin, 1985, 20 (2): 187 - 195.

[31] PRAKASH D, MASUDA Y, SANJEEVIRAJA C. Synthesis and structure refinement studies of $LiNiVO_4$ electrode material for lithium rechargeable batteries [J]. Ionics, 2012, 19 (1): 17 - 23.

[32] LI X, WEI Y J, EHRENBERG H, et al. X - ray diffraction and Raman scattering studies of $Li^+/e^{8136DB31}$ - extracted inverse spinel $LiNiVO_4$ [J]. Journal of Alloys and Compounds, 2009, 471 (1/2): L26 - L28.

[33] REDDY M V, PECQUENARD B, VINATIER P, et al. Synthesis and characterization of nanosized $LiNiVO_4$ electrode material [J]. Journal of Power Sources, 2007, 163 (2): 1040 - 1046.

[34] 张宏明，史新明，赵阳雨，等. 锂离子电池新型正极材料研究展望 [J]. 电源技术，2013，37 (10): 1872 - 1874.

[35] FEY G T K, MURALIDHARAN P, LU C Z, et al. Electrochemical characterization of high performance Al_7O_3 (MEA) coated $LiNiVO_4$ cathode materials for secondary lithium batteries [J]. Solid State Ionics, 2006, 177 (9/10): 877 - 883.

[36] BHUVANESWARI M S, SELVASEKARAPANDIAN S, KAMISHIMA O, et al. Vibrational analysis of lithium nickel vanadate [J]. Journal of Power Sources, 2005, 139 (1/2): 279 - 283.

[37] MURPHY D W, GREENBLATT M, ZAHURAK S M, et al. Lithium insertion

in anatase - a new route to the spineL $LiTi_2O_4$ [J]. Revue De Chimie Minerale, 1982, 19 (4/5): 441-449.

[38] KANAMURA K, TOMURA H, SHIRAISHI S, et al. XPS analysis of lithium surfaces following immersion in various solvents containing $LiBF_4$ [J]. Journal of the Electrochemical Society, 1995, 142 (2): 340-347.

[39] SUBRAMANIA A, ANGAYARKANNI N, KARTHICK S N, et al. Combustion synthesis of inverse spinel $LiNiVO_4$ nano-particles using gelatine as the new fuel [J]. Materials Letters, 2006, 60 (25/26): 3023-3026.

[40] ROY R. Accelerating the kinetics of low-temperature inorganic syntheses [J]. Journal of Solid State Chemistry, 1994, 111 (1): 11-17.

[41] LU C H, LIOU S J. Hydrothermal preparation of nanometer lithium nickel vanadium oxide powder at low temperature [J]. Materials Science and Engineering B - Solid State Materials for Advanced Technology, 2000, 75 (1): 38-42.

[42] LU C H, LO S Y. Lead pyroniobate pyrochlore nanoparticles synthesized via hydrothermal processing [J]. Materials Research Bulletin, 1997, 32 (3): 371-378.

[43] BARBOUX P, TARASCON J M, SHOKOOHI F K. The use of acetates as precursors for the low-temperature synthesis of $LiMn_2O_4$ and $LiCoO_2$ intercalation compounds [J]. Journal of Solid State Chemistry, 1991, 94 (1): 185-196.

[44] SATO M, KANO S, TAMAKI S, et al. Powder neutron diffraction study of $LiMnVO_4$ [J]. Journal of Materials Chemistry, 1996, 6 (7): 1191-1194.

[45] FAN Y, ZHANG W, ZHAO Y, et al. Fundamental understanding and practical challenges of lithium-rich oxide cathode materials: Layered and disordered-rocksalt structure [J]. Energy Storage Materials, 2021, 40: 51-71.

[46] LIU H P, LIANG G M, GAO C, et al. Insight into the improved cycling stability of sphere-nanorod-like micro-nanostructured high voltage spinel cathode for lithium-ion batteries [J]. Nano Energy, 2019, 66: 30807-30812.

[47] HUA W B, WANG S N, KNAPP M, et al. Structural insights into the formation and voltage degradation of lithium- and manganese-rich layered oxides [J]. Nature Communications, 2019, 10: 5365.

[48] HADERMANN J, ABAKUMOV A M. Structure solution and refinement of metal – ion battery cathode materials using electron diffraction tomography [J]. Acta Crystallographica Section B – Structural Science Crystal Engineering and Materials, 2019, 75: 485 –94.

[49] LIANG G M, DIDIER C, GUO Z P, et al. Understanding rechargeable battery function using in operando neutron powder diffraction [J]. Advanced Materials, 2020, 32 (18): 1904528.

[50] DINESH M, REVATHI C, HALDORAI Y, et al. Birnessite MnO_2 decorated MWCNTs composite as a nonenzymatic hydrogen peroxide sensor [J]. Chemical Physics Letters, 2019, 731: 136612.

[51] LEE W, MUHAMMAD S, SERGEY C, et al. Advances in the cathode materials for making a breakthrough in the Li rechargeable batteries [J]. Angewandte Chemie International Edition, 2020, 59: 2578 –2605.

[52] YANG M, JIN J, SHEN Y, et al. Cation – disordered lithium – excess Li – Fe – Ti oxide cathode materials for enhanced Li – ion storage [J]. ACS Applied Materials & Interfaces, 2019, 11 (47): 44144 –44152.

[53] SHEN Y, YANG Y, LI J, et al. Carbon nanotube supported Li – excess cation – disordered $Li_{1.24}Fe_{0.38}Ti_{0.38}O_2$ cathode with enhanced lithium – ion storage performance [J]. Journal of Electronic Materials, 2021, 50 (9): 5029 – 5036.

[54] ZHOU K, ZHENG S, REN F, et al. Fluorination effect for stabilizing cationic and anionic redox activities in cation – disordered cathode materials [J]. Energy Storage Materials, 2020, 32: 234 –243.

第6章

正极材料的结构及电化学性能测试方法

本章主要以层状富锂正极材料为例，介绍正极材料的结构形貌测试和电化学性能表征的方法。

6.1 结构形貌测试方法

6.1.1 X射线衍射

X射线是一种波长很短，能量较大的电磁波，可穿透一定厚度的物体。因其波长和晶体结构中周期性规则排列的点阵间距相近，所以晶体可作为光栅，在X射线照射时使之发生衍射现象，得到的不同衍射电磁波也对应着不同特定的原子和分子结构。X射线衍射（X-ray Diffraction，XRD）就是利用这种特性，向待检测的材料发射一定波长X射线电磁波，接收探测装置通过将X射线转化为可见光（便于成像）来反应所检测到衍射光束的角度、强度等参数，图像是通过检测所发射一定波长、能量的X射线经过衍射后的被吸收程度而产生的，再根据其信息所对应不同的特定原子或分子结构，从而分析得到晶体内部的结构、化学键等信息。层状富锂材料的X射线衍射实验通常将待检测的材料研磨至320目左右粒度，粘结在于对X射线不产生衍射的胶带上，固定在试样架凹槽中，置入仪器进行检测。

图6-1中是不同组分下材料的X射线衍射（XRD）图。层状富锂材料$xLi_2MnO_3\cdot(1-x)LiNi_{0.5}Mn_{0.5}O_2$包含的两种组分$Li_2MnO_3$与$LiNi_{0.5}Mn_{0.5}O_2$中，$LiNi_{0.5}Mn_{0.5}O_2$具有与$LiCoO_2$相同的$\alpha-NaFeO_2$型层状结构，属于六方晶系，$R\bar{3}m$空间点阵群，而在另一组分$Li_2MnO_3$中，过量的$Li^+$在过渡金属层中与$Mn^{4+}$以1:2的比例占据$\alpha-NaFeO_2$中的$Fe^{3+}$位，形成$LiMn_6$超结构，导致其晶格对称性较$LiNi_{0.5}Mn_{0.5}O_2$有所下降，但仍具有由$\alpha-NaFeO_2$衍生而来的层状结构。正如图6-1中所示，富锂材料的X射线衍射峰与$LiCoO_2$峰位对应较好，尤其是(006)/(012)、(018)/(110)两对峰分裂明显，表明具有良好的层状结构。

Li^+在Li_2MnO_3组分过渡金属层中形成的$LiMn_6$超结构在XRD表征中表现为$2\theta=20°\sim25°$区域内微弱的超晶格衍射峰，这一结构特点在所制备的材料中均得到了体现（图中虚线框所示），且随着Li_2MnO_3组分的增多，$2\theta=20°\sim25°$处微弱的衍射峰峰强相应增大。Li_2MnO_3有别于$LiNi_{0.5}Mn_{0.5}O_2$的这一结构特点，使得两者相对含量发生变化时，对所合成的富锂材料的结构产生了影响。当x值较小时（如$x=0.1\sim0.3$），相应材料在$2\theta=36.5°$、38.0°、44.2°、

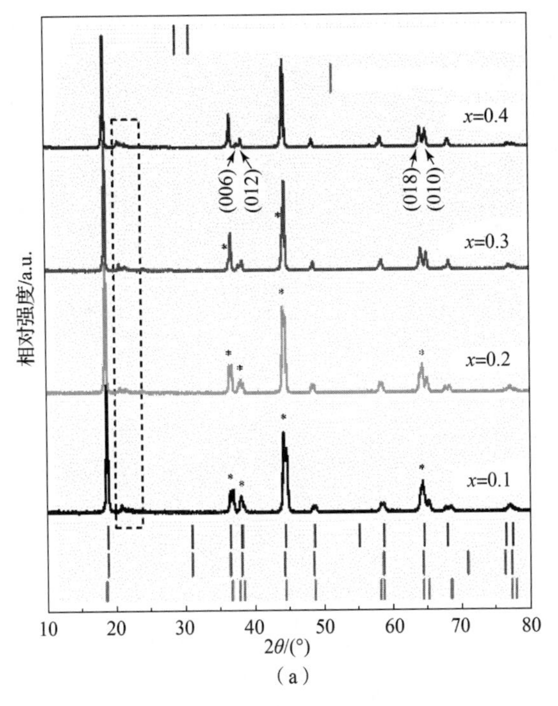

(a)

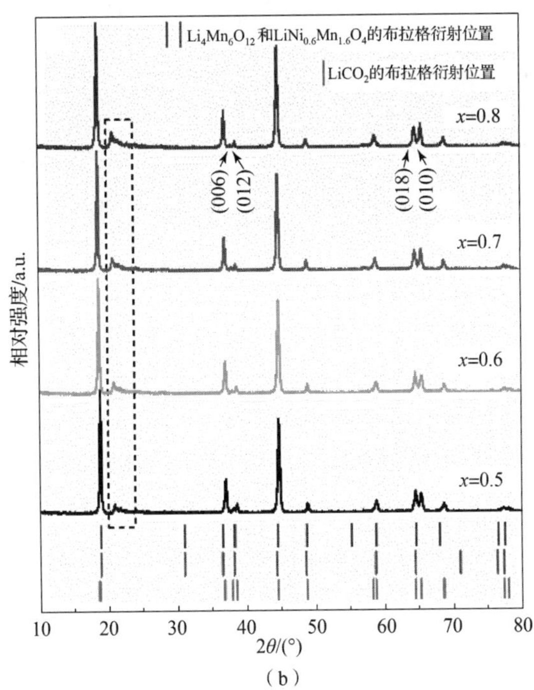

(b)

图6-1 $xLi_2MnO_3\cdot(1-x)LiNi_{0.5}Mn_{0.5}O_2$ 的X射线衍射（XRD）图

(a) $x=0.1$，0.2，0.3，0.4 的XRD图；(b) $x=0.5$，0.6，0.7，0.8 的XRD图

64.4°等处出现了杂质峰（图中 * 号所示处），通过与图底部两种尖晶石相标准 PDF 卡峰位的对比发现，这些杂质峰与尖晶石相 $Li_4Mn_5O_{12}$（$Fd\bar{3}m$）、$LiNi_{0.5}Mn_{1.5}O_4$（$P4_332$）对应均较好，其归属难以判断，但可以确定的是，这些杂质峰来自于尖晶石相。此外，通过图 6-1 中（a）、（b）图对比可见，当 x 值增大时，这些杂质峰逐渐变弱直至消失，这表明 Li_2MnO_3 组分较多时能有效抑制尖晶石杂相的生成。也有学者认为，$2\theta = 20° \sim 25°$ 处微弱的衍射峰应对应于 Li_2MnO_3 相的纳米域，而非 Li/Mn 超晶格排布。XRD 衍射峰峰强的高低常被认为与材料晶体的长程有序度相关，这一关联是基于两种解释的：一种解释认为，晶体内部是完全均匀的，因而晶胞参数直接反应有序度；另一种解释认为，晶体内部存在元素的偏析，形成局部的纳米域。按照后者的观点，$2\theta = 20° \sim 25°$ 处衍射峰逐渐增大，应归因于 Li_2MnO_3 相纳米域的增多。此外，上文所述的杂峰，尤其当 x 较小时，也有可能是因为此时 Li_2MnO_3 与 $LiNi_{0.5}Mn_{0.5}O_2$ 组分相容度较低，形成两相引起的。这一现象在镍含量较低，也即 Li_2MnO_3 组分增多时消失。

表 6-1 列出了 $x = 0.4 \sim 0.8$ 的材料基于 $\alpha-NaFeO_2$ 结构计算所得的晶格参数与特征峰强度比（$x = 0.1 \sim 0.3$ 的样品由于杂质峰的干扰未做计算），各样品的 c/a 值均大于 4.899，说明材料均具备良好的层状结构，两种组分的融合较好；同时，随着 x 的增大，$I_{(003)}/I_{(104)}$ 峰强比值不断增大。对于层状结构的材料，$I_{(003)}/I_{(104)}$ 的比值常被用来表征阳离子混排的程度，当 $I_{(003)}/I_{(104)} > 1.2$ 时，说明材料的阳离子混排程度较低。阳离子混排对材料的电化学性能有较大的影响，主要是因为混入锂位的 Ni^{2+} 在充电过程中氧化为离子半径更小的 Ni^{3+} 后，易导致结构坍塌，阻碍错位的镍原子周围 6 个锂离子的脱嵌，影响材料的电化学性能，如降低了材料的可逆容量，影响材料的倍率性能等。尽管引起阳离子混排程度变化的原因有很多，如改变合成材料的原材料，在本章的层状富锂材料 $xLi_2MnO_3 \cdot (1-x)LiMn_{0.5}Ni_{0.5}O_2$ 中，Ni^{2+} 与 Li^+ 的离子半径较为接近是发生阳离子混排的主要原因，因此材料中阳离子混排的程度会随镍含量变化而变化；当 Li_2MnO_3 组分增多时，材料中的 Ni^{2+} 含量相应减少，阳离子混排程度随之降低。

表 6-1　不同 x 值下材料的晶胞参数

x	a/nm	c/nm	c/a	$I_{(003)}/I_{(104)}$
0.4	0.286 629	1.426 977	4.978 481	1.330 152
0.5	0.285 685	1.421 782	4.976 747	1.333 911

续表

x	a/nm	c/nm	c/a	$I_{(003)}/I_{(104)}$
0.6	0.285 193	1.422 490	4.987 815	1.458 088
0.7	0.285 009	1.422 438	4.990 853	1.574 496
0.8	0.284 820	1.421 168	4.989 706	1.666 258

6.1.2　扫描电子显微镜

扫描电子显微镜（Scanning Electron Microscope，SEM）是依据电子和物质的相互作用而对材料进行物理、化学性质的表征。其主要原理是向材料轰击一束高能电子束，检测其产生的二次电子、俄歇电子、紫外、红外电磁辐射等次级电子，再将次级电子转化为光信号，经过光电倍增管转化为电信号最终在显示屏成像来反映材料的相关性质。其关键是开发有效的信息探测器，不同的探测器可检测材料的不同性质。SEM 的分辨率通常为 1.5～3 nm，这个分辨率大约比光学显微镜高 2 个数量级，而比透射电镜低 1 个数量级。目前扫描电镜的分辨率为 6～10 nm。从扫描电镜照片，可以清楚地观察测试材料的粒度大小、表面形貌以及均匀性。

如今通常采用场发射扫描电子显微镜对层状富锂材料进行表征，将检测的材料样品通过黑色导电胶带贴在样品台上，对样品表面喷涂金颗粒以增加其导电性，随后将样品台置入仪器。扫描电子显微镜的电子枪发射出电子束，因材料表面结构凹凸不平，其激发的次级电子的角度和数量都不相同，探测器根据接收到的不同次级电子反映出材料表面的形貌，通过显示屏显示表征。

6.1.3　透射电子显微镜

透射电子显微镜的成像原理类似于投射式光学显微镜，区别是光源变为了电子束，玻璃透镜变为电磁场，由荧光屏成像，通过将经过加速和聚焦的高能电子束投射到薄试样上，电子与试样中的分子、原子发生碰撞后，产生透射电子和散射电子。经由透射电子束和衍射电子束分别形成明场像和暗场像。明场相的衬度与样品的厚度及密度有关，可用于观察样品的微观形貌与结构；暗场像可观察到晶格缺陷的类型和各种晶面。由于电子束的穿透力较弱，透射电镜的样品须制作成厚度小于 100 nm 的超薄切片。透射电子显微镜的优点在于放大倍数高且分辨率高（可达 0.1～0.2 nm）。通常，透射电子显微镜由电子照明系统、电磁透镜成像系统、真空系统、记录系统和电源系统五部分构成。除了TEM之外，透射电镜还包括高倍透射电镜（HRTEM）和球差矫正高倍透射电镜（STEM）等，在TEM基础上具有更高的分辨率，可以观测样品原子级别的结构。此外，TEM也可以加入EDS测试，对更细小的选区进行元素分布和含量的分析。

透射电子显微镜及其附属功能可以有效地识别层状富锂材料的晶体结构与原子排列，并可观察到材料表面的微观变化，得到的结果可以用XRD等手段验证。

6.1.4 拉曼光谱研究

拉曼光谱分析基于拉曼散射效应，利用单色光照射到材料上，产生与入射光频率不同的散射光，并利用光谱检测对称的非极性基团。不同的散射现象可检测出样品的不同结构，在层状富锂材料中，由于拉曼光谱具有高灵敏度的特点，能够检测出XRD手段难以发现的材料结构细微变化，如层状材料中是否出现了尖晶石结构等，并且电化学原位拉曼测试的拉曼光谱信号可证明氧阴离子参与了氧化还原反应。

李维康等人利用聚丙烯腈对$Li_{1.2}Mn_{0.6}Ni_{0.2}O_2$进行包覆改性处理，改性后的材料表面形成了尖晶石结构，结合拉曼光谱图6－2（原始材料记为p－LR，改性材料记为h－LR）可见，两种材料在500/cm和600/cm处都有层状富锂材料的特征峰，其中h－LR改性材料在670/cm出现了尖晶石结构的标准峰，通过拉曼光谱特征峰对比可观测到层状富锂材料的结构变化。

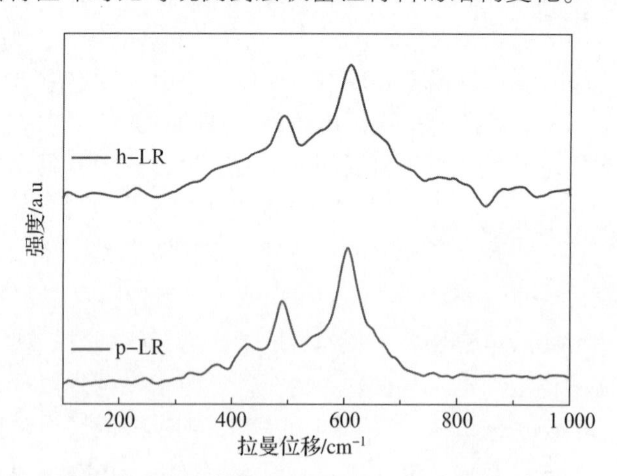

图6－2　h－LR材料与p－LR材料的拉曼光谱图

6.1.5 粒度分析

粒度分布是材料的基本信息之一，确定材料颗粒的不同粒径大小分布情况有多种方法，如电泳法、筛分法、显微镜法和激光粒度法等。层状富锂材料及其前驱体的颗粒均属于微米或纳米级别的小颗粒，因此常用激光粒度仪来分析层状富锂材料的粒度分布。

激光粒度仪原理是当激光光源发出波长一定的单色光后，遇到颗粒阻挡时将发生散射现象，且激光发生散射后的光能空间分布与颗粒的粒径有关，利用激光照射大量颗粒后各空间分布的能量大小可推算出各种大小颗粒的分布情况。

李艳萍等人研究了富锂正极材料 $Li_{1.2}Mn_{0.54}Ni_{0.13}Co_{0.13}O_2$ 纳米化后形成的二次颗粒粒径大小对电化学倍率性能的影响，通过激光粒度仪观察了粒径分布分别为 10 ~ 20 μm、5 ~ 15 μm、3 ~ 5 μm 的 3 种二次颗粒，结合倍率测试发现二次颗粒粒径小的富锂材料在大电流放电时仍有较高的放电容量，具有最好的倍率性能，可用降低二次颗粒粒径来改善层状富锂材料的导电性和倍率性能。

6.1.6　比表面分析

材料的比表面积测试可得出材料的孔隙结构与分布，材料的多孔结构影响材料的吸附性能。基于层状富锂材料制作的高比表面积电极可以提供更多的锂离子脱出与嵌入的反应位点。目前常用的比表面积测试方法是氮气吸附法，原理是将烘干并脱气后的样品置于氮气气氛中，通过调节气压，使孔结构发生对氮气的吸附，根据滞后环的形状确定孔的形状。不同孔径大小需要运用不同的计算模型（基于 BET 方程）计算孔容积、孔分布和比表面积

微米级的富锂锰基材料相对于纳米级而言会有更好的循环稳定性，这是由于比表面积减小，颗粒与电解液接触的总面积减小，因此产生的副反应更少。Ying Bai 等学者通过冷冻法合成了具有介孔结构的富锂锰基材料，通过测试发现在干燥过程中采用了冷冻法的材料 M1 的平均孔径约为 2.5 nm 左右，处于介孔的范围，其比表面积也高达 18.865 m^2/g，而正常采用真空烘箱的材料 M2 的孔径约为 1.8 nm，比表面积仅为 2.264 m^2/g，悬殊的比表面积带来了电化学性能上的差异。M1 的倍率性能远好于 M2，其 5 C 比容量达到150 mA · h/g。

6.1.7　振实密度

振实密度指粉体材料在一定条件下进行振动压缩后所具有的密度。振实密度的测量一般在振实密度仪中完成，测量方法有固定质量法与固定体积法等。

对于富锂锰基材料而言，锂元素这种典型轻元素的质量占比较其他普通正极材料而言更高，通常能达到 10% 以上，因此材料的理论密度较小，仅为 4.22 g/cm^3，与钴酸锂（5.06 g/cm^3）、三元体系（大于 4.5 g/cm^3）材料相比

有较大差距。在同样制备工艺的情况下，富锂锰基材料的振实密度仅能达到 2.0 g/cm^3 左右，所制备的正极振实密度约为 2.6 g/cm^3，因此体积能量密度受到了严重限制。较高的振实密度可以提高正极材料的体积比容量，有利于商业化的应用，由于纳米材料振实密度较低，目前微米级的富锂锰基材料更具优势。

6.1.8 元素含量分析

X 射线光电子能谱（X - ray Photoelectron Spectroscopy，XPS）是一种广泛使用的表面元素化学成分和元素化学态分析技术。XPS 技术具有很多独特优点：一是它可以给出元素化学态的信息，从而用于分析元素的化学态或官能团，XPS 可以分析原子序数 3 ~ 92 的元素，给出元素成分和化合价态分析；二是它对表面灵敏度高，一般分析深度小于 10 nm；三是固体样品做 XPS 分析时用量小，而且不需要进行前处理，所以可以避免引入或丢失元素所造成的误差；四是 XPS 分析速度很快，同时可进行多种元素的分析。

XPS 的理论基础是爱因斯坦光电定律。对于自由分子和原子：

$$E_k = h\upsilon - E_b - \varphi \tag{6-1}$$

式中，$h\upsilon$是已知的入射光子能量；E_k是测定的光电过程中发射的光电子的动能；φ 是已知的谱仪的功函数；E_b 是内壳层束缚电子的结合能，其值等于把电子从所在的能级转移到 Fermi 能级时所需的能量。

在实验中，用一束具有一定能量的 X 射线照射固体样品，入射光子同样品相互作用，光子被吸收而将其能量转移给原子的某一壳层上被束缚的电子，此时电子把所得能量的一部分用来克服结合能和功函数，余下的能量作为它的动能而发射出来，成为光电子，这个过程就是光电效应。然后，通过光电定律就可以得到 XPS 能图谱。在能谱图，通过特征谱线的位置（结合能）来鉴定元素的种类。对同一元素，当化学环境不同时，元素的 XPS 谱峰会出现化学位移，因此我们可以通过谱峰的位移来鉴定元素的化合价。另外，X 射线光电子能谱谱线强度反映原子的含量或相对浓度，通过测定谱线强度可进行定量分析。

此外，电感耦合等离子体质谱（Inductively Coupled Plasma Mass spectroscopy，ICP - MS）可以对元素周期表中 70 多种元素进行定性和定量分析，是一种基本元素含量分析技术。ICP - MS 分析在富锂锰基材料的测试中有广泛的应用，可以分析材料中金属元素的含量，对于调整富锂中过渡金属元素的占比研究具有重要意义。可以应用 ICP - MS 技术对富锂锰基材料颗粒或材料中过渡金属元素在电解液中的溶出现象进行测试。

6.1.9　热分析

热重分析（Thermogravimetric Analysis，TGA）是材料常用的热分析方法，是温度在程序的控制下变化时检测记录受试材料的质量随温度变化的情况，从而分析材料的组成和热稳定性。应注意的是热重分析所记录的是材料的质量变化而不是重量，因为在检测环境中，强磁性材料到达居里点时有失重表现但质量并没有发生变化。热重分析可分为静态法和动态法两种。静态法有等温质量变化测定和等压质量变化测定两种。等温质量变化测定是温度控制不变，测量压强变化和物质质量变化的关系；等压质量变化测定是控制分压不变，改变温度，检测温度和物质质量变化的关系。其中，等温质量变化测定更准确，但用时较长。动态法有热重分析（TG）和微商热重分析（DTG），微商热重分析是分析材料质量的变化率（即 TG 曲线对温度或时间求一阶导得到）与温度的关系。

此外，差示扫描量热法（Differential Scanning Calorimetry，DSC）也是一种快速、可靠的热分析方法。它是在程序控制温度下，测量输给物质和参比物的功率差与温度关系。它的工作原理是：试样和参比物分别具有独立的加热器和传感器；当样品发生任何热效应，会导致温度发生微小的改变，产生温差电势，经过差热放大器放大后把信号传送给功率补偿单元；通过改变对二者的加热功率，使得无论试样产生任何热效应，试样和参比物二者之间的温度差都等于零。在升温速率恒定的情况下，记录热功率之差随温度 T 的变化关系。

郑玉曾利用 DSC 测试分析材料的热稳定性。在试验中，首先将待测的电极材料制成电极极片，并装成 CR2025 纽扣电池用 0.1 C 小电流在 2～4.6 V 间循环 1 次，然后再将电池用 0.1 C 电流充电至 4.6 V。将电池在充满氩气的手套箱中拆解，分离出正极极片，用 DMC 溶剂多次清洗后，将所得正极材料与铝箔分离后置于金坩埚中。对加入的正极材料进行称重、记录，然后加入 10 μL 电解液。将坩埚用镀金铜片覆盖，然后与螺口坩埚盖旋紧密封。所使用的 DSC 测试仪器型号为 NETZSCH DSC 200 F3，测试温度范围为室温至 350 ℃，扫描速度为 10 ℃/min。图 6－3 是两个样品的热稳定性测试图。从图中可以看到原始材料样品 $Li_{1.10}Ni_{0.13}Co_{0.13}Mn_{0.54}O_x$（标记为 PLR）的最高放热峰位置在 231 ℃，其初始放热温度比 231 ℃更低。通过碳酸盐共沉淀法得到的改性样品（标记为 SSLR）的最高放热峰升到 245 ℃。虽然它的最高放热强度超过原始材料，但样品 SSLR 的放热峰面积（1 020.1 J/g）小于样品 PLR 的放热峰面积（12 765 J/g）。综合来看，改性后的样品表现出稍好的热稳定性。

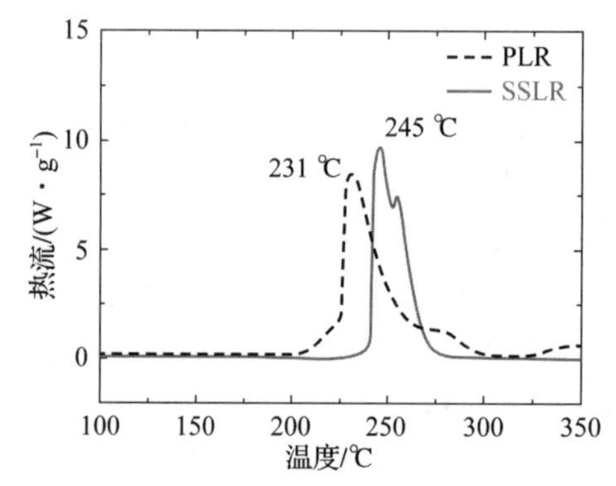

图 6-3　样品 PLR 和 SSLR 第 2 次充电到 4.6 V 后的 DSC 曲线

6.2　电极材料的电化学性能测试

6.2.1　恒电流充放电测试

恒电流充放电是在电流一定的情况下对电池进行充放电，并记录电池的电压变化情况来得到电池的电化学性能。主要用于测试电池的循环性能以及容量，并可以得到电池容量随充放电循环产生衰减的数据，通过作出充放电曲线和容量曲线以反映循环中电池的库仑效率、充放电和电压平台等数据。

在对进行电池进行恒流充放电测试之前，需要计算活性材料理论比容量，即单位质量的活性材料在放电过程中理论上所放出的电量，其计算公式如下：

$$C_0 = \frac{N_A \times e \times z}{M_W} \tag{6-2}$$

式中，C_0 为活性材料的比理论容量，A·h/g；N_A 为阿伏伽德罗常数，mol；e 为一个电荷所带的电量，C 即 As；z 为活性材料氧化还原反应得失的电子数；M_W 为活性材料的式量。

将 1 s = 1/3 600 h，N_A、e 等常数代入式（6-2），即可得到理论比容量的计算公式：

$$C_0 = \frac{6.02 \times 10^{23} \times 1.6 \times 10^{-19} \times z}{3\,600 M_W} = 26.8\frac{z}{M_w}(\text{A} \cdot \text{h/g}) \tag{6-3}$$

由于比容量常用单位为 mA·h/g。因此，式（6-3）转化为：

$$C_0 = 26.8\frac{z}{M_W} \times 1\,000(\text{mA} \cdot \text{h/g}) \tag{6-4}$$

实际放电比容量（C）即单位质量的活性材料在放电过程中实际上所放出的电量，计算如下：

$$C = \frac{It}{m} \tag{6-5}$$

式中，C 为活性材料的实际放电比容量，mA·h/g；I 为恒流放电电流，mA；t 为放电时间，h；m 为活性材料的质量，g。

典型富锂锰基材料的首次充放电曲线如图 6－4 所示。从图中可以人为地将材料首次充电曲线分为两个阶段：第一个阶段是充电电压低于4.5 V 的斜坡阶段，此时材料中的锂从锂层脱出，伴随如锂、钴等易变价过渡金属元素的氧化，主要对应结构中$R\bar{3}m$相的活化，这一阶段的充电比容量可达 120 mA·h/g 以上。第二个阶段是充电电压高于4.5 V 时的情况，从图中可以看到一个很长的平台，对应的是 Li_2MnO_3组分的活化，平台至4.8 V 之间的比容量可超过200 mA·h/g，这个阶段材料中的锂从过渡金属层中脱出，但此时材料中的过渡金属元素均处于很高的价态，很难继续氧化至更高的价态，因此有学者提出氧阴离子－过氧/超氧阴离子（O^{2-}/O_2^{2-}（O_2^-））氧化还原电对的概念来解释富锂锰基材料异常的高比容量。

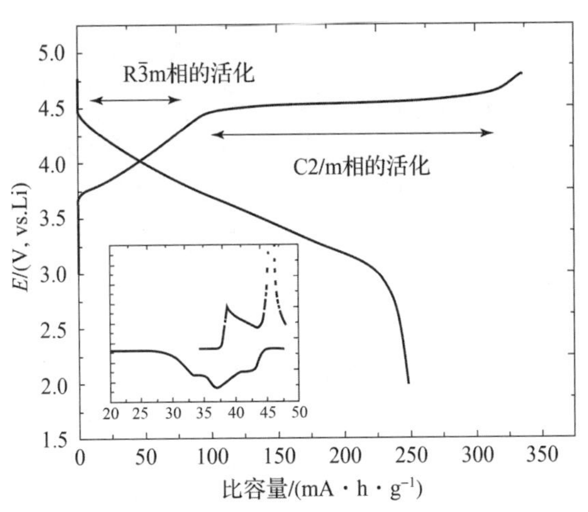

图 6－4　Li / 0.3Li_2MnO_3·0.7$LiMn_{0.5}Ni_{0.5}O_2$纽扣式电池首次充放电曲线（2.0～5.0 V）

目前对富锂锰基材料电化学循环测试的电压范围基本设定在 2.0～4.6 V 或4.8 V，在这个电压区间内富锂锰基材料能充分发挥其容量优势。如果缩小电压范围，虽然从理论上来讲任何材料的比容量都将降低，但这一点对于富锂锰基材料来说会更加严重：当材料在 3～4.4 V 循环时比容量难以超过 170 mA·h/g，而在 2～4.8 V 区间内则可以达到 250 mA·h/g 左右。

6.2.2 循环伏安法

循环伏安法是线性扫描技术中的一种。该方法设定以初始电势 φ_1 为起点，使电极电势朝一个方向随时间作线性变化，并根据不同需求设定扫描速率 ν 以及记录下电流的变化情况；当电势达到 φ_2 后，继续以相同的速度反方向重新扫描至 φ_1，之后以三角波的形式在两电势间来回扫描，最后根据电流随电极电势的变化即可作出循环伏安曲线。从曲线上可观察到代表氧化反应的氧化峰和代表还原反应的还原峰，根据氧化还原峰的峰电势及其差值、峰电流大小等参数可以研究电池的可逆性能、反应历程、吸附现象和反应机理等。在富锂材料研究中，可使用循环伏安法测试富锂锰基正极，表征制作电极的可逆性，并结合充放电曲线研究层状富锂材料的电化学反应机理。

在扫描过程中，ν 对暂态极化曲线的形状和数值影响较大。只有 ν 足够慢时，才可得到稳态极化曲线。在扫描的过程中：一方面电极反应速率随电极电势增加而增加；另一方面随着反应的进行，电极表面反应物的浓度下降，扩散流量逐渐下降，相反的作用共同造成了电流峰。

在扩散控制的可逆体系中，在假设电极反应可逆的前提下，可用 Nernst 方程表示电极电位与位于电极表面的各种反应离子浓度的关系，即

$$\varphi = \varphi^0_{平} + \frac{RT}{nF}\ln\frac{a^s_o}{a^s_R} = \varphi^0_{平} + \frac{RT}{nF}\ln\frac{f_O}{f_R}\cdot\frac{c^s_O}{c^s_R} = \varphi^{0'}_{平} + \frac{RT}{nF}\ln\frac{c^s_O}{c^s_R} \tag{6-6}$$

$$\varphi^{0'}_{平} = \varphi^0_{平} + \frac{RT}{nF}\ln\frac{f_O}{f_R} \tag{6-7}$$

其中，f_O、f_R分别为反应粒子 O 和 R 的活度系数，通过代入常数计算后，计算得到室温下（25 ℃）峰值电流 I_p的表达式：

$$I_p = (2.69\times10^5)\,n^{3/2}SD_O^{1/2}v^{1/2}C_O^0 \tag{6-8}$$

式中，I_p为峰值电流，A；n 为电极反应的得失电子数；S 为电极的真实表面积，cm^2；D_O 为反应物的扩散系数，cm^2/s；C_O^0 为反应物的初始浓度，mol/cm^3；v 为扫描速率，V/s。

6.2.3 交流阻抗法

交流阻抗测试也称为电化学阻抗图谱，是以小振幅的正弦电位或电流作为扰动信号的一种电化学测试方法。在测试过程中，小振幅的正弦电位或电流的扰动信号和被测试体系的响应是线性相关的，通过所呈现的线性相关关系可以进一步分析被测试体系等效电路、动力学参数等。同时，小振幅的扰动信号不会对被测试体系造成较大影响，不妨碍体系继续进行其他的电化学测试。此

外，采用不同频率的激励信号时，还能提供丰富的有关电极反应的机理信息。如电化学反应、表面膜以及电极过程动力学参数等。交流阻抗法主要是测量法拉第阻抗（Z_f）及其与被测定物质的电化学性质之间的关系，通常用电桥法来测定。在进行层状富锂材料的交流阻抗测试时通常将装配好的纽扣式电池固定在模具或夹具上，使用电化学工作站进行测试。测试的参数设置一般为：电压振幅为 0.005 V，频率范围 $10^{-2} \sim 10^{5}$ Hz，模式为傅里叶变换（FT）。通过测试得到正极材料的阻抗参数和阻抗谱图，通过 Z－VIEW 软件对阻抗谱图进行拟合，从而获得电池的模拟等效电路和动力学参数。

寇建文制备材料 $Li_{1.2}Ni_{0.2-x}Co_{2x}Mn_{0.6}-xO_2$（$x=0$、0.01、0.02、0.03、0.04、0.05），根据钴掺杂量不同命名为 Co－0、Co－1、Co－2、Co－3、Co－4、Co－5。图 6－5 为 Co－0 和 Co－5 的交流阻抗图谱。将两种材料的电池分别充电至电压为 3.35 V 和 3.85 V 后进行交流阻抗测试。如图所示，交流阻抗图谱可分为两部分：一部分呈半圆形状属于高频区，对应于离子在界面表层中扩散产生的阻抗，半圆的直径代表电荷转移阻抗，直径越大，电荷转移阻抗越大；另一部分呈斜线属于低频区，斜率称为 Warburg 阻抗，对应于锂离子向主体材料扩散产生的阻抗，斜率越大，说明受到浓度扩散影响越小。

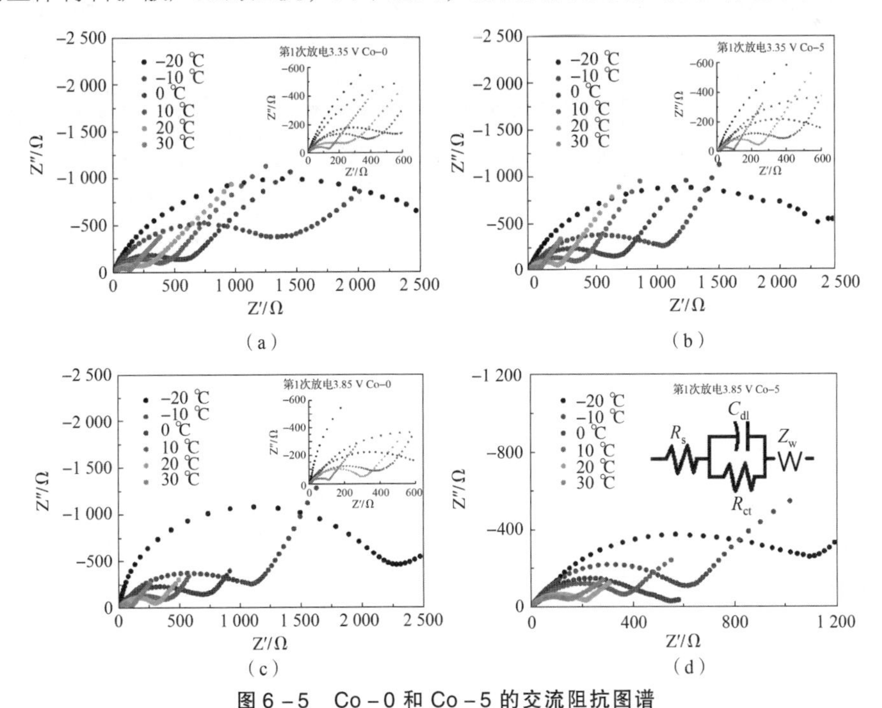

图 6－5　Co－0 和 Co－5 的交流阻抗图谱

（a）Co－0 在 3.35 V；（b）Co－5 在 3.35 V；（c）Co－0 在 3.85 V；（d）Co－5 在 3.85 V 的交流阻抗图谱（图中插图为模拟等效电路）

如图6－5所示，Co－5材料的半圆直径比Co－0材料的半圆直径小，即电荷转移电阻阻抗较小，这是微量钴掺杂的作用，与实验目的一致，也是微量钴掺杂改善本体材料低温性能的原因。图6－5（d）中插图为模拟等效电路图，其中 R_s 是溶液电阻，R_{ct}是电荷转移电阻，电极界面电阻，Z_w 是瓦尔堡阻抗与电极上锂离子的扩散相关。根据交流阻抗，计算了Co－0和Co－5材料在3.35 V和3.85 V两电压下电荷转移电阻的大小。从表6－2可以明显看出，随温度降低电荷转移阻抗急剧升高，但是钴掺杂对此有所缓解作用。这说明电荷转移电阻变大是低温性能差的主要原因，而钴掺杂对此有一定的抑制作用。

表6－2　材料Co－0和Co－5在不同温度下阻抗值的大小

温度/℃	Co－0和Co－5在不同极化状态下的交流阻抗值/Ω			
	Co－0		Co－5	
	3.85 V	3.35 V	3.85 V	3.35 V
30	159.5	100.2	157.1	89.9
20	267.5	155.7	193.0	143.3
10	386.8	256.4	273.6	229.4
0	689.2	499.2	413.5	453.3
－10	1 246.0	945.9	615.7	786.4
－20	1 860.0	2 060.0	860.3	1 802.0

6.2.4　纽扣式电池装配及测试

在实验室中以人工涂片的方式制作纽扣式电池的正极极片，首先将活性物质、导电剂（通常使用乙炔黑）和黏结剂（通常使用聚偏氟乙烯（PVDF））按一定的质量比称取，置于研钵中研磨，在研磨过程中滴加PVDF和N－甲基吡咯烷酮（NMP）调节黏度。研磨完成后，用湿膜制备器匀速涂在作为集流体的铝箔上，在60 ℃的烘箱中烘干24 h，再使用裁片机将其裁成纽扣电池正极极片的尺寸，并称量其质量以便计算活性物质质量。

纽扣式电池的装配在氩气手套箱中完成，所制得的极片为工作电极，金属锂片为对电极和参比电极；电解液为1 mol/L $LiPF_6$的碳酸乙烯酯（Ethylene Carbonate，EC）、碳酸二甲酯（Dimethyl Carbonate，DMC）（体积比1∶1）的混合溶液；隔膜采用多孔复合聚合物膜。手套箱中充满氩气的环境可以有效避免负极锂片的氧化。将正极极片装入自封袋中经过进物仓中，3 次抽真空、清洗，排除进物仓中的氧气，再从手套箱中取出正极极片。选取表面干净无水渍的正负极电池壳，将正极极片和表面光洁无划痕的负极锂片分别置于正负极电池壳正中位置，在正极极片表面放置无折痕的隔膜，并从隔膜和电池壳边缘处滴加电解液，注意要避免电解液和正极极片、电池壳之间产生气泡。然后将负极电池壳和负极锂片装入正极，随后整体置于自封袋中，从手套箱中取出，使用液压式封口机压实封装。所制得的扣式电池在测试环境中静置 24 h 后，将其装配在模具或夹具上，运行测试程序对其进行电化学性能测试。恒流充放电测试采用 Land2001 CT 电池测试系统，充放电电压区间一般为 2.0 ~ 4.8 V。图 6 - 6 为纽扣式锂离子电池装配示意图。

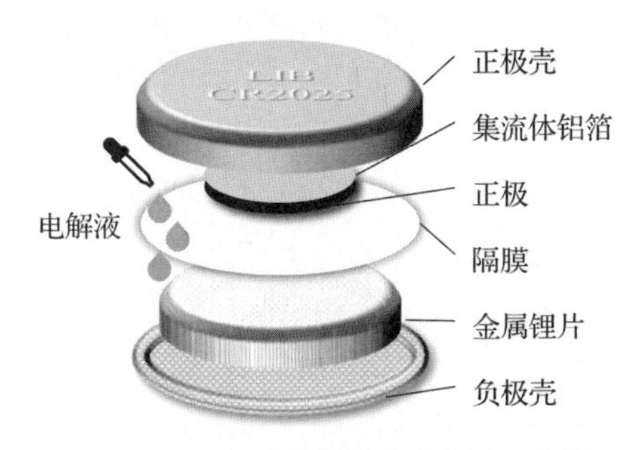

图 6 - 6　纽扣式锂离子电池装配示意图

参 考 文 献

[1] 常铁军，刘喜军．材料近代分析测试方法［M］．哈尔滨：哈尔滨工业大学出版社，2018.

[2] WU F，LI N，SU Y，et al. Ultrathin spinel membrane - encapsulated layered lithium - rich cathode material for advanced Li - ion batteries［J］. Nano Letters，2014，14（6）：3550 - 3555.

[3] YU D Y W，YANAGIDA K，NAKAMURA H. Surface modification of Li - Excess Mn - based cathode materials［J］. Journal of the Electrochemical Society，2010，157（11）：A1177 - A1182.

[4] LI X，QIAO Y，GUO S，et al. Direct visualization of the reversible O^{2-}/O^{-} redox process in Li - rich cathode materials［J］. Advanced Materials，2018，30（14）：1705197.

[5] WU F，LI W，CHEN L，et al. Simultaneously fabricating homogeneous

nanostructured ionic and electronic pathways for layered lithium - rich oxides [J]. Journal of Power Sources, 2018, 402: 499 - 505.

[6] 尹艳萍，卢华权，王忠，等. 富锂层状正极材料 $Li_{1.2}Mn_{0.54}Ni_{0.13}Co_{0.13}O_2$ 的二次颗粒粒径对其倍率性能的影响 [J]. 无机化学学报，2015，31 (10): 1966 - 1970.

[7] PARK Y J, HONG Y, WU X, et al. Structural investigation and electrochemical behaviour of Li [$Ni_xLi_{1/3-2x/3}Mn_{2/3-x/3}$] O_2 compounds by a simple combustion method [J]. Journal of Power Sources, 2004, 129 (2): 288 - 295.

[8] LI Y, WU C, BAI Y, et al. Hierarchical mesoporous lithium - rich Li[$Li_{0.2}Ni_{0.2}Mn_{0.6}$] O_2 cathode material synthesized via ice templating for lithium - ion battery [J]. ACS Applied Materials and Interfaces, 2016, 8 (29): 18832 - 18840.

[9] 郑玉. 锂离子电池层状富锂锰基正极材料的改性研究 [D]. 北京：北京理工大学，2017.

[10] WANG D, BELHAROUAK I, ZHANG X, et al. Insights into the phase formation mechanism of [$0.5Li_2MnO_3 \cdot 0.5LiNi_{0.5}Mn_{0.5}O_2$] battery materials [J]. Journal of the Electrochemical Society, 2013, 161 (1): A1 - A5.

[11] LU Z, MACNEIL D, DAHN J. Layered cathode materials Li [$Ni_xLi_{1/3-2x/3}Mn_{2/3-x/3}$] O_2 for lithium - ion batteries [J]. Electrochemical and Solid State Letters, 2001, 4 (11): A191 - A194.

[12] MCCALLA E, SOUGRATI M T, ROUSSE G, et al. Understanding the roles of anionic redox and oxygen release during electrochemical cycling of lithium - rich layered Li_4FeSbO_6 [J]. Journal of the American Chemical Society, 2015, 137 (14): 4804 - 4814.

[13] ROZIER P, TARASCON J M. Review——Li - rich layered oxide cathodes for next - generation Li - ion batteries: Chances and challenges [J]. Journal of the Electrochemical Society, 2015, 162 (14): A2490 - A2499.

[14] GRIMAUD A, HONG W T, SHAO - HORN Y, et al. Anionic redox processes for electrochemical devices [J]. Nature Materials, 2016, 15 (2): 121 - 126.

[15] PIMENTA V, SATHIYA M, BATUK D, et al. Synthesis of Li - rich NMC: A comprehensive study [J]. Chemistry of Materials, 2017, 29 (23): 9923 - 9936.

[16] LU Z, BEAULIEU L Y, DONABERGER R A, et al. Synthesis, structure, and electrochemical behavior of Li [$Ni_xLi_{1/3-2x/3}Mn_{2/3-x/3}$] O_2 [J]. Journal of the Electrochemical Society, 2002, 149 (6): A778 - A791.
[17] 寇建文. 富锂锰基正极材料低温性能的改善研究 [D]. 北京: 北京理工大学, 2016.
[18] 李维康. 锂离子电池用富锂锰基正极材料的电极界面机理及改性研究 [D]. 北京: 北京理工大学, 2019.

索　引

0～9

A～Z

α、β、λ、( )、[ ]

B

C

D

E

F

G

H

J

K

L

M

N

P～Q

R

S

T

W

X

Y

Z

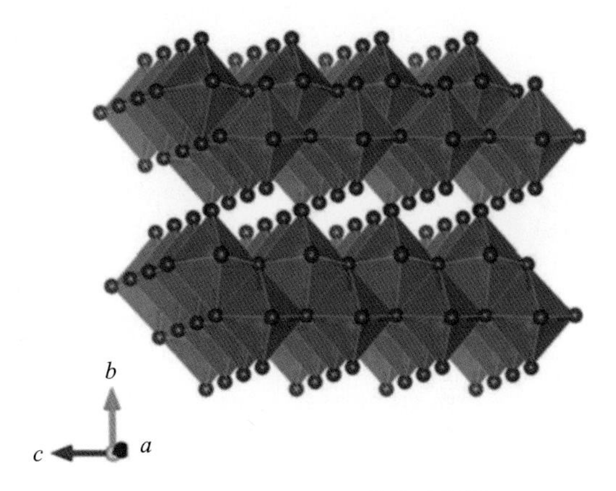

图 2-1　**α**-MoO_3结构示意图

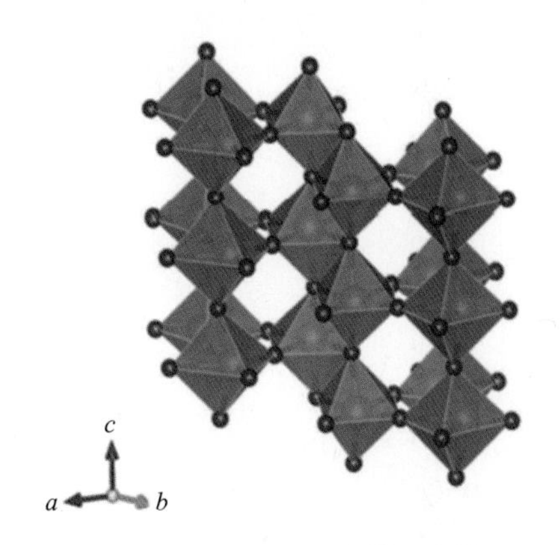

图 2-4　*h*-MoO_3结构示意图

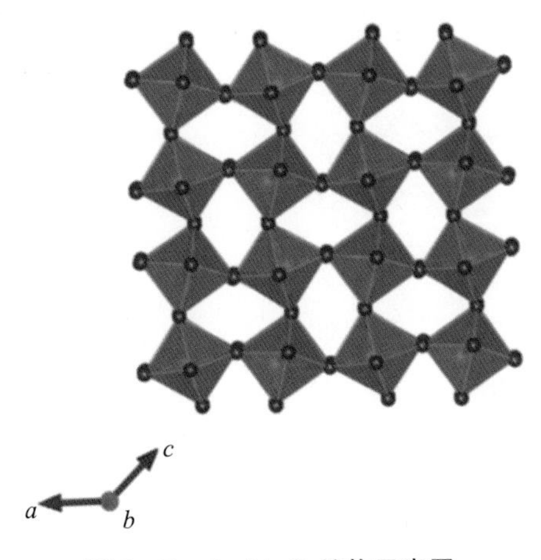

图 2-7　**β**-MoO_3结构示意图

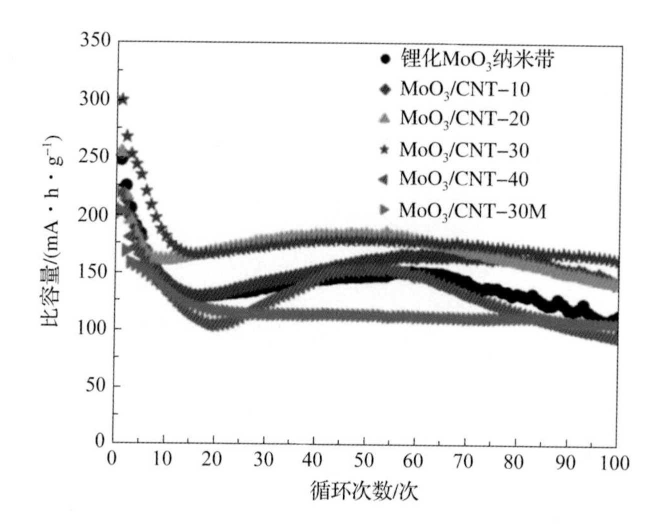

图 2-12 纯 MoO_3和 MoO_3/CNT 材料在 0.5 C 下的循环性能

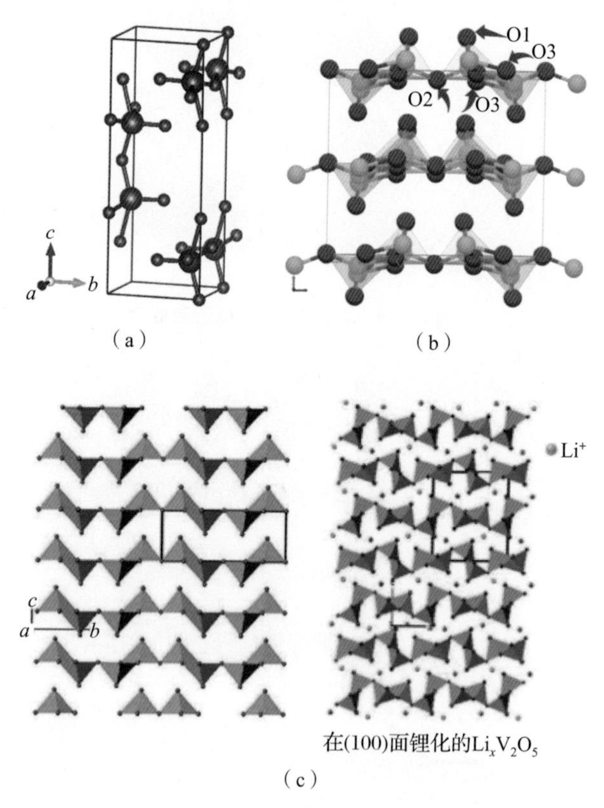

图 2-20 V_2O_5结构示意图和嵌入锂的结构变化

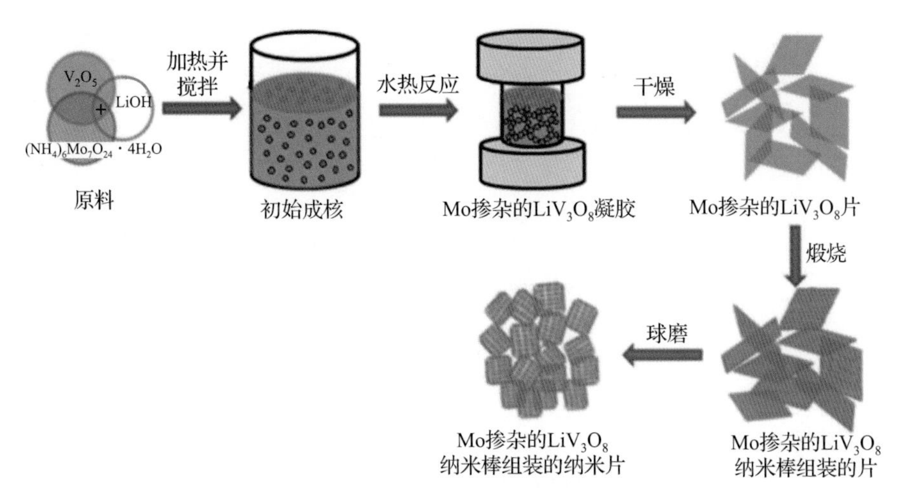

图 2－29　Mo 掺杂的合成路线示意图

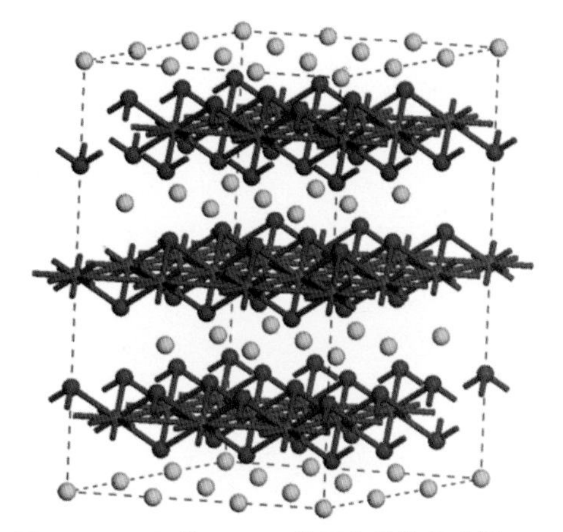

图 2－33　层状 $LiCoO_2$ 的晶体结构示意图

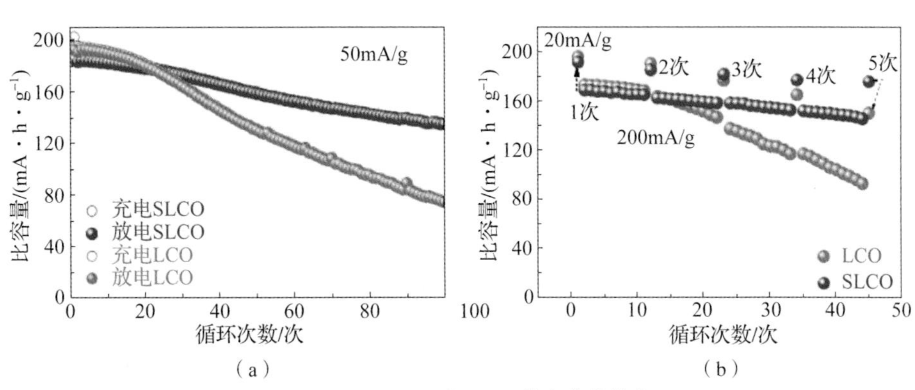

图 2－35　SLCO 和 LCO 的电化学性能

(a)，(b) 循环性能

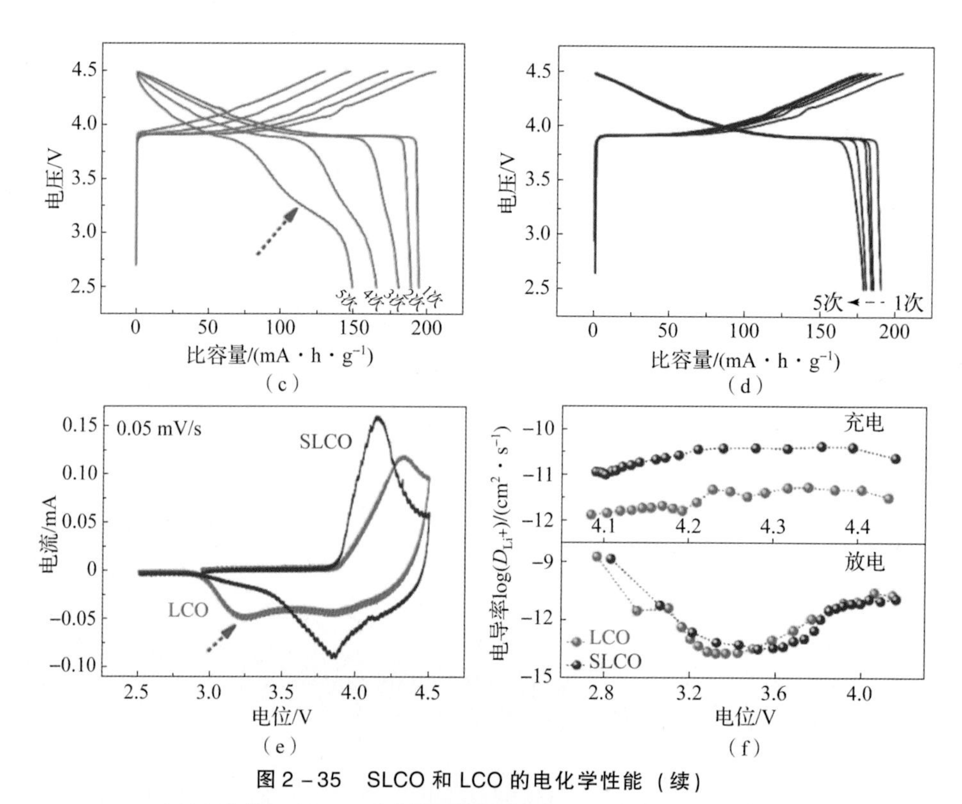

图 2-35　SLCO 和 LCO 的电化学性能（续）

(c),（d）充放电曲线；（e）100 次循环后的 CV 曲线；（f）不同充电电位下材料的电导率

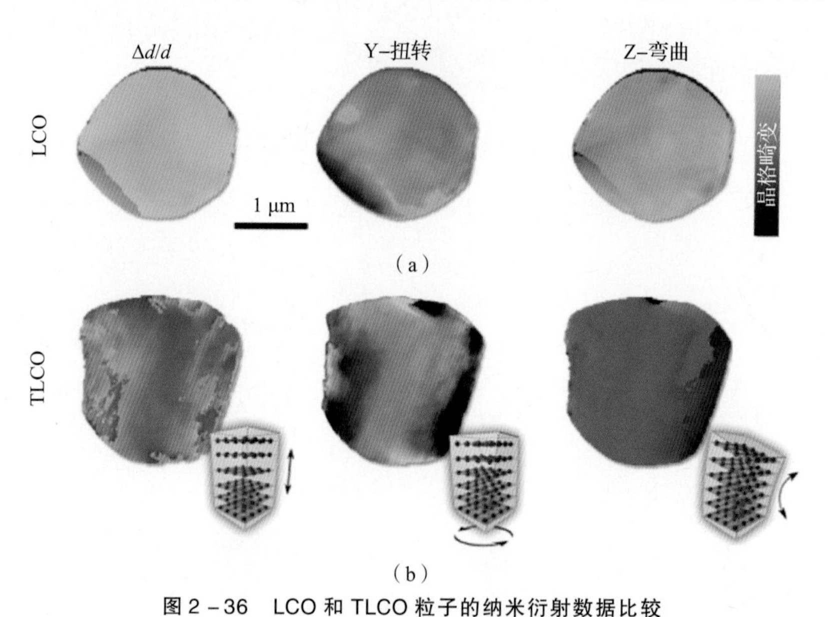

图 2-36　LCO 和 TLCO 粒子的纳米衍射数据比较

(a) 一个 LCO 粒子的晶格畸变图；（b）TLCO 粒子的晶格畸变映射与相应的晶格原理意图

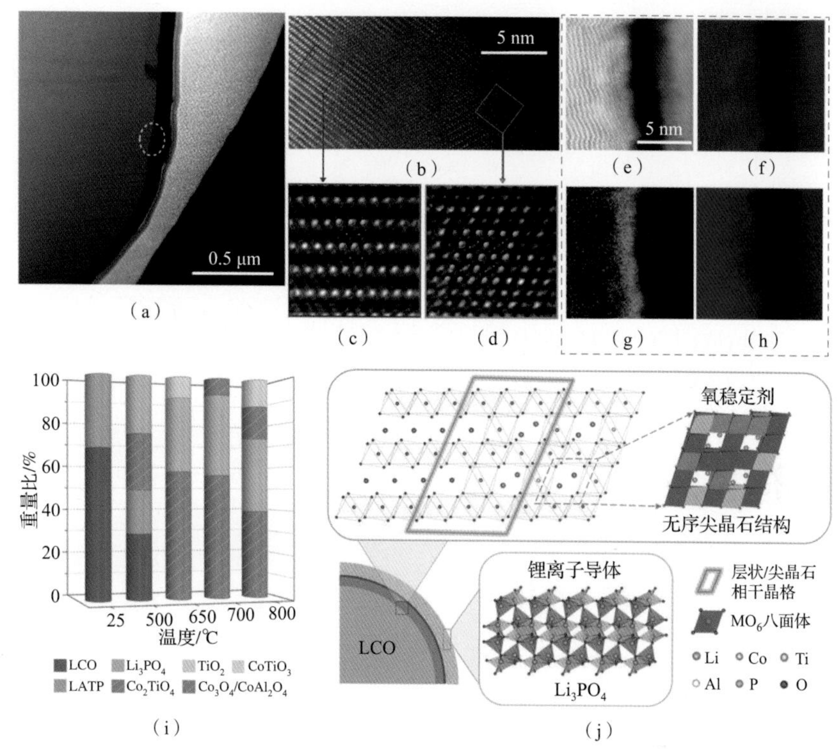

图 2-37　高温下与 LATP 反应后 $LiCoO_2$ 的表层结构和组成

（a）低倍 STEM 图像；（b）~（d）表面区域、局部区域和尖晶石相的 HAADF 图像；（e）~（h）通过电子能量损失谱获得的表面附近 Co（红色）、Ti（绿色）和 O（蓝色）元素分布；（i）和 LATP 在不同温度下反应后 $LiCoO_2$ 的表层产物组成；（j）表面层生长机理示意图

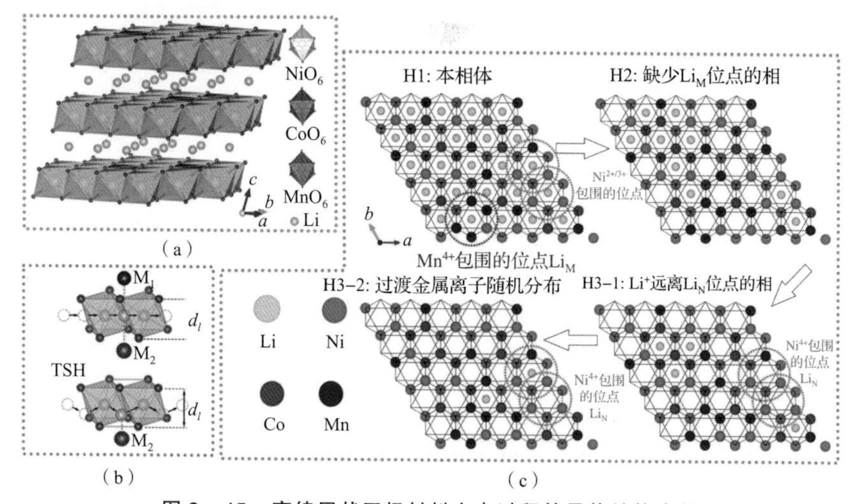

图 2-45　高镍层状正极材料充电过程的晶体结构变化

（a）高镍层状正极材料晶体结构示意图；（b）高镍正极材料中 Li^+ 扩散的 ODH（氧哑铃状迁移）和 TSH（四面体位迁移）模式示意图；（c）局部环境角度下的 H1→H2→H3 相变示意图

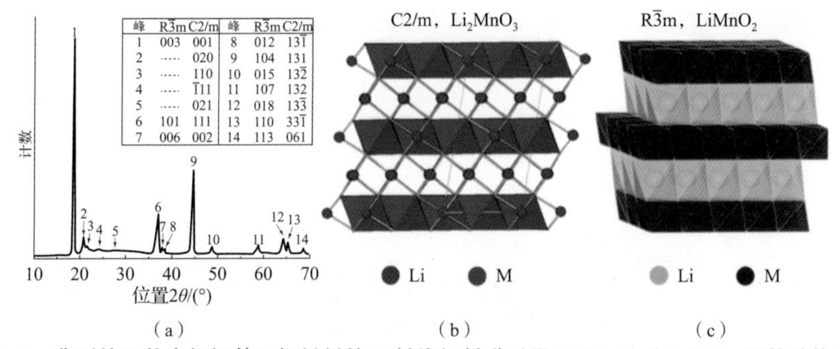

峰	R$\bar{3}$m	C2/m	峰	R$\bar{3}$m	C2/m
1	003	001	8	012	13$\bar{1}$
2	·····	020	9	104	131
3	·····	110	10	015	13$\bar{2}$
4	·····	$\bar{1}$11	11	107	132
5	·····	021	12	018	13$\bar{3}$
6	101	111	13	110	33$\bar{1}$
7	006	002	14	113	061

图 2－52　典型的层状富锂锰基正极材料的 X 射线衍射谱以及 Li_2MnO_3 和 $LiMO_2$ 层状结构示意图

（a）X 射线衍射谱；（b）Li_2MnO_3 层状结构示意图；（c）$LiMO_2$ 层状结构示意图

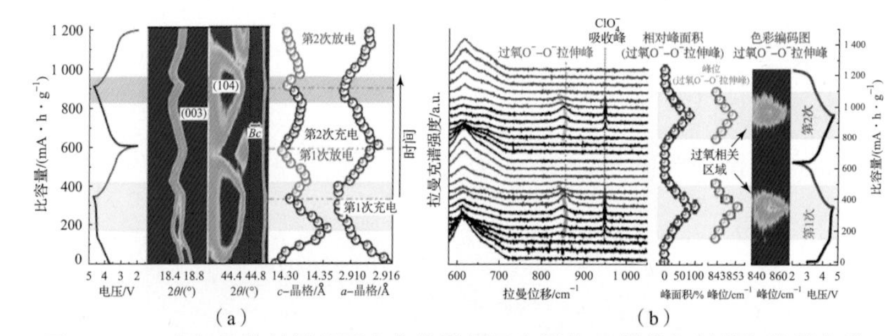

图 2－56　富锂锰基材料前两次电化学循环中原位 X 射线衍射谱和拉曼光谱

（a）X 射线衍射谱；（b）拉曼光谱

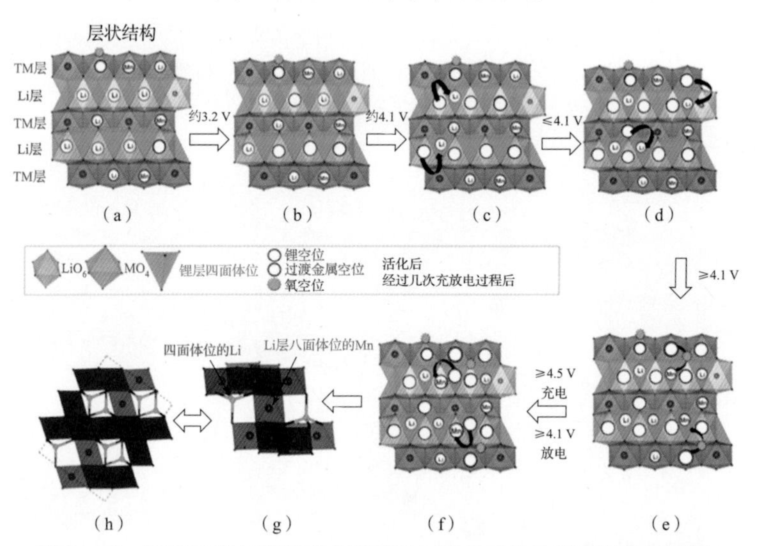

图 2－62　富锂锰基材料过渡金属离子迁移导致结构转变机理示意图

（a）锂位于锂层的八面体位，Li 和 TM 位于过渡金属层的八面体位；（b）在锂层形成空位；（c）锂在锂层中从八面体向四面体的迁移；（d）锂从金属层的八面体位置向锂层的四面体位置迁移，形成“哑铃”结构；（e）金属层中锰从八面体位置向锂层中四面体位置的迁移；（f）锰从锂层四面体位置向锂层八面体位置的迁移；（g）锰处于在锂层的八面体位置，锂处于在锂层的四面体位置，形成尖晶石晶格；（h）尖晶石结构

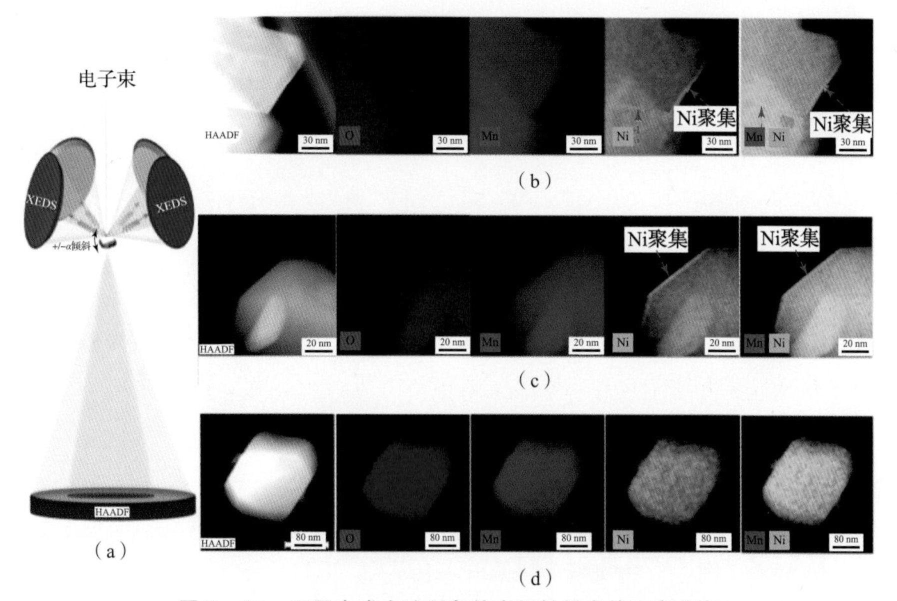

图 2-64　不同合成方法制备的富锂材料中的元素分布

（a）HADDF 成像及 XEDS 谱图测试示意图；（b）共沉淀法制备的材料；（c）溶胶-凝胶法制备的材料；（e）水热辅助法制备的材料

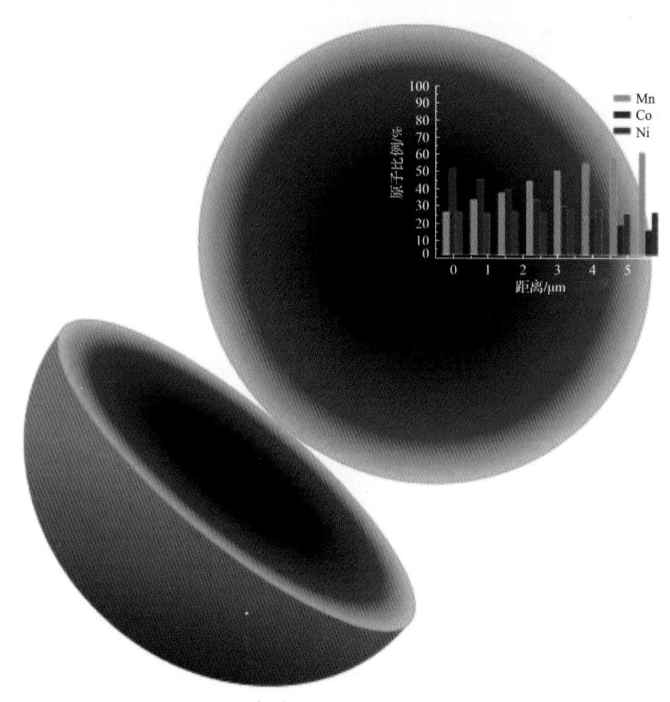

图 2-65　元素浓度梯度分布的层状富锂材料

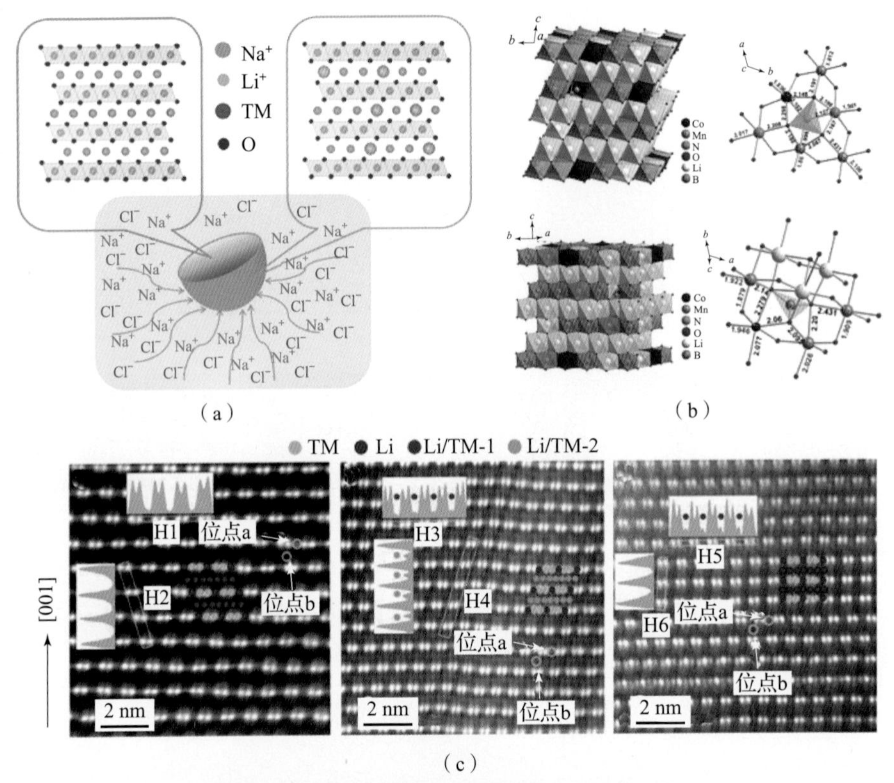

图 2-72 富锂锰基材料典型元素掺杂改性示例

(a) 钠离子的锂位掺杂；(b) 硼-氧聚阴离子掺杂；

(c) 硅元素的锂位/过渡金属位混合掺杂和锡元素的过渡金属位掺杂

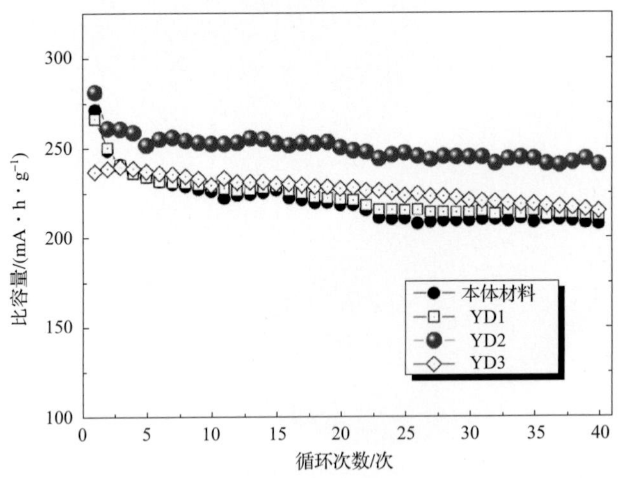

图 2-75 YD1、YD2、YD3 和本体 $Li_{1.2}Mn_{0.6}Ni_{0.2}O_2$ 在 0.1 C 下的循环特性

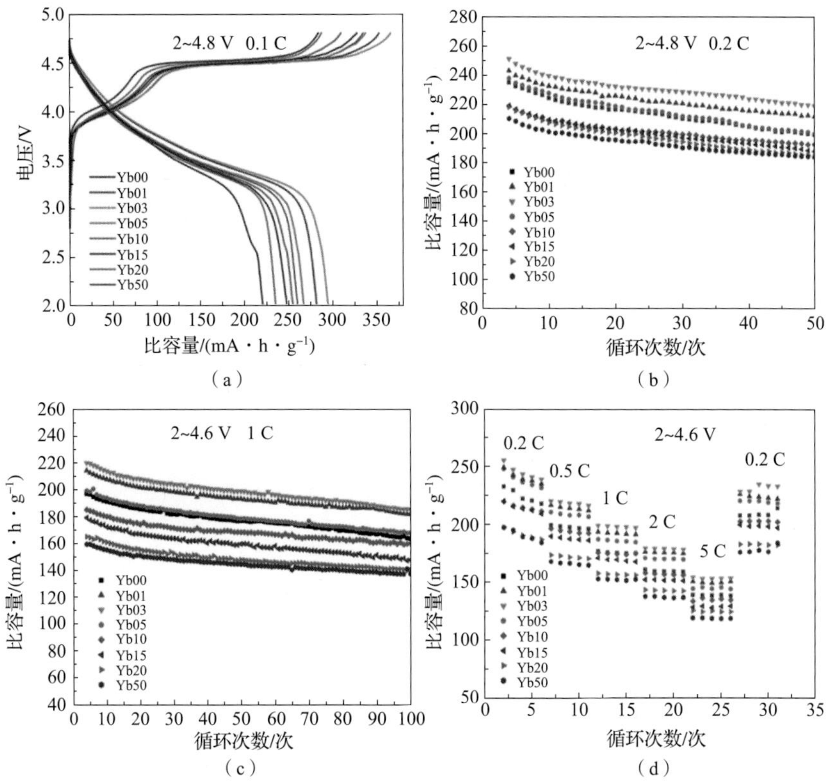

图 2-76 富锂锰基正极材料 Yb00、Yb01、Yb03、Yb05、Yb10、Yb15、Yb20 和 Yb50 的初始充电/放电曲线和循环性能

(a) 初始充电/放电曲线；(b) 0.2C 下的循环性能；(c) 1C 下的循环性能；(d) 不同倍率下的循环性能

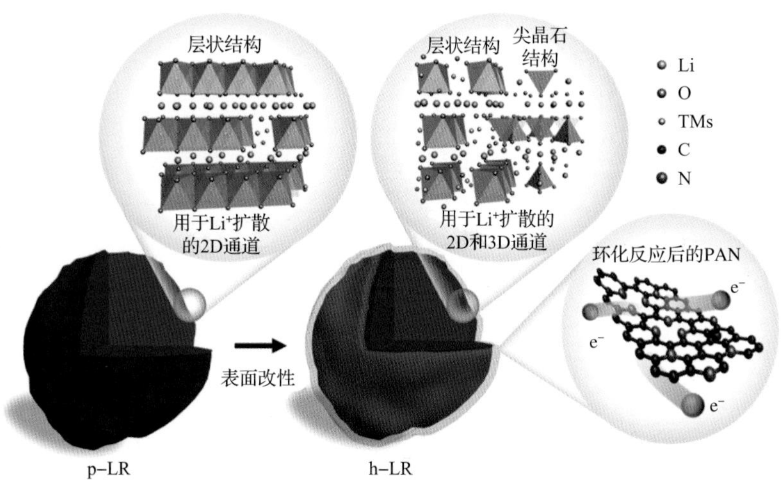

图 2-82 p-LR 和 h-LR 材料结构示意图

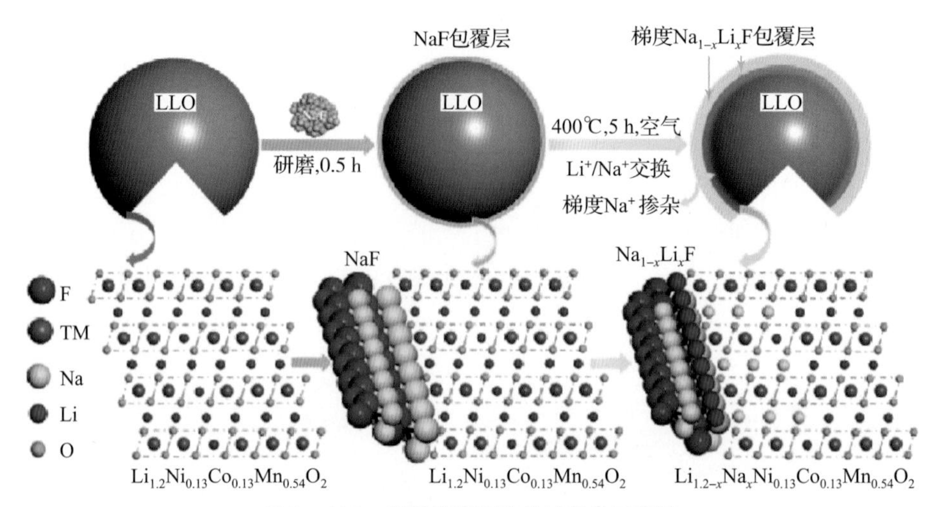

图 2－101　双梯度表面改性过程的示意图

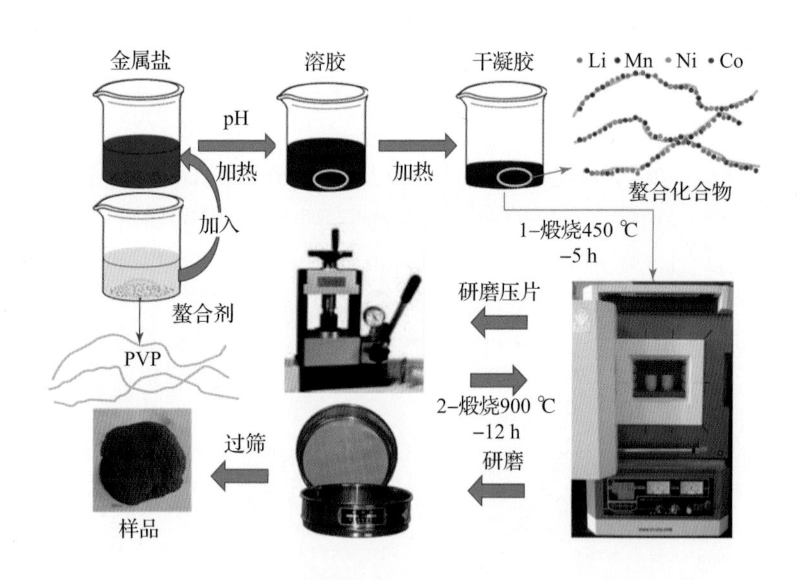

图 2－102　纳米级别的富锂锰基正极材料 $Li_{1.2}Mn_{0.54}Ni_{0.13}Co_{0.13}O_2$的制备过程示意图

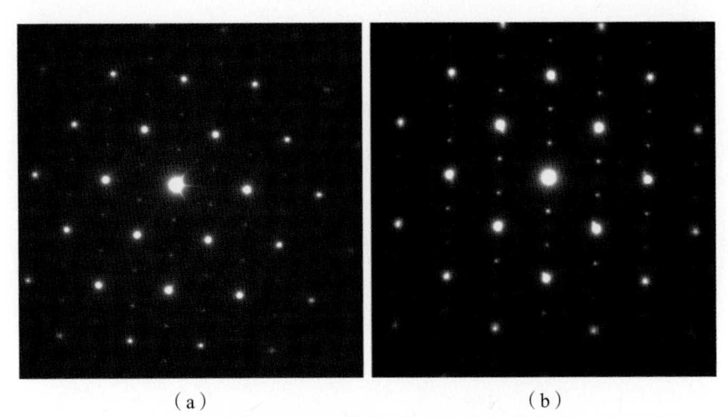

图 2-114　PL 样品和 SLH 样品的选区电子衍射图（SAED）

（a）PL 样品；（b）SLH 样品

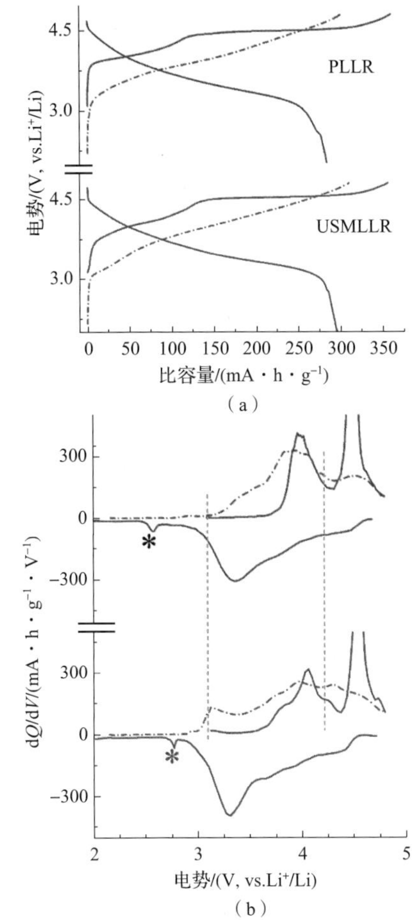

图 2-122　PLLR 样品和 USMLLR 样品首次和第二次充放电曲线和对应的容量微分曲线

（a）充放电曲线；（b）对应的容量微分曲线

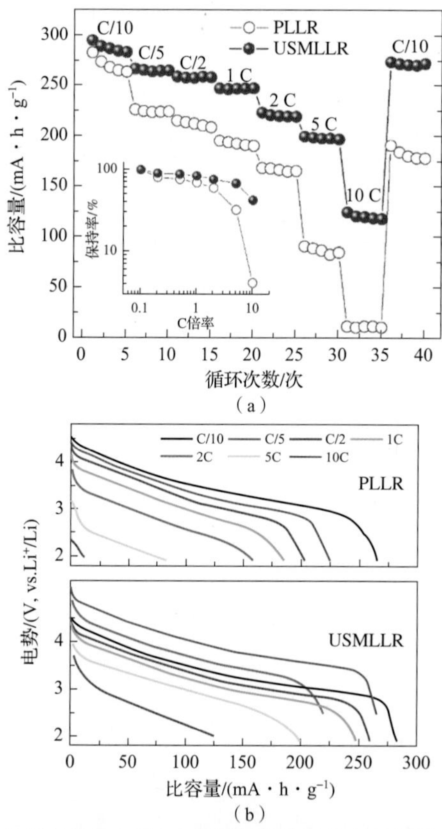

图 2－123　PLLR 样品和 USMLLR 样品的倍率特性及不同倍率下充放电曲线

(a) 倍率特性；(b) 不同倍率下充放电曲线

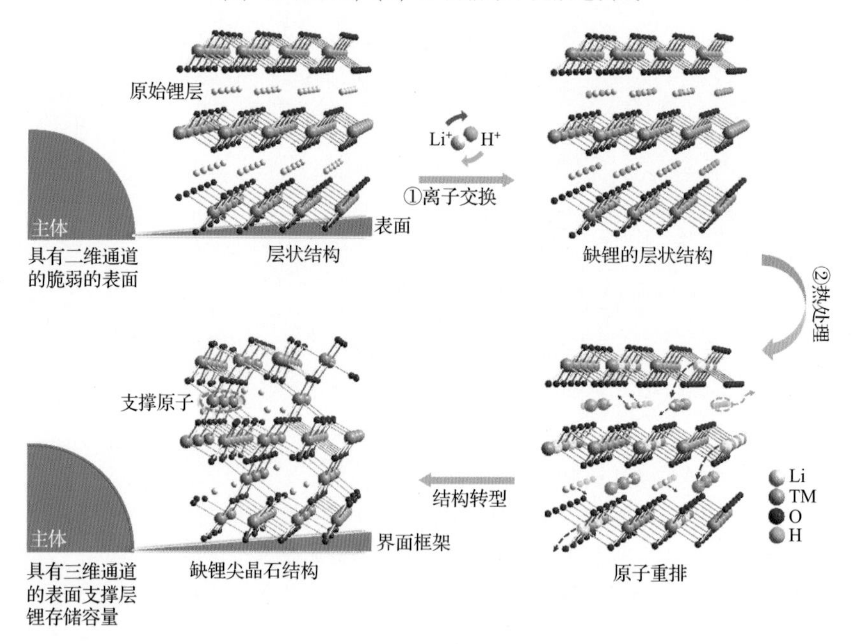

图 2－124　界面结构转变示意图

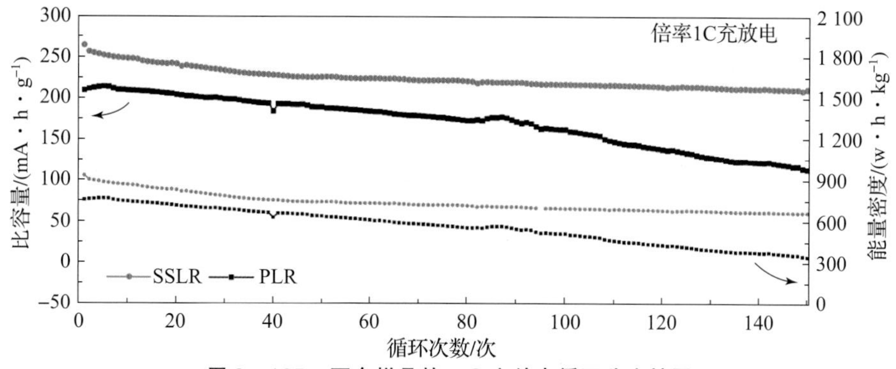

图 2-125　两个样品的 1 C 充放电循环稳定性图

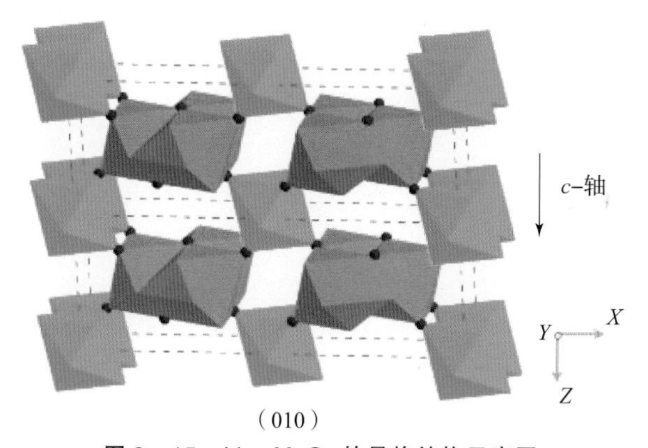

图 3-15　$Li_{0.33}MnO_2$ 的晶格结构示意图

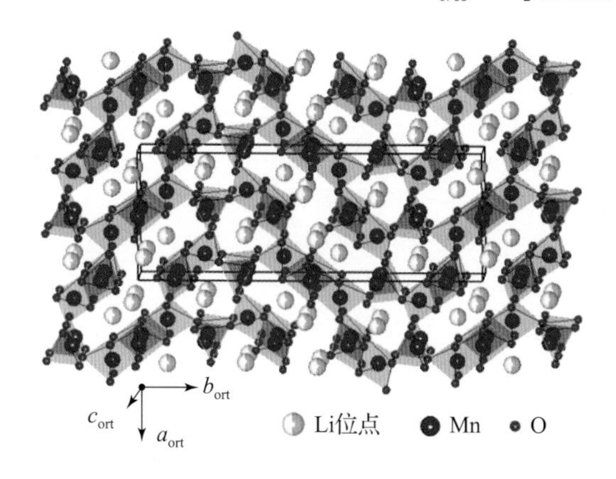

图 3-20　$Li_{0.44}MnO_2$ 晶格结构沿 c 轴三维示意图

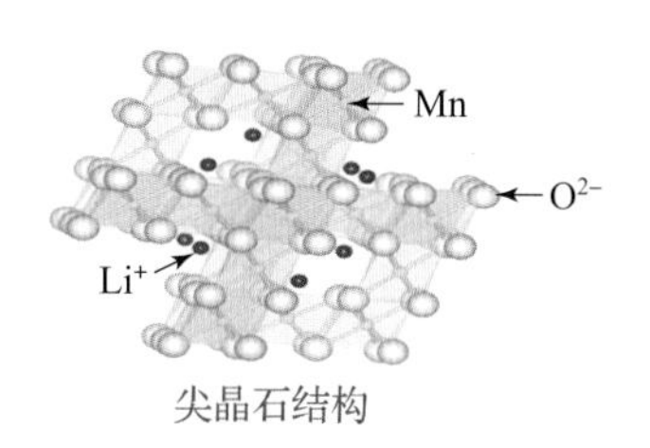

图 3-24　尖晶石型 $LiMn_2O_4$ 的结构模型

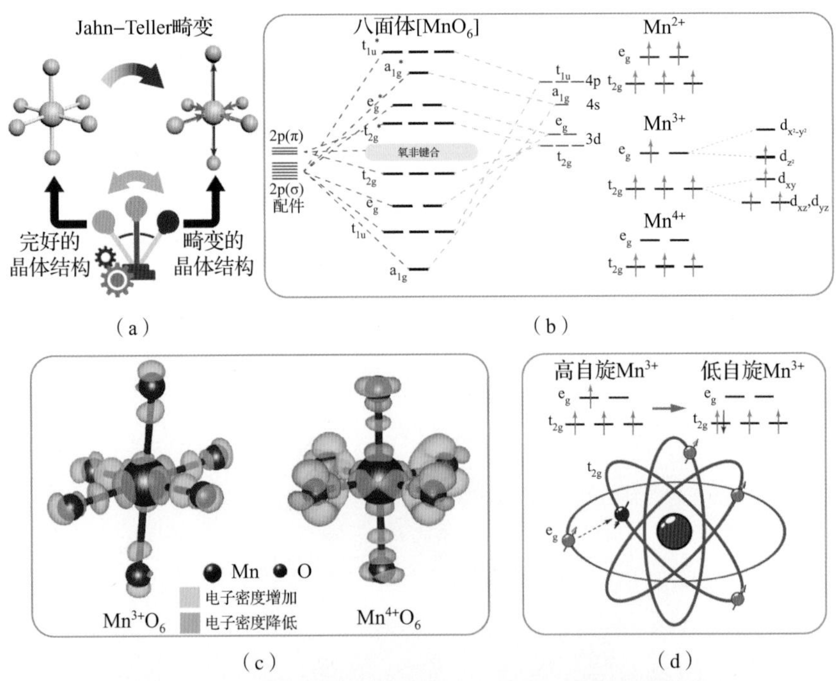

（a）　　　　　　　　（b）

（c）　　　　　　　　（d）

图 3-25　Jahn-Teller 效应在［MnO_6］八面体中的体现

（a）Jahn-Teller 畸变前后的［MnO_6］八面体示意图；（b）［MnO_6］八面体的分子轨道能级图和 Mn^{2+}、Mn^{3+}、Mn^{4+} 离子的电子轨道；（c）计算得出的［$Mn^{3+}O_6$］和［$Mn^{4+}O_6$］八面体的电荷密度差别（蓝色和黄色区域分别代表电子密度降低和上升）；（d）具有高/低自旋 Mn^{3+} 离子的锰 3d 轨道示意图

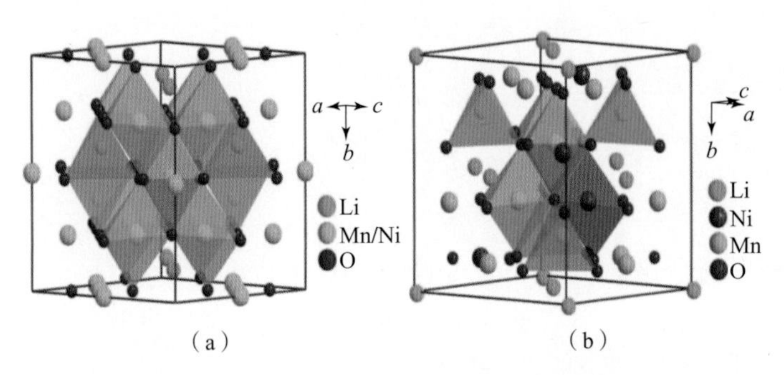

（a）　　　　　　　　（b）

图 3-27　$LiNi_{0.5}Mn_{1.5}O_4$ 的两种晶体结构示意图

（a）$Fd\bar{3}m$；（b）$P4_332$

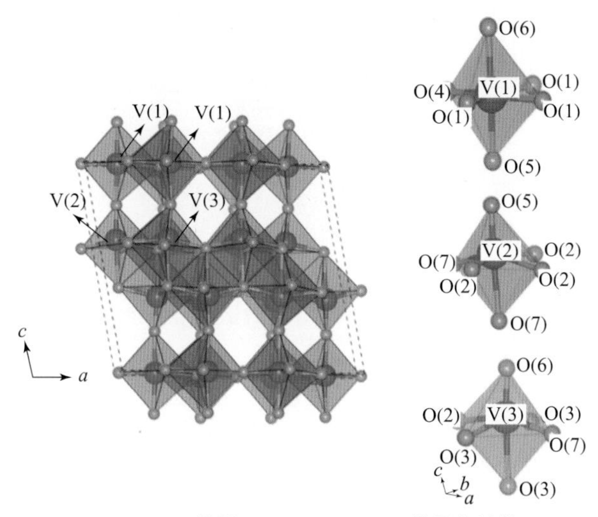

图 3－30　单斜 V_6O_{13}（C2/m）的晶体结构

图中分别示出了晶体学上非等效的 3 种钒位点和扭曲的八面体环境。绿色和橙色球分别代表钒原子和氧原子。虚线内是一个晶胞单元。V_6O_{13}的结构由共棱或共角的扭曲［VO_6］八面体层沿着 c 轴堆叠而成。沿着 b 轴的一维通道无限延伸，有利于容纳锂离子并方便锂离子进行脱嵌

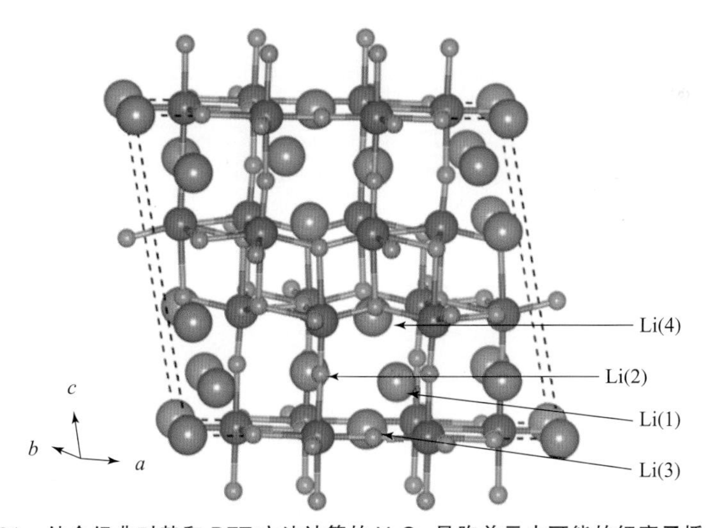

图 3－31　结合经典对势和 DFT 方法计算的 V_6O_{13}晶胞单元中可能的锂离子插入位点

钒、氧和锂原子分别用绿色、橙色和灰色球表示。预测在 V－O 空腔中存在 4 个可能的低缺陷能量锂位；Li(1)是能量最低的位点，并且也是目前对于 $Li_xV_6O_{13}$($x<2$) 单晶的研究中唯一观察到的位点

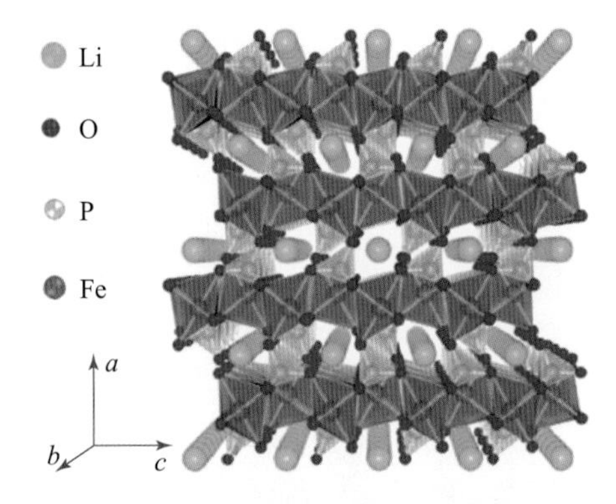

图 4－1　以 Li^+ 一维扩散通道为视角的 $LiFePO_4$ 的晶体结构

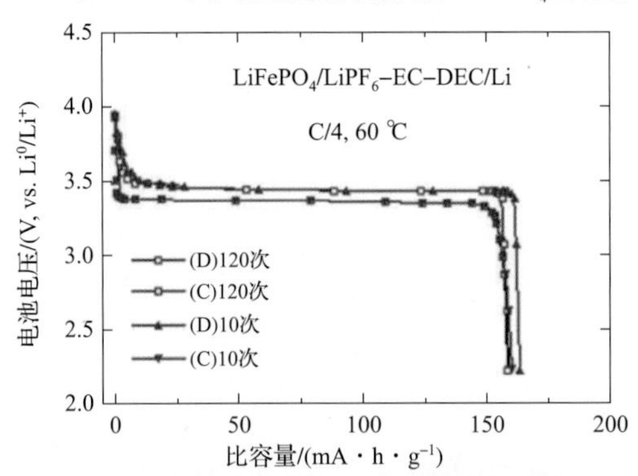

图 4－2　Li//LFP18650 型电池的电压－比容量曲线

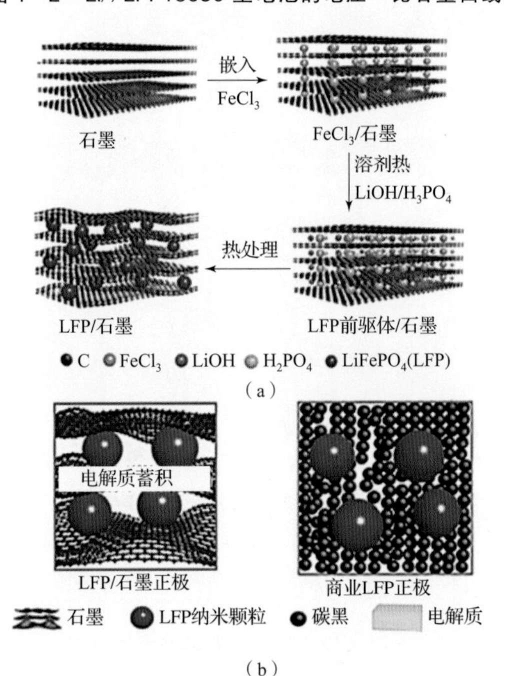

图 4－5　LFP/石墨复合材料的合成和结构示意图

（a）合成；（b）结构

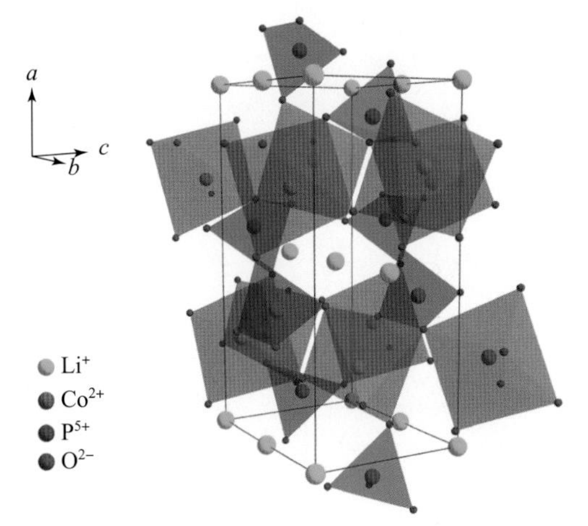

图 4－9　$LiCoPO_4$（Pmna）的晶胞结构

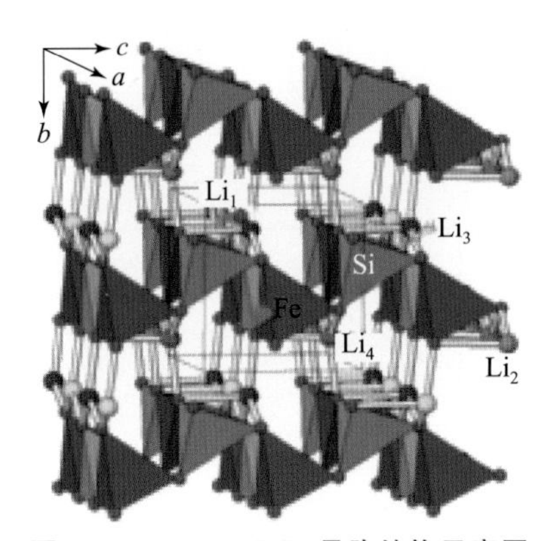

图 4－11　Li_2FeSiO_4 晶胞结构示意图

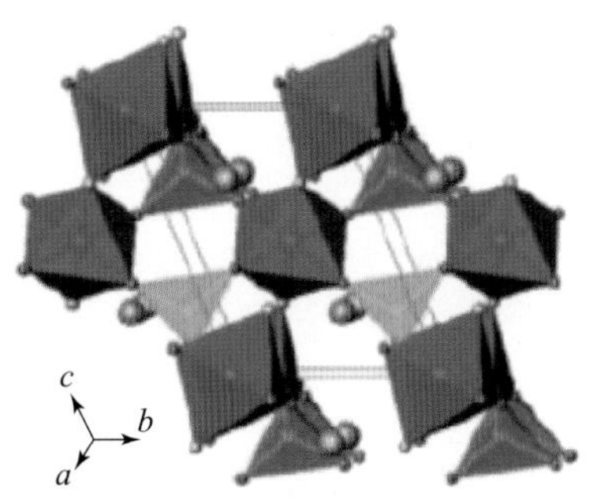

图 4－15　$LiVPO_4F$ 的晶体结构

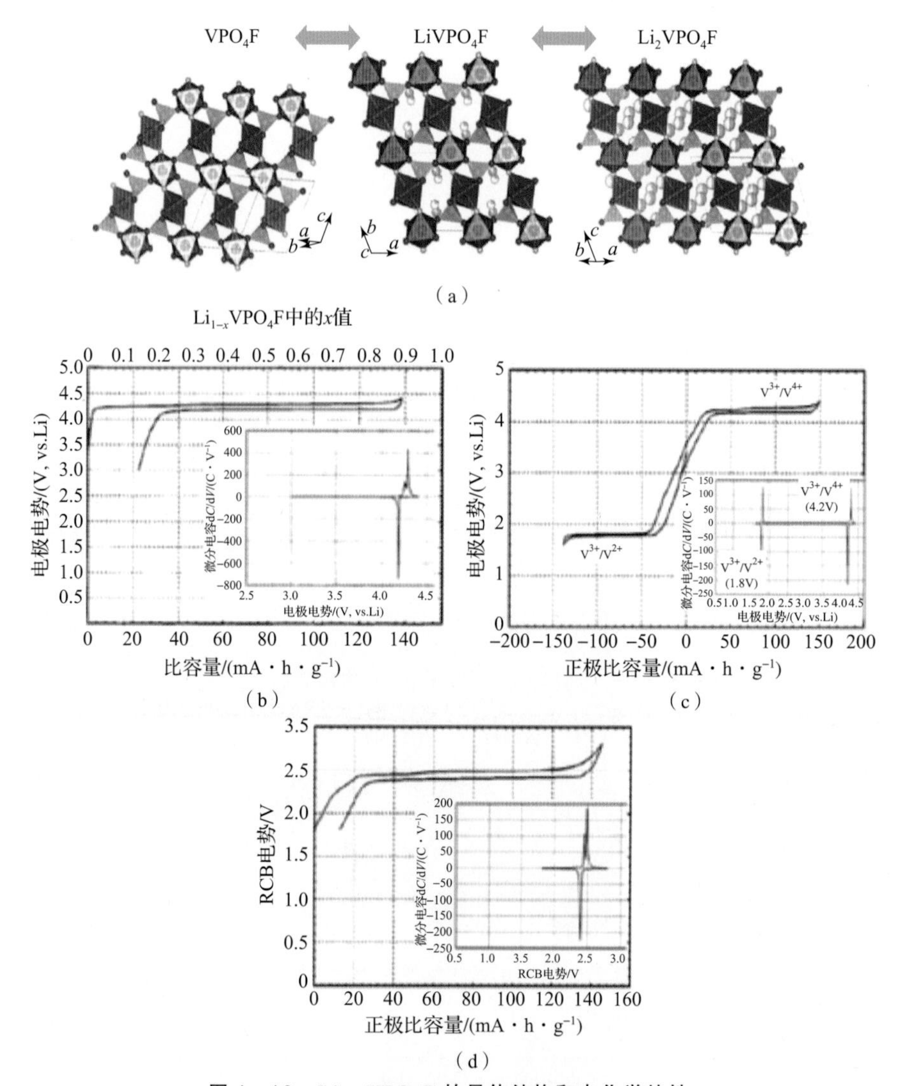

图 4-16　$Li_{1\pm x}VPO_4F$ 的晶体结构和电化学特性

(a) $Li_{1\pm x}VPO_4F$ 的晶体结构：VPO_4F（左），$LiVPO_4F$（中），Li_2VPO_4F（右）；(b) $LiVPO_4F$/Li 在约 4.2 V 的恒流充放电曲线；(c) $LiVPO_4F$/Li 在 1.8 V 和 4.2 V 的两个独立平台；(d) $LiVPO_4F$/$LiVPO_4F$ 电池在 2.4 V 电位平台的恒流充放电曲线

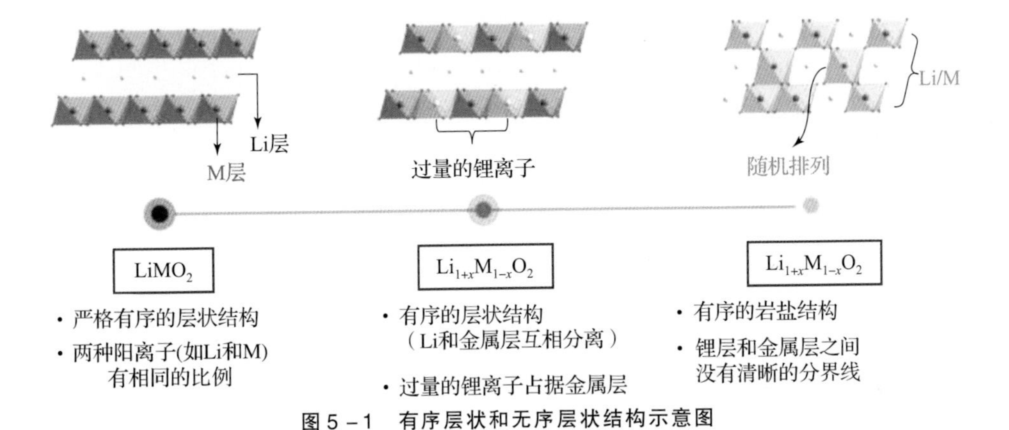

图 5－1　有序层状和无序层状结构示意图

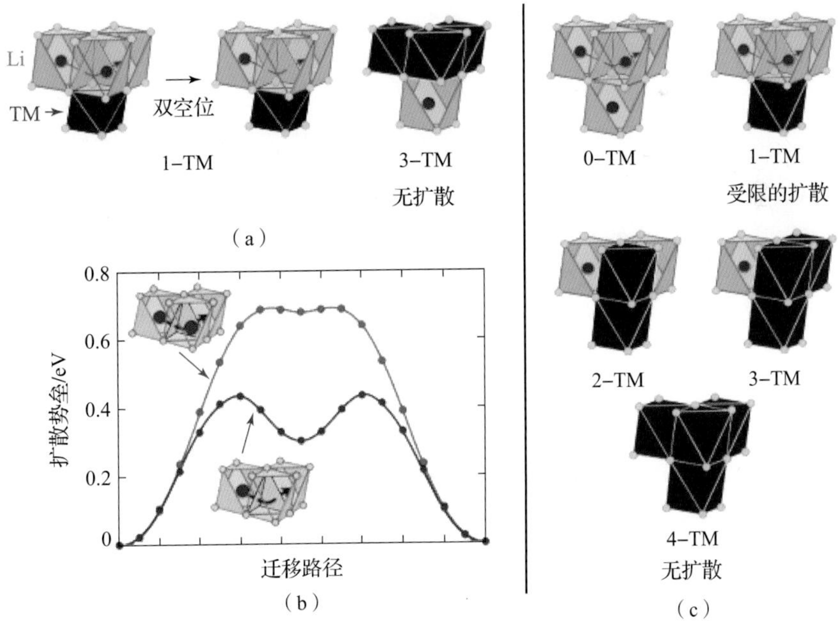

Li
TM
双空位
1–TM
3–TM
无扩散
（a）
0.8
0.6
0.4
0.2
0
扩散势垒/eV
迁移路径
（b）
0–TM
1–TM
受限的扩散
2–TM
3–TM
4–TM
无扩散
（c）

图 5－2　锂离子在层状结构和无序结构中的迁移

（a）层状 Li$_x$MO$_2$ 化合物表现出的 1－TM 和 3－TM T$_d$ 位点，分别对应于 Li$_3$M 和 LiM$_3$ 簇；（b）扩散势垒；（c）阳离子无序导致的所有类型四面体簇

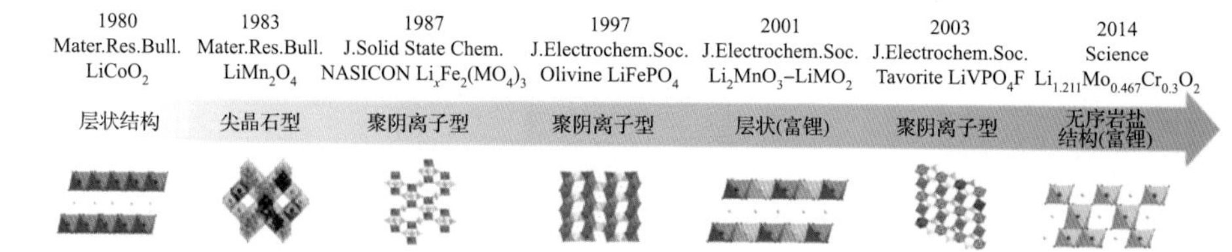

图 5-22 锂离子电池正极材料的发展历史示意图

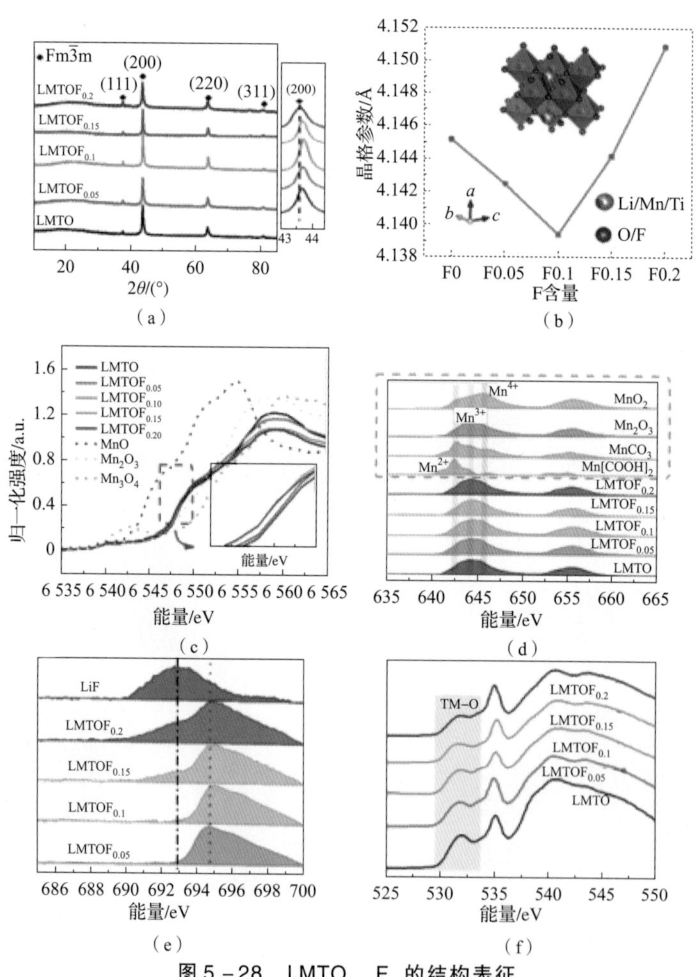

图 5-28 $LMTO_{2-x}F_x$ 的结构表征

(a) $LMTO_{2-x}F_x$ 的 XRD 图；(b) 晶胞参数图及 XAS 图；(c) Mn K-边；(d) Mn L-边；(e) F K-边；(f) O K-边